MATLAB®&Simulink®开发实例系列丛书

MATLAB 数学建模方法与实践

（第 4 版）

卓金武　　萨和雅　　王鸿钧　　编著

北京航空航天大学出版社

内 容 简 介

本书从数学建模的角度介绍了 MATLAB 的应用，涵盖了绝大部分数学建模问题的 MATLAB 求解方法。全书共 5 篇。第一篇是基础篇，主要介绍一些基本概念和知识，包括 MATLAB 在数学建模中的地位、数学模型的分类及各类需要用的 MATLAB 技术，以及 MATLAB 编程入门；第二篇是技术篇，系统介绍 MAT-LAB 建模的主流技术，包括数据建模技术（数据的准备、常用的数学建模方法、机器学习方法、灰色预测方法、神经网络方法以及小波分析方法）、优化技术（标准规划问题的求解、遗传算法、模拟退火算法、蚁群算法等全局优化算法）、连续模型、评价模型以及机理建模的 MATLAB 实现方法；第三篇是实践篇，以历年中国大学生数学建模竞赛（CUMCM）的经典赛题为例，介绍 MATLAB 在其中的实际应用过程，包括详细的建模过程、求解过程以及原汁原味的竞赛论文；第四篇是赛后重研究篇，主要介绍如何借助 MATLAB 的工程应用功能将模型转化成产品；第五篇是经验篇，主要介绍数学建模的参赛经验、心得、技巧，以及 MATLAB 的学习经验，这些经验会有助于竞赛的准备和竞赛成绩的提升，至少让参赛者能够更从容地参与数学建模活动。

本书特别适合作为数学建模竞赛的培训教材或参考用书，也可作为大学"数学实验"、"数学建模"以及"数据挖掘"课程的参考用书，还可供广大科研人员、学者、工程技术人员参考。

图书在版编目(CIP)数据

MATLAB 数学建模方法与实践 / 卓金武，萨和雅，王鸿钧编著. -- 4 版. -- 北京：北京航空航天大学出版社，2023.5

ISBN 978 - 7 - 5124 - 3995 - 5

Ⅰ. ①M… Ⅱ. ①卓… ②萨… ③王… Ⅲ. ①Matlab 软件—应用—数学模型 Ⅳ. ①O141.4

中国国家版本馆 CIP 数据核字(2023)第 016125 号

MATLAB 数学建模方法与实践（第 4 版）

卓金武　萨和雅　王鸿钧　编著

策划编辑　陈守平　　责任编辑　张冀青

*

北京航空航天大学出版社出版发行

北京市海淀区学院路 37 号（邮编 100191）　http://www.buaapress.com.cn

发行部电话：(010)82317024　传真：(010)82328026

读者信箱：goodtextbook@126.com　邮购电话：(010)82316936

北京雅图新世纪印刷科技有限公司印装　各地书店经销

*

开本：787×1 092　1/16　印张：22.75　字数：597 千字

2023 年 5 月第 4 版　2023 年 5 月第 1 次印刷　印数：3 000 册

ISBN 978 - 7 - 5124 - 3995 - 5　定价：89.00 元

前言

内容的主要变化

在《MATLAB 在数学建模中的应用》第 2 版出版两年后，也就是 2016 年，跟北京航空航天大学出版社陈守平老师讨论第 3 版的规划，当时就感觉受到书名的限制，有些内容不容易展开。有几位从事数学建模教育工作的读者也曾发邮件反馈内容的设置问题，其中一点就是能不能调整书名。所以第 2 版之后，便调整了书名，原因有三：一是新书名的外延更广阔些；二是部分院校在选用作为教材时避免书名局限的问题；三是，也是最重要的原因，经历了两版以后，数学建模和 MATLAB 发展了，书中的内容也应该有相应的变化。

从第 3 版开始，书名变更为《MATLAB 数学建模方法与实践》。除了书名外，全书的布局和内容也有较大的变化，内容上更适合数学建模竞赛的训练，包括基础、技术、实践、赛后重研究和经验五个部分，由浅入深，层层递进。作为主体的技术部分，是按照数学建模赛题的类型展开的，并且将数学模型分为数据、优化、连续、评价、机理建模五个类型。MATLAB 技术的介绍也是按照这五类展开，正好对应这五个类型问题需要的建模方法以及这些方法的 MATLAB 实现。这样安排更便于参赛者准备竞赛，有利于快速对数学建模有全面的认识，快速激发对数学建模的兴趣，建立信心。

增加"赛后重研究篇"，想法与组委会设立"赛后重研究"的初衷一致。数学建模是非常有用的技术，不能止步于竞赛，而是应该让它在科研和产业界发挥更大、更实质性的作用。MATLAB 作为主要的数学建模实现工具，大家往往更关心的是科学计算本身，而没有注意它还有系统设计、系统仿真、代码生成等产品开发功能，只要将数学模型迁移到 Simulink 中，借助基于模型的设计理念，就可以很快地将数学模型转化成产品。所以，"赛后重研究篇"重点介绍如何借助 MATLAB 实现从数学模型到产品的转化。现在的读者思路更开阔，又有丰富的智能硬件可供应用，因此，如何将模型、工具与智能经验结合起来，用于真正的创新和产品研发，这对于很多读者来说，也是建模之后感觉非常酷且有意义的事情。

经过修订，第 4 版主要有三个变化：

（1）"实践篇"增加了从近年真题中甄选的两个新的案例——高温作业服的优化设计（CUMCM2018A）和炉温曲线的机理建模与优化（CUMCM2020A），替换了两个案例（其中一个案例融合到"技术篇"中）。

（2）在"技术篇"的第 7 章中，增加了"规划模型的 MATLAB 求解模式"和"应用实例：彩票中的数学（CUMCM2002B）"，前者可帮助读者更高效地求解规划模型，后者是一个规划模型的求解实例。

（3）对部分内容进行了更新和完善，主要是因 MATLAB 版本升级或技术进步而需要更新的内容，以及根据部分读者的反馈，对不足或缺陷进行了完善和更正。

本书特色

纵观全书,可以发现本书的特点鲜明,主要表现在:

(1)方法务实,学以致用。本书介绍的方法都是数学建模中的主流方法,都经过实践的检验,具有较强的实践性。对于每种方法,本书基本都给出了完整、详细的源代码,这对于读者来说,具有非常大的参考价值,很多程序可供读者直接套用并加以学习。

(2)知识系统,结构合理。本书的内容编排从基本概念与技术,到真题实践,再到重研究和竞赛经验,使得概念、技术、实践、经验四位一体,自然形成全书的知识体系。而对于具体的技术,也是脉络清晰、循序渐进,按照数据建模、优化、连续、评价、机理建模展开,内容上整体是从基础技术入手,再到融会贯通。正因为有完整的知识体系,从而更有利于理解数学建模的知识体系,这对于读者学习是非常有帮助的。

(3)案例实用,易于借鉴。本书选择的案例都是来自数学建模中的经典案例和真实赛题,并且带有数据和程序,所以很容易让读者对案例产生共鸣,同时可以利用案例的程序进行模仿式学习,所带的程序也有利于提高读者的学习效率。

(4)理论与实践相得益彰。对于本书的每种方法,除了理论讲解外,都配有一个典型的应用案例,读者可以通过案例加深对理论的理解,同时理论也让案例更有信服力。技术方面,以实现实例为目的,并且提供了大量技术实现的源程序,方便读者学习。本书注重实践和应用,作者秉持务实、贴近读者的写作风格。

(5)内容独特,趣味横生,文字简洁,易于阅读。很多方法和内容都是同类书籍中鲜有的,这无疑增加了本书的新颖性和趣味性。另外,本书编写过程中,以保证描述精准为前提,摒弃了那些刻板、索然无味的文字,让文字既有活力,又更易于阅读。

如何阅读本书

全书内容分为五个部分,即五篇。

第一部分是基础篇,主要介绍一些基本概念和知识,包括 MATLAB 在数学建模中的地位、数学模型的分类及各类需要用到的 MATLAB 技术,以及 MATLAB 编程入门。

第二部分是技术篇,是技术的主体部分,系统介绍 MATLAB 建模的主流技术。这一部分按照数学建模的类型分为五个方面:

(1)第3~6章主要介绍数据建模技术,包括数据的准备、常用的数据建模方法、机器学习方法、灰色预测方法、神经网络方法以及小波分析方法。

(2)第7~9章主要介绍优化技术,包括标准规划模型的求解、MATLAB 全局优化算法。虽然蚁群算法也是比较经典的全局优化算法,但不包含在全局优化工具箱中,所以用单独一章介绍这个算法。

(3)第10章介绍连续模型的 MATLAB 求解方法。

(4)第11章介绍评价型模型的 MATLAB 求解方法。

(5)第12章介绍机理建模的 MATLAB 实现方法。

第三部分是实践篇,以历年中国大学生数学建模竞赛(CUMCM)的经典赛题为例,介绍 MATLAB 在其中的实际应用过程,包括详细的建模过程、求解过程以及原汁原味的竞赛论文,不仅有助于读者提高 MATLAB 的实战技能,而且能增强读者的建模实战水平。

第四部分是赛后重研究篇,主要介绍如何借助 MATLAB 的工程应用功能,将模型转化成产品,并在转化过程中强化反馈,倒逼模型和算法的提升。因为很多模型若不通过产品化,则很难发现其缺陷。

第五部分是经验篇,主要介绍数学建模竞赛的参赛经验、心得、技巧以及 MATLAB 的学习经验。这些经验有助于您为竞赛做准备和提升竞赛成绩,至少也能让您参与数学建模活动更有信心。

其中,前三篇为本书的重点内容,建议重点研读;第四篇为选读内容,适合对赛后重研究或模型产品化感兴趣的读者阅读;第五篇可以了解一下,在实际准备数学建模的过程中,当遇到问题而感到茫然时,可以再重新阅读此篇。

读者对象

□ 数学建模参赛者;

□ 数学、数学建模等学科的教师和学生;

□ 从事数学建模相关工作的专业人士;

□ 需要用到数学建模技术的各领域的科研工作者;

□ 希望学习 MATLAB 的工程师或科研工作者(因为本书的代码都是用 MATLAB 编写的,所以对于希望学习 MATLAB 的读者来说,也是一本很好的参考书);

□ 其他对数学建模和 MATLAB 感兴趣的人士。

致读者

致教师

本书系统地介绍了 MATLAB 数学建模技术,可以作为数学、数学建模、统计、金融等专业本科或研究生的教材。书中的内容虽然系统,但也相对独立,教师可以根据课程的学时安排和专业方向的侧重,选择合适的内容进行课堂教学,其他内容则可以作为参考。授课部分,一般会包含第一篇和第二篇,而如果课时较多,则可以增加其他章节中的一些项目案例进行教学。

在备课的过程中,如果您需要书中的一些电子资料作为课件或授课支撑材料,可以直接给作者发邮件(70263215@qq.com)说明您需要的材料和用途,作者会根据具体情况,为您提供力所能及的帮助。

致学生

作为 21 世纪的大学生,数学建模是一项基本技能,尤其是对以后有志于成为科研工作者、工程师、设计师等的学生来说更应掌握。数学建模竞赛是非常好的竞赛,不仅可以学习数学建模这一技能,而且可以认识很多优秀的小伙伴,跟这些小伙伴一起备战建模,相信您会感受到别样且有意义的大学生活。

致专业人士

对于从事数学建模的专业人士来说,可以关注整个数学建模技术体系,因为本书应该算是在当前数学建模书籍中知识体系相对比较完善的。此外,书中的算法案例和项目案例是本书的特色,值得推荐。

配套资源

配套程序和数据

(1) MATLAB 中文论坛下载

为了方便读者学习,书中使用的程序和数据可以通过以下网址下载:

https://www.ilovematlab.cn/thread-550185-1-1.html

（2）北京航空航天大学出版社下载

请关注微信公众号"北航科技图书"，回复"3995"，可获得百度网盘的下载链接。

如果以上两种方式都无法下载成功，也可以发邮件至 70263215@qq.com 与作者联系。

配套教学课件

为了方便教师授课，我们开发了与本书配套的教学课件，如有需要，也可以与作者联系。

勘误和支持

由于时间仓促，加之作者水平有限，书中可能还存在值得商榷甚至错漏之处，在此，诚恳地期待广大读者将意见反馈给我们。E-mail：70263215@qq.com。

在技术之路上如能与大家互勉共进，我们也倍感荣幸！对于书中出现的问题，将在论坛的勘误部分进行修正，勘误地址如下：

https://www.ilovematlab.cn/thread-550189-1-1.html

致　　谢

感谢 MathWorks 官方文档提供全面、深入、准确的参考材料，强大的官方文档的支持是其他资料所无法企及的，同时感谢 MATLAB 中文论坛为本书提供的交流讨论专区。

感谢北京航空航天大学出版社陈守平老师一直以来的支持和鼓励，使我们能够顺利完成书稿的全部工作。

作　者

2023 年 2 月

目录

第一篇 基础篇

本篇介绍一些关于数学建模和 MATLAB 的基础知识,主要包括:

(1) MATLAB 在数学建模中的作用;

(2) MATLAB 的学习理念;

(3) 数学模型的分类;

(4) 如何提高 MATLAB 数学建模技能;

(5) MATLAB 数学建模基础。

本篇包括 2 章,各章要点如下:

章　节	要　点
第 1 章　绪　论	(1) 明确 MATLAB 在数学建模中的重要地位; (2) MATLAB 的学习理念——基于项目(问题)的学习; (3) 如何提高 MATLAB 建模水平——模型的分类以及需要的建模技术
第 2 章　MATLAB 基础	(1) MATLAB 的学习理念; (2) MATLAB 入门操作要点; (3) MATLAB 的开发模式以及相互转换

第1章

绪　论

MATLAB 是公认的最优秀的数学模型求解工具,在中国大学生数学建模竞赛(CUM-CM)中,超过 95% 的参赛队使用 MATLAB 作为求解工具;在国家奖队伍中,MATLAB 的使用率近乎 100%。虽然比较知名的数模软件不只 MATLAB,但为什么 MATLAB 在数学建模中的使用率会如此之高? 作为资深的数学建模爱好者(从大一到研三每年都参加数学建模比赛,CUMCM 2 次获得国家一等奖,研究生赛 1 次获得国家一等奖),笔者认为,一是 MAT-LAB 的数学函数全,包含人类社会的绝大多数数学知识;二是 MATLAB 足够灵活,可以按照问题的需要,自主开发程序,解决问题,尤其是最近几年,比赛中的题目都很开放,灵活度很大,这种情况下,MATLAB 编程灵活的优势越发明显。

在数学建模中,最重要的就是模型的建立和模型的求解,当然两者相辅相成。有过比赛经验的同学都有这样一种体会:如果 MATLAB 编程比较弱,在比赛中根本不敢放开建模,生怕建立的模型求解不出来。要知道,模型求解不出来,在比赛中是致命的,所以首先要避免这种问题。如果参赛队 MATLAB 比较弱,就会出现不敢放开建模,畏手畏脚,思路无法展开,想取得好成绩就很难了。

其实 MATLAB 编程弱,并不是真的弱,因为 MATLAB 本身很简单,不存在壁垒,最大的问题是在心理上弱,没有树立正确的 MATLAB 应用理念,没有成功编程的经历,自然在比赛中就害怕了。这些同学之所以对使用 MATLAB 没有树立信心,就是因为他们在学习 MAT-LAB 的时候,一直机械地、被动地学习知识,而没有掌握技巧去搜索知识、运用知识。要知道,对个人来说,MATLAB 的各种知识永远是学不完的,照这个理论,也就永远不会用 MATLAB 了。换句话说,如果掌握了正确的 MATLAB 使用方法,只要掌握一些小技巧,半小时就可以变成 MATLAB 高手了。高手的特点就是,一直有自己的编程思路,需要什么知识就去学习什么知识,然后继续按照自己的思路编程。虽然在过程中也需要不断学习,但仍然是最高效的,并且也最容易建立强大的对 MATLAB 的使用信心。

1.1　MATLAB 在数学建模中的地位

图 1-1 所示是整个数学建模过程所需要的知识矩阵,第二列是模型的求解,包括编程、算法、函数、技巧。如果将整个技能矩阵看成一条蛇,那么求解正是在蛇的 7 寸的位置,是连接建模与其他板块的枢纽。如果此环节比较薄弱,不敢放开思路建模,那么模型基础就不好,后面

的论文等等就都是浮云了。模型的求解必须重视,而 MATLAB 则是模型最有力的求解工具,所以 MATLAB 的编程水平对同学们来说就尤其重要了。

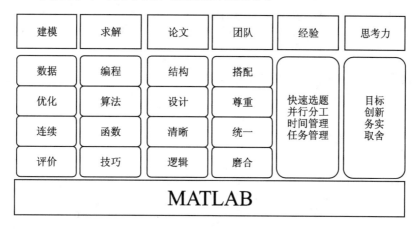

图 1-1　数学建模技能矩阵图

　　如何不考虑时间,只要掌握 MATLAB 编程技巧和理念,对于建模中的问题,用 MAT-LAB 总是可以解决的,但实际上还要考虑效率。所以为了提高数学建模水平,在模型的求解环节,除了要掌握基本的 MATLAB 编程技巧,还要积累一些常用的算法、函数,这样在实际用到时就不用花费太多的时间去消化算法、摸索函数用法,速度自然就提上来了。算法、函数有很多,但数学建模中常用到的就那些,所以最好还是提前做好准备;具体的算法、函数的准备在后面会介绍,基础却是 MATLAB 的编程理念。

1.2　正确且高效的 MATLAB 编程理念

　　正确且高效的 MATLAB 编程理念就是以问题为中心的主动编程。我们传统学习编程的方法是学习变量类型、语法结构、算法以及编程的其他知识,既费劲又没效果,因为学习的时候是没有目标的,也不知道学的知识什么时候能用到,等到能用到的时候,基本都忘光了,又要重新学习。而以问题为中心的主动编程,则是先找到问题的解决步骤,然后在 MATLAB 中一步一步地去实现。在每一步实现的过程中,根据遇到的问题去查询知识(互联网时代查询知识还是很容易的),然后定位成方法;再根据方法查询 MATLAB 中的对应函数、查看函数用法,回到程序,然后逐一解决问题。在这个过程中,知识的获取都是为了解决问题,也就是说,每次学习的目标都很明确,学完之后的应用就会强化对知识的理解和掌握。这种即学即用的学习方式是效率最高最有效的方式。最重要的是,这种主动的编程方式能让学习者体验到成就感的乐趣,有了成就感,自然对编程就更自信了。这种内心的自信和强大在建模中会发挥意想不到的作用,即所谓信念的力量。

1.3　数学建模对 MATLAB 水平的要求

　　要想在 CUMCM 中取得好成绩,MATLAB 是必备的,并且应该达到一定的水平。参考标准如下:

　　① 了解 MATLAB 的基本用法、常用的命令、脚本结构、程序的分节与注释、矩阵的基本

操作、快捷绘图方式及如何获取帮助。

②熟悉 MATLAB 的程序结构、编程模式,能自由地创建和引用函数(包括匿名函数)。

③熟悉常见模型的求解方法和算法,包括微分、数据建模、优化等模型。

④能够用 MATLAB 程序将机理建模的过程模拟出来,就是能够建立和求解没有套路的数学模型。

要想达到这些要求,就不能按照这个标准以传统的方式一步一步地学习,而是应结合第二篇的学习理念制定科学的训练计划。

1.4　如何提高 MATLAB 建模水平

如何制定科学的训练计划,快速有效地提高学习者的 MATLAB 实战水平呢? 既然是实战,就要先了解数学建模中常见的模型和求解方法,如图 1-2 所示。

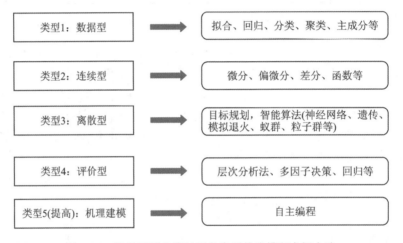

类型1:数据型	➡	拟合、回归、分类、聚类、主成分等
类型2:连续型	➡	微分、偏微分、差分、函数等
类型3:离散型	➡	目标规划,智能算法(神经网络、遗传、模拟退火、蚁群、粒子群等)
类型4:评价型	➡	层次分析法、多因子决策、回归等
类型5(提高):机理建模	➡	自主编程

图 1-2　数学模型分类以及各类别的建模和求解方法

纵观数学建模中的种种问题,可以将这些问题划分为五类。各类也都有常用的方法,只要将这些常用的方法都加以训练,那么在实际比赛中再遇到类似的问题,求解就会得心应手了,甚至有些程序框架拿过来就可以直接用,关键是平时要积累这些常用方法的 MATLAB 程序段,一定要自己总结,不能是拿来主义。

数学建模都是非常开放的问题,对于每类问题,只要选定一个题目,然后将这类问题的常用方法都使用一遍,就会发现,既拓展了建模思路,又将所有方法都用 MATLAB 实现一遍,所得的程序自然印象非常深刻,自己的程序库也有了储备。

再看这五类题型,类型 2 和类型 4,方法相对单一,不用花太多时间;类型 1 和类型 3,是建模竞赛中的主力题型,方法较多,所以花的时间需要多一些;类型 5,是新题型,没有固定套路,也不要期望直接套用经典模型,而要认真分析问题,从解决问题的角度,客观地解决问题。这类题型,往往机理建模方法比较有效,即从事物内部发展的规律入手,模拟事物的发展过程,在过程中建立模型,并用程序实现。笔者认为,机理建模和求解才是数学建模和编程的最高境界——心中无模型而胜有模型。所用的 MATLAB 编程也是最基本的程序编写技巧,关键是思想。

结合这五类题型和 CUMCM 中应该具有的 MATLAB 水平,本书将会在各篇详细介绍:

第一篇：了解 MATLAB 的基本用法，包括常用的命令、脚本结构、程序的分节与注释、矩阵的基本操作、快捷绘图方式，以及如何获取帮助；熟悉 MATLAB 的程序结构、编程模式，能自由地创建和引用函数。

第二篇：根据五大类模型对 MATLAB 的要求，分别介绍 MATLAB 在数据建模、优化、连续模型、评价、机理建模方面的技术。

第三篇：节选历年 CUMCM 中的经典赛题和优秀论文，介绍相应问题的建模过程和用 MATLAB 求解的过程，强化实战经验。

第四篇：数学建模技术在实际的科研、生产实践中作用非常大，越来越多的学者已经认识到，数学建模比赛不应该止步于获奖，更应该重视数学建模的实际作用。参赛者应对模型进一步研究，将问题研究得更透，并尝试将模型转化成产品。这不仅能够培养参与者的兴趣，而且更是切实回归数学建模服务于实际问题的初心。

第五篇：介绍数学建模的参赛经验，提醒参赛者如何选题、安排时间。一个小目标是不熬夜也能取得好成绩，有收获。

1.5 本章小结

本章重点是要认识科学计算工具在数学建模中的重要作用、主要的数学建模题型及对应的建模方法，以及 MATLAB 的编程理念。有了这些认识，相当于找到了前进的方向，也可以激发建立对数学建模的兴趣并快速建立信心，这是特别重要的。

参考文献

[1] 姜启源,谢金星,叶俊. 数学模型[M]. 4 版. 北京:高等教育出版社,2011.

第 2 章

MATLAB 基础

本章将通过实例介绍如何像使用 Word 一样使用 MATLAB，真正将 MATLAB 当作工具来使用。本章的目标是，即使读者从来没有用过 MATLAB，只要看完本章，也可以轻松上手使用 MATLAB。

2.1　MATLAB 快速入门

在所有的科学计算工具中，MATLAB 入门算是比较容易的。要想快速入门，则需要了解 MATLAB 的特点（知道它的专长）、功能（知道它可以做什么）以及如何上手（怎么使用）。

2.1.1　MATLAB 概要

MATLAB 是矩阵实验室（Matrix Laboratory）之意，作为计算机语言，它除了具备卓越的数值计算能力以外，还提供了专业水平的符号计算、文字处理、可视化建模仿真和实时控制等功能。MATLAB 的基本数据单位是矩阵，它的指令表达式与数学、工程中常用的形式十分相似，故用 MATLAB 来解算问题要比用 C、FORTRAN 等语言完成相同的事情简捷得多。学习 MATLAB，先要从了解 MATLAB 的历史开始，因为 MATLB 的发展史就是人类社会在科学计算领域快速发展的历史，同时我们也应该了解 MATLAB 的两位缔造者 Cleve Moler 和 John Little 在科学史上所做的贡献。

20 世纪 70 年代后期，身为美国新墨西哥大学计算机系主任的 Cleve Moler 在给学生讲授线性代数课程时，想教学生使用 EISPACK 和 LINPACK 程序库，但他发现学生用 FORTRAN 编写接口程序很费时间。于是，他开始自己动手，利用业余时间为学生编写 EISPACK 和 LINPACK 的接口程序。Cleve Moler 给这个接口程序取名为 MATLAB，是 matrix（矩阵）和 labotatory（实验室）两个英文单词的前三个字母的组合。在之后的数年里，MATLAB 在多所大学里作为教学辅助软件使用，并作为面向大众的免费软件广泛流传。1983 年春天，Cleve Moler 到斯坦福大学讲学，MATLAB 深深地吸引了工程师 John Little，他敏锐地觉察到 MATLAB 在工程领域的广阔前景。同年，他和 Cleve Moler、Steve Bangert 一起用 C 语言开发了 MATLAB 第二代专业版。这一版本同时具备了数值计算和数据图示化的功能。1984 年，Cleve Moler 和 John Little 成立了 MathWorks 公司，正式把 MATLAB 推向市场，并继续进行 MATLAB 的研究和开发。

MathWorks 公司顺应多功能需求之潮流,在其卓越数值计算和图示能力的基础上,又率先在专业水平上开拓了其符号计算、文字处理、可视化建模和实时控制功能,开发了适合多学科、多部门要求的新一代科技应用软件 MATLAB。经过多年的国际竞争,MATLAB 已经占据了数值软件市场的主导地位。MATLAB 的出现,为各国科学家开发学科软件提供了新的基础。在 MATLAB 问世不久的 20 世纪 80 年代中期,原先控制领域里的一些软件包纷纷被淘汰或在 MATLAB 上重建。

时至今日,经过 MathWorks 公司的不断完善,MATLAB 已经发展成为适合多学科、多种工作平台的功能强大的大型软件。经过多年的考验,在欧美等高校,MATLAB 已经成为线性代数、自动控制理论、数理统计、数字信号处理、时间序列分析、动态系统仿真等高级课程的基本教学工具,以及大学生、硕士生、博士生攻读学位必须掌握的基本技能;在设计研究单位和工业部门,MATLAB 被广泛用于科学研究和解决各种具体问题。可以说,无论您从事工程方面的哪个学科,都能在 MATLAB 里找到合适的功能。

当前流行的 MATLAB/Simulink 包括了数百个工具箱(Toolbox),而工具箱又分为功能工具箱和学科工具箱。其中,功能工具箱用来扩充 MATLAB 的符号计算,可视化建模仿真、文字处理及实时控制等功能;学科工具箱是专业性比较强的工具箱,控制工具箱、信号处理工具箱、通信工具箱等都属于此类。

开放性使 MATLAB 广受用户欢迎。除内部函数以外,所有 MATLAB 主程序和各种工具箱都是可读、可修改的文件,用户可以通过对源程序的修改或加入自己编写的程序构造新的专用工具箱。

2.1.2　MATLAB 的功能

MATLAB 软件是一种用于数值计算、可视化及编程的高级语言和交互式环境。使用 MATLAB,可以分析数据、开发算法、创建模型和应用程序。借助其语言、工具和内置数学函数,您可以探求多种方法,实现比电子表格或传统编程语言(如 C/C++ 或 Java)更快地求取结果。

经过 30 多年的发展,MATLAB 已增加了众多的专业工具箱(如图 2-1 所示),所以其应用领域非常广泛,包括信号处理和通信、图像和视频处理、控制系统、测试和测量、计算金融学

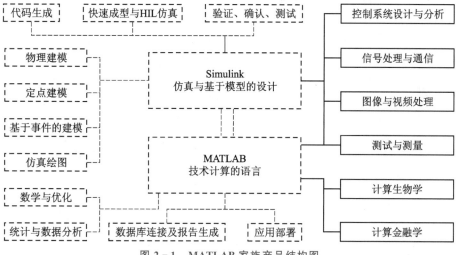

图 2-1　MATLAB 家族产品结构图

及计算生物学等众多应用领域。在各行业和学术机构中,工程师和科学家使用 MATLAB 这一技术计算语言来提高他们的工作效率。

2.1.3　快速入门案例

MATLAB 虽然也是一款程序开发工具,但依然是工具,所以它可以像其他工具(如 Word)一样易用。而传统的学习 MATLAB 方式一般是从学习 MATLAB 知识开始,比如 MATLAB 矩阵操作、绘图、数据类型、程序结构、数值计算等内容。学习这些知识的目的是能够灵活使用 MATLAB,可是很多人学完了还是不能独立、自如地使用 MATLAB。这是因为在学习这些知识的时候,目标是虚无的,不是具体的,具体的目标应该是要解决某一问题。

笔者虽然已使用 MATLAB 多年,但记住的 MATLAB 命令不超过 20 个,每次都靠几个常用的命令实现各种功能来完成项目。所以说,想使用 MATLAB 并不需要那么多知识的积累,只要掌握 MATLAB 的几个小技巧就可以了。需要说明的是,最好的学习方式就是基于项目学习(Project Based Learning,PBL),因为这是问题驱动式的学习方式,让学习的目标更具体,更容易让学习的知识转化成实实在在的成果,也让学习者感到更有成就,最重要的是让学习者快速建立自信。越早感受到学习的成就感、快乐感,也就越容易建立对学习对象的兴趣。

MATLAB 的使用其实很简单,哪怕您从来都没有用过 MATLAB,也可以很快、很自如地使用 MATLAB。如果非要问到底需要多长时间才可以实现 MATLAB 入门,1 个小时就够了!

下面通过一个小项目带着大家一步一步用 MATLAB 解决一个实际问题。假设大家都是 MATLAB 的门外水平。

我们要解决的问题是:已知股票的交易数据,即日期、开盘价、最高价、最低价、收盘价、成交量和换手率,试用某种方法来评价这只股票的价值和风险。

这是个开放的问题,但比较好的方法肯定是用定量的方式来评价股票的价值和风险,所以这又是典型的科学计算问题。通过前面对 MATLAB 功能的介绍,可以确信,MATLAB 可以帮助我们(选择合适的工具)。

抛开 MATLAB 来看,对于一个科学计算问题,典型的处理流程应该是怎样的呢? 图 2-2 所示是 MATLAB 典型的科学计算流程,即先获取数据,然后进行数据探索和建模,最后是将结果分享出去。

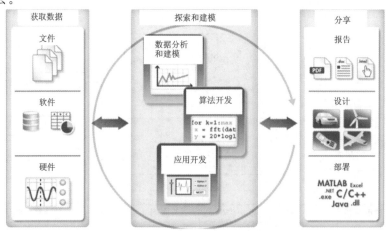

图 2-2　MATLAB 典型的科学计算流程

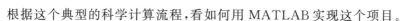

根据这个典型的科学计算流程,看如何用 MATLAB 实现这个项目。

第一阶段:利用 MATLAB 从外部(Excel)读取数据

此时并不知道如何用命令来操作,但计算机操作经验告诉我们,当不知道如何操作的时候,不妨尝试用一下右键。

① 选中数据文件右击,在弹出的快键菜单中选择"导入数据"选项,如图 2－3 所示。

图 2－3　选择"导入数据"选项

② 导入数据界面如图 2－4 所示。

图 2－4　导入数据界面

③ 观察图 2－4,发现在右上角有"导入所选内容"按钮,可直接单击,然后在 MATLAB 的工作区(当前内存中的变量)就会显示导入的数据,并以列向量的方式表示,如图 2－5 所示。因为默认的数据类型是"列向量",当然您也可以选择其他的数据类型。尝试操作几次,看看选择不同的数据类型后结果会有什么不同。

至此,第一阶段获取数据的工作完成。下面就转入第二阶段的工作。

图 2－5　变量在工作区中的显示方式

第二阶段:数据探索和建模

重新回到问题,虽然我们的目标是希望能够评估股票的价值和风险,但现在我们还不知道该如何去评估。MATLAB是工具，不能代替我们决策用何种方法来评估，但是可以辅助我们找到合适的方法。这就是数据探索部分的工作。下面介绍如何在MATLAB中进行数据的探索和建模。

（1）查看数据

查看数据的统计信息，了解这些数据。具体操作方式是双击工作区，然后就会得到所有变量的详细统计信息，如图2-6所示。

工作区						
名称 ▽	大小	类	最小值	最大值	均值	方差
Volum	98x1	double	624781	11231861	3.2248...	2.5743...
Turn	98x1	double	0.7449	13.3911	3.8447	3.6592
Popen	98x1	double	15.5800	37	22.3703	31.1909
Plow	98x1	double	15.3000	35.1600	21.8470	27.3291
Phigh	98x1	double	15.9000	38.8000	23.0387	35.9744
Pclose	98x1	double	15.6900	37.3800	22.5668	31.9923
DateNum	98x1	double	735969	736113	7.3604...	1.8899...
Date	98x1	double	201501...	20150529	201503...	2.0278...

图2-6　变量的统计信息界面

通过查看工作区变量这些基本的统计信息，有助于在第一层面快速认识我们正在研究的数据。当然，只要大体浏览即可，除非这些统计信息对某个问题有更重要的意义。数据的统计信息是认识数据的基础，但不够直观。更直观也更容易发现数据规律的方式是数据可视化，也就是以图的形式呈现数据的信息。下面我们尝试用MATLAB对这些数据进行可视化。

由于变量比较多，所以有必要对这些变量进行初步的梳理。对于这个问题，一般我们关心收盘价随时间的变化趋势，这样我们就可以初步选定日期（DateNum）和收盘价（Pclose）作为重点研究对象。也就是说，下一步我们要对这两个变量进行可视化。

对于新手，可能还不知道如何绘图。不要紧，在新版MATLAB（2012a以后）"绘图"面板中提供了非常丰富的图例，如图2-7所示。

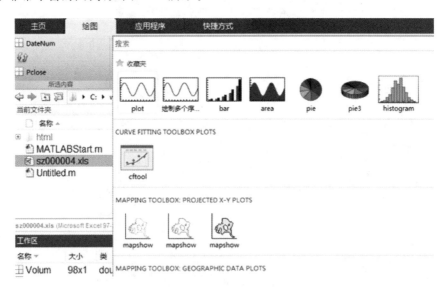

图2-7　MATLAB"绘图"面板中的图例

此处要注意，只有在工作区选中变量后，"绘图"面板中的这些图标才能被激活。一般都会先选第一个图标plot看一下效果，然后再浏览整个面板，看看有没有更合适的。

（2）绘　图

选中变量 DateNum 和 Pclose，在"绘图"面板中单击 plot 图标，马上可以得到这两个变量的可视化结果，如图 2-8 所示。另外，还可以在命令窗口区输入以下命令：

```
>> plot(DateNum,Pclose)
```

由此可知，绘制这样的图直接用 plot 命令就可以了。一般情况下，用这种方式绘制的图往往不能满足我们的要求，比如希望更改：

- 曲线的颜色、线宽、形状；
- 坐标轴的线宽、坐标，增加坐标轴描述；
- 在同一坐标轴中绘制多条曲线。

此时，需要了解更多关于命令 plot 的用法。MATLAB 强大的帮助系统可以帮助我们得到这种期望的结果。最直接获取帮助

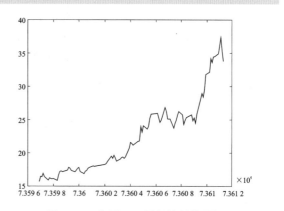

图 2-8　使用 plot 图标绘制的原图

的两个命令是 doc 和 help。对于新手，推荐使用 doc，因为 doc 直接打开的是帮助系统中的某个命令的用法说明，不仅全，而且有应用实例（如图 2-9 所示），"照猫画虎"，直接参考实例就可以将实例快速转化成自己需要的代码。

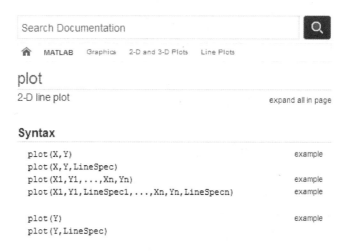

图 2-9　通过 doc 启动的 plot 帮助信息界面

当然，也可以在绘图面板上选择其他图标，这样就可以与 plot 绘制的图进行对照，看哪种绘图形式更适合数据的可视化和理解。一般，我们在对数据进行初步的认识之后，都能够在脑海中勾勒出比较理想的数据呈现形式，所以这时快速浏览一下绘图面板中的可用图标，即可快速选定中意的绘图形式。对于案例中的问题，还是觉得中规中矩的曲线图更容易描绘出收盘价随时间的变化趋势，所以在这个案例中选择 plot 对数据进行可视化。

（3）如何评估股票的价值和风险

从图 2-8 中可以大致看出，一只好的股票，我们希望其走势增幅越大越好，数学体现就是其曲线的斜率越大越好。而对于风险，同样是这样的走势，则用最大回撤来描述更合适。

经过分析,可以确定,接下来要计算曲线的斜率和该股票的最大回撤。首先是如何计算曲线的斜率,这个问题比较简单。从数据的可视化结果来看,数据近似呈线性,所以用多项式拟合的方法拟合该组数据的方程就可以得到斜率。

如何拟合呢? 对于一个新手来说,并不清楚用什么命令。此时就可以用 MATLAB 自带的强大的帮助系统了。在 MATLAB 中打开"主页"选择"帮助"(靠近右侧)就可以打开帮助系统,在搜索框中搜索多项式拟合的关键词 polyfit,立刻就可以列出与该关键词相关的帮助信息。单击其中的命令 polyfit 即可进入该命令的用法页面。另外,也可以直接找中意的案例,将案例中的代码复制过去,修改数据和参数就可以了。

① 使用多项式拟合的命令计算股票的价值。具体代码如下:

```
>> p = polyfit(DateNum,Pclose,1);   % 多项式拟合
>> value = p(1)    % 将斜率赋值给 value,作为股票的价值
value =
     0.1212
```

② 用 help 查询的方法,可以很快得到计算最大回撤的代码:

```
>> MaxDD = maxdrawdown(Pclose);    % 计算最大回撤
>> risk = MaxDD   % 将最大回撤赋值给 risk,作为股票的风险
risk =
     0.1155
```

此时,我们已经找到了评估股票价值和风险的方法,并能够用 MATLAB 来实现。但是,这些都是在命令行中实现的,并不能很方便地修改代码。MATLAB 中最经典的一种用法就是脚本,脚本不仅能够完整地呈现整个问题的解决方法,而且便于维护、完善、执行,优点很多。当我们的探索和开发工作比较成熟以后,通常都会将这些有用的程序归纳整理形成脚本。接下来是如何快速开发解决该问题的脚本。

③ 重新选中数据文件右击,在快捷菜单中选择"导入数据",待启动导入数据引擎后,在"导入所选内容"的下拉列表框中选择"生成脚本",就会得到导入数据的脚本,并保存该脚本。

④ 从命令历史中选择一些有用的命令并复制到脚本中,就很容易得到解决该问题的完整脚本了。具体代码如下:

```
% % MATLAB 入门案例
% % 导入数据
clc, clear, close all
% 导入数据
[~, ~, raw] = xlsread('sz000004.xls','Sheet1','A2:H99');

% 创建输出变量
data = reshape([raw{:}],size(raw));

% 将导入的数组分配给列变量名称
Date = data(:,1);
DateNum = data(:,2);
Popen = data(:,3);
Phigh = data(:,4);
Plow = data(:,5);
Pclose = data(:,6);
Volum = data(:,7);
Turn = data(:,8);
% 清除临时变量
```

```
clearvars dataraw;

%% 数据探索
figure                              % 创建一个新的图像窗口
plot(DateNum,Pclose,'k')            % 更改图的颜色为黑色(打印后不失真)
datetick('x','mm');                 % 更改日期显示类型
xlabel('日期');                     % x 轴说明
ylabel('收盘价');                   % y 轴说明
figure
bar(Pclose)                         % 作为对照图形

%% 股票价值的评估
p = polyfit(DateNum,Pclose,1);      % 多项式拟合
% 分号作为不在命令窗口显示执行结果
P1 = polyval(p,DateNum);            % 得到多项式模型的结果
figure
plot(DateNum,P1,DateNum,Pclose,'*g'); % 模型与原始数据的对照
value = p(1)                        % 将斜率赋值给 value,作为股票的价值

%% 股票风险的评估
MaxDD = maxdrawdown(Pclose);        % 计算最大回撤
risk = MaxDD                        % 将最大回撤赋值给 risk,作为股票的风险
```

到此处,第二阶段的数据探索和建模工作就完成了。

第三阶段:发布

当项目的主要工作完成之后,就进入了项目的发布阶段,换句话说,就是将项目的成果展示出来。通常,展示项目的形式有以下几种:

① 能够独立运行的程序,比如在第二阶段得到的脚本;

② 报告或论文;

③ 软件和应用。

第①种形式在第二阶段已完成;对于第③种形式,更适合大中型项目,当然用 MATLAB 开发应用也比较高效。我们重点关注第②种形式,因为这是比较常用且实用的项目展示形式。

下面继续上面的案例,介绍如何通过 MATLAB 的 publish 功能快速发布报告。

① 打开"发布"选项卡,单击"发布"右侧的下三角按钮,打开下拉列表框,单击"编辑发布"就打开了发布的"编辑配置"界面,如图 2 - 10 所示。

② 根据自己的需要,选择合适的"输出文件格式",默认为 html,但比较常用的是 doc 格式,因为 doc 格式便于编辑,尤其是对于写报告或论文。然后单击"发布"按钮,就可以运行程序了,之后会得到一份详细的运行报告,包括目录、实现过程、主要结果和图,当然也可以配置其他选项来控制是否显示代码等内容。

至此,整个项目就算完成了。在这个过程中,我们并不需要记住很多 MATLAB 命令,只用了少数几个命令,MATLAB 就帮我们完成了想做的事情。通过这个项目,我们可以有这样的基本认识:一是 MATLAB 的使用真的很简单,就像使用一般的办公软件;二是做项目过程中,思路是核心,MATLAB 只是快速实现了我们的想法。

2.1.4　入门后的提高

快速入门是为了让读者快速对 MATLAB 树立信心,有了信心后,提高就是自然而然的事情了。为了帮助读者能够更自如地应用 MATLAB,下面介绍几个入门后提高 MATLAB 使用水平的建议:

图 2 - 10 "编辑配置"界面

① 要了解 MATLAB 最常用的操作技巧和最常用的知识点,基本上是每个项目中都会用到的最基本的技巧。

② 要了解 MATLAB 的开发模式,这样无论项目多复杂,都能灵活面对。

③ 基于项目学习,积累经验和知识。

根据以上三点,大家就可以逐渐变成 MATLAB 高手了,至少可以很自信地使用 MAT-LAB。

2.2 MATLAB 常用操作

MATLAB 常用的操作,除了一些菜单、按钮以外,还有一些标点和操作指令。菜单和按钮都有明显的提示,这里主要介绍常用的标点符号的用法以及操作指令。

2.2.1 常用标点的功能

标点符号在 MATLAB 中的地位极其重要,为确保指令正确执行,标点符号一定要在英文状态下输入。常用标点符号的功能如下:

逗号(,) 用作要显示计算结果的指令与其后面的指令之间的分隔;用作输入量与输入量之间的分隔;用作数组元素的分隔。

分号(;) 用作不显示计算结果指令的结尾标志;用作不显示计算结果的指令与其后面的指令之间的分隔;用作数组的行间分隔。

冒号(:) 用于生成一维数值数组;用于单下标援引时,表示全部元素构成的长列;用于多下标援引时,表示对应维度上的全部。

注释号(%) 由它开头的所有物理行被看作非执行的注释。

单引号(' ') 字符串记述符。

圆括号( ) 数组援引时用;函数指令输入宗量列表时用。

方括号[ ] 输入数组时用;函数指令输出宗量列表时用。

花括号｛｝　元胞数组标记符。

续行号(...)　由三个以上连续黑点构成,可视为其下的物理行是该行的逻辑继续,以构成一个较长的完整指令。

2.2.2　常用操作指令

在 MATLAB 命令窗口中,常见的通用操作指令主要有:

clc　清除命令窗口中显示的内容。

clear　清除 MATLAB 工作空间中保存的变量。

close all　关闭所有打开的图形窗口。

clf　清除图形窗口中的内容。

edit　打开 M 文件编辑器。

disp　显示变量的内容。

2.2.3　指令编辑操作键

↑　前寻调回已输入过的指定行。

↓　后寻调回已输入过的指定行。

Tab　补全命令。

2.3　MATLAB 脚本类型

脚本是 MATLAB 命令的载体,在 MATLAB 中脚本主要有 M 脚本、实时脚本、函数脚本三种类型。

2.3.1　M 脚本

脚本是最简单的程序文件类型,没有输入或输出参数,可用于自动执行一系列 MATLAB 命令,而且便于修改、保存,是 MATLAB 程序的主要载体形式。

通过以下方式可以创建新脚本:

① 选择"主页"→"新建脚本"命令。

② 高亮显示"命令历史记录"中的命令,右击然后选择"创建脚本"命令。

③ 使用 edit 函数。例如,edit new_file_name 可以创建(如果不存在相应文件)并打开 new_file_name 文件。如果 new_file_name 未指定,MATLAB 将打开一个名称为 Untitled 的新文件。

创建脚本后,可以向其中添加代码然后保存代码。例如,将生成 0~100 的随机数的代码保存为 numGenerator.m 的脚本。

```
columns = 10000;
rows = 1;
bins = columns/100;
rng(now);
list = 100 * rand(rows,columns);
histogram(list,bins)
```

保存脚本并使用以下方法之一运行代码:

① 在命令行键入脚本名称并按回车键。例如,要运行 numGenerator. m 脚本,可以键入 numGenerator。

② 选择"编辑器"→"运行"命令。

还可以从第二个程序文件运行代码,为此,需要在第二个程序文件中添加一行含脚本名称的代码。例如,要从第二个程序文件运行 numGenerator. m 脚本,可以将"numGenerator;"行添加到该文件中,MATLAB 会在运行第二个文件时运行 numGenerator. m 中的代码。

脚本执行完毕后,这些变量会保留在 MATLAB 工作区中。在 numGenerator. m 示例中,变量 columns、rows、bins 和 list 仍位于工作区中。要查看变量列表,可以在命令提示符下键入 whos。脚本与交互式 MATLAB 会话和其他脚本共享基础工作区。

编写 MATLAB 代码时,最好添加描述代码的注释,可以使用百分比符号(%)。注释有助于其他人理解代码,并且有助于在稍后返回代码时再度记起。在程序开发和测试期间,还可以通过"%"来注释掉任何不需要运行的代码。

注释行可以出现在程序文件中的任何位置,一般常在代码行末尾附加注释。例如:

```
% Add up all the vector elements.
y = sum(x)                % Use the sum function
```

要注释掉多个代码行,可以使用块注释运算符"%{"和"%}"。这两个运算符必须单独显示在帮助文本块前、后紧邻的行上,但不要在这些行中包括任何其他文本。例如:

```
a = magic(3);
%{
sum(a)
diag(a)
sum(diag(a))
%}
sum(diag(fliplr(a)))
```

要注释掉所选代码行,可以转到"编辑器"选项卡单击 % 按钮或按 Ctrl+R 组合键;要取消注释所选代码行,可以单击 % 按钮或按 Ctrl+T 组合键。

要注释掉跨多行的部分语句,可以使用"..."代替"%"符号。例如:

```
header = ['Last Name, ',      ...
         'First Name, ',      ...
         ...'Middle Initial, ', ...
         'Title']
```

默认情况下,在编辑器中键入注释时,文本在列宽度达到 75 时换行。要更改注释文本换行位置所在的列或者要禁用自动注释换行,可以转到"主页"选项卡,单击"环境"部分的"预设",依次单击"MATLAB"→"编辑器/调试器"→"语言",然后调整右边的各个预设项。

编辑器不会对以下注释换行:

① 代码节标题(以"%%"开头的注释);

② 长的连续文本,例如 URL;

③ 前一行含项目符号的列表项(以"*"或"♯"开头的文本)。

2.3.2　实时脚本

实时脚本是在一个称为实时编辑器的交互式环境中同时包含代码、输出和格式化文本的程序文件。在实时脚本中,可以编写代码并查看生成的输出、图形以及相应的源代码,添加格式化文本、图像、超链接和方程,以创建可与其他人共享的交互式记叙脚本。

1. 创建实时脚本

要在实时编辑器中创建实时脚本,可以转到"主页"选项卡选择"新建实时脚本",也可以在命令行窗口中使用 edit 函数。例如,键入 edit penny.mlx 以打开或创建文件 penny.mlx。为确保创建实时脚本,请指定".mlx"扩展名。如果未指定扩展名,MATLAB 会默认文件的扩展名为".m",这种扩展名仅支持纯代码。

如果已有一个脚本,可以将其以实时脚本方式在实时编辑器中打开。以实时脚本方式打开脚本会创建一个文件副本,并保持原始文件不变。MATLAB 会将原始脚本中的发布标记转换为新实时脚本中的格式化内容。

要通过编辑器将现有脚本(XXX.m)以实时脚本(XXX.mlx)方式打开,可以右击"文档"选项卡然后选择"以实时脚本方式打开 XXX.m";还可以转至"编辑器"选项卡选择"保存"或"另存为",然后将保存类型设置为"MATLAB 实时代码文件(*.mlx)",最后单击"保存"按钮。

注意:必须使用所述的转换方法之一将脚本转换为实时脚本,仅使用".mlx"扩展名重命名该脚本行不通,并可能损坏文件。

2. 添加代码

创建实时脚本后,可以添加并运行代码。例如,添加以下代码可以绘制随机数据向量图,并且在图中的均值处绘制一条水平线。

```
n = 50;
r = rand(n,1);
plot(r)

m = mean(r);
hold on
plot([0,n],[m,m])
hold off
title('Mean of Random Uniform Data')
```

默认情况下,在实时编辑器中输入代码时,MATLAB 会自动补全块结尾、括号和引号。例如,键入 if,然后按回车键,MATLAB 会自动添加 end 语句。

当拆分为两行时,MATLAB 还会自动补全注释、字符向量和字符串。要退出自动补全,可以按 Ctrl+Z 组合键或单击 ➨ 按钮。默认情况下会启用自动补全。要禁用它们,可以转到"主页"选项卡,选择"环境"部分的"预设",依次单击"MATLAB"→"编辑器/调试器"→"自动编码",然后调整右边的各个预设项。

添加或编辑代码时,可以选择和编辑一个矩形区域的代码(也称为列选择或块编辑)。如果要复制或删除多列数据(而不是若干行),或者要一次性编辑多行,该功能非常有用。要选择一个矩形区域,请在选择时按 Alt 键。例如,选择 A 中的第二列数据,键入 0 可将所有选定的值设置为 0,如图 2-11 所示。

```
A = [ 10 20 30 40 50; ...
      60 70 80 90 100;
      110 120 130 140 150];
```

⬇

```
A = [ 10 0 30 40 50; ...
      60 0 80 90 100;
      110 0 130 140 150];
```

图 2-11　实时脚本中矩形区域列编辑功能示意图

3. 运行代码

要运行代码,可以单击代码左侧的斜纹竖条,也可以转到"实时编辑器"选项卡单击"运行"

按钮。当程序正在运行时,系统会在编辑器窗口左上方显示一个状态指示符🔄。代码行左侧的灰色闪烁条指示 MATLAB 正在计算的行。要导航至 MATLAB 正在计算的行,可以单击状态指示符。如果在 MATLAB 运行程序时出错,状态指示符会变为错误图标❗。要导航至相应的错误处,可以单击该图标。

不需要保存实时脚本即可运行它。当确实要保存实时脚本时,MATLAB 会自动使用".mlx"扩展名保存它。例如,转到"实时编辑器"选项卡单击"保存"按钮,然后输入名称,MATLAB 会将实时脚本另存为相应的".mlx"文件。

4. 显示输出

默认情况下,MATLAB 会在代码右侧显示输出,每个输出都会和创建它的代码行并排显示,就像在命令行窗口中一样,如图 2-12 所示。可以向左或向右拖动代码和输出之间的大小栏,以更改输出显示面板的大小。要清除全部输出,可以在脚本中的任意位置右击,然后在弹出的快键菜单中选择"清除所有输出";或者转到"视图"选项卡单击"输出"部分的"清除所有输出"按钮。

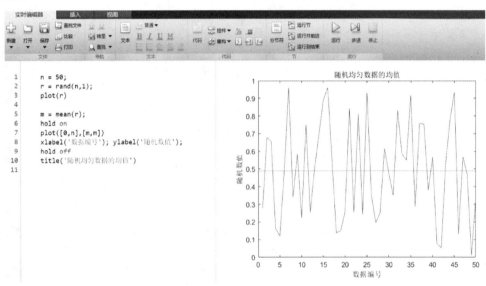

图 2-12　实时脚本右侧显示效果图

滚动时,MATLAB 会将输出与用于生成输出的代码对齐,要禁用输出与代码对齐模式,可以右击输出部分,然后在弹出的快键菜单中选择"禁用同步滚动"。

要使输出内嵌在代码中,可以单击实时脚本右侧的内嵌输出图标▦,也可以转到"视图"选项卡,单击"布局"部分的"内嵌输出"按钮。内嵌输出结果很像一般的报告(如图 2-13 所示),所以,如果要生成或者导出报告,一般选择内嵌输出,但开发的时候,右侧输出更方便些。

5. 设置文本格式

可以将格式化文本、超链接、图像和方程添加到实时脚本中,以创建要与其他人共享的演示文档。例如,将标题和某些介绍性文本添加到 plotRand.mlx,将光标放在实时脚本的顶部,然后在"实时编辑器"选项卡中单击"文本"按钮,一个新的文本行将显示在代码上方。另外,单击工具条上方的方程、超链接、图像等按钮可以插入相应的对象。添加这些丰富的对象,不仅有利于以后更容易读懂代码,还有利于直接生成或导出报告,这也是实时脚本的主要优势。

要在实时编辑器中调整显示的字体大小,可以使用 Ctrl+鼠标滚轮的方式。将实时脚本

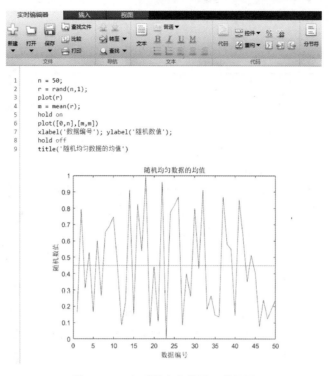

图 2 - 13　实时脚本内嵌显示效果图

导出为 PDF、HTML 或 LaTeX 时，显示字体大小的变化不会保留。

2.3.3　函数脚本

函数脚本（简称函数）是一种特殊的脚本，主要用于承载函数。脚本和函数都允许通过将命令序列存储在程序文件中来重用它们。脚本是最简单的程序类型，因为它们存储命令的方式与在命令行中键入命令完全相同；但函数更灵活，更容易扩展。

在名称为 triarea.m 的文件中创建一个脚本以计算三角形的面积：

```
b = 5;
h = 3;
a = 0.5 * (b. * h)
```

保存文件后，可以从命令行窗口中调用该脚本：

```
>> triarea
a =
    7.5000
```

要使用同一脚本计算另一三角形区域，可以更新 b 和 h 在脚本中的值，每次运行脚本时，它都会将结果存储在名称为 a 的变量（位于基础工作区中）中。

可以通过将脚本转换为函数来提升程序的灵活性，无需每次手动更新脚本。用函数声明语句替换向 b 和 h 赋值的语句。声明包括 function 关键词、输入和输出参数的名称以及函数名称：

```
function a = triarea(b,h)
a = 0.5 * (b. * h);
end
```

保存该文件后，就可以在命令行窗口中调用具有不同的基值和高度值的函数，不用修改脚本：

```
>> a1 = triarea(1,5)
a2 = triarea(2,10)
a3 = triarea(3,6)
a1 =
    2.5000
a2 =
    10
a3 =
    9
```

函数具有自己的工作区，与基础工作区隔开。因此，对函数 triarea 的任何调用都不会覆盖 a 在基础工作区中的值，但该函数会将结果指定给变量 a1、a2 和 a3。

M 脚本、实时脚本和函数脚本各有特点，在实际编程中，可以根据实际情况和各自的优点灵活选择，这样可以让 MATLAB 编程更高效，也更有趣！

2.4　MATLAB 数据类型

MATLAB 包含丰富的数据类型，常用的数据类型如图 2 - 14 所示。其中逻辑、字符、数值、结构体跟常用的编程语言相似，但元胞数组和表类型的数据是 MATLAB 中比较有特色的数据类型，可以重点关注。

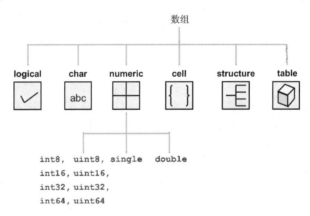

图 2 - 14　MATLAB 常用的数据类型

元胞数组是 MATLAB 中的一种特殊数据类型，可以将元胞数组看作一种无所不包的通用矩阵，或者叫作广义矩阵。组成元胞数组的元素可以是任何一种数据类型的常数或者常量，每一个元素也可以具有不同的尺寸和内存占用空间，每一个元素的内容也可以完全不同，所以元胞数组的元素叫作元胞(cell)。与一般的数值矩阵一样，元胞数组的内存空间也是动态分配的。

表是从 MATLAB 2014a 开始出现的数据类型，在支持数据类型方面与元胞数组相似，能够包含所有的数据类型。表在展示数据及操作数据方面更具优势：表相当于一个小型数据库，在展示数据方面，表就像是 Excel 表格；而在数据操作方面，表类型的数据支持常见的数据库操作，比如插入、查询、修改数据。

比较直观地认识这两种数据类型的方式就是做"实验"，在导入数据引擎中选择"元胞数据"或"表"，然后查看两种方式导入的结果，如图 2 - 15 所示。

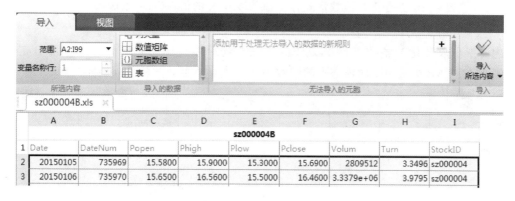

图 2-15　选择"元胞数组"后显示的导入结果

2.4.1　数值类型

MATLAB 中的数值类型包括有符号和无符号整数、单精度和双精度浮点数。默认情况下,MATLAB 以双精度浮点形式存储所有数值,不能更改默认类型和精度,但可以选择以整数或单精度形式存储任何数值或数值数组。与双精度数组相比,以整数和单精度数组形式存储数据更节省内存。所有数值类型都支持基本的数组运算,例如常见的数学运算、重构等。

1. 整　数

MATLAB 具有四个有符号整数类和四个无符号整数类。有符号类型能够处理负整数、正整数,但表示的数字范围不如无符号类型广泛,因为有一个位用于指定数字的正号或负号。无符号类型提供了更广泛的数字范围,这些数字只能为零或正数。

MATLAB 支持以 1 字节、2 字节、4 字节和 8 字节几种形式存储整数数据。如果使用可容纳数据的最小整数类型来存储数据,则可以节省程序内存和执行时间。例如,不需要使用 32 位整数来存储 100。表 2-1 列出了 8 个整数类型以及它们可存储值的范围和创建该类型所需的 MATLAB 转换函数。

默认情况下,MATLAB 以双精度浮点(double)形式存储数值数据。想要以整数形式存储数据,需要将 double 转换为所需的整数类型,如表 2-1 所列。

表 2-1　MATLAB 整数类型、值的范围及转换函数

整数类型	值的范围	转换函数
有符号 8 位整数	$-2^7 \sim 2^7-1$	int8
有符号 16 位整数	$-2^{15} \sim 2^{15}-1$	int16
有符号 32 位整数	$-2^{31} \sim 2^{31}-1$	int32
有符号 64 位整数	$-2^{63} \sim 2^{63}-1$	int64
无符号 8 位整数	$0 \sim 2^8-1$	uint8
无符号 16 位整数	$0 \sim 2^{16}-1$	uint16
无符号 32 位整数	$0 \sim 2^{32}-1$	uint32
无符号 64 位整数	$0 \sim 2^{64}-1$	uint64

例如,想要以 16 位有符号整数形式存储赋给变量 x 的值 325,可以键入:

```
x = int16(325);
```

想要把小数转化为整数,MATLAB 将会舍入到最接近的整数。如果小数部分正好是 0.5,则 MATLAB 会从两个同样邻近的整数中选择绝对值更大的整数。例如:

```
x = 325.499;
int16(x)
ans =
      int16
   325
x = x + .001;
int16(x)
ans =
   int16
   326
```

如果需要使用非默认舍入方案对数值进行舍入,MATLAB 中提供了四种舍入函数: round(四舍五入)、fix(朝零四舍五入)、floor(向下取整)和 ceil(向上取整)。fix 函数能够覆盖 默认的舍入方案,并朝零舍入(如果存在非零的小数部分)。例如:

```
x = 325.9;
int16(fix(x))
ans =
   int16
   325
```

另外,涉及整数和浮点数的算术运算始终生成整数类型数据,MATLAB 会在必要时根据 默认的舍入算法对结果进行舍入。以下是生成 1426.75 的确切答案,MATLAB 将该数值舍 入到下一个最高的整数:

```
int 16(325) * 4.39
ans =
   int16
   1427
```

想要将其他类型(例如字符串)转换为整数类型,可以使用这些整数转换函数。例如:

```
str = 'Hello World';
int8(str)
ans =
  1×11 int8 row vector
    72   101   108   108   111    32    87   111   114   108   100
```

如果将 NaN 值转换为整数类型,则结果为该整数类型中的 0 值。例如:

```
int32(NaN)
ans =
  int32
   0
```

2. 浮点数

MATLAB 以双精度或单精度形式表示浮点数,默认为双精度,但可以通过一个简单的转 换函数将任何数值转换为单精度数值。由于 MATLAB 使用 32 位来存储 single 类型的数值, 因此与使用 64 位的 double 类型的数值相比,前者需要的内存更少。由于它们是使用较少的 位存储的,因此 single 类型的数值所呈现的精度要低于 double 类型的数值。

一般使用双精度来存储大于 $3.4 \times 1\ 038$ 或约小于 $-3.4 \times 1\ 038$ 的值。对位于这两个范 围之间的数值,既可以使用双精度,也可以使用单精度,但单精度需要的内存更少。

由于 MATLAB 的默认数值类型为 double,因此可以用一个简单的赋值语句来创建 double 值。例如:

```
x = 25.783;
whos x
  Name          Size          Bytes  Class
  x             1x1               8  double
```

whos 函数显示,MATLAB 在 x 中存储的值创建了一个 double 类型的 1×1 数组。

如果只想验证 x 是否为浮点数,可以使用 isfloat。如果输入为浮点数,则此函数将返回逻辑值 1(true),否则返回逻辑值 0(false)。例如:

```
isfloat(x)
ans =
  logical
   1
```

使用 double 函数可以将其他数值数据、字符或字符串以及逻辑数据转换为双精度值。例如,将有符号整数转换为双精度浮点数:

```
y = int64( -589324077574);        % Create a 64 - bit integer
x = double(y)                     % Convert to double
x =
  -5.8932e + 11
```

默认情况下,由于 MATLAB 以双精度浮点形式存储数值数据,因此需要使用 single 函数转换为单精度数。例如:

```
x = single(25.783);
xAttrib = whos('x');
xAttrib.bytes
ans =
    4
```

在结构体中 whos 函数用于返回变量 x 的属性。此结构体的 bytes 字段显示,当以 single 形式存储 x 时,该变量仅需要 4 字节;当以 double 形式存储 x 时,需要 8 字节。

使用 single 函数可以将其他数值数据、字符或字符串以及逻辑数据转换为单精度值。例如,将有符号整数转换为单精度浮点数:

```
y = int64( -589324077574);        % Create a 64 - bit integer
x = single(y)                     % Convert to single
x =
  single
  -5.8932e + 11
```

2.4.2 字符类型

字符数组和字符串数组用于存储 MATLAB 中的文本数据,具体含义如下:

① 字符数组是一个字符序列,就像数值数组是一个数字序列一样。它的一个典型用途是将短文本片段存储为字符向量,如 c = 'Hello World'。

② 字符串数组是文本片段的容器,它提供一组用于将文本处理为数据的函数。从 R2017a 开始,可以使用双引号创建字符串,例如 str = "Greetings friend"。要将数据转换为字符串数组,可以使用 string 函数。

将字符序列放在单引号中可以创建一个字符数组。例如:

```
chr = 'Hello, world'
chr =
    'Hello, world'
```

字符向量为 char 类型的 $1 \times n$ 数组。在计算机编程中，字符串是表示 $1 \times n$ 字符数组的常用术语，但是，从 R2016b 开始，MATLAB 同时提供 string 数据类型，因此 $1 \times n$ 字符数组在 MATLAB 文档中称为字符向量。例如：

```
whos chr
  Name        Size        Bytes       Class       Attributes
  chr         1x12           24       char
```

如果文本中包含单个引号，则可以在分配字符向量时放入两个引号。例如：

```
newChr = 'You''re right'
newChr =
    'You're right'
% uint16 等函数将字符转换为其数值代码
chrNumeric = uint16(chr)
chrNumeric =
  1 × 12 uint16 row vector
    72   101   108   108   111    44    32   119   111   114   108   100
```

char 函数可以将整数向量重新转换为字符，例如：

```
chrAlpha = char([72 101 108 108 111 44 32 119 111 114 108 100])
chrAlpha =
    'Hello, world'
```

字符数组是 $m \times n$ 的，而 m 并非始终为 1。将两个或更多个字符向量结合在一起创建字符数组，称其为串联。它是针对串联矩阵部分中的数值数组进行解释的。与数值数组一样，也可以垂直或水平组合字符数组，以创建新的字符数组。但是，建议将字符向量存储在元胞数组中，而不是使用 $m \times n$ 字符数组。元胞数组为弹性容器，可更轻松地存储长度不同的字符向量。

想要将字符向量合并到二维字符数组中，可以使用方括号或 char 函数。

应用 MATLAB 串联运算符"[ ]"，可以使用分号(;)分隔每一行，而每一行都必须包含相同数量的字符。例如，合并长度相同的三个字符向量：

```
devTitle = ['Thomas R. Lee'; ...
            'Sr. Developer'; ...
            'SFTware Corp.']
devTitle =
  3 × 13 char array
    'Thomas R. Lee'
    'Sr. Developer'
    'SFTware Corp.'
```

如果字符向量的长度不同，则可以根据需要用空格字符填充。例如：

```
mgrTitle = ['Harold A. Jorgensen        '; ...
            'Assistant Project Manager'; ...
            'SFTware Corp.             ']
mgrTitle =
  3 × 25 char array
    'Harold A. Jorgensen      '
    'Assistant Project Manager'
    'SFTware Corp.            '
```

如何调用 char 函数？如果字符向量的长度不同，则可以用 char 函数尾随空格填充较短

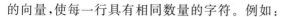

的向量,使每一行具有相同数量的字符。例如:

```
mgrTitle = char('Harold A. Jorgensen', ...
    'Assistant Project Manager', 'SFTware Corp.')
mgrTitle =
  3 × 25 char array
    'Harold A. Jorgensen      '
    'Assistant Project Manager'
    'SFTware Corp.            '
```

想要将字符向量合并到一个行向量中,可以使用方括号或 strcat 函数。

应用 MATLAB 串联运算符"[]",可以用逗号或空格分隔输入字符向量。此方法可保留输入数组中的任何尾随空格。例如:

```
name    = 'Thomas R. Lee';
title   = 'Sr. Developer';
company = 'SFTware Corp.';
fullName = [name ', ' title ', ' company]
```

MATLAB 返回:

```
fullName =
    'Thomas R. Lee, Sr. Developer, SFTware Corp.'
```

调用串联函数 strcat,可以删除输入中的尾随空格。例如,组合字符向量以创建一个假设的电子邮件地址:

```
name   = 'myname';
domain = 'mydomain';
ext    = 'com';
address = strcat(name, '@', domain, '.', ext)
MATLAB 返回
address =
    'myname@mydomain.com'
```

2.4.3　日期和时间

日期和时间数据类型 datetime、duration 和 calendarDuration 支持高效的日期和时间计算、比较以及格式化显示方式。这些数组的处理方式与数值数组的处理方式相同,可以对日期和时间值执行加法、减法、排序、比较、串联和绘图等操作,还可以将日期和时间以数值数组或文本形式表示。

下面用示例说明如何使用冒号运算符(:)生成 datetime 或 duration 值的序列。该方法与创建规律间隔数值向量的方法相同。

例如,从 2013 年 11 月 1 日开始至 2013 年 11 月 5 日结束,创建日期时间值的序列,默认步长为一个日历天。

```
t1 = datetime(2013,11,1,8,0,0);
t2 = datetime(2013,11,5,8,0,0);
t = t1:t2
t = 1x5 datetime array
Columns 1 through 3
   01 - Nov - 2013 08:00:00   02 - Nov - 2013 08:00:00   03 - Nov - 2013 08:00:00
Columns 4 through 5
   04 - Nov - 2013 08:00:00   05 - Nov - 2013 08:00:00
```

也可以使用 caldays 函数指定步长为 2 个日历天:

```
t = t1:caldays(2):t2
t = 1x3 datetime array
```

```
  01 - Nov - 2013 08:00:00    03 - Nov - 2013 08:00:00    05 - Nov - 2013 08:00:00
```

也可以用"天"以外的其他单位指定步长,比如创建间隔为 18 h 的日期时间值序列:

```
t = t1:hours(18):t2
t = 1x6 datetime array
Columns 1 through 3
  01 - Nov - 2013 08:00:00    02 - Nov - 2013 02:00:00    02 - Nov - 2013 20:00:00
Columns 4 through 6
  03 - Nov - 2013 14:00:00    04 - Nov - 2013 08:00:00    05 - Nov - 2013 02:00:00
```

还可以使用 years、days、minutes 和 seconds 函数,以其他固定长度的日期和时间单位创建日期时间和持续时间的序列。比如,创建 0～3 min 的 duration 值序列,增量为 30 s:

```
d = 0:seconds(30):minutes(3)
d = 1x7 duration array
    0 sec    30 sec    60 sec    90 sec    120 sec    150 sec    180 sec
```

2.4.4　元胞数组

元胞数组是一种包含名为元胞的索引数据容器的数据类型,其中的每个元胞都可以包含任意类型的数据。元胞数组通常包含文本字符串列表、文本和数字的组合或不同大小的数值数组。例如,将索引括在圆括号中可以引用元胞集,使用花括号进行索引可以访问元胞的内容。

1. 创建元胞数组

想要创建元胞数组,可以使用"{}"运算符或 cell 函数。比如,想要将数据放入一个元胞数组中,可以使用元胞数组构造运算符"{}"来创建该数组:

```
myCell = {1, 2,3;
          'text', rand(5,10,2), {11; 22; 33}}
myCell = 2x3 cell array
    {[   1]}    {[        2]}    {[        3]}
    {'text'}    {5x10x2 double}    {3x1 cell}
```

与所有 MATLAB 数组一样,元胞数组也是矩形的,每一行中具有相同的元胞数。myCell 是一个 2×3 元胞数组。

也可以使用"{}"运算符创建一个空的 0×0 元胞数组。例如:

```
C = {}
C =
  0x0 empty cell array
```

想要随时间推移或者循环向元胞数组添加值,可以使用 cell 函数创建一个空的 N 维数组。例如:

```
emptyCell = cell(3,4,2)
emptyCell = 3x4x2 cell array
emptyCell(:,:,1) =

    {0x0 double}    {0x0 double}    {0x0 double}    {0x0 double}
    {0x0 double}    {0x0 double}    {0x0 double}    {0x0 double}
    {0x0 double}    {0x0 double}    {0x0 double}    {0x0 double}
emptyCell(:,:,2) =
    {0x0 double}    {0x0 double}    {0x0 double}    {0x0 double}
    {0x0 double}    {0x0 double}    {0x0 double}    {0x0 double}
    {0x0 double}    {0x0 double}    {0x0 double}    {0x0 double}
```

emptyCell 是一个 3×4×2 的元胞数组,其中每个元胞中包含一个空的数组[]。

2. 访问元胞数组中的数据

引用元胞数组的元素有两种方法：将索引括在圆括号中以引用元胞集，例如，用于定义一个数组子集；将索引括在花括号中以引用各个元胞中的文本、数字或其他数据。

下面用示例说明如何在元胞数组中读取和写入数据。首先创建一个由文本和数值数据组成的 2×3 元胞数组：

```
C = {'one', 'two', 'three';
     1, 2, 3}
C = 2x3 cell array
    {'one'}    {'two'}    {'three'}
    {[   1]}   {[   2]}   {[     3]}
```

然后使用圆括号来引用元胞集，例如，要创建一个属于 C 的子集的 2×2 元胞数组：

```
upperLeft = C(1:2,1:2)
upperLeft = 2x2 cell array
    {'one'}    {'two'}
    {[   1]}   {[   2]}
```

也可以通过将元胞集替换为相同数量的元胞来更新这些元胞集，例如，将 C 的第一行中的元胞替换为大小相等（1×3）的元胞数组：

```
C(1,1:3) = {'first','second','third'}
C = 2x3 cell array
    {'first'}    {'second'}    {'third'}
    {[    1]}    {[    2]}     {[    3]}
```

如果数组中的元胞包含数值数据，可以使用 cell2mat 函数将这些元胞转换为数值数组。例如：

```
NumericCells = C(2,1:3)
numericCells = 1x3 cell array
    {[1]}    {[2]}    {[3]}
numericVector = cell2mat(numericCells)
numericVector = 1×3
    1    2    3
```

numericCells 是一个 1×3 的元胞数组，但 numericVector 是一个 double 类型的 1×3 元胞数组。

可以使用花括号来访问元胞的内容，即元胞中的数字、文本或其他数据。例如，要访问 C 的最后一个元胞的内容：

```
last = C{2,3}
last = 3
```

last 为一个 double 类型的数值变量，因为该元胞包含 double 值。

同样，也可以使用花括号进行索引来替换元胞的内容。例如：

```
C{2,3} = 300
C = 2x3 cell array
    {'first'}    {'second'}    {'third'}
    {[    1]}    {[    2]}     {[   300]}
```

使用花括号进行索引来访问多个元胞的内容时，MATLAB 会以逗号分隔的列表形式返回这些元胞的内容。因为每个元胞可以包含不同类型的数据，所以无法将此列表分配给单个变量。但是，可以将此列表分配给与元胞数量相同的变量，MATLAB 将按列顺序赋给变量，比如将 C 的四个元胞的内容赋给四个变量：

```
[r1c1, r2c1, r1c2, r2c2] = C{1:2,1:2}
r1c1 =
'first'
r2c1 = 1
r1c2 =
'second'
r2c2 = 2
```

如果每个元胞都包含相同类型的数据,则可以将数组串联运算符"[ ]"应用于逗号分隔的列表来创建单个变量。比如,将第二行的内容串联到数值数组中:

```
nums = [C{2,:}]
nums = 1×3
    1    2    300
```

2.4.5 表 格

表格(table)形式的数组,可以指定不同数据类型的列。表格由若干行向变量和若干列向变量组成,每个变量可以具有不同的数据类型和大小。表格最直观的理解就是一个包含不同数据类型的 Excel 表格,也可以将表格看成是一个数据库,表格通常简称为表。

使用表可方便地存储混合类型的数据,通过数值索引或命名索引访问数据以及存储数据。在实际应用中,经常使用表数据类型,尤其是涉及多种形式的数据时。

创建表格通常用会到表 2-2 中所列的函数。

表 2-2 表格相关函数

函 数	作 用
table	具有命名变量的表数组(变量可包含不同类型的数据)
array2table	将同构数组转换为表
cell2table	将元胞数组转换为表
struct2table	将结构体数组转换为表
table2array	将表转换为同构数组
table2cell	将表转换为元胞数组
table2struct	将表转换为结构体数组
table2timetable	将表转换为时间表
timetable2table	将时间表转换为表

例如,在表中存储一组患者的数据,该数据可用于执行计算,之后将结果存储在同一个表中。

首先,需要创建包含患者数据的工作区变量,这些变量可以是任何数据类型,但必须具有相同的行数。

```
LastName = {'Sanchez';'Johnson';'Li';'Diaz';'Brown'};
Age = [38;43;38;40;49];
Smoker = logical([1;0;1;0;1]);
Height = [71;69;64;67;64];
Weight = [176;163;131;133;119];
BloodPressure = [124 93; 109 77; 125 83; 117 75; 122 80];
```

然后创建一个表 T 作为工作区变量的容器:

```
T = table(LastName,Age,Smoker,Height,Weight,BloodPressure)
T = 5×6 table
```

```
    LastName      Age     Smoker     Height     Weight     BloodPressure
    _____     ___     _____     _____     _____     _____

    'Sanchez'     38      true       71         176        124       93
    'Johnson'     43      false      69         163        109       77
    'Li'          38      true       64         131        125       83
    'Diaz'        40      false      67         133        117       75
    'Brown'       49      true       64         119        122       80
```

一个表变量可以有多个列,例如 T 中的 BloodPressure 变量是一个 5×2 数组。

可以使用点索引来访问表变量。例如,使用 T.Height 中的值计算患者的平均身高:

```
meanHeight = mean(T.Height)
meanHeight = 67
```

想要计算体重指数(BMI)并将其添加为新的表变量,可以使用圆点语法,在一个步骤中添加和命名表变量:

```
T.BMI = (T.Weight * 0.453592)./(T.Height * 0.0254).^2
T = 5×7 table
    LastName      Age     Smoker     Height     Weight     Blood     Pressure     BMI
                                     _____     _____     _____     _____     _____

    'Sanchez'     38      true       71         176        124       93           24.547
    'Johnson'     43      false      69         163        109       77           24.071
    'Li'          38      true       64         131        125       83           22.486
    'Diaz'        40      false      67         133        117       75           20.831
    'Brown'       49      true       64         119        122       80           20.426
```

也可以添加对 BMI 计算的描述并且对表进行注释,通过 T.Properties 访问的元数据来对 T 及其变量进行注释:

```
T.Properties.Description = 'Patient data, including body mass index (BMI) calculated using Height and Weight';
T.Properties
ans = struct with fields:
       Description: 'Patient data, including body mass index (BMI) calculated using Height and Weight'
          UserData: []
    DimensionNames: {'Row'  'Variables'}
     VariableNames: {'LastName'  'Age'  'Smoker'  'Height'  'Weight'  'BloodPressure'  'BMI'}
VariableDescriptions: {}
     VariableUnits: {}
VariableContinuity: []
          RowNames: {}
```

2.5　程序结构

2.5.1　标识命令

MATLAB 程序结构主要包括条件语句和循环语句,常用命令如表 2-3 所列。

表 2-3　MATLAB 程序结构的常用命令

函　　数	作　　用
if, elseif, else	条件为 true 时执行语句
for	用来重复指定次数的 for 循环
parfor	并行 for 循环
switch, case, otherwise	执行多组语句中的一组

续表 2 - 3

函　　数	作　　用
try, catch	执行语句并捕获产生的错误
while	条件为 true 时重复执行 while 循环
break	终止执行 for 或 while 循环
continue	将控制权传递给 for 或 while 循环的下一迭代
end	终止代码块或指示最大数组索引
pause	暂时停止执行 MATLAB
return	将控制权返回给调用函数

2.5.2　条件语句

条件语句可用于在运行时选择要执行的代码块。最简单的条件语句为 if 语句,例如:

```
% Generate a random number
a = randi(100, 1);
% it is even, divide by 2
if rem(a, 2) == 0
    disp('a is even')
    b = a/2;
end
```

使用可选关键词 elseif 或 else,if 语句中可以包含备用选项,例如:

```
a = randi(100, 1);
if a < 30
    disp('small')
elseif a < 80
    disp('medium')
else
    disp('large')
end
```

如果希望针对一组已知值测试相等性,则可以使用 switch 语句。例如:

```
[dayNum, dayString] = weekday(date, 'long', 'en_US');
switch dayString
    case 'Monday'
        disp('Start of the work week')
    case 'Tuesday'
        disp('Day 2')
    case 'Wednesday'
        disp('Day 3')
    case 'Thursday'
        disp('Day 4')
    case 'Friday'
        disp('Last day of the work week')
    otherwise
        disp('Weekend!')
end
```

对于 if 和 switch,MATLAB 执行与第一个 true 条件相对应的代码,然后退出该代码块。每个条件语句都需要 end 关键词。

一般而言,如果有多个可能的离散已知值,那么读取 switch 语句比读取 if 语句更容易;但是,无法测试 switch 和 case 值之间的不相等性。例如,无法使用 switch 实现以下类型的条件：

```
yourNumber = input('Enter a number: ');
if yourNumber < 0
    disp('Negative')
elseif yourNumber > 0
    disp('Positive')
else
    disp('Zero')
end
```

2.5.3　循环语句

使用循环控制语句，可以重复执行代码块。循环有两种类型：

① for 语句：循环特定次数，并通过递增的索引变量跟踪每次迭代。例如，预分配一个 10 元素的向量并计算 5 个值：

```
x = ones(1,10);
for n = 2:6
    x(n) = 2 * x(n - 1);
end
```

② while 语句：只要条件仍然为 true 就进行循环。例如，计算使 factorial(n)成为 100 位数的第一个整数 n：

```
n = 1;
nFactorial = 1;
while nFactorial < 1e100
    = n + 1;
    nFactorial = nFactorial * n;
end
```

每个循环都需要 end 关键词标识循环结构的结束。最好对循环进行缩进处理以便于阅读，特别是使用嵌套循环时（即一个循环包含另一个循环）。例如：

```
A = zeros(5,100);
for m = 1:5
    for n = 1:100
        A(m, n) = 1/(m + n - 1);
    end
end
```

可以使用 break 语句以编程方式退出循环，也可以使用 continue 语句跳到循环的下一次迭代。例如，计算 magic 函数帮助中的行数（即空行之前的所有注释行）：

```
fid = fopen('magic.m','r');
count = 0;
while ~feof(fid)
    line = fgetl(fid);
    if isempty(line)
        break
    elseif ~strncmp(line,'%',1)
        continue
    end
    count = count + 1;
end
fprintf('% d lines in MAGIC help\n',count);
fclose(fid);
```

2.6　MATLAB 开发模式

2.6.1　命令行模式

命令行模式即在命令行窗口区进行交互式的开发模式。命令行模式非常灵活,能够很快给出结果,所以该模式特别适合单个小型科学计算问题的求解,比如解方程、拟合曲线等;也比较适合项目的探索分析、建模等工作,比如在入门案例中介绍的数据绘图、拟合、求最大回撤。命令行模式的缺点是不便于重复执行,也不便于自动化执行科学计算任务。

2.6.2　脚本模式

脚本模式是 MATLAB 最常见的开发模式,当 MATLAB 入门之后您会发现很多工作都是通过脚本模式进行的,比如在入门案例中产生的脚本就是在脚本模式下产生的开发结果。在该模式下,可以很方便地进行代码修改,可以继续更复杂的任务。脚本模式的优点是便于重复执行计算,并且可以将整个计算过程保存在脚本中,所以可移植性比较高,非常灵活。

2.6.3　面向对象模式

面向对象编程是一种正式的编程方法,它将数据和相关操作(方法)合并到逻辑结构(对象)中。该方法可提升管理软件复杂性的能力——在开发和维护大型应用与数据结构时尤为重要。MATLAB 语言的面向对象编程功能可以让您以比其他语言(例如 C++、C♯和 Java)更快的速度开发复杂的技术运算应用程序。您能够在 MATLAB 中定义类并应用面向对象的标准设计模式,可实现代码重用、继承、封装以及参考行为,无需费力执行其他语言所要求的那些低级整理工作。

MATLAB 面向对象开发模式更适合稍微复杂一些的项目,更直接地说,就是更有效地组织程序的功能模块,便于项目的管理、重复使用,同时使得项目更简洁、更容易维护。

2.6.4　三种模式的配合

MATLAB 的三种开发模式并不是孤立的,而是相互配合,不断提升。在项目的初期,基本是以命令行的脚本模式为主,然后逐渐形成脚本,随着项目成熟度的不断提升,功能的不断扩充,这时就需要使用面向对象的开发模式,逐渐将功能模块改写成函数的形式,加强程序的重复调用。当然,即使项目的成熟度已经很高,仍然需要在命令行模式测试函数、测试输出等工作,并且新增的功能也需要在脚本模式状态进行完善。所以说,三种模式的有效配合是项目代码不断精炼、不断提升的过程,三种模式的配合如图 2－16 所示。

现在对入门案例进行扩展,假如现在有 10 支股票的数据,那么如何选择一个投资价值大且风险比较小的股票呢?

假设已经通过命令行模式和脚本模式创建了选择评价 1 支股票价值和风险的脚本,显然,将该脚本重复执行 10 次再进行筛选也能完成任务;但是当股票数达到上千支时,完成任务就比较困难了。我们还是希望程序能够自动完成筛选过程,于是就要用到面向对象的编程模型,将需要重复使用的脚本抽象成函数,这样才更容易完成项目。

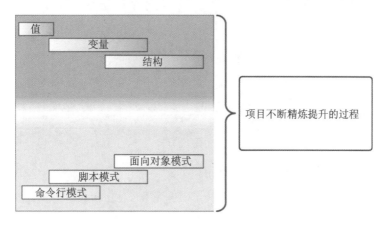

图 2 - 16 MATLAB 三种模式的配合

2.7 本章小结

本章用一个简单的例子告诉读者,如何把 MATLAB 当作工具使用,从而实现了 MAT-LAB 的快速入门。这与传统学习编程基础有很大不同,因为我们倡导的理念是"在应用中学习"。与此同时,通过一个引例介绍了 MATLAB 最实用也最常用的几个操作技巧,这样读者就能够灵活使用这几个技巧,解决各种科学计算问题。为了拓展 MATLAB 的知识面,本章还介绍了 MATLAB 中常用的知识点和操作技巧,比如数据类型、常用的操作指令、脚本类型、程序结构和开发模式等。

参考文献

[1] 周英,卓金武,卞月青. 大数据挖掘:系统方法与实例分析[M]. 北京:机械工业出版社,
　　 2016.

第二篇 技术篇

本篇是技术的主体部分,系统介绍了 MATLAB 建模的主流技术。本篇按照数学建模的类型分为五个方面:

(1) 第 3~6 章主要介绍数据建模技术,包括数据的准备、常用的数据建模方法、机器学习方法、灰色预测方法、神经网络方法以及小波分析方法。

(2) 第 7~9 章主要介绍优化技术,包括标准规划模型的求解、MATLAB 全局优化算法。虽然蚁群算法也是比较经典的全局优化算法,但其不包含在全局优化工具箱中,所以单独进行了介绍。

(3) 第 10 章介绍连续模型的 MATLAB 求解方法。

(4) 第 11 章介绍评价模型的 MATLAB 求解方法。

(5) 第 12 章介绍机理建模的 MATLAB 实现方法。

第 3 章

数据建模基础

数据准备是数据建模的基础,本章将对数据准备过程中的三个环节(数据的获取、数据的预处理以及数据的质量分析)进行介绍。

3.1 数据的获取

3.1.1 从 Excel 中读取数据

下面介绍 MATLAB 与 Excel 交互经常用到的两个数据读/写函数。首先是将数据从 Excel 读入 MATLAB 中,例如:

```
>> a = xlsread('D:\CO2.xlsx',2,'A1:B5')
a =
  1.0e+003 *
    1.9600    0.3169
    1.9610    0.3176
    1.9620    0.3185
    1.9630    0.3190
    1.9640    0.3196
```

其中,xlsread 命令可以实现在 MATLAB 中读入 Excel 数据(其他字符亦可);'D:\CO2.xlsx' 表示读入数据的路径以及 Excel 文件的名称;2 表示位于 sheet2 中;'A1:B5' 表示需要读入数据的范围。

理解了 xlsread 函数,xlswrite 函数就不难理解了,例如:

```
>> xlswrite('D:\CO2.xlsx',a,3,'B1:C5')
```

其中,xlswrite 命令可以实现从 MATLAB 中向 Excel 写入数据;'D:\CO2.xlsx' 表示写入数据的路径以及 Excel 文件的名称,如果指定位置不存在指定的 Excel 文件,MATLAB 会自动创建工作簿;a 表示待写入的数据;3 表示 sheet3;'B1:C5' 表示写入 Excel 中的具体位置。

注意,不要在 MATLAB 读/写操作时打开 Excel 文件,这样有可能使程序终止运行。

xlsread 函数和 xlswrite 函数非常实用,因为在数学建模中经常会用到大量数据,如果这些数据全部贴在程序中则显然不美观,也影响可读性,放在 Excel 中是一个极好的方法,然后用 xlsread 命令读取,用 xlswrite 函数写入。笔者曾用 MATLAB 开发过大型机器人爬虫技术,然后把爬虫程序部署在商业服务器上运行。由于 Excel 存储能力很强,且设置了定时运行,因此每次爬下的 100 多万条数据都可以很方便地自动写入 Excel 中。

3.1.2 从 TXT 中读取数据

可以使用 load 函数读入 TXT 文本文件内容,其调用格式如下:

```
load('***.txt')
```

例如,利用 load 函数完成一个存储过程:

```
≫  a = linspace(1,30,8);
≫  save d:\exper.txt a - ascii;
≫  b = load('d:\exper.txt')

b =

  1.0000    5.1429    9.2857   13.4286   17.5714   21.7143   25.8571   30.0000
```

有关上面程序的功能:save d:\exper.txt a -ascii 可以实现钭变量 a 以 ASCII 码形式存储在 D 盘的 exper.txt 文件中,如果不存在名为 exper.txt 的文件,MATLAB 可以自动创建 exper.txt 义件。

如果 TXT 文件中存储了不同类型的字符或者数据,分类读取数据就需要使用 textread 函数了,用它读取信息的好处是,控制输出更精准以及不需要使用 fopen 命令打开文件就可以直接读取 TXT 里的内容。其语法格式如下:

```
[A,B,C,…] = textread('filename','format',N,'headerlines',M)
```

其中,filename 表示需要读入的 TXT 文件名称;format 表示读出变量的字段格式;N 表示读取的次数,每次读取一行;headerlines 表示从第 $M+1$ 行开始读入。

例如,读入表 3-1 中的数据,调用格式如下:

```
≫  [name,type,x,y,answer] = textread('D:\t.txt','%s Type%d %f %n %s',2,...
'headerlines',1)
```

表 3-1 数 据

names	types	x	y	answer
Bill	Type1	5.4	89	Yes
Mark	Type4	2.589	20	Yes
Jimmy	Type3	0.51	16	No
Lucy	Type2	2.1	70	Uncertain

因为 t.txt 文本中不包含表头信息,所以程序输出结果如下:

```
name =
    'Mark'
    'Jimmy'
type =
    4
    3
x =
    2.5890
    0.5100
y =
    20
```

```
    16
answer =

    'Yes'
    'No'
```

实际上,MATLAB 可以读取多种扩展名的文本文件,例如读取 M 文件汉字字符信息。汉字字符在较低的 MATLAB 版本中是无法读取的,会发生乱码,但如果采用其他方式读取,就可以避免这个问题。例如:

```
% 函数 fopen 打开文件,r 表示只读形式打开,w 表示写入形式打开,a 表示在文件末尾添加内容
% 注意:这里读取的不是 TXT 文件,而是 MATLAB 自带的 M 文件
>> fid = fopen('D:\CRM4.m','r');
% 以字符形式读取整个文本
>> var = fread(fid,'*char');

% 将中文字段转换为相应的 2 字节的代码,否则输出有可能会乱码
>> var = native2unicode(var)'

% 输出结果
var =

INSERT INTO temp1('买家会员名','收货人姓名','订单创建时间','当日购买总金额','当日购买商品总数量','当
日购买商品种类')
SELECT '买家会员名','收货人姓名',LEFT('订单创建时间',10) '订单创建时间',SUM('总金额') '当日购买总金额
',SUM('商品总数量') '当日购买商品总数量',SUM('商品种类') '当日购买商品种类'
from fcorderbefore
where '订单状态' <> "交易关闭"
and '订单状态' <> "等待买家付款"
and '商品标题' not like "%专拍%"
and '商品标题' not like "%补邮%"
and '商品标题' not like "%邮费%"
and '买家实际支付金额' '/' 商品总数量' > 2
GROUP BY '买家会员名','收货人姓名',LEFT('订单创建时间',10);

% 关闭刚才打开的文件
>> fclose(fid);
```

如果在数学建模过程中遇到海量数据(如 1 000 万条以上),我们就需要借助 MATLAB 与数据库系统的对接了。目前实际建模遇到的问题还不足以启动 MATLAB 与数据库系统(如 MYSQL)的接口,但未来数学建模增加"大数据"处理的能力定是趋势之一。

这里只介绍常用的 fprintf 函数,该函数能把 MATLAB 里的信息写入 TXT 中,使用起来非常方便,尤其是控制写入的精度。举例来说,%6.2f 表示写入 TXT 的数据是浮点型的,输出的宽度是 6,精确到小数点 2 位。我们在 MATLAB 命令窗口输入以下命令:

```
>> file_h = fopen('D:\math114.txt','w');
>> fprintf(file_h, '%6.2f %12.8f', 3.14, 2.718);
>> fprintf(file_h, '\n %6f %12f', 3.14, -2.718);
>> fprintf(file_h, '\n %.2f %.8f', 3.14, -2.718);
>> fclose(file_h);
```

与 Excel 类似,如果在指定的硬盘位置找不到指定文件,则 MATLAB 会自动创建名为 math114.txt 的文件。程序输出结果如下:

```
3.14        2.71800000
3.140000   -2.718000
3.14       -2.71800000
```

由于能否正确换行跟 Windows 系统版本有很大关系,所以如果上述指令不能正确地换

行,则需要把换行字符\n 改成\r\n,以达到预期效果:

```
>> file_h = fopen('D:\math114.txt','w');
>> fprintf(file_h, '%6.2f %12.8f', 3.14, 2.718);
>> fprintf(file_h, '\r\n %6f %12f', 3.14, -2.718);
>> fprintf(file_h, '\r\n %.2f %.8f', 3.14, -2.718);
>> fclose(file_h);
```

3.1.3　读取图像

图像数据也是数学建模中常见的数据形式,比如 2013 年碎纸机切割问题的数据就是图像形式的。MATLAB 中读取图像的常用函数为 imread,其用法如下:

```
A = imread(filename)
A = imread(filename,fmt)
A = imread(___,idx)
A = imread(___,Name,Value)
[A,map] = imread(___)
[A,map,transparency] = imread(___)
```

其中,A 为返回的数组,用于存放图像中的像素矩阵。

例如,2013 年的碎纸机切割问题可以用下面的代码来实现图像数据的获取。

```
%% 读取图像
clc, clear, close all
a1 = imread('000.bmp');
[m,n] = size(a1);
%% 批量读取图像
dirname = 'ImageChips';
files = dir(fullfile(dirname, '*.bmp'));
a = zeros(m,n,19);
pic = [];
for ii = 1:length(files)
  filename = fullfile(dirname, files(ii).name);
  a(:,:,ii) = imread(filename);
  pic = [pic,a(:,:,ii)];
end
double(pic);
figure
imshow(pic,[])
```

运行以上脚本可以得到一幅图,这幅图是按照顺序拼接而成的图像,但文字的拼接序列不正确。原题所要解决的问题是通过建模提高拼接的正确率,而实现图像的读入并将图像拼接起来显然是求解这个问题的技术基础。

3.1.4　读取视频

在 MATLAB 中,可以使用计算机视觉工具箱中的 VideoFileReader 来读取视频数据,包括 mp4、avi 等格式的视频文件。

例如,以下代码可以实现对一个示例视频读取,并且选取其中的某帧图像从图像层面进行分析。

```
%% 读取视频数据
videoFReader = vision.VideoFileReader('vippedtracking.mp4');

% 播放视频文件
```

```matlab
videoPlayer = vision.VideoPlayer;
while ~isDone(videoFReader)
  videoFrame = step(videoFReader);
  step(videoPlayer, videoFrame);
end
release(videoPlayer);

%%设置播放方式
%重置播放器
reset(videoFReader)
%增加播放器的尺寸
r = groot;
scrPos = r.ScreenSize;
%  Size/position is always a 4 - element vector: [x0 y0 dx dy]
dx = scrPos(3); dy = scrPos(4);
videoPlayer = vision.VideoPlayer('Position',[dx/8, dy/8, dx * (3/4), dy * (3/4)]);
while ~isDone(videoFReader)
  videoFrame = step(videoFReader);
  step(videoPlayer, videoFrame);
end
release(videoPlayer);
reset(videoFReader)

%%获取视频中的图像
videoFrame = step(videoFReader);
n = 0;
while n~ = 15
  videoFrame = step(videoFReader);
  n = n + 1;
end
figure, imshow(videoFrame)
release(videoPlayer);
release(videoFReader)
```

图 3 - 1 所示为用 MATLAB 读到的图像。

图 3 - 1　用 MATLAB 读到的图像

3.2　数据的预处理

数学建模的数据基本都来自生产、生活、商业中的实际数据,但现实中由于各种原因导致数据总是有这样或那样的问题,比如,我们采集到的数据存在某些重要数据缺失、不正确或含有噪声、不一致等问题,也就是说,数据质量的三个要素(准确性、完整性和一致性)都很差。不正确、不完整和不一致的数据是现实中大型数据库和数据仓库的共同特点。导致不正确的数据(即具有不正确的属性值)可能有多种原因:收集数据的设备可能出故障;数据输入错误故意输入不正确的值(例如,为生日选择默认值"1 月 1 日"),这称为被掩盖的缺失数据;也可能出现在数据传输中,由于技术的限制;也可能是由于命名约定或所用的数据代码不一致,或输入字段(如日期)的格式不一致导致。

影响数据质量的另外两个因素是可信性(believability)和可解释性(interpretability)。可信性反映有多少数据是用户信赖的,而可解释性反映数据是否容易理解。假设在某一时刻数据库有一些错误,之后都被更正,但过去的错误已经给投资部门造成了影响,因此他们不再相信该数据。使用了许多编码方式的数据,即使该数据库现在是正确的、完整的、一致的、及时的,但由于数据的可信性和可解释性很差,这时数据质量仍然会被认为很低。

总之,现实中数据质量很难让人总是满意,一般是很差的,原因很多。但我们并不需要过多地关注数据质量差的原因,只需关注如何让数据质量更好,即如何对数据进行预处理,以提高数据质量,满足数据建模的需要。

3.2.1 缺失值处理

对于缺失值的处理,不同的情况处理方法也不同,总体而言,缺失值处理可概括为删除法和插补法(或称填充法)两类方法。

1. 删除法

删除法是对缺失值进行处理的最原始方法,将会存在缺失值的删除记录。如果数据缺失问题可以通过简单删除来解决,那么这个方法是最有效的;但如果删除了非缺失信息,那么将会损失样本量,进而削弱统计功效。当样本量很大而缺失值所占样本比例较少(<5%)时,可以考虑使用此方法。

2. 插补法

插补法的思想来源是以最可能的值来插补缺失值,比全部删除不完全样本所产生的信息丢失要少。在数据建模中,面对的通常是大型的数据库,它的属性有几十个甚至几百个,因为一个属性值的缺失而放弃大量的其他属性值,这种删除是对信息的极大浪费,所以产生了以可能值对缺失值进行插补的思想与方法。常用的方法有以下 3 种:

① 均值插补。根据数据的属性可将数据分为定距型和非定距型。如果缺失值是定距型的,就以该属性存在值的平均值来插补缺失的值;如果缺失值是非定距型的,就根据统计学中的众数原理,用该属性的众数(即出现频率最高的值)来补齐缺失的值;如果数据符合较规范的分布规律,则还可以用中值插补。

② 回归插补,即利用线性或非线性回归技术得到的数据来对某个变量的缺失数据进行插补,图 3-2 给出了回归插补、均值插补、中值插补等几种插补方法的示意图,从图中可以看出,采用不同的插补法插补的数据略有不同,还需要根据数据的规律选择相应的插补方法。

③ 极大似然估计(Max Likelihood,ML)。在缺失类型为随机缺失的条件下,假设模型对于完整的样本是正确的,那么通过观测数据的边际分布可以对未知参数进行极大似然估计。这种方法也被称为忽略缺失值的极大似然估计。对于极大似然的参数估计,实际常采用的计算方法是期望值最大化(Expectation Maximization,EM)。该方法比删除个案和单值插补更有吸引力,它的一个重要前提是适用于大样本。有效样本的数量足够保证 ML 估计值是渐近无偏的并服从正态分布。

需要注意的是,在某些情况下,缺失值并不意味着数据有错误。例如,在申请信用卡时,可

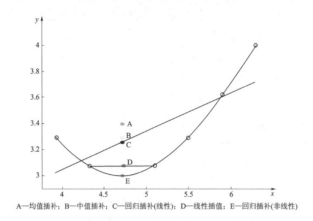

图3-2   几种常用的插补法缺失值处理方式示意图

能要求申请人提供驾驶执照号,而没有驾驶执照的申请者则不用填写该字段。表格应当允许填表人使用诸如"不适用"等值。理想情况下,每个属性都应当有一个或多个关于空值条件的规则。这些规则可以说明是否允许空值,以及这样的空值该如何处理或转换。如果在处理之后提供值,则某些字段可能会故意留下空白。因此,虽然在得到数据后我们尽全力清理数据,但好的数据库和数据输入设计更有助于在第一现场把缺失值或错误的数量降至最低。

3.2.2   噪声过滤

噪声(noise)即是数据中存在的数据随机误差。噪声数据的存在是正常的,但会影响变量真值的反应,所以有时也需要对这些噪声数据进行过滤。目前,常用的噪声过滤方法有回归法、均值平滑法、离群点分析及小波去噪。

1. 回归法

回归法是用一个函数拟合数据来光滑数据。线性回归可以得到两个属性(或变量)的"最佳"直线,使得一个属性可以用来预测另一个。多元线性回归是线性回归的扩充,其中涉及的属性多于两个。图3-3所示是使用回归法来去除数据中的噪声,回归后的函数值替代原始数

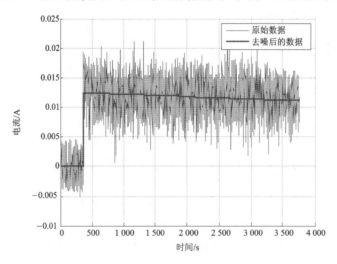

图3-3   回归法去噪示意图

据,以避免噪声数据的干扰。回归法首先依赖于对数据趋势的判断,符合线性趋势的,才能用回归法,所以往往需要先对数据进行可视化,判断数据的趋势及规律,然后再确定是否可以用回归法进行去噪。

2. 均值平滑法

均值平滑法是指对于具有序列特征的变量,用邻近的若干数据的均值来替换原始数据的方法。如图 3-4 所示,对于具有正弦时序特征的数据,利用均值平滑法对其噪声进行过滤,从图中可以看出,去噪效果还是很显著的。均值平滑法类似于股票中的移动均线,如 5 日均线、20 日均线。

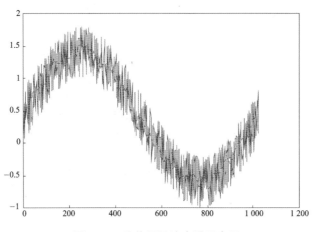

图 3-4 均值平滑法去噪示意图

3. 离群点分析

离群点分析是指通过聚类等方法来检测离群点,并将其删除从而实现去噪的方法。直观上,落在簇集合之外的值被视为离群点。

4. 小波去噪

图 3-5 所示为用小波技术对数据进行去噪的效果图。在数学上,小波去噪问题的本质是用一个函数逼近问题,即如何在由小波母函数伸缩和平移所展成的函数空间中,根据提出的衡

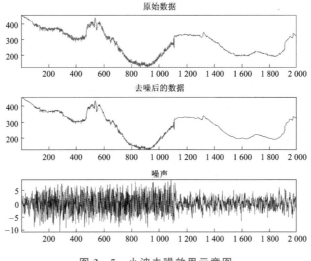

图 3-5 小波去噪效果示意图

量准则寻找对原信号的最佳逼近，以完成原信号和噪声信号的区分。也就是说，寻找从实际信号空间到小波函数空间的最佳映射，以便得到原信号的最佳恢复。从信号学的角度来看，小波去噪是一个信号滤波的问题，而且在很大程度上小波去噪可以看成是低通滤波；但是由于在去噪后还能成功地保留信号特征，所以在这一点上又优于传统的低通滤波器。由此可见，小波去噪实际上是特征提取和低通滤波功能的综合。

3.2.3　数据集成

　　数据集成就是将若干个分散的数据源中的数据，逻辑地或物理地集成到一个统一的数据集合中。数据集成的核心任务是要将互相关联的分布式异构数据源集成到一起，使用户能够以更透明的方式访问这些数据源。集成是指维护数据源整体上的数据一致性，提高信息共享利用的效率；透明的方式是指用户无需关心如何实现对异构数据源数据的访问，只关心以何种方式访问何种数据。实现数据集成的系统称为数据集成系统，它为用户提供统一的数据源访问接口，执行用户对数据源的访问请求。

　　数据集成的数据源广义上包括各类 XML 文档、HTML 文档、电子邮件、普通文件等结构化、半结构化信息。数据集成是信息系统集成的基础和关键。好的数据集成系统要保证用户以低代价、高效率来使用异构的数据。

　　常用的数据集成方法，主要有联邦数据库、中间件集成方法和数据仓库方法。但这些方法都倾向于数据库系统构建的方法。从数据建模的角度，我们更倾向于如何直接获得某个数据建模项目需要的数据，而不是 IT 系统的构建上。当然，数据库系统集成度越高，数据建模的执行也就越方便。在实际中，更多的情况是，由于时间、周期等问题的制约，数据建模的实施往往只利用现有可用的数据库系统，即只考虑某个数据建模项目如何实施。从这个角度讲，对于某个数据建模项目，更多的数据集成主要是指数据的融合，即数据表的集成。对于数据表的集成，主要有内接和外接两种方式，如图 3-6 所示。究竟如何拼接，则要具体问题具体分析了。

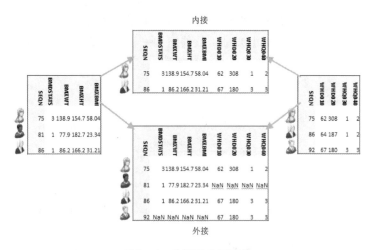

图 3-6　数据集成示意图

3.2.4　数据归约

　　用于分析的数据集可能包含数以百计的属性，其中大部分属性可能与挖掘任务不相关，或者是冗余的。尽管领域专家可以挑选出有用的属性,但这可能是一项困难而费时的任务,特别是当数据的行为不是十分清楚的时候更是如此。遗漏相关属性或留下不相关属性都可能是有害的,会导致所用的挖掘算法无所适从,这可能导致发现质量很差的模式。此外,不相关或冗余的属性增加了数据量。

数据归约的目的是得到能够与原始数据集近似等效甚至比其更好但数据量却较少的数据集。这样,对归约后的数据集进行挖掘将更有效,且能够产生相同(或几乎相同)的挖掘效果。

数据归约策略较多,但从数据建模角度,常用的是属性选择和样本选择。

属性选择是通过删除不相关或冗余的属性(或维)减少数据量。属性选择的目标是找出最小属性集,使得数据类的概率分布尽可能地接近使用所有属性得到的原分布。在缩小的属性集上挖掘,还有其他的优点,例如它减少了出现在发现模式上的属性数目,使模式更易于理解。究竟如何选择属性,主要看属性与挖掘目标的关联程度及属性本身的数据质量。根据数据质量评估的结果,可以删除一些属性,再利用数据相关性分析、数据统计分析、数据可视化和主成分分析技术,还可以选择删除一些属性,最后剩下一些更好的属性。

样本选择即上面介绍的数据抽样,所用的方法一致。在数据建模过程中,对样本的选择不是在收集阶段就确定的,而是经历逐渐筛选、逐级抽样的过程。

在数据收集和准备阶段,数据归约通常采用最简单直观的方法,如直接抽样或直接根据数据质量分析结果删除一些属性。在数据探索阶段,随着对数据理解的深入,将会进行更细致的数据抽样,这时用的方法也会复杂些,比如相关性分析和主成分分析。

3.2.5 数据变换

数据变换是指将数据从一种表示形式变为另一种表现形式的过程。常用的数据变换方式包括数据标准化、数据离散化和语义转化。

1. 数据标准化

数据标准化(normalization)是将数据按比例缩放,使之落入一个小的特定区间。在某些比较和评价的指标处理中经常会用到,去除数据的单位限制,将其转化为无量纲的纯数值,便于不同单位或量级的指标能够进行比较和加权。其中最典型的就是 0-1 标准化(0-1 normalization)和 Z 标准化(zero-mean normalization)。

(1) 0-1 标准化

0-1 标准化也叫离差标准化,是将原始数据进行线性变换,使结果落到[0,1]区间。其转换函数如下:

$$x^* = \frac{x - x_{\min}}{x_{\max} - x_{\min}}$$

式中,$x_{\max}$ 为样本数据的最大值;$x_{\min}$ 为样本数据的最小值。

这种方法有一个缺陷,就是当有新数据加入时,可能导致最大值和最小值的变化,需要重新定义。

(2) Z 标准化

Z 标准化也叫标准差标准化,经过处理的数据符合标准正态分布,即均值为 0,标准差为 1,因此也是最为常用的标准化方法。其转化函数如下:

$$x^* = \frac{x - \mu}{\sigma}$$

式中,μ 为所有样本数据的均值;σ 为所有样本数据的标准差。

2. 数据离散化

数据离散化(discretization)是指把连续型数据切分为若干"段",也称 bin,是数据分析中常用的手段。有些数据建模算法,特别是某些分类算法,要求数据是分类属性形式。这样,常常需要将连续属性变换成分类属性(离散化)。此外,如果一个分类属性具有大量不同值(类别),或者某些值出现不频繁,则对于某些数据建模任务可以通过合并某些值来减少类别的数目。

在数据建模中,离散化得到普遍采用。究其原因,有以下几点:

① 算法需要。例如决策树、NaiveBayes 等算法本身不能直接使用连续型变量,连续型数据只有经离散处理后才能进入算法引擎。这一点在使用具体软件时可能不明显,因为大多数数据建模软件内已经内建了离散化处理程序,从使用界面看,软件可以接纳任何形式的数据。但实际上,在运算决策树或 NaiveBayes 模型前,软件都要在后台对数据先做预处理。

② 可以有效地克服数据中隐藏的缺陷,使模型结果更加稳定。例如,数据中的极值是影响模型效果的一个重要因素。极值导致模型参数过高或过低,或导致模型被虚假现象"迷惑",把原来不存在的关系作为重要模式来学习。而离散化,尤其是等距离散,可以有效地减弱极值和异常值的影响。

③ 有利于对非线性关系进行诊断和描述。例如,对连续型数据进行离散处理后,自变量和目标变量之间的关系变得更加清晰化。如果两者之间是非线性关系,则可以重新定义离散后变量每段的取值,例如采取 0、1 的形式,由一个变量派生为多个亚变量,分别确定每段和目标变量间的联系。这样做虽然减小了模型的自由度,但大幅提高了模型的灵活度。

数据离散化通常是将连续变量的定义域根据需要按照一定的规则划分为几个区间,同时对每个区间用一个符号来代替。比如,对于股票,我们可以用数据离散化的方法来定义股票的好坏。如果以当天的涨幅这个属性来定义股票的好坏标准,则可以将股票分为 5 类(非常好、好、一般、差、非常差),每类用 1~5 来表示,我们就可以用如表 3-2 所列的方式将股票的涨幅属性进行离散化。

离散化处理不可避免要损失一部分信息。很显然,对连续型数据进行分段后,同一个段内的观察点之间的差异便消失了,所以是否需要进行离散化还需要根据业务、算法等因素的需求综合考虑。

表 3-2　变量离散化方法

区　间	标　准	类　别
[7, 10]	非常好	5
[2, 7)	好	4
[-2, 2)	一般	3
[-7, -2)	差	2
[-10, -7)	非常差	1

3. 语义转化

对于某些属性,其属性值是由字符型构成的。比如,如果上面这个属性为"股票类别",其构成元素是{非常好、好、一般、差、非常差},则对于这种变量,在数据建模过程中会非常不方便,并且会占用更多的计算机资源。因此,通常用整型的数据来表示原始的属性值含义,例如用{1、2、3、4、5}同步替换原来的属性值,从而完成该属性的语义转化。

3.3　数据的统计

数据统计是指从定量角度去探索数据,这也是最基本的数据探索方式。其主要目的是了解数据的基本特征。此时,虽然所用的方法同数据质量分析阶段相似,但其立足的重点不同,这时主要关注数据从统计学上反映的量的特征,以便我们更好地认识这些将要被挖掘的数据。

这里要清楚两个关于统计的基本概念:总体和样本。统计的总体是人们研究对象的全体,又称母体,例如工厂一天生产的全部产品(按合格品、废品分类),学校全体学生的身高。总体中的每一个基本单位称为个体,个体的特征用一个变量(如 x)来表示。从总体中随机产生的若干个个体的集合称为样本,或子样,例如 n 件产品、100 名学生的身高,或者一根轴直径的10 次测量。实际上,这就是从总体中随机取得的一批数据,不妨记作 $x_1, x_2, \cdots, x_n$,n 称为样本容量。

从统计学的角度,简单地说,统计的任务是由样本推断总体;从数据探索的角度,我们要关注更具体的内容,比如由样本推断总体的数据特征。

3.3.1　基本描述性统计

假设有一个容量为 n 的样本(即一组数据),记作 $x = (x_1, x_2, \cdots, x_n)$,需要对它进行一定的加工,才能提炼出有用的信息。统计量就是加工出来的、反映样本数量特征的函数,它不含任何未知量。

下面介绍几种常用的统计量。

1. 表示位置的统计量:算术平均值和中位数

算术平均值(简称均值)用于描述数据取值的平均位置,用 $\bar{x}$ 表示,数学表达式为

$$\bar{x} = \frac{1}{n} \sum_{i=1}^{n} x_i$$

中位数是将数据由小到大排序后位于中间位置的那个数值。

MATLAB 中,mean(x)函数可返回 x 的均值,median(x)函数可返回中位数。

2. 表示数据散度的统计量:标准差、方差和极差

标准差定义为

$$s = \left[\frac{1}{n-1} \sum_{i=1}^{n} (x_i - \bar{x})^2 \right]^{\frac{1}{2}}$$

标准差是各个数据与均值偏离程度的度量,这种偏离不妨称为变异。

方差是标准差的平方,表示 s^2。

极差是指 $x = (x_1, x_2, \cdots, x_n)$ 的最大值与最小值之差。

MATLAB 中,std(x)函数可返回 x 的标准差,var(x)函数可返回 x 的方差,range(x)函数可返回 x 的极差。

您可能注意到,标准差 s 的定义中,对 n 个 $(x_i - \bar{x})^2$ 求和,然后被 $n-1$ 除,这是出于对无偏估计的要求。若要改为被 n 除,在 MATLAB 中则可用 std(x,1)和 var(x,1)函数来实现。

3. 表示分布形状的统计量:偏度和峰度

偏度用于反映分布的对称性,可用 ν_1 表示。例如,$\nu_1 > 0$ 称为右偏态,此时位于均值右边的比位于左边的数据多;$\nu_1 < 0$ 称为左偏态,情况则相反;而 ν_1 接近于 0 则可认为分布是对

称的。

峰度是分布形状的另一种度量,可用 ν_2 表示。例如,正态分布的峰度为 3,若 ν_2 比 3 大很多,表示分布有沉重的尾巴,说明样本中含有较多远离均值的数据。因此,峰度可用作衡量偏离正态分布的尺度之一。

MATLAB 中,skewness(x) 函数可返回 x 的偏度,kurtosis(x) 函数可返回 x 的峰度。

在以上用 MATLAB 计算各个统计量的命令中,若 x 为矩阵,则作用于 x 的列返回一个行向量。

统计量中最重要、最常用的是均值和标准差。由于样本是随机变量,所以它们作为样本的函数自然也是随机变量。当用它们去推断总体时,其可靠性的大小就会与统计量的概率分布有关,因此我们需要知道几个重要分布的简单性质。

3.3.2　分布描述性统计

随机变量的特性完全由它的(概率)分布函数或(概率)密度函数来描述。设有随机变量 X,其分布函数定义为 $X \leqslant x$ 的概率,即 $F(x) = P\{X \leqslant x\}$。若 X 是连续型随机变量,则其密度函数 $p(x)$ 与 $F(x)$ 的关系为

$$F(x) = \int_{-\infty}^{x} p(x)\mathrm{d}x$$

分位数经常会用到,其定义为:对于 $0 < \alpha < 1$,使某分布函数 $F(x) = \alpha$ 的 x 成为这个分布的 α 分位数,用 x_α 表示。

我们前面画过的直方图是频数分布图,频数除以样本容量 n 称为频率。当 n 充分大时,频率是概率的近似,因此直方图可以看作密度函数图形的(离散化)近似。

3.4　数据可视化

数据经过统计之后,就会对数据有一定的认识了,但还是不够直观。最直观的方法就是将这些数据可视化,用图的形式将数据的特征表现出来,这样我们就能够更清晰地认识数据了。

MATLAB 提供了非常丰富的数据可视化函数,可以利用这些函数进行各种形式的数据可视化,但从数据建模的角度,以及数据分布形态、中心分布、关联情况等角度的数据可视化最有用。

3.4.1　基本可视化方法

基本可视化是最常用的方法。在对数据进行可视化探索时,通常先用 plot 这样最基本的绘图命令来绘制各变量的分布趋势,以了解数据的基本特征。

下面是对 3.1 节中得到的数据进行可视化分析的程序示例。

```
% 数据可视化——基本绘图
% 读取数据
clc, clear all, close all
X = xlsread('dataTableA2.xlsx');
% 绘制变量 dv1 的基本分布
N = size(X,1);
id = 1:N;
figure
plot( id', X(:,2),'LineWidth',1)
```

```
set(gca,'linewidth',2);
xlabel(' 编号 ','fontsize',12);
ylabel('dv1', 'fontsize',12);
title(' 变量 dv1 分布图 ','fontsize',12);
```

图 3-7 所示为上述程序产生的数据可视化结果。该图是用 plot 命令绘制的数据最原始的分布形态,通过该图能了解数据大致的分布中心、边界、数据集中程度等信息。

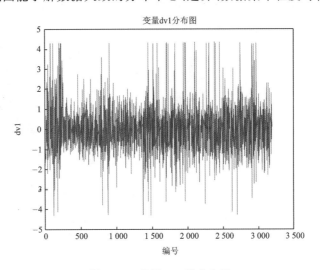

图 3-7　变量 dv1 的分布图

3.4.2　数据分布形状可视化

在数据建模中,数据的分布特征有助于我们对数据的了解。下面用代码绘制变量 dv1～dv4 的柱状分布图。

```
% 同时绘制变量 dv1～dv4 的柱状分布图
figure
subplot(2,2,1);
hist(X(:,2));
title('dv1 柱状分布图 ','fontsize',12)
subplot(2,2,2);
hist(X(:,3));
title('dv2 柱状分布图 ','fontsize',12)
subplot(2,2,3);
hist(X(:,4));
title('dv3 柱状分布图 ','fontsize',12)
subplot(2,2,4);
hist(X(:,5));
title('dv4 柱状分布图 ','fontsize',12)
```

图 3-8 所示为用 hist 命令绘制的变量 dv1～dv4 柱状分布图。该图更直观地反映了数据的集中程度,例如,变量 dv3 过于集中。这对数据建模来说是不利的,表明这个变量基本上是固定值,对任何样本都是一样的,没有区分效果,这样的变量就可以考虑删除了。由此可见,对数据进行可视化分析,意义还是很大的。

除此之外,也可以将常用的统计量绘制在分布图中,这更有利于对数据特征的把握。这就像是得到了数据的地图,对全面认识数据非常有利。以下代码即实现了绘制这种图的功能,得到的图如图 3-9 所示。

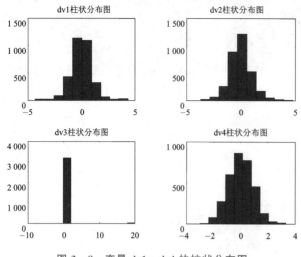

图 3-8　变量 dv1~dv4 的柱状分布图　　　　图 3-9　变量 dv1~dv4 的柱状分布图

```
% 数据可视化——数据分布形状图
% 读取数据
clc, clear all, close all
X = xlsread('dataTableA2.xlsx');
dv1 = X(:,2);
% 绘制变量 dv1 的柱状分布图
h = -5:0.5:5;
n = hist(dv1,h);
figure
bar(h, n)

% 计算常用的形状度量指标
mn = mean(dv1);                  % 均值
sdev = std(dv1);                 % 标准差
mdsprd = iqr(dv1);               % 四分位数
mnad = mad(dv1);                 % 中位数
rng = range(dv1);                % 极差

% 标识度量数值
x = round(quantile(dv1,[0.25,0.5,0.75]));
y = (n(h == x(1)) + n(h == x(3)))/2;
line(x,[y,y,y],'marker','x','color','r')
x = round(mn + sdev * [-1,0,1]);
y = (n(h == x(1)) + n(h == x(3)))/2;
line(x,[y,y,y],'marker','o','color',[0 0.5 0])
x = round(mn + mnad * [-1,0,1]);
y = (n(h == x(1)) + n(h == x(3)))/2;
line(x,[y,y,y],'marker','*','color',[0.75 0 0.75])
x = round([min(dv1),max(dv1)]);
line(x,[1,1],'marker','.','color',[0 0.75 0.75])
legend('Data','Midspread','Std Dev','Mean Abs Dev','Range')
```

3.4.3　数据关联可视化

　　数据关联可视化对分析哪些变量更有效具有更直观的效果,所以在进行变量筛选前,可以先利用关联可视化了解各变量间的关联关系。具体实现代码如下:

```
% 数据可视化——变量的相关性
% 读取数据
```

```
clc, clear all, close all
X = xlsread('dataTableA2.xlsx');
Vars = X(:,7:12);
% 绘制变量间相关性关联图
Figure
plotmatrix(Vars)
% 绘制变量间相关性强度图
covmat = corrcoef(Vars);
figure
imagesc(covmat);
grid;
colorbar;
```

该程序产生两幅图:一幅是变量间相关性关联图(见图 3-10),通过该图可以看出任意两个变量的数据关联趋向;另外一幅是变量间相关性强度图(见图 3-11),宏观上可以看出变量间的关联强度,实践中往往用于筛选变量。

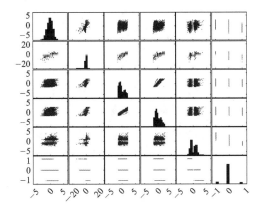

图 3-10　变量间相关性关联图

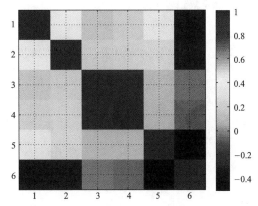

图 3-11　变量间相关性强度图

3.4.4　数据分组可视化

数据分组可视化是指按照不同的分位数将数据进行分组,典型的图形是箱体图。箱体图的含义如图 3-12 所示。根据箱体图,可以看出数据的分布特征和异常值的数量,这对于确定是否需要进行异常值处理是很有利的。

绘制箱体图的 MATLAB 命令是 boxplot,可以按照以下代码方式实现对数据的分组可视化。

```
% 数据可视化——数据分组
% 读取数据
clc, clear all, close all
X = xlsread('dataTableA2.xlsx');
dv1 = X(:,2);
eva = X(:,12);
% Boxplot
figure
boxplot(X(:,2:12))
figure
boxplot(dv1, eva)
```

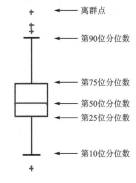

图 3-12　箱体图含义示意图

该程序产生了所有变量的箱体图(见图 3-13)和两个变量的关系箱体图(见图 3-14),这样就能更全面地得出各变量的数据分布特征及任意两个变量的关系特征。

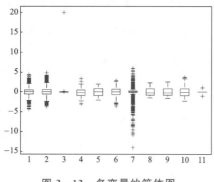

图 3-13　多变量的箱体图

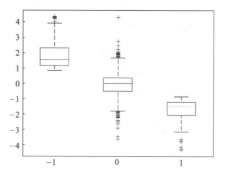

图 3-14　两个变量的关系箱体图

3.5　数据降维

3.5.1　主成分分析(PCA)基本原理

在数据建模中,我们经常会遇到多个变量的问题,而且在多数情况下,多个变量之间常常存在一定的相关性。当变量个数较多且变量之间存在复杂关系时,会显著增加分析问题的复杂性。如果有一种方法可以将多个变量综合为少数几个代表性变量,使这些变量既能够代表原始变量的绝大多数信息且又互不相关,那么这样的方法无疑有助于对问题的分析和建模。这时,就可以考虑用主成分分析法。

1. PCA 基本思想

主成分分析是采取一种数学降维的方法,其所要做的就是,设法将原来众多具有一定相关性的变量重新组合为一组新的相互无关的综合变量,用以代替原来的变量。通常,数学上的处理方法就是将原来的变量做线性组合,作为新的综合变量,但是这种组合如果不加以限制将会有很多,那么应该如何选择呢?如果将选取的第一个线性组合(即第一个综合变量)记为 F_1,自然希望它尽可能多地反映原来变量的信息。这里"信息"用方差来测量,即希望 $\mathrm{var}(F_1)$ 越大,说明 F_1 包含的信息越多。因此,在所有的线性组合中所选取的 F_1 应该是方差最大的,故称 F_1 为第一主成分。如果第一主成分不足以代表原来 p 个变量的信息,那么再考虑选取 F_2(即第二个线性组合)。为了有效地反映原来信息, F_1 已有的信息就不需要再出现在 F_2 中,用数学语言表达就是要求 $\mathrm{cov}(F_1,F_2)=0$,称 F_2 为第二主成分。以此类推,可以构造出第三、四、……、p 个主成分。(注:cov 表示统计学中的协方差。)

2. PCA 方法步骤

这里关于 PCA 方法的理论推导不再赘述,我们将重点放在如何应用 PCA 解决实际问题上。下面先简单介绍一下 PCA 的典型步骤。

(1) 对原始数据进行标准化处理

假设样本观测数据矩阵:

$$\boldsymbol{X}=\begin{bmatrix} x_{11} & x_{12} & \cdots & x_{1p} \\ x_{21} & x_{22} & \cdots & x_{2p} \\ \vdots & \vdots & & \vdots \\ x_{n1} & x_{n2} & \cdots & x_{np} \end{bmatrix}$$

那么可以按照如下方法对原始数据进行标准化处理：

$$x_{ij}^{*} = \frac{x_{ij} - \bar{x}_j}{\sqrt{\mathrm{var}(x_j)}} \quad (i=1,2,\cdots,n; j=1,2,\cdots,p)$$

式中，

$$\bar{x}_j = \frac{1}{n}\sum_{i=1}^{n} x_{ij}, \quad \mathrm{var}(x_j) = \frac{1}{n-1}\sum_{i=1}^{n}(x_{ij}-\bar{x}_j)^2 \quad (j=1,2,\cdots,p)$$

（2）计算样本相关系数矩阵

为方便起见，假定原始数据标准化后仍用 $\boldsymbol{X}$ 表示，则经标准化处理后的数据的相关系数为

$$\boldsymbol{R} = \begin{bmatrix} r_{11} & r_{12} & \cdots & r_{1p} \\ r_{21} & r_{22} & \cdots & r_{2p} \\ \vdots & \vdots & & \vdots \\ r_{p1} & r_{p2} & \cdots & r_{pp} \end{bmatrix}$$

式中，

$$r_{ij} = \frac{\mathrm{cov}(x_i, x_j)}{\sqrt{\mathrm{var}(x_1)}\sqrt{\mathrm{var}(x_2)}} = \frac{\sum_{k=1}^{k=n}(x_{ki}-\bar{x}_i)(x_{kj}-\bar{x}_j)}{\sqrt{\sum_{k=1}^{k=n}(x_{ki}-\bar{x}_i)^2}\sqrt{\sum_{k=1}^{k=n}(x_{kj}-\bar{x}_j)^2}} \quad (n>1)$$

（3）计算相关系数矩阵的特征值和相应的特征向量

相关系数矩阵的特征值为 $\lambda_1, \lambda_2, \cdots, \lambda_p$。

相应的特征向量为

$$\boldsymbol{a}_i = (a_{i1}, a_{i2}, \cdots, a_{ip}) \quad (i=1,2,\cdots,p)$$

（4）选择重要的主成分，并写出主成分表达式

主成分分析可以得到 p 个主成分，但是，由于各个主成分的方差是递减的，包含的信息量也是递减的，所以实际分析时一般不是选取 p 个主成分，而是根据各个主成分的累积贡献率的大小选取前 k 个主成分。这里贡献率是指某个主成分的方差占全部方差的比重，实际也就是某个特征值占全部特征值合计的比重，即

$$\text{贡献率} = \frac{\lambda_i}{\sum_{i=1}^{p}\lambda_i}$$

贡献率越大，说明该主成分所包含的原始变量的信息越强。主成分个数 k 的选取，主要根据主成分的累积贡献率来决定，即一般要求累积贡献率达到 85% 以上，这样才能保证综合变量能包括原始变量的绝大多数信息。

另外，在实际应用中，选择了重要的主成分后，还要注意主成分实际含义的解释。主成分分析中一个很关键的问题是如何给主成分赋予新的意义，给出合理的解释。一般而言，这个解释是根据主成分表达式的系数结合定性分析来进行的。主成分是原来变量的线性组合，在这个线性组合中各变量的系数有大有小，有正有负，有的大小相当，因而不能简单地认为这个主成分是某个原变量的属性的作用。在线性组合中，各变量系数的绝对值大者表明该主成分主要综合了绝对值大的变量，当几个变量系数大小相当时，应认为这一主成分是这几个变量的综合。这几个变量综合在一起应赋予怎样的实际意义，需要结合具体实际问题和专业给出恰当

的解释,进而达到深刻分析的目的。

（5）计算主成分得分

根据标准化的原始数据,将各个样品分别代入主成分表达式,就可以得到各主成分下的各个样品的新数据,即为主成分得分。具体形式如下:

$$\begin{bmatrix} F_{11} & F_{12} & \cdots & F_{1k} \\ F_{21} & F_{22} & \cdots & F_{2k} \\ \vdots & \vdots & & \vdots \\ F_{n1} & F_{n2} & \cdots & F_{nk} \end{bmatrix}$$

式中,

$$F_{ij} = a_{j1}x_{i1} + a_{j2}x_{i2} + \cdots + a_{jp}x_{ip} \quad (i=1,2,\cdots,n; j=1,2,\cdots,k)$$

（6）后续的分析和建模

依据主成分得分的数据,进一步对问题进行后续的分析和建模。

后续的分析和建模常见的形式有主成分回归、变量子集合的选择、综合评价等。下面用实例说明如何用 MATLAB 来实现 PCA 过程。

3.5.2　PCA 应用案例:企业综合实力排序

为了系统分析某 IT 类企业的经济效益,选择了 8 个不同的利润指标,对 15 家企业进行了调研,并得到如表 3-3 所列的数据。请根据这些数据对这 15 家企业进行综合实力排序。

表 3-3　企业综合实力评价表

企业序号	净利润率/%	固定资产利润率/%	总产值利润率/%	销售收入利润率/%	产品成本利润率/%	物耗利润率/%	10^{-3}·人均利润/(元·人$^{-1}$)	流动资金利润率/%
1	40.4	24.7	7.2	6.1	8.3	8.7	2.442	20
2	25	12.7	11.2	11	12.9	20.2	3.542	9.1
3	13.2	3.3	3.9	4.3	4.4	5.5	0.578	3.6
4	22.3	6.7	5.6	3.7	6	7.4	0.176	7.3
5	34.3	11.8	7.1	7.1	8	8.9	1.726	27.5
6	35.6	12.5	16.4	16.7	22.8	29.3	3.017	26.6
7	22	7.8	9.9	10.2	12.6	17.6	0.847	10.6
8	48.4	13.4	10.9	9.9	10.9	13.9	1.772	17.8
9	40.6	19.1	19.8	19	29.7	39.6	2.449	35.8
10	24.8	8	9.8	8.9	11.9	16.2	0.789	13.7
11	12.5	9.7	4.2	4.2	4.6	6.5	0.874	3.9
12	1.8	0.6	0.7	0.7	0.8	1.1	0.056	1
13	32.3	13.9	9.4	8.3	9.8	13.3	2.126	17.1
14	38.5	9.1	11.3	9.5	12.2	16.4	1.327	11.6
15	26.2	10.1	5.6	15.6	7.7	30.1	0.126	25.9

由于本案例中涉及 8 个指标,这些指标间的关联关系并不明确,且各指标数值的数量级也有差异,因此将首先借助主成分分析方法对指标体系进行降维处理,然后根据主成分分析打分结果实现对企业的综合实例排序。

根据主成分分析步骤,编写了 MATLAB 程序 P3 - 1。

程序编号	P3 - 1	文件名称	PCAa. m	说明	PCA 方法用 MATLAB 实现

```matlab
% PCA 方法用 MATLAB 实现
% -------------------------------------------------------------
% % 数据导入及处理
clc
clear all
A = xlsread('Coporation_evaluation.xlsx', 'B2:I16');

% 数据标准化处理
a = size(A,1);
b = size(A,2);
for i = 1:b
    SA(:,i) = (A(:,i) - mean(A(:,i)))/std(A(:,i));
end

% % 计算相关系数矩阵的特征值和特征向量
CM = corrcoef(SA);                          % 计算相关系数矩阵(correlation matrix)
[V, D] = eig(CM);                           % 计算特征值和特征向量

for j = 1:b
    DS(j,1) = D(b + 1 - j, b + 1 - j);      % 对特征值按降序排列
end
for i = 1:b
    DS(i,2) = DS(i,1)/sum(DS(:,1));         % 贡献率
    DS(i,3) = sum(DS(1:i,1))/sum(DS(:,1));  % 累积贡献率
end

% % 选择主成分及对应的特征向量
T = 0.9;    % 主成分信息保留率
for K = 1:b
    if DS(K,3) >= T
        Com_num = K;
break;
    end
end

% 提取主成分对应的特征向量
for j = 1:Com_num
    PV(:,j) = V(:,b + 1 - j);
end

% % 计算各评价对象的主成分得分
new_score = SA * PV;
for i = 1:a
    total_score(i,1) = sum(new_score(i,:));
    total_score(i,2) = i;
end
result_report = [new_score, total_score];   % 将各主成分得分与总分放在同一个矩阵中
result_report = sortrows(result_report, - 4);  % 按总分降序排列

% % 输出模型及结果报告
disp('特征值及其贡献率、累积贡献率:')
DS
disp('信息保留率 T 对应的主成分数与特征向量:')
Com_num
PV
disp('主成分得分及排序(按第 4 列的总分进行降序排列,前 3 列为各主成分得分,第 5 列为企业编号)')
result_report
```

运行程序,显示结果报告如下:

```
特征值及其贡献率、累积贡献率:
DS =
     5.7361    0.7170    0.7170
     1.0972    0.1372    0.8542
     0.5896    0.0737    0.9279
     0.2858    0.0357    0.9636
     0.1456    0.0182    0.9818
     0.1369    0.0171    0.9989
     0.0060    0.0007    0.9997
     0.0027    0.0003    1.0000

信息保留率 T 对应的主成分数与特征向量:
Com_num = 3
PV =
     0.3334    0.3788    0.3115
     0.3063    0.5562    0.1871
     0.3900   -0.1148   -0.3182
     0.3780   -0.3508    0.0888
     0.3853   -0.2254   -0.2715
     0.3616   -0.4337    0.0696
     0.3026    0.4147   -0.6189
     0.3596   -0.0031    0.5452

主成分得分及排序(按第 4 列的总分进行降序排列,前 3 列为各主成分得分,第 5 列为企业编号)
result_report =
     5.1936   -0.9793    0.0207    4.2350    9.0000
     0.7662    2.6618    0.5437    3.9717    1.0000
     1.0203    0.9392    0.4081    2.3677    8.0000
     3.3891   -0.6612   -0.7569    1.9710    6.0000
     0.0553    0.9176    0.8255    1.7984    5.0000
     0.3735    0.8378   -0.1081    1.1033   13.0000
     0.4709   -1.5064    1.7882    0.7527   15.0000
     0.3471   -0.0592   -0.1197    0.1682   14.0000
     0.9709    0.4364   -1.6996   -0.2923    2.0000
    -0.3372   -0.6891    0.0188   -1.0075   10.0000
    -0.3262   -0.9407   -0.2569   -1.5238    7.0000
    -2.2020   -0.1181    0.2656   -2.0545    4.0000
    -2.4132    0.2140   -0.3145   -2.5137   11.0000
    -2.8818   -0.4350   -0.3267   -3.6435    3.0000
    -4.4264   -0.6180   -0.2884   -5.3327   12.0000
```

由该报告可知,第 9 家企业的综合实力最强,第 12 家企业的综合实力最弱。报告还给出了各主成分的权重信息(贡献率)及与原始变量的关联关系(特征向量),这样就可以根据实际问题做进一步的分析。

本案例是一种比较简单的应用实例,具体 PCA 法还要根据实际问题和需要灵活使用。

3.5.3　相关系数降维

定义　假设有如下两组观测值:

$$X: x_1, x_2, \cdots, x_n$$
$$Y: y_1, y_2, \cdots, y_n$$

则称 $r = \dfrac{\sum\limits_{i=1}^{n}(X_i - \overline{X})(Y_i - \overline{Y})}{\sqrt{\sum\limits_{i=1}^{n}(X_i - \overline{X})^2}\sqrt{\sum\limits_{i=1}^{n}(Y_i - \overline{Y})^2}}$ 为"X 与 Y 的相关系数"。

相关系数用 r 表示，r 在 $-1\sim+1$ 之间取值。相关系数 r 的绝对值大小(即 $|r|$)，表示两个变量之间的直线相关强度；相关系数 r 的正负号，表示相关的方向，分别是正相关和负相关；若相关系数 $r=0$，则称零线性相关，简称零相关；相关系数 $|r|=1$，表示两个变量完全相关，这时两个变量之间的关系为确定性的函数关系。这种情况在行为科学与社会科学中是极少存在的。

一般若观测数据的个数足够多，计算出来的相关系数 r 就会更真实地反映客观事物的本来面目。当 $0.7<|r|<1$ 时，称为高度相关；当 $0.4\leqslant|r|<0.7$ 时，称为中等相关；当 $0.2\leqslant|r|<0.4$ 时，称为低度相关；当 $|r|<0.2$ 时，称极低相关或接近零相关。

由于事物之间联系的复杂性，在实际研究中，通过统计方法确定的相关系数 r 即使高度相关，我们在解释相关系数时仍需结合具体变量的性质特点和有关专业知识进行。两个高度相关的变量，它们之间可能具有明显的因果关系、只具有部分因果关系，或者没有直接的因果关系；其数量上的相互关联，只是它们共同受到其他第三个变量所支配的结果。除此之外，相关系数 r 接近零，表示这两个变量不存在明显的直线性相关，但不能肯定地说，这两个变量之间就没有规律性的联系。通过散点图我们发现，两个变量之间存在明显的某种曲线性相关，但计算直线性相关系数时，其 r 值往往接近零。对于这一点，读者应该有所认识。

3.6　本章小结

本章介绍了数据探索的相关内容。在数据建模中，数据探索的目的是为建模做准备，包括衍生变量、数据可视化、样本筛选和数据降维。从这几个方面的内容可以看出，数据探索还是集中在数据进一步的处理、归约，它所要解决的问题是对哪些变量建模，用哪些样本。可以说，数据探索是深度的数据预处理，相比一般的数据预处理，数据探索阶段更强调探索性，即探索用哪些变量建模更合适。

衍生变量是为了得到更多有利于描述问题的变量，其要点是通过创造性和务实的设计产生一些与问题的研究有关的变量。衍生变量的方式很多，也很灵活，只要有助于问题的研究更合理；但也要掌握适度，过多的衍生变量会稀释原有变量，所以并不是变量越多越好。

数据统计和数据可视化的主要目的还是进一步了解数据，其要点是了解哪些变量包含的信息更多、更规范，对描述所研究的事物更有利。这部分的内容相对比较简单，有自己的固定模式，只要通过这些基本的数据分析方法就能够发现哪些变量里包含有效的数据信息。样本选择，更多是从数据记录中筛选数据，务必注意筛选出的数据足够建模，并且具有代表性。

关于数据降维，本章介绍了两种方法，即主成分分析法和相关系数法。在数据建模中，并不是所有项目都需要用到这两种方法进行降维。事实上，很少的项目中会直接使用主成分分析法进行降维，而是用主成分分析法分析案例中的影响因素。相关系数法，则是一个既简单、灵活，又非常有效的方法，当数据变量较多时，该方法可以只是进行变量的筛选。

参考文献

[1] 卓金武,周英.量化投资:数据挖掘技术与实践(MATLAB 版)[M].北京:电子工业出版社,2015.

第4章

MATLAB 常用的数据建模方法

以数据为基础而建立数学模型的方法称为数据建模方法,它包括回归、统计、机器学习、深度学习、灰色预测、主成分分析、神经网络及时间序列分析等方法,其中最常用的方法是回归方法。

根据回归方法中因变量的个数和回归函数的类型(线性或非线性),可将回归方法分为一元线性回归、一元非线性回归和多元回归。另外,还有两种特殊的回归方式:一种是在回归过程中可以调整变量数的回归方法,称为逐步回归,另一种是以指数结构函数作为回归模型的回归方法,称为 Logistic 回归。本章将介绍这几种回归方法的 MATLAB 实现过程。

4.1 一元线性回归

【例 4 - 1】 近 10 年来,某市社会商品零售总额与职工工资总额的数据见表 4 - 1,请建立社会商品零售总额与职工工资总额数据的回归模型。

表 4 - 1 商品零售总额与职工工资总额

亿元

职工工资总额	23.8	27.6	31.6	32.4	33.7	34.9	43.2	52.8	63.8	73.4
商品零售总额	41.4	51.8	61.7	67.9	68.7	77.5	95.9	137.4	155.0	175.0

本例是典型的一元回归问题,但首先要确定是线性还是非线性,再利用对应的回归方法就可以建立它们之间的回归模型了。具体实现步骤及结果如下:

(1)输入数据

```
clc, clear all, close all
x = [23.80,27.60,31.60,32.40,33.70,34.90,43.20,52.80,63.80,73.40];
y = [41.4,51.8,61.70,67.90,68.70,77.50,95.90,137.40,155.0,175.0];
```

(2)采用最小二乘回归

```
Figure
plot(x,y,'r*')                              % 作散点图
xlabel('x(职工工资总额)','fontsize', 12)      % 横坐标名
ylabel('y(商品零售总额)', 'fontsize',12)      % 纵坐标名
set(gca,'linewidth',2);
% 采用最小二乘拟合
```

```
Lxx = sum((x - mean(x)).^2);
Lxy = sum((x - mean(x)). * (y - mean(y)));
b1 = Lxy/Lxx;
b0 = mean(y) - b1 * mean(x);
y1 = b1 * x + b0;
hold on
plot(x, y1,'linewidth',2);
```

运行以上程序可以得到图 4 - 1。在用最小二乘回归之前,先绘制了数据的散点图,从图上可以判断这些数据是否近似呈线性关系。当发现它们的确近似在一条线上后,再用线性回归的方法进行回归,这样也更符合我们分析数据的一般思路。

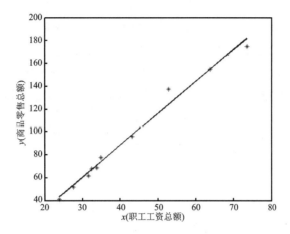

图 4 - 1　职工工资总额和商品零售总额关系趋势图

（3）采用 LinearModel. fit 函数进行线性回归

```
m2 = LinearModel.fit(x,y)
```

运行结果如下:

```
m2 =
Linear regression model:
    y ~ 1 + x1
Estimated Coefficients:
                 Estimate      SE        tStat      pValue
    (Intercept)  - 23.549    5.1028     - 4.615    0.0017215
    x1            2.7991     0.11456     24.435    8.4014e - 09
R - squared: 0.987,   Adjusted R - Squared 0.985
F - statistic vs. constant model: 597, p - value = 8.4e - 09
```

（4）采用 regress 函数进行回归

```
Y = y';
X = [ones(size(x,2),1),x'];
[b, bint, r, rint, s] = regress(Y, X)
```

运行结果如下:

```
b =
  - 23.5493
    2.7991
```

在以上程序中,使用了两个回归函数 LinearModel. fit 和 regress。实际使用时根据自己的需要选择一种就可以了。函数 LinearModel. fit 输出的内容为典型的线性回归的参数。函数 regress 用法很多,MATLAB 的 Help 中关于 regress 的用法有以下几种:

```
b = regress(y,X)
[b,bint] = regress(y,X)
[b,bint,r] = regress(y,X)
[b,bint,r,rint] = regress(y,X)
[b,bint,r,rint,stats] = regress(y,X)
[...] = regress(y,X,alpha)
```

其中,输入有 y(因变量,列向量)、X(1 与自变量组成的矩阵)和 alpha(是显著性水平,默认为 0.05)。输出 b=$(\hat{\beta}_0,\hat{\beta}_1)$,bint 是 β_0、β_1 的置信区间,r 是残差(列向量),rint 是残差的置信区间,stats 包含决定系数 R^2(R 为相关系数)、F 值、$F(1,n-2)$ 分布大于 F 值的概率 p 和剩余方差 s^2 四个统计量。

s^2 可由 MATLAB 命令 sum(r.^2)/(n-2) 计算得到。其意义和用法如下:

- R^2 的值越接近 1,变量的线性相关性越强,说明模型有效;
- 如果满足 $F_{1-\alpha}(1,n-2)<F$,则认为变量 y 与 x 显著地有线性关系,其中 $F_{1-\alpha}(1,n-2)$ 的值可查 F 分布表,或直接用 MATLAB 命令 finv($1-\alpha$,1, n-2) 计算得到;
- 如果 $p<\alpha$,则表示线性模型可用。

以上这三个值可以相互印证。s^2 值主要用来比较模型是否有改进,其值越小说明模型精度越高。

4.2　一元非线性回归

在一些实际问题中,变量间的关系并不都是线性的,此时就应该用非线性回归。用非线性回归首先要解决的问题是回归方程中的参数如何估计。下面通过一个实例来说明如何利用非线性回归技术解决实际问题。

【例 4-2】 为了解百货商店销售额 x 与流通费率 y(反映商业活动的一个质量指标,指每元商品流转额所分摊的流通费用)之间的关系,收集了 9 个商店的有关数据(见表 4-2)。请建立它们之间关系的数学模型。

表 4-2　销售额与流通费率数据

样本点	销售额 x/万元	流通费率 y/%	样本点	销售额 x/万元	流通费率 y/%
1	1.5	7.0	6	16.5	2.5
2	4.5	4.8	7	19.5	2.4
3	7.5	3.6	8	22.5	2.3
4	10.5	3.1	9	25.5	2.2
5	13.5	2.7			

为了得到 x 与 y 之间的关系,先绘制出它们的散点图,即如图 4-2 所示的"雪花"点图。由该图可以判断它们之间的关系近似为对数关系或指数关系,为此可以利用这两种函数形式进行非线性拟合。具体实现代码如下:

```
% 输入数据
clc, clear all, close all
x = [1.5, 4.5, 7.5,10.5,13.5,16.5,19.5,22.5,25.5];
y = [7.0,4.8,3.6,3.1,2.7,2.5,2.4,2.3,2.2];
plot(x,y,'*','linewidth',2);
```

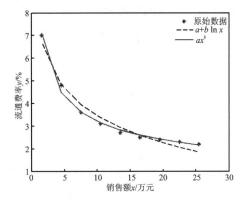

图 4 - 2　销售额与流通费率之间的关系图

```
set(gca,'linewidth',2);
xlabel('销售额 x/万元 ','fontsize', 12)
ylabel('流通费率 y/ % ', 'fontsize',12)

% 对数形式非线性回归
m1 = @(b,x) b(1) + b(2) * log(x);
nonlinfit1 = fitnlm(x,y,m1,[0.01;0.01])
b = nonlinfit1.Coefficients.Estimate;
Y1 = b(1,1) + b(2,1) * log(x);
hold on
plot(x,Y1,'-- k','linewidth',2)
```

运行以上程序,结果如下:

```
nonlinfit1 =
Nonlinear regression model:
    y ~ b1 + b2 * log(x)
Estimated Coefficients:
        Estimate    SE        tStat        pValue
    b1   7.3979     0.26667    27.742      2.0303e - 08
    b2  - 1.713     0.10724  - 15.974      9.1465e - 07
R - Squared: 0.973,   Adjusted R - Squared 0.969
F - statistic vs. constant model: 255, p - value = 9.15e - 07

% 指数形式非线性回归
m2 = 'y ~ b1 * x^b2';
nonlinfit2 = fitnlm(x,y,m2,[1;1])
b1 = nonlinfit2.Coefficients.Estimate(1,1);
b2 = nonlinfit2.Coefficients.Estimate(2,1);
Y2 = b1 * x.^b2;
hold on
plot(x,Y2,'r','linewidth',2)
legend('原始数据 ','a + b * lnx','a * x^b')
```

运行以上程序,结果如下:

```
nonlinfit2 =
Nonlinear regression model:
    y ~ b1 * x^b2
Estimated Coefficients:
        Estimate    SE        tStat        pValue
    b1   8.4112     0.19176    43.862      8.3606e - 10
    b2  - 0.41893   0.012382 - 33.834      5.1061e - 09
R - Squared: 0.993,   Adjusted R - Squared 0.992
F - statistic vs. zero model: 3.05e + 03, p - value = 5.1e - 11
```

在本例中,选择两种函数形式进行非线性回归。从回归结果来看,对数形式的决定系数为 0.973,而指数形式的为 0.993,优于前者,所以可以认为指数形式的函数形式更符合 y 与 x 之间的关系,这样就可以确定它们之间的函数关系形式了。

4.3　多元回归

【例 4-3】　某科学基金会希望估计从事某研究的学者的年薪 y 与他们的研究成果(论文、著作等)的质量指标 x_1、从事研究工作的时间 x_2、能成功获得资助的指标 x_3 之间的关系,为此按一定的实验设计方法调查了 24 位研究学者,得到表 4-3 所列的数据(i 为学者序号),试建立 y 与 x_1、x_2、x_3 之间关系的数学模型,并得出有关结论、作统计分析。

表 4-3　从事某种研究的学者的相关指标数据

i	1	2	3	4	5	6	7	8	9	10	11	12
x_1	3.5	5.3	5.1	5.8	4.2	6.0	6.8	5.5	3.1	7.2	4.5	4.9
x_2	9	20	18	33	31	13	25	30	5	47	25	11
x_3	6.1	6.4	7.4	6.7	7.5	5.9	6.0	4.0	5.8	8.3	5.0	6.4
y	33.2	40.3	38.7	46.8	41.4	37.5	39.0	40.7	30.1	52.9	38.2	31.8
i	13	14	15	16	17	18	19	20	21	22	23	24
x_1	8.0	6.5	6.6	3.7	6.2	7.0	4.0	4.5	5.9	5.6	4.8	3.9
x_2	23	35	39	21	7	40	35	23	33	27	34	15
x_3	7.6	7.0	5.0	4.4	5.5	7.0	6.0	3.5	4.9	4.3	8.0	5.8
y	43.3	44.1	42.5	33.6	34.2	48.0	38.0	35.9	40.4	36.8	45.2	35.1

本例是典型的多元回归问题,但能否应用多元线性回归,最好先通过数据可视化判断它们之间的变化趋势。如果近似满足线性关系,则可以利用多元线性回归方法对本例问题进行回归。具体步骤如下:

(1) 作出因变量 y 与各自变量的样本散点图

作散点图的目的主要是观察因变量 y 与各自变量间是否有比较好的线性关系,以便选择恰当的数学模型形式。图 4-3 所示分别为年薪 y 与成果质量指标 x_1、研究工作时间 x_2、获得资助的指标 x_3 之间的散点图。从图中可以看出,这些点大致分布在一条直线旁边,表明有比较好的线性关系,可以采用线性回归。绘制图 4-3 的代码如下:

```
subplot(1,3,1),plot(x1,Y,'g*'),
subplot(1,3,2),plot(x2,Y,'k+'),
subplot(1,3,3),plot(x3,Y,'ro'),
```

(2) 进行多元线性回归

可以直接使用 regress 函数执行多元线性回归,具体代码如下:

```
x1 = [3.5 5.3 5.1 5.8 4.2 6.0 6.8 5.5 3.1 7.2 4.5 4.9 8.0 6.5 6.6 3.7 6.2 7.0 4.0 4.5 5.9 5.6 4.8 3.9];
x2 = [9 20 18 33 31 13 25 30 5 47 25 11 23 35 39 21 7 40 35 23 33 27 34 15];
x3 = [6.1 6.4 7.4 6.7 7.5 5.9 6.0 4.0 5.8 8.3 5.0 6.4 7.6 7.0 5.0 4.4 5.5 7.0 6.0 3.5 4.9 4.3 8.0 5.0];
Y = [33.2 40.3 38.7 46.8 41.4 37.5 39.0 40.7 30.1 52.9 38.2 31.8 43.3 44.1 42.5 33.6 34.2 48.0 38.0 35.9 40.4
    36.8 45.2 35.1];
n = 24; m = 3;
X = [ones(n,1),x1',x2',x3'];
[b,bint,r,rint,s] = regress(Y',X,0.05);
```

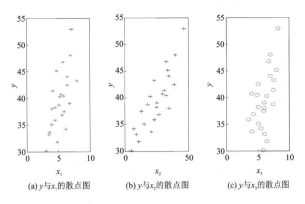

(a) y 与 x_1 的散点图　　(b) y 与 x_2 的散点图　　(c) y 与 x_3 的散点图

图 4-3　因变量 y 与各自变量的样本散点图

运行后，所得结果如表 4-4 所列。

表 4-4　对初步回归模型的计算结果

回归系数	回归系数的估计值	回归系数的置信区间
β_0	18.015 7	[13.905 2,22.126 2]
β_1	1.081 7	[0.390 0,1.773 3]
β_2	0.321 2	[0.244 0,0.398 4]
β_3	1.283 5	[0.669 1,1.897 9]

注：$R^2 = 0.910\ 6, F = 67.919\ 5, p < 0.000\ 1, s^2 = 3.071\ 9$。

计算结果包括回归系数 $(\beta_0, \beta_1, \beta_2, \beta_3) = (18.015\ 7, 1.081\ 7, 0.321\ 2, 1.283\ 5)$、回归系数的置信区间以及统计变量（包含相关系数的平方 R^2、假设检验统计量 F、与 F 对应的概率 p、s^2 值四个检验统计量），因此得到初步的回归方程为

$$\hat{y} = 18.015\ 7 + 1.081\ 7x_1 + 0.321\ 2x_2 + 1.283\ 5x_3$$

由结果对模型的判断：回归系数置信区间不包含零点表示模型较好，残差在零点附近也表示模型较好，接着就是利用检验统计量 R, F, p 的值判断该模型是否可用。

① R 的评价：本例 $|R|$ 为 0.954 2，表明线性相关性较强。

② F 检验：$F > F_{1-\alpha}(m, n-m-1)$，则认为因变量 y 与自变量 $x_1, x_2, \cdots, x_m$ 之间有显著的线性相关关系；否则认为因变量 y 与自变量 $x_1, x_2, \cdots, x_m$ 之间线性相关关系不显著。本例 $F = 67.919 > F_{1-0.05}(3, 20) = 3.10$。

③ p 值检验：$p < \alpha$（α 为预定显著水平），则认为因变量 y 与自变量 $x_1, x_2, \cdots, x_m$ 之间有显著的线性相关关系。本例 $p < 0.000\ 1$，显然满足 $p < \alpha = 0.05$。

以上三种统计推断方法推断的结果是一致的，说明因变量与自变量之间有显著的线性相关关系，所得线性回归模型可用。s^2 值当然越小越好，在模型改进时该值可作为参考。

4.4　逐步归回

【例 4-4】　Hald(Hald, 1960)数据是关于水泥生产的数据。某种水泥在凝固时放出的热量 Y（单位：卡/克）与水泥中 4 种化学成品所占的百分比有关：

X_1：$3CaO \cdot Al_2O_3$

X_2：$3CaO \cdot SiO_2$

X_3：$4CaO \cdot Al_2O_3 \cdot Fe_2O_3$

X_4：$2CaO \cdot SiO_2$

在生产中测得12组数据，$i=1,2,\cdots,12$，见表$4-5$，试建立Y关于这些因子的"最优"回归方程。

表$4-5$　水泥生产的数据

i	1	2	3	4	5	6	7	8	9	10	11	12
X_1	7	1	11	11	7	11	3	1	2	21	1	11
X_2	26	29	56	31	52	55	71	31	54	47	40	66
X_3	6	15	8	8	6	9	17	22	18	4	23	9
X_4	60	52	20	47	33	22	6	44	22	26	34	12
Y	78.5	74.3	104.3	87.6	95.9	109.2	102.7	72.5	93.1	115.9	83.8	113.3

对于本例，可以使用多元线性回归、多元多项式回归，也可以考虑使用逐步回归。从逐步回归的原理来看，逐步回归是以上两种回归方法的结合，可以自动使得方程的因子设置最合理。对于本例问题，逐步回归的代码如下：

```
X = [7,26,6,60;1,29,15,52;11,56,8,20;11,31,8,47;7,52,6,33;11,55,9,22;3,71,17,6;1,31,22,44;2,54,18,22;
21,47,4,26;1,40,23,34;11,66,9,12];    % 自变量数据
Y = [78.5,74.3,104.3,87.6,95.9,109.2,102.7,72.5,93.1,115.9,83.8,113.3];    % 因变量数据
Stepwise(X,Y,[1,2,3,4],0.05,0.10) % in=[1,2,3,4]表示 X1、X2、X3、X4 均保留在模型中
```

运行程序后，显示图$4-4$所示的逐步回归操作界面。

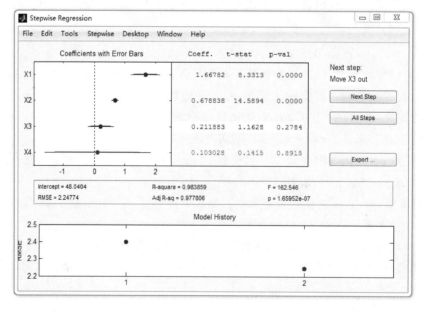

图$4-4$　逐步回归操作界面

在图$4-4$中，变量 X1、X2、X3、X4 均保留在模型中，用蓝色行显示；界面右侧按钮上方提示：Move X3 out（将变量 X3 剔除回归方程），单击 Next Step 按钮进行下一步运算，将第 3 列

数据对应的变量 X3 剔除回归方程。单击 Next Step 按钮后，剔除的变量 X3 所对应的行将显示红色，同时又得到提示：Move X4 out（将变量 X4 剔除回归方程），单击 Next Step 按钮。一直重复操作，直到 Next Step 按钮变灰，表明逐步回归结束，此时得到的模型即为逐步回归最终的结果。

4.5　Logistic 回归

【例 4-5】　企业到金融商业机构贷款，金融商业机构需要对企业进行评估。评估结果为 0、1 两种形式：0 表示企业两年后破产，拒绝贷款；1 表示企业两年后具备还款能力，可以贷款。在表 4-6 中，已知前 20 家企业的三项评价指标值和评估结果，试建立模型对其他 5 家企业（企业 21~25）进行评估，i 为企业编号，$i = 1, 2, \cdots, 25$。

表 4-6　企业还款能力评价表

i	X_1	X_2	X_3	Y	预测值
1	−62.8	−89.5	1.7	0	0
2	3.3	−3.5	1.1	0	0
3	−120.8	−103.2	2.5	0	0
4	−18.1	−28.8	1.1	0	0
5	−3.8	−50.6	0.9	0	0
6	−61.2	−56.2	1.7	0	0
7	−20.3	−17.4	1	0	0
8	−194.5	−25.8	0.5	0	0
9	20.8	−4.3	1	0	0
10	−106.1	−22.9	1.5	0	0
11	43	16.4	1.3	1	1
12	47	16	1.9	1	1
13	−3.3	4	2.7	1	1
14	35	20.8	1.9	1	1
15	46.7	12.6	0.9	1	1
16	20.8	12.5	2.4	1	1
17	33	23.6	1.5	1	1
18	26.1	10.4	2.1	1	1
19	68.6	13.8	1.6	1	1
20	37.3	33.4	3.5	1	1
21	−49.2	−17.2	0.3	?	0
22	−19.2	−36.7	0.8	?	0
23	40.6	5.8	1.8	?	1
24	34.6	26.4	1.8	?	1
25	19.9	26.7	2.3	?	1

对于本例问题，很明显可以用 Logistic 回归。具体求解程序如下：

```
% Logistic 回归 MATLAB 实现程序
% % 数据准备
clc, clear, close all
X0 = xlsread('logistic_ex1.xlsx', 'A2:C21');        % 回归模型的输入
Y0 = xlsread('logistic_ex1.xlsx', 'D2:D21');        % 回归模型的输出
X1 = xlsread('logistic_ex1.xlsx', 'A2:C26');        % 预测数据输入

% % Logistics 函数
GM = fitglm(X0,Y0,'Distribution','binomial');
Y1 = predict(GM,X1);

% % 模型的评估
N0 = 1:size(Y0,1); N1 = 1:size(Y1,1);
plot(N0', Y0, '-kd');
hold on; scatter(N1', Y1, 'b')
xlabel('数据点编号'); ylabel('输出值');
```

运行程序后,可以得到图 4 - 5 所示的比较图。

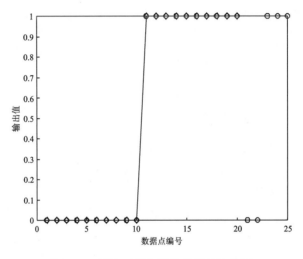

图 4 - 5　回归结果与原始数据的比较图

4.6　本章小结

　　本章主要介绍数学建模中常用的几种回归方法。在使用回归方法时,首先要判断自变量的个数,如果超过 2 个,则需要用到多元回归;否则考虑用一元回归。然后判断是线性还是非线性,如果是一元回归则比较容易;如果是多元则其他变量保持不变,将多元转化为一元再判断是线性还是非线性。如果变量很多且复杂,则可以首先考虑用多元线性回归,检验回归效果,也可以用逐步回归。总之,用回归方法比较灵活,根据具体情景还是比较容易找到合适方法的。

参考文献

[1] 周英,卓金武,卞月青. 大数据挖掘:系统方法与实例分析[M]. 北京:机械工业出版社,2016.

第 5 章

MATLAB 机器学习方法

近年来,全国赛中多少都有些数据的题目,而且数据量总体呈增加的趋势。这是因为在科研界和工业界已积累了比较丰富的数据,伴随大数据概念的兴起和机器学习技术的发展,这些数据需要转化成更有意义的知识或模型。所以在建模比赛中,只要数据量比较大,就有机器学习的用武之地。

5.1 MATLAB 机器学习概况

机器学习(Machine Learning,ML)是一门多领域交叉学科,它涉及概率论、统计学、计算机科学以及软件工程。机器学习是指一套工具或方法,凭借这套工具和方法,利用历史数据对机器进行"训练",进而"学习"到某种模式或规律,并建立预测未来结果的模型。

机器学习涉及两类学习方法,如图 5-1 所示。一类是有监督学习,主要用于决策支持,它利用有标识的历史数据进行训练,以实现对新数据的标识的预测。有监督学习方法主要包括分类和回归,第 4 章介绍的回归方法,从机器学习的角度也是一种有监督学习方法,本章主要介绍分类方法。另一类是无监督学习,主要用于知识发现,比如它在历史

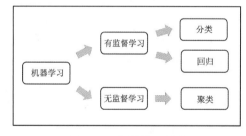

图 5-1 机器学习方法

数据中发现隐藏的模式或内在结构。无监督学习方法主要包括聚类。

MATLAB 中统计与机器学习工具箱(Statistics and Machine Learning Toolbox)支持大量的分类模型、回归模型和聚类的模型,并提供专门的应用程序(APP),以图形化的方式实现模型的训练、验证,以及模型之间的比较。

1. 分 类

分类方法预测的数据对象是离散值。例如,电子邮件是否为垃圾邮件,肿瘤是恶性的还是良性的,等等。分类模型将输入数据分类,典型应用包括医学成像、信用评分等。MATLAB 提供的分类方法如图 5-2 所示。

2. 聚 类

聚类方法用于在数据中寻找隐藏的模式或分组。聚类方法构成分组或类,类中的数据具

有更高的相似度。聚类建模的相似度衡量可以通过欧几里得距离、概率距离或其他指标进行定义。MATLAB 支持的聚类方法如图 5-3 所示。

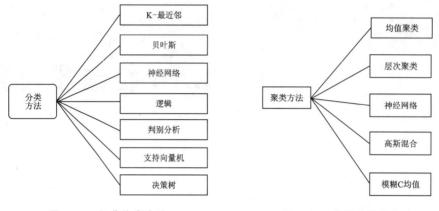

图 5-2　经典分类方法　　　　图 5-3　常用的聚类方法

接下来将通过一些示例来演示如何使用 MATLAB 提供的机器学习相关方法进行数据的分类、回归和聚类。

5.2　分类方法

5.2.1　K-最近邻分类

K-最近邻(KNN,K - Nearest Neighbors)算法是一种基于实例的分类方法,最初由 Cover 和 Hart 于 1968 年提出的,是一种非参数的分类技术。

KNN 分类方法通过计算每个训练样例到待分类样品的距离,取和待分类样品距离最近的 k 个训练样例,k 个样品中哪个类别的训练样例占多数,则待分类元组就属于哪个类别。使用最近邻确定类别的合理性可用下面的谚语来说明:"如果走像鸭子,叫像鸭子,看起来还像鸭子,那么它很可能就是一只鸭子",如图 5-4 所示。最近邻分类器把每个样例看作 d 维空间上的一个数据点,其中 d 是属性个数。给定一个测试样例,我们可以计算该测试样例与训练集中其他数据点的距离(邻近度),给定样例 z 的 KNN 是指找出与 z 距离最近的 k 个数据点。

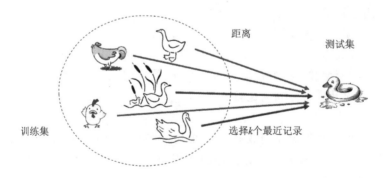

图 5-4　KNN 方法原理示意图

图 5-5 给出了位于圆中心数据点的 1-最近邻、2-最近邻和 3-最近邻。该数据点根据其

近邻的类标号进行分类。如果数据点的近邻中含有多个类标号,则将该数据点指派到其最近邻的多数类。在图 5-5(a)中,数据点的 1-最近邻是一个负例,因此该点被指派到负类。如果最近邻是三个,如图 5-5(c)所示,其中包括两个正例和一个负例,那么根据多数表决方案,该点被指派到正类。在最近邻中正例和负例个数相同的情况下[见图 5-5(b)],可随机选择一个类标号来分类该点。

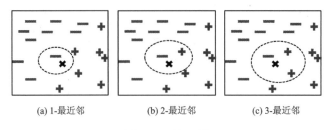

(a) 1-最近邻　　　　　(b) 2-最近邻　　　　　(c) 3-最近邻

图 5-5　实　例

KNN 算法具体步骤如下:

① 初始化距离为最大值;

② 计算未知样本和每个训练样本的距离 dist;

③ 得到目前 k 个最邻近样本中的最大距离 maxdist;

④ 如果 dist 小于 maxdist,则将该训练样本作为 KNN 样本;

⑤ 重复步骤②、③、④,直到未知样本和所有训练样本的距离都计算完成;

⑥ 统计 k 个最近邻样本中每个类别出现的次数;

⑦ 选择出现频率最大的类别作为未知样本的类别。

由此可以看出,KNN 算法对 k 值的依赖较高,所以 k 值的选择就非常重要了。如果 k 太小,预测目标容易产生变动性;相反,如果 k 太大,最近邻分类器可能会误分类测试样例,因为最近邻列表中可能包含远离其近邻的数据点,如图 5-6 所示。确定 k 值的有益途径是通过有效参数的数目这个概念,有效参数的数目是与 k 值相关的,大致等于 n/k,其中,n 是这个训练数据集中实例的数目。在实践中往往通过若干次实验来确定 k 值,即取分类误差率最小的 k 值。

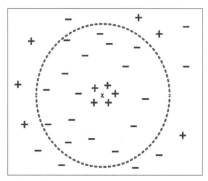

图 5-6　k 较大时的 KNN 分类

【例 5-1】　背景:一家银行的工作人员通过电话调查客户是否愿意购买一种理财产品,并记录调查结果 y。另外,银行有这些客户的一些资料 X,包括 16 个属性,如表 5-1 所列。现在希望建立一个分类器,来预测一个新客户是否愿意购买该产品。

表 5-1　银行客户资料的属性及意义

属性名称	属性意义及类型
age	年龄,数值变量
job	工作类型,分类变量
marital	婚姻状况,分类变量
education	学历情况,分类变量

续表 5 - 1

属性名称	属性意义及类型
default	信用状况,分类变量
balance	平均每年结余,数值变量
housing	是否有房贷,分类变量
loan	是否有个人贷款,分类变量
contact	留下的通信方式,分类变量
day	上次联系日期中日的数字,数值变量
month	上次联系日期中月的类别,分类变量
duration	上次联系持续时间(秒),数值变量
campaign	本次调查该客户的电话受访次数,数值变量
pdays	上次市场调查后到现在的天数,数值变量
previous	本次调查前与该客户联系的次数,数值变量
poutcome	之前市场调查的结果

下面用 KNN 算法建立该问题的分类器。在 MATLAB 中具体实现过程如下:

(1) 导入数据及数据预处理

```
% 准备环境
clc, clear all, close all
load bank.mat
% 将分类变量转换成分类数组
names = bank.Properties.VariableNames;
category = varfun(@iscellstr, bank, 'Output', 'uniform');
for i = find(category)
    bank.(names{i}) = categorical(bank.(names{i}));
end
% 跟踪分类变量
catPred = category(1:end-1);
% 设置默认随机数生成方式确保该脚本中的结果是可以重现的
rng('default');

% 数据探索——数据可视化
figure(1)
gscatter(bank.balance,bank.duration,bank.y,'kk','xo')
xlabel('年平均余额/万元', 'fontsize',12)
ylabel('上次接触时间/s', 'fontsize',12)
title('数据可视化效果图', 'fontsize',12)
set(gca,'linewidth',2);
% 设置响应变量和预测变量
X = table2array(varfun(@double, bank(:,1:end-1)));   % 预测变量
Y = bank.y;   % 响应变量
disp('数据中 Yes & No 的统计结果:')
tabulate(Y)
% 将分类数组进一步转换成二进制数组,以便于某些算法对分类变量进行处理
XNum = [X(:,~catPred) dummyvar(X(:,catPred))];
YNum = double(Y) - 1;
```

运行以上程序,可得到:

```
数据中 Yes & No 的统计结果:
    Value    Count    Percent
    no       888      88.80 %
    yes      112      11.20 %
```

同时还会得到数据的可视化结果,如图 5-7 所示。图 5-7 中显示的是两个变量(上次接

触时间与年平均余额)的散点图,也可以说是这两个变量的相关性关系图,因为根据这些散点,能大致看出 Yes 和 No 的两类人群关于这两个变量的分布特征。

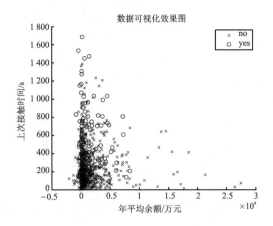

图 5 - 7 数据可视化结果

(2) 设置交叉验证方式

随机选择 40% 的样本作为测试集。

```
cv = cvpartition(height(bank),'holdout',0.40);
% 训练集
Xtrain = X(training(cv),:);
Ytrain = Y(training(cv),:);
XtrainNum = XNum(training(cv),:);
YtrainNum = YNum(training(cv),:);
% 测试集
Xtest = X(test(cv),:);
Ytest = Y(test(cv),:);
XtestNum = XNum(test(cv),:);
YtestNum = YNum(test(cv),:);
disp('训练集:')
tabulate(Ytrain)
disp('测试集:')
tabulate(Ytest)
```

运行以上程序,可得到:

```
训练集:
  Value    Count    Percent
  no       528      88.00%
  yes      72       12.00%
测试集:
  Value    Count    Percent
  no       360      90.00%
  yes      40       10.00%
```

(3) 训练 KNN 分类器

```
% 训练分类器
knn = ClassificationKNN.fit(Xtrain,Ytrain,'Distance','seuclidean',...
                            'NumNeighbors',5);
% 进行预测
[Y_knn, Yscore_knn] = knn.predict(Xtest);
% 计算混淆矩阵
disp('最近邻方法分类结果:')
C_knn = confusionmat(Ytest,Y_knn)
```

运行以上程序,结果如下:

```
最近邻方法分类结果;C_knn =
352     8
28      12
```

KNN算法在类别决策时,只与极少量的相邻样本有关,因此采用这种方法可以较好地避免样本的不平衡问题;另外,KNN算法主要靠周围有限的邻近的样本而不是靠判别类域的方法来确定所属类别,因此对于类域的交叉或重叠较多的待分样本集来说,这种方法更为合适。

KNN算法的缺点是计算量较大,因为对每一个待分类的样本都要计算它到全体已知样本的距离,才能求出它的 k 个最近邻点。针对这一点,主要有两种改进方法:

① 对于计算量大的问题,目前常用的解决方法是事先对已知样本点进行剪辑,事先去除对分类作用不大的样本。这样可以挑选出对分类计算有效的样本,使样本总数合理减少,以同时达到减少计算量和存储量的双重效果。该算法适用于样本容量比较大的类域的自动分类,而那些样本容量较小的类域,采用这种算法容易产生误分。

② 对样本进行组织与整理、分群分层,尽可能将计算量压缩到接近测试样本领域的小范围内,避免盲目地与训练样本集中的每个样本进行距离计算。

总的来说,该算法适应性强,尤其是样本容量比较大的自动分类问题,而那些样本容量较小的分类问题,采用这种算法容易产生误分。

5.2.2　贝叶斯分类

贝叶斯分类是一类分类算法的总称,这类算法均以贝叶斯定理为基础,故统称为贝叶斯分类。

贝叶斯分类是一类利用概率统计知识进行分类的算法,其分类原理是贝叶斯定理。贝叶斯定理是由18世纪概率论和决策论的早期研究者 Thomas Bayes 提出的,故用其名字命名为贝叶斯定理。

贝叶斯定理(Bayes' theorem)是概率论中的一个结果,它跟随机变量的条件概率以及边缘概率分布有关。在有些关于概率的解说中,贝叶斯定理能够告诉我们如何利用新证据修改已有的看法。通常,事件 A 在事件 B(发生)的条件下的概率,与事件 B 在事件 A 的条件下的概率是不一样的;然而,这两者是有确定关系的。贝叶斯定理就是对这种关系的描述。

假设 X、Y 是一对随机变量,它们的联合概率 $P(X=x, Y=y)$ 是指 X 取值 x 且 Y 取值 y 的概率,条件概率是指一随机变量在另一随机变量取值已知的情况下取某一特定值的概率。例如,条件概率 $P(Y=y \mid X=x)$ 是指在变量 X 取值 x 的情况下,变量 Y 取值 y 的概率。X 和 Y 的联合概率和条件概率满足如下关系:

$$P(X,Y) = P(Y \mid X) \times P(X) = P(X \mid Y) \times P(Y)$$

此式变形可得到下面的公式:

$$P(Y \mid X) = \frac{P(X \mid Y) P(Y)}{P(X)}$$

该式被称为贝叶斯定理。

贝叶斯定理很有用,因为它允许我们用先验概率 $P(Y)$、条件概率 $P(X \mid Y)$ 和证据 $P(X)$ 来表示后验概率。而在贝叶斯分类器中,朴素贝叶斯最为常用,接下来将介绍朴素贝叶斯(Naive Bayes,NB)的原理。

朴素贝叶斯分类是一种十分简单的分类算法,之所以称其为朴素贝叶斯分类,是因为这种方法的思想真的很朴素。朴素贝叶斯的思想基础是这样的:对于给出的待分类项,求解在此项出现的条件下各个类别出现的概率,哪个最大,就认为此待分类项属于哪个类别。通俗来说,就好比你在街上看到一个黑人,我让你猜他是从哪里来的,你十有八九猜非洲。虽然他也可能是美洲人或亚洲人,但在没有其他信息的情况下,大多都会选择条件概率最大的类别。这就是朴素贝叶斯的思想基础。

　　朴素贝叶斯分类器以简单的结构和良好的性能受到人们的关注,它是最优秀的分类器之一。朴素贝叶斯分类器建立在一个类条件独立性假设(朴素假设)的基础上:给定类节点(变量)后,各属性节点(变量)之间相互独立。根据朴素贝叶斯的类条件独立假设,则有

$$P(X \mid C_i) = \prod_{k=1}^{m} P(X_k \mid C_i)$$

　　条件概率 $P(X_1 \mid C_i)$, $P(X_2 \mid C_i)$, $\cdots$, $P(X_n \mid C_i)$ 可以从训练数据集中求得。根据此方法,对于一个未知类别的样本 X,可以先分别计算出 X 属于每一个类别 C_i 的概率 $P(X \mid C_i) \cdot P(C_i)$,然后选择其中概率最大的类别作为其类别。

　　朴素贝叶斯分类的步骤如下:

　　① 设 $x = \{a_1, a_2, \cdots, a_m\}$ 为一个待分类项,而每个 a 为 x 的一个特征属性。

　　② 有类别集合 $C = \{y_1, y_2, \cdots, y_n\}$。

　　③ 计算 $P(y_1 \mid x), P(y_2 \mid x), \cdots, P(y_n \mid x)$。

　　④ 如果 $P(y_k \mid x) = \max\{P(y_1 \mid x), P(y_2 \mid x), \cdots, P(y_n \mid x)\}$,则 $x \in y_k$。

　　现在的关键是,如何计算第③步中的各个条件概率。我们可以这么做:

　　首先,找到一个已知分类的待分类项集合,将其称为训练样本集。

　　其次,统计得到在各类别下各特征属性的条件概率估计,即

$$P(a_1 \mid y_1), P(a_2 \mid y_1), \cdots, P(a_m \mid y_1);$$
$$P(a_1 \mid y_2), P(a_2 \mid y_2), \cdots, P(a_m \mid y_2);$$
$$\vdots$$
$$P(a_1 \mid y_n), P(a_2 \mid y_n), \cdots, P(a_m \mid y_n)$$

　　最后如果各特征属性都是条件独立的,则根据贝叶斯定理可推导出

$$P(y_i \mid x) = \frac{P(x \mid y_i) P(y_i)}{P(x)}$$

　　对于所有类别而言,分母为常数,因此只要将分子最大化即可。因为各特征属性都是条件独立的,所以有

$$P(x \mid y_i) P(y_i) = P(a_1 \mid y_i) P(a_2 \mid y_i) \cdots P(a_m \mid y_i) P(y_i) = P(y_i) \prod_{j=1}^{m} P(a_j \mid y_i)$$

　　根据上述分析,朴素贝叶斯分类的流程可以由图 5-8 表示(暂时不考虑验证)。

　　可以看到,整个朴素贝叶斯分类分为三个阶段:

　　① 准备工作阶段。这个阶段的任务是为朴素贝叶斯分类做必要的准备,主要工作是根据具体情况确定特征属性,并对每个特征属性进行适当划分,然后由人工对一部分待分类项进行分类,形成训练样本集合。这一阶段的输入是所有待分类数据,输出是特征属性和训练样本。这一阶段是整个朴素贝叶斯分类中唯一需要人工完成的阶段,其质量对整个过程将有重要影响,分类器的质量很大程度上由特征属性、特征属性划分及训练样本质量决定。

② 分类器训练阶段。这个阶段的任务就是生成分类器，主要工作是计算每个类别在训练样本中出现的频率及每个特征属性划分对每个类别的条件概率估计，并记录结果。其输入是特征属性和训练样本，输出是分类器。这一阶段是机械性阶段，根据前面讨论的公式可以由程序自动计算完成。

③ 应用阶段。这个阶段的任务是使用分类器对待分类项进行分类，其输入是分类器和待分类项，输出是待分类项与类别的映射关系。这一阶段也是机械性阶段，由程序完成。

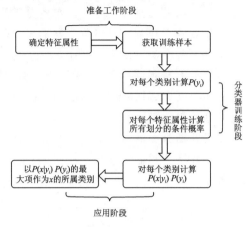

图 5-8　朴素贝叶斯分类流程图

朴素贝叶斯算法成立的前提是各属性之间相互独立。当数据集满足这种独立性假设时，分类的准确度较高，否则可能较低。另外，该算法没有分类规则输出。

在许多场合，朴素贝叶斯分类可以与决策树和神经网络分类算法相媲美，该算法能运用到大型数据库中，且方法简单、分类准确率高、速度快。由于贝叶斯定理假设一个属性值对给定类的影响独立于其他的属性值，而此假设在实际情况中经常是不成立的，因此其分类准确率可能会下降。为此，就出现了许多降低独立性假设的贝叶斯分类算法，如 TAN(Tree Augmented Bayes Network)算法、贝叶斯网络分类器(Bayesian Network Classifier,BNC)。

【例 5-2】　用朴素贝叶斯算法来训练例 5-1 中关于银行市场调查的分类器。

具体实现代码如下：

```
% 设置分布类型
dist = repmat({'normal'},1,width(bank) - 1);
dist(catPred) = {'mvmn'};
% 训练分类器
Nb = fitcnb(Xtrain,Ytrain,'ClassNames',{'no','yes'});
% 进行预测
Y_Nb = predict(Nb,Xtest);
% 计算混淆矩阵
disp('贝叶斯方法分类结果:')
C_nb = confusionmat(Ytest,categorical(Y_Nb))
```

运行以上程序，结果如下：

```
贝叶斯方法分类结果:
C_nb =
      302    58
       17    23
```

朴素贝叶斯分类器一般具有以下特点：

① 简单、高效、健壮。面对独立的噪声点，朴素贝叶斯分类器是健壮的，因为在从数据中估计条件概率时，这些点被平均；另外，朴素贝叶斯分类器也可以处理属性值遗漏问题。而面对无关属性，该分类器依然是健壮的，因为如果 X_i 是无关属性，那么 $P(X_i \mid Y)$ 几乎变成了均匀分布，X_i 的类条件概率不会对总的后验概率的计算产生影响。

② 相关属性可能会降低朴素贝叶斯分类器的性能。因为对这些属性，条件独立的假设已不成立。

5.2.3　支持向量机分类

支持向量机(Support Vector Machine,SVM)分类的方法由 Vapnik 等人于 1995 年提出,具有相对优良的性能指标。该方法是建立在统计学习理论基础上的机器学习方法。通过学习算法,SVM 可以自动找出那些对分类有较好区分能力的支持向量,由此构造出的分类器可以最大化类与类的间隔,因而有较好的适应能力和较高的分准率。该方法只需要由各类域的边界样本的类别来决定最后的分类结果。

SVM 属于有监督(有导师)学习方法,即已知训练点的类别,求训练点和类别之间的对应关系,以便将训练集按照类别分开,或者是预测新的训练点所对应的类别。由于 SVM 在实例的学习中能够提供清晰直观的解释,所以其在文本分类、文字识别、图像分类、升序序列分类等方面的实际应用中都呈现了非常好的性能。

SVM 构建了一个分割两类的超平面(这也可以扩展到多类问题)。在构建的过程中,SVM 算法试图使两类之间的分割达到最大化,如图 5-9 所示。

以一个很大的边缘分隔两个类,可以使期望泛化误差最小化。"最小化泛化误差"的含义是:当对新的样本(数值未知的数据点)进行分类时,基于学习所得的分类器(超平面)使得我们(对其所属分类)预测错误的概率被最小化。直觉上,这样的一个分

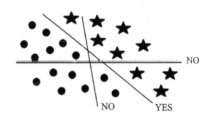

图 5-9　SVM 划分算法示意图

类器实现了两个分类之间的分离边缘最大化。图 5-9 解释了"最大化边缘"的概念。与分类器平面平行,分别穿过数据集中的一个或多个点的两个平面称为边界平面(bounding plane)。这些边界平面的距离称为边缘(margin),而"通过 SVM 学习"的含义是找到最大化这个边缘的超平面。落在边界平面上的(数据集中的)点称为支持向量(support vector)。这些点在这一理论中的作用至关重要,故称为"支持向量机"。支持向量机的基本思想是,与分类器平行的两个平面,能很好地分开两类不同的数据,且穿越两类数据区域集中的点,现在欲寻找最佳超几何分隔平面使之与两个平面间的距离最大,如此便能实现分类总误差最小。支持向量机是基于统计学模式识别理论之上的,其理论相对晦涩难懂一些,因此我们侧重用实例来引导和讲解。

支持向量机最初是在研究线性可分问题的过程中提出的,所以这里先介绍线性 SVM 的基本原理。不失一般性,假设容量为 n 的训练样本集 $\{(\boldsymbol{x}_i,y_i),i=1,2,\cdots,n\}$ 由两个类别组成,若 $\boldsymbol{x}_i$ 属于第一类,则记为 $y_i=1$;若 $\boldsymbol{x}_i$ 属于第二类,则记为 $y_i=-1$。

若存在分类超平面:

$$\boldsymbol{w}^{\mathrm{T}}\boldsymbol{x}+b=0$$

并且能够将样本正确地划分成两类,即相同类别的样本都落在分类超平面的同一侧,则称该样本集是线性可分的,即满足:

$$\begin{cases} \boldsymbol{w}^{\mathrm{T}}\boldsymbol{x}_i+b \geqslant 1, & y_i=1 \\ \boldsymbol{w}^{\mathrm{T}}\boldsymbol{x}_i+b \leqslant -1, & y_i=-1 \end{cases} \tag{5-1}$$

由此可知,平面 $\boldsymbol{w}^{\mathrm{T}}\boldsymbol{x}_i+b=1$ 和 $\boldsymbol{w}^{\mathrm{T}}\boldsymbol{x}_i+b=-1$ 即为该分类问题中的边界超平面,这个问题可以回归到初中学过的线性规划问题。边界超平面 $\boldsymbol{w}^{\mathrm{T}}\boldsymbol{x}_i+b=1$ 到原点的距离为 $\dfrac{|b-1|}{\|\boldsymbol{w}\|}$;

而边界超平面 $\boldsymbol{w}^{\mathrm{T}}\boldsymbol{x}_i + b = -1$ 到原点的距离为 $\dfrac{|+b+1|}{\parallel \boldsymbol{w} \parallel}$。所以这两个边界超平面的距离是 $\dfrac{2}{\parallel \boldsymbol{w} \parallel}$。注意,这两个边界超平面是平行的。而根据 SVM 的基本思想,最佳超平面应该使两个边界平面的距离最大化,即最大化 $\dfrac{2}{\parallel \boldsymbol{w} \parallel}$,也就是最小化其倒数,即

$$\min \frac{1}{2} \parallel \boldsymbol{w} \parallel = \frac{1}{2}\sqrt{\boldsymbol{w}^{\mathrm{T}}\boldsymbol{w}} \tag{5-2}$$

为了求解这个超平面的参数,可以以最小化式(5-2)为目标,且满足式(5-1),而式(5-1)中的两个表达式可以综合表达为

$$y_i(\boldsymbol{w}^{\mathrm{T}}\boldsymbol{x}_i + b) \geqslant 1$$

由此可以得到如下目标规划问题的表达形式:

$$\begin{cases} \min \dfrac{1}{2} \parallel \boldsymbol{w} \parallel = \dfrac{1}{2}\sqrt{\boldsymbol{w}^{\mathrm{T}}\boldsymbol{w}} \\ \text{s. t. } y_i(\boldsymbol{w}^{\mathrm{T}}\boldsymbol{x}_i + b) \geqslant 1,\ i=1,2,\cdots,n \end{cases}$$

得到这个形式以后,可以明显地看出来它是一个凸优化问题,或者说,它是一个二次优化问题,即目标函数是二次的,约束条件是线性的。这个问题可以用现成的 QP(Quadratic Programming)的优化包进行求解。虽然这个问题确实是一个标准 QP 问题,但是也有其特殊结构。通过拉格朗日变换到对偶变量(dual variable)的优化问题之后,可以找到一种更加有效的方法来进行求解,而且通常情况下,这种方法比直接使用通用的 QP 优化包进行优化高效得多,而且便于推广。拉格朗日变换的作用,简单来说,就是通过给每一个约束条件加上一个拉格朗日乘子 α,就可以将约束条件融合到目标函数里去了。也就是说,把条件融合到一个函数里,现在只用一个函数表达式便能清楚地表达出我们的问题。该问题的拉格朗日表达式为

$$L(\boldsymbol{w}, b, \alpha) = \frac{1}{2} \parallel \boldsymbol{w} \parallel^2 - \sum a_i[y_i(\boldsymbol{w}^{\mathrm{T}}\boldsymbol{x}_i + b) - 1]$$

式中,$a_i > 0(i=1,2,\cdots,n)$,为拉格朗日系数。

接下来,根据拉格朗日对偶理论,将其转化为对偶问题:

$$\begin{cases} \max L(\alpha) = \displaystyle\sum_{i=1}^{n} a_i - \frac{1}{2}\sum_{i=1}^{n}\sum_{j=1}^{n} a_i a_j y_i y_j (\boldsymbol{x}_i^{\mathrm{T}}\boldsymbol{x}_j) \\ \text{s. t. } \displaystyle\sum_{i=1}^{n} a_i y_i = 0,\ a_i \geqslant 0 \end{cases}$$

这个问题可以用二次规划方法求解。假设求解所得的最优解为 $\boldsymbol{a}^* = [a_1^*, a_2^*, \cdots, a_n^*]^{\mathrm{T}}$,则可以得到最优的 $\boldsymbol{w}^*$ 和 b^*:

$$\boldsymbol{w}^* = \sum_{i=1}^{n} a_i^* \boldsymbol{x}_i y_i, \quad b^* = -\frac{1}{2}\boldsymbol{w}^*(\boldsymbol{x}_r + \boldsymbol{x}_s)$$

式中,$\boldsymbol{x}_r$ 和 $\boldsymbol{x}_s$ 为两个类别中任意的一对支持向量。

最终得到的最优分类函数为

$$f(x) = \mathrm{sgn}\left[\sum_{i=1}^{n} a_i^* y_i(\boldsymbol{x}^{\mathrm{T}}\boldsymbol{x}_i) + b^*\right]$$

在输入空间中,如果数据不是线性可分的,支持向量机通过非线性映射 $\phi: R^n \rightarrow F$ 将数据映射到某个其他点积空间(称为特征空间)F,然后在 F 中执行上述线性算法,只需计算点积

$\phi(\boldsymbol{x})^{\mathrm{T}}\phi(\boldsymbol{x})$即可完成映射。在很多文献中,这一函数被称为核函数(kernel),用 $K(\boldsymbol{x},\boldsymbol{y})=\phi(\boldsymbol{x})^{\mathrm{T}}\phi(\boldsymbol{x})$表示。

支持向量机的理论有三个要点:

① 最大化间距;

② 核函数;

③ 对偶理论。

对于线性 SVM,还有一种更易于用 MATLAB 编程的求解方法,即引入松弛变量,将其转化为纯线性规划问题。同时,引入松弛变量后 SVM 更符合大部分的样本,因为对于大部分的情况,所有的样本很难都能明显地分成两类,总有少数样本导致寻找不到最佳超平面的情况。为了加深大家对 SVM 的理解,这里也详细介绍一下这种 SVM 的解法。

例如,一个典型的线性 SVM 模型,表示如下:

$$\begin{cases} \min \dfrac{\parallel \boldsymbol{w} \parallel^{2}}{2} + v\sum_{i=1}^{n}\lambda_{i} \\ \text{s. t.} \begin{cases} y_{i}(\boldsymbol{w}^{\mathrm{T}}\boldsymbol{x}_{i}+h)+\lambda_{i} \geqslant 1 \\ \lambda_{i} \geqslant 0 \end{cases}, i=1,2,\cdots,n \end{cases}$$

Mangasarian 证明了该模型与下面模型的解几乎完全相同:

$$\begin{cases} \min v\sum_{i=1}^{n}\lambda_{i} \\ \text{s. t.} \begin{cases} y_{i}(\boldsymbol{w}^{\mathrm{T}}\boldsymbol{x}_{i}+b)+\lambda_{i} \geqslant 1 \\ \lambda_{i} \geqslant 0 \end{cases}, i=1,2,\cdots,n \end{cases}$$

由此,对于二分类的 SVM 问题,就可以转化为非常便于求解的线性规划问题了。

【例 5-3】　用 SVM 算法来训练例 5-1 中关于银行市场调查的分类器。

具体实现代码如下:

```
% 训练分类器
svmStruct = fitcsvm(Xtrain,Ytrain);
% 进行预测
Y_svm = predict(svmStruct,Xtest);
% 计算混淆矩阵
disp('SVM 方法分类结果:')
C_svm = confusionmat(Ytest,Y_svm)
```

运行以上程序,结果如下:

```
SVM 方法分类结果:
C_svm =
      319    41
       22    18
```

SVM 具有许多很好的性质,因此它已经成为广泛使用的分类算法之一。下面简要总结一下 SVM 的一般特征。

① SVM 学习问题可以表示为凸优化问题,因此可以利用已知的有效算法发现目标函数的全局最小值。而其他的分类方法(如基于规则的分类器和人工神经网络)都采用一种基于贪心学习的策略来搜索假设空间,一般只能获得局部最优解。

② SVM 通过最大化决策边界的边缘来控制模型的能力。尽管如此,用户必须提供其他参数,例如使用的核函数类型,为了引入松弛变量所需的代价函数 C 等。一些 SVM 工具都会

有默认设置,一般选择默认的设置就可以了。

③ 通过对数据中每个分类属性值引入一个亚变量,SVM 就可以应用于分类数据了。例如,如果婚姻状况有三个值(单身、已婚、离异),就可以对每一个属性值引入一个二元变量。

5.3 聚类方法

5.3.1 K–均值聚类

K–均值聚类(即 K–means)算法是著名的划分聚类分割方法。划分方法的基本思想是:给定一个有 N 个元组或者记录的数据集,分裂法将会构造 K 个分组,每个分组就代表一个聚类,$K < N$。这 K 个分组满足下列条件:

① 每个分组至少包含一个数据记录;

② 每个数据记录属于且仅属于一个分组。

对于给定的 K,算法首先给出一个初始的分组方法,之后用反复迭代的方法改变分组,使每一次改进后的分组方案都较前一次好。而所谓"好"的标准就是:同一分组中的记录越近越好(已经收敛,反复迭代至组内数据几乎无差异),而不同分组中的记录越远越好。

K–means 算法的工作原理:首先随机从数据集中选取 K 个点,每个点初始代表每个簇的聚类中心;然后计算剩余各个样本到聚类中心的距离,将它赋给最近的簇;接着重新计算每一簇的平均值,整个过程不断重复,如果相邻两次调整没有明显变化,则说明数据聚类形成的簇已经收敛。本算法的一个特点是,在每次迭代中都要考察每个样本的分类是否正确。若不正确,就要调整,在全部样本调整完之后,再修改聚类中心,进入下一次迭代。这个过程不断重复直到满足某个终止条件,而终止条件可以是下列之一:

① 没有对象被重新分配给不同的聚类;

② 聚类中心不再发生变化;

③ 误差平方和局部最小。

K–means 算法的步骤:

① 从 n 个数据对象中任意选择 k 个对象作为初始聚类中心。

② 根据每个聚类对象的均值(中心对象),计算每个对象与这些中心对象的距离,并根据最小距离重新对相应对象进行划分。

③ 重新计算每个聚类的均值(中心对象),直到聚类中心不再变化。这种划分将会使得下式最小:

$$E = \sum_{j=1}^{k} \sum_{x_i \in \omega_j} \| x_i - m_j \|^2$$

式中,x_i 为第 i 样本点的位置;m_j 为第 j 个聚类中心的位置。

④ 循环步骤②和③,直到每个聚类不再发生变化为止。

K–means 算法是很典型的基于距离的聚类算法,采用距离作为相似性的评价指标,即认为两个对象的距离越近,其相似度就越大。该算法认为簇是由距离靠近的对象组成的,因此把得到紧凑且独立的簇作为最终目标。

K–means 算法:

输入:聚类个数 k,以及包含 n 个数据对象的数据库。

输出：满足方差最小标准的 k 个聚类。

处理流程：

① 从 n 个数据对象中任意选择 k 个对象作为初始聚类中心。

② 根据每个聚类对象的均值（中心对象），计算每个对象与这些中心对象的距离，并根据最小距离重新对相应对象进行划分。

③ 重新计算每个（有变化）聚类的均值（中心对象）；

④ 循环步骤②和③，直到每个聚类不再发生变化为止。

K - means 算法接受输入量 k，然后将 n 个数据对象划分为 k 个聚类，以便使所获得的聚类满足：同一聚类中的对象相似度较高，而不同聚类中的对象相似度较低。聚类相似度是利用各聚类中对象的均值所获得的一个"中心对象"（引力中心）来进行计算的。

K - means 算法的特点：采用两个阶段反复循环的过程算法，结束的条件是不再有数据元素被重新分配。

下面通过一个小的实例来学习如何用 K - means 算法实现实际的分类问题。

【例 5 - 4】　已知有 20 个样本，每个样本有 2 个特征，数据分布见表 5 - 2，试用 K - means 算法实现对这些数据进行聚类。

表 5 - 2　数据分布

X_1	0	1	0	1	2	1	2	3	6	7
X_2	0	0	1	1	1	2	2	2	6	6
X_1	8	6	7	8	9	7	8	9	8	9
X_2	6	7	7	7	7	8	8	8	9	9

具体实现代码和结果如下：

程序编号	P5 - 1	文件名称	kmeans_v1	说明	K - means 算法的 MATLAB 实现

```
% % K - means 算法的 MATLAB 实现
% % 数据准备和初始化
clc
clear
x = [0 0;1 0; 0 1; 1 1;2 1;1 2; 2 2;3 2; 6 6; 7 6; 8 6; 6 7; 7 7; 8 7; 9 7 ; 7 8; 8 8; 9 8; 8 9; 9 9];
z = zeros(2,2);
z1 = zeros(2,2);
z = x(1:2, 1:2);
% % 寻找聚类中心
while 1    count = zeros(2,1);
    allsum = zeros(2,2);
    for i = 1:20 % 对每一个样本 i,计算到 2 个聚类中心的距离
        temp1 = sqrt((z(1,1) - x(i,1)).^2 + (z(1,2) - x(i,2)).^2);
        temp2 = sqrt((z(2,1) - x(i,1)).^2 + (z(2,2) - x(i,2)).^2);
        if(temp1 < temp2)
            count(1) = count(1) + 1;
            allsum(1,1) = allsum(1,1) + x(i,1);
            allsum(1,2) = allsum(1,2) + x(i,2);
        else
            count(2) = count(2) + 1;
            allsum(2,1) = allsum(2,1) + x(i,1);
            allsum(2,2) = allsum(2,2) + x(i,2);
        end
    end
```

```
        z1(1,1) = allsum(1,1)/count(1);
        z1(1,2) = allsum(1,2)/count(1);
        z1(2,1) = allsum(2,1)/count(2);
        z1(2,2) = allsum(2,2)/count(2);
        if(z == z1)
             break;
        else
             z = z1;
        end
end
%%结果显示
disp(z1);%输出聚类中心
plot( x(:,1), x(:,2),'k*',...
    'LineWidth',2,...
    'MarkerSize',10,...
    'MarkerEdgeColor','k',...
    'MarkerFaceColor',[0.5,0.5,0.5])
hold on
plot(z1(:,1),z1(:,2),'ko'...
    'LineWidth',2,...
    'MarkerSize',10,...
    'MarkerEdgeColor','k',...
    'MarkerFaceColor',[0.5,0.5,0.5])
set(gca,'linewidth',2) ;
xlabel('特征 x1','fontsize',12);
ylabel('特征 x2', 'fontsize',12);
title('K-means 分类图 ','fontsize',12);
```

运行以上程序,可以很快得到图 5 - 10,可以看出,聚类的效果是非常显著的。

本例根据 K - means 算法步骤并通过自主编程就可以实现对问题的聚类,这对加深算法的理解非常有帮助。在实际中,我们也可以使用更集成的方法——kmeans 函数。在以下实例中,将介绍如何使用 MATLAB 自带的 kmeans 函数高效实现。

【例 5 - 5】 一家投资公司希望对债券进行合适的分类,但不知道分成几类合适。已知这些债券的一些基本属性(见表 5 - 3)和这些债券的目前评级,希望通过聚类来确定分成几类合适。

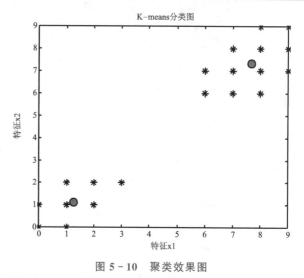

图 5 - 10　聚类效果图

表 5 - 3　客户资料的属性及其意义

属性名称	属性意义及类型	属性名称	属性意义及类型
Type	债券的类型,分类变量	YTM	到期收益率,数值变量
Name	发行债券的公司名称,字符变量	CurrentYield	当前收益率,数值变量
Price	债券的价格,数值型变量	Rating	评级结果,分类变量
Coupon	票面利率,数值变量	Callable	是否随时可偿还,分类变量
Maturity	到期日,符号日期		

下面我们就用 K - means 算法来对这些债券样本进行聚类。

（1）导入数据和数据预处理

```
clc, clear all, close all
loadBondData
settle = floor(date);
% 数据预处理
bondData.MaturityN = datenum(bondData.Maturity,'dd - mmm - yyyy');
bondData.SettleN = settle * ones(height(bondData),1);
% 筛选数据
corp = bondData(bondData.MaturityN > settle &...
                bondData.Type == 'Corp'&...
                bondData.Rating >= 'CC'&...
                bondData.YTM < 30 &...
                bondData.YTM >= 0,:);
% 设置随机数生成方式保证结果可重现
rng('default');

% 探索数据
Figure
gscatter(corp.Coupon,corp.YTM,corp.Rating)
set(gca,'linewidth',2);
xlabel('票面利率 ')
ylabel('到期收益率 ')
% 选择聚类变量
corp.RatingNum = double(corp.Rating);
bonds = corp{:,{'Coupon','YTM','CurrentYield','RatingNum'}};
% 设置类别数量
numClust = 3;
% 设置用于可视化聚类效果的变量
VX = [corp.Coupon, double(corp.Rating), corp.YTM];
```

运行以上程序，可以得到图 5 - 11，可以看出，债券评级结果与指标变量之间的大致关系，即到期收益率越大，票面利率越大，债券被评为 CC 或 CCC 级别的可能性越高。

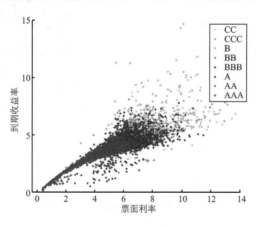

图 5 - 11　数据分布图

（2）K - means 聚类

```
dist_k = 'cosine';
kidx = kmeans(bonds, numClust,'distance', dist_k);

% 绘制聚类效果图
Figure
```

```
F1 = plot3(VX(kidx == 1,1),VX(kidx == 1,2),VX(kidx == 1,3),'r * ',...
            VX(kidx == 2,1),VX(kidx == 2,2),VX(kidx == 2,3),'bo',...
            VX(kidx == 3,1),VX(kidx == 3,2),VX(kidx == 3,3),'kd');
set(gca,'linewidth',2);
gridon;
set(F1,'linewidth',2,'MarkerSize',8);
xlabel('票面利率','fontsize',12);
ylabel('评级得分','fontsize',12);
ylabel('到期收益率','fontsize',12);
title('Kmeans 方法聚类结果')

%评估各类别的相关程度
dist_metric_k = pdist(bonds,dist_k);
dd_k = squareform(dist_metric_k);
[~,idx] = sort(kidx);
dd_k = dd_k(idx,idx);
figure
imagesc(dd_k)
set(gca,'linewidth',2);
xlabel('数据点','fontsize',12)
ylabel('数据点','fontsize',12)
title('k - Means 聚类结果相关程度图','fontsize',12)
ylabel(colorbar,['距离矩阵:',dist_k])
axissquare
```

运行以上程序,可以得到聚类效果图(见图 5-12)和簇间相关程度图(见图 5-13)。

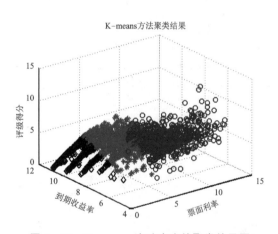

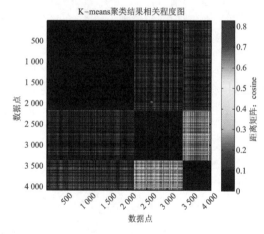

图 5-12　K-means 方法产生的聚类效果图　　图 5-13　K-means 方法聚类结果簇间相关程度图

① 在 K-means 算法中 K 是事先给定的,这个 K 值的选定是非常难以估计的。

② 在 K-means 算法中,首先需要根据初始聚类中心来确定一个初始划分,然后对初始划分进行优化。

③ K-means 算法需要不断地进行样本分类调整,不断地计算调整后的新的聚类中心,因此当数据量非常大时,计算花费的时间是非常大的。

④ K-means 算法对一些离散点和初始 K 值比较敏感,不同的距离初始值对于同样的数据样本可能会得到不同的结果。

5.3.2　层次聚类

层次聚类算法是通过将数据组织为若干组并形成一个相应的树来进行聚类的。根据层次的形成是自下向上还是自上向下，层次聚类算法可以进一步分为凝聚型和分裂型，如图 5-14 所示。一个完全层次聚类的质量由于无法对已经做的合并或分解进行调整而受到影响，但是层次聚类算法没有使用准则函数，它所含的对数据结构的假设更少，所以它的通用性更强。

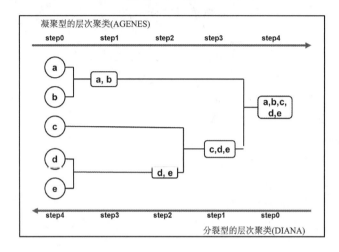

图 5-14　凝聚型的层次聚类和分裂型的层次聚类处理过程

在实际应用中一般有两种层次聚类方法：

① 凝聚型的层次聚类。这种自底向上的策略首先将每个对象作为一个簇，然后合并这些原子簇变为越来越大的簇，直到所有的对象都在一个簇中，或者某个终结条件被达到要求。大部分的层次聚类方法都属于一类，它们在簇间的相似度的定义有点不一样。

② 分裂型的层次聚类。这种自顶向下的策略与凝聚中的层次聚类有些不一样，它首先将所有对象放在一个簇中，然后慢慢地细分为越来越小的簇，直到每个对象自行形成一簇，或者直到满足其他的一个终结条件，例如满足了某个期望的簇数目，又或者两个最近的簇之间的距离达到了某一个阈值。

图 5-14 描述了一个凝聚层次聚类方法（AGENES）和一个分裂层次聚类方法（DIANA）在一个包括五个对象的数据的集合{a,b,c,d,e}上的处理的过程。初始时，AGENES 将每个样本点自为一簇，之后这样的簇依照某一种准则逐渐合并。例如，簇 C1 中的某个样本点和簇 C2 中的一个样本点相隔的距离是所有不同类簇的样本点间欧几里得距离最近的，则认为簇 C1 和簇 C2 是相似可合并的。这就是一类单链接的方法，其每一个簇能够被簇中其他所有的对象所代表，两簇之间的相似度是由这里的两个不同簇中距离最近的数据点对的相似度来定义的。聚类的合并进程往复进行，直到其他的对象合并形成一个簇。而 DIANA 方法在运行过程中，初始时将所有样本点归为同一类簇，然后根据某种准则进行逐渐分裂，例如类簇 C 中两个样本点 A 和 B 之间的距离是类簇 C 中所有样本点间距离最远的一对，那么样本点 A 和 B 将分裂成两个簇 C1 和 C2，并且先前类簇 C 中其他样本点根据与 A 和 B 之间的距离，分别纳入到簇 C1 和 C2 中。例如，类簇 C 中样本点 O 与样本点 A 的欧几里得距离为 2，与样本点 B 的欧几里得距离为 4，因为 Distance(A,O)<Distance(B,O)，所以 O 将纳入到类簇 C1 中。

AGENES算法的核心步骤如下：

输入：K（目标类簇数）、D（样本点集合）；

输出：K 个类簇集合。

AGENES算法的具体步骤如下：

① 将 D 中每个样本点当作其类簇；

② 重复步骤①；

③ 找到分属两个不同的类簇，且距离最近的样本点对；

④ 将两个类簇合并；

⑤ util 类簇数＝K。

DIANA 算法的核心步骤如下：

输入：K（目标类簇数）、D（样本点集合）；

输出：K 个类簇集合。

DIANA 算法的具体步骤如下：

① 将 D 中所有样本点合并成类簇；

② 重复步骤①；

③ 在同类簇中找到距离最远的样本点对；

④ 以该样本点对为代表，将原类簇中的样本点重新分属到新类簇；

⑤ util 类簇数＝K。

【例 5-6】　用层次聚类方法对例 5-5 的企业债券进行聚类。

具体实现代码如下：

```
dist_h = 'spearman';
link = 'weighted';
hidx = clusterdata(bonds, 'maxclust', numClust, 'distance', dist_h, 'linkage', link);


% 绘制聚类效果图
Figure
F2 = plot3(VX(hidx == 1,1), VX(hidx == 1,2),VX(hidx == 1,3),'r * ', ...
           VX(hidx == 2,1), VX(hidx == 2,2),VX(hidx == 2,3), 'bo', ...
           VX(hidx == 3,1), VX(hidx == 3,2),VX(hidx == 3,3), 'kd');
set(gca,'linewidth',2);
grid on
set(F2,'linewidth',2, 'MarkerSize',8);
set(gca,'linewidth',2);
xlabel(' 票面利率 ','fontsize',12);
ylabel(' 评级得分 ','fontsize',12);
ylabel(' 到期收益率 ','fontsize',12);
title(' 层次聚类方法聚类结果 ')


% 评估各类别的相关程度
dist_metric_h = pdist(bonds,dist_h);
dd_h = squareform(dist_metric_h);
[~,idx] = sort(hidx);
dd_h = dd_h(idx,idx);
figure
imagesc(dd_h)
set(gca,'linewidth',2);
xlabel(' 数据点 ', 'fontsize',12)
```

```
ylabel('数据点', 'fontsize',12)
title('层次聚类结果相关程度图')
ylabel(colorbar,['距离矩阵:', dist_h])
axis square

%计算同型相关系数
Z = linkage(dist_metric_h,link);
cpcc = cophenet(Z,dist_metric_h);
disp('同表象相关系数:')
disp(cpcc)

%层次结构图
set(0,'RecursionLimit',5000)
figure
dendrogram(Z)
set(gca,'linewidth',2);
set(0,'RecursionLimit',500)
xlabel('数据点', 'fontsize',12)
ylabel ('距离', 'fontsize',12)
title(['CPCC;' sprintf('%0.4f',cpcc)])
```

运行以上程序,结果如下:

```
同表象相关系数:
0.8903
```

此处是利用 cophenet 函数得到了描述聚类树信息与原始数据距离之间相关性的同表象相关系数,这个值越大越好。

本小节代码执行层次聚类方法聚类产生了聚类效果图(见图 5 – 15)、簇间相关程度图(见图 5 – 16)和簇的层次结构图(见图 5 – 17)。

① 在凝聚型和分裂型的层次聚类的所有方法中,都需要用户提供希望得到的聚类的单个数量和阈值作为聚类分析的终止条件,但对于复杂的数据来说,这是很难事先判定的。尽管层次聚类方法的实现很简单,但是偶尔会遇到合并或分裂点选择困难。这时选择就会特别关键,因为只要其中的两个对象被合并或者分裂,接下来

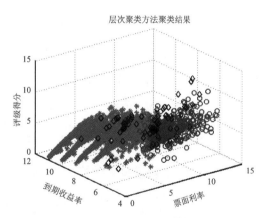

图 5 – 15　层次聚类方法产生的聚类效果图

的处理将只能在新生成的簇中完成,已形成的处理不能被撤消,两个聚类之间也不能交换对象。如果在某个阶段没有选择合并或分裂的决策,就极有可能导致质量不高的聚类结果。这种聚类方法不具有特别好的可伸缩性,因为它们合并或分裂的决策需要经过检测和估算大量的对象或簇。

② 层次聚类算法要使用距离矩阵,所以它的时间和空间复杂性都很高,几乎不能在大数据集上使用。层次聚类算法只处理符合某静态模型的簇,不同簇间的信息以及簇间的互连性(互连性是指簇间距离较近数据对的多少)、近似度(近似度是指簇间对数据对的相似度)将会被忽略。

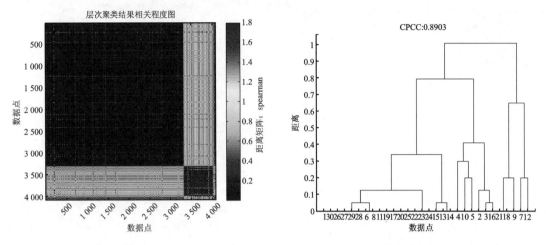

图 5 - 16 层次聚类方法产生的簇间相关程度图　　　图 5 - 17 层次聚类方法产生的簇层次结构图

5.3.3 模糊 C -均值聚类

模糊 C -均值(FCM)聚类算法用隶属度确定每个数据点属于某个聚类的程度的一种聚类算法。1973 年,Bezdek 提出了该算法,作为早期硬 C -均值(HCM)聚类方法的一种改进。

给定样本观测数据矩阵:

$$X = \begin{bmatrix} \boldsymbol{x}_1 \\ \boldsymbol{x}_2 \\ \vdots \\ \boldsymbol{x}_n \end{bmatrix} = \begin{bmatrix} x_{11} & x_{12} & \cdots & x_{1p} \\ x_{21} & x_{22} & \cdots & x_{2p} \\ \vdots & \vdots & & \vdots \\ x_{n1} & x_{n2} & \cdots & x_{np} \end{bmatrix}$$

式中,X 的每一行为一个样品(或观测),每一列为一个变量的 n 个观测值,也就是说,X 是由 n 个样品($\boldsymbol{x}_1, \boldsymbol{x}_2, \cdots, \boldsymbol{x}_n$)的 p 个变量的观测值构成的矩阵。模糊聚类就是将 n 个样品划分为 c 类($2 \leqslant c \leqslant n$),记 $V = (v_1, v_2, \cdots, v_c)$ 为 c 个类的聚类中心,其中 $v_i = (v_{i1}, v_{i2}, \cdots, v_{ip})(i = 1, 2, \cdots, c)$。在模糊划分中,每个样品不是严格地划分为某一类,而是有一定的隶属度,这里 $0 \leqslant u_{ik} \leqslant 1, \sum\limits_{i=1}^{c} u_{ik} = 1$。定义目标函数

$$J(\boldsymbol{U}, \boldsymbol{V}) = \sum_{k=1}^{n} \sum_{i=1}^{c} u_{ik}^{in} d_{ik}^2$$

式中,$\boldsymbol{U} = (u_{ik})_{c \times n}$ 为隶属度矩阵,$d_{ik} = \| x_k - v_i \|$。显然 $J(\boldsymbol{U}, \boldsymbol{V})$ 表示了各类中样品到聚类中心的加权平方距离之和,权重是样品 x_k 属于第 i 类的隶属度的 m 次方。模糊 C -均值聚类法的聚类准则是求 $\boldsymbol{U}$、$\boldsymbol{V}$,使 $J(\boldsymbol{U}, \boldsymbol{V})$ 取得最小值。

模糊 C -均值聚类法的具体步骤如下:

① 确定类的个数 c,幂指数 $m > 1$ 和初始隶属度矩阵 $\boldsymbol{U}^{(0)} = (u_{ik}^{(0)})$。通常的做法是取 $[0,1]$ 上的均匀分布随机数来确定初始隶属度矩阵 $\boldsymbol{U}^{(0)}$。

② 令 $l = 1$ 表示第 1 步迭代。通过下式计算第 l 步的聚类中心 $V^{(l)}$:

$$v_i^{(l)} = \frac{\sum\limits_{k=1}^{n} (u_{ik}^{(l-1)m} x_k)}{\sum\limits_{k=1}^{n} (u_{ik}^{(l-1)})^m} \quad (i = 1, 2, \cdots, c)$$

③ 修正隶属度矩阵 $\boldsymbol{U}^{(l)}$，并计算目标函数值 $J^{(l)}$：

$$u_{ik}^{(l)} = \frac{1}{\sum\limits_{j=1}^{c} (d_{ik}^{(l)} / d_{jk}^{(l)})^{\frac{2}{m-1}}} \quad (i=1,2,\cdots,c;k=1,2,\cdots,n)$$

$$J^{(l)}(\boldsymbol{U}^{(l)},\boldsymbol{V}^{(l)}) = \sum_{k=1}^{n} \sum_{i=1}^{c} (u_{ik}^{(l)})^m (d_{ik}^{(l)})^2$$

式中，$d_{ik}^{(l)} = \| x_k - v_i^{(l)} \|$。

④ 对于给定的隶属度终止容限 $\varepsilon_u > 0$（或目标函数终止容限 $\varepsilon_J > 0$，或最大迭代步长 $L_{\max}$），当 $\max\{|u_{ik}^{(l)} - u_{ik}^{(l-1)}|\} < \varepsilon_u$（或者 $l > 1$，$|J^{(l)} - J^{(l-1)}| < \varepsilon_J$，或者 $l \geqslant L_{\max}$）时，停止迭代；否则 $l = l+1$，然后转到步骤②。

经过以上步骤的迭代之后，可以求得最终的隶属度矩阵 $\boldsymbol{U}$ 和聚类中心 $\boldsymbol{V}$，使得目标函数 $J(\boldsymbol{U},\boldsymbol{V})$ 的值达到最小。根据最终的隶属度矩阵 $\boldsymbol{U}$ 中元素的取值，可以确定所有样品的归属，当 $u_{jk} = \max\limits_{1 \leqslant i \leqslant c}\{u_{ik}\}$ 时，可将样品 x_k 归为第 j 类。

【例 5 - 7】　用 FCM 方法对例 5 - 5 的企业债券进行聚类。

具体实现代码如下：

```
options = nan(4,1);
options(4) = 0;
[centres,U] = fcm(bonds,numClust, options);
[~, fidx] = max(U);
fidx = fidx';

% 绘制聚类效果图
Figure
F4 = plot3(VX(fidx == 1,1), VX(fidx == 1,2),VX(fidx == 1,3),'r * ', ...
           VX(fidx == 2,1), VX(fidx == 2,2),VX(fidx == 2,3),'bo', ...
           VX(fidx == 3,1), VX(fidx == 3,2),VX(fidx == 3,3),'kd');
set(gca,'linewidth',2);
gridon
set(F4,'linewidth',2, 'MarkerSize',8);
xlabel('票面利率','fontsize',12);
ylabel('评级得分','fontsize',12);
ylabel('到期收益率','fontsize',12);
title('FCM 方法聚类结果')
```

运行以上程序，可以得到图 5 - 18 所示的聚类效果图。

FCM 算法用隶属度确定每个样本属于某个聚类的程度。它与 K - means 算法和中心点算法等相比，计算量可大大减少，因为它省去了多重迭代的反复计算过程，效率也随之提高。同时，模糊聚类分析可根据数据库中的相关数据计算形成模糊相似矩阵，形成相似矩阵之后，直接对相似矩阵进行处理即可，无需反复扫描数据库。根据实验要求动态设定 m 值，以满足不同类型数据挖

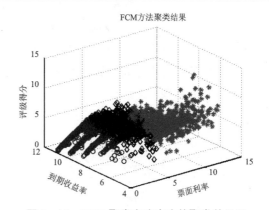

图 5 - 18　FCM 聚类方法产生的聚类效果图

掘任务的需要，因此其适于高维度的数据处理，有较好的伸缩性，便于找出异常点。但 m 值是根据经验或者实验得来的，因此其具有不确定性，可能会影响实验结果；并且由于梯度法的搜

索方向总是沿着能量减小的方向,使得该算法存在易陷入局部极小值和对初始化敏感的缺点。为了克服这些缺点,可在FCM算法中引入全局寻优法,摆脱在运算时可能陷入局部极小值,进而优化聚类效果。

5.4　深度学习

5.4.1　深度学习的崛起

　　人工智能、机器学习和深度学习之间的关系如图5-19所示。横轴代表粗略的时间线,从1950年开始;纵轴代表应用广度,应用范围从推理、感知等基本模块到自动驾驶、语音识别。人工智能是首要的领域,涵盖了所有这些应用程序和术语的起源,可以追溯到1956年John McCarthy举办的研讨会议,著名科学家和数学家Marvin Minsky和Claude Shannon出席了该会议。在20世纪70年代,一个新的子领域开始出现,专家系统变得相当普遍,我们把这个子领域称为机器学习。今天,几乎在每一个技术方面都能遇到它,比如从垃圾检测到语音识别到机器人等应用。最近,算法的突破和强大计算设备的可用性带来了一个新的分支,称其为深度学习。深度学习在自动驾驶、自然语言处理和机器人技术等领域已经取得了显著成果,我们期待它在不久的将来使许多新的应用成为可能。

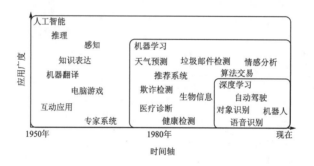

图5-19　人工智能、机器学习和深度学习的关系

　　深度学习是机器学习研究中的一个新的领域,其动机在于建立、模拟人脑进行分析学习的神经网络,它模仿人脑的机制来解释数据,例如图像、声音和文本。深度学习的概念源于人工神经网络的研究。含多隐层的多层感知器就是一种深度学习结构。深度学习通过组合低层特征形成更加抽象的高层来表示属性类别或特征,以发现数据的分布式特征表示,可以简单地理解为神经网络的发展。

5.4.2　深度学习原理

　　深度学习的实质,是通过构建具有很多隐层的机器学习模型和海量的训练数据(见图5-20)来学习更有用的特征,从而最终提升分类或预测的准确性。因此,"深度模型"是手段,"特征学习"是目的。相较于传统的浅层学习,深度学习的不同在于:① 强调了模型结构的深度,通常有5层、6层,甚至10多层的隐层节点;② 明确突出了特征学习的重要性。也就是说,通过逐层特征变换,将样本在原空间的特征表示变换到一个新特征空间,从而使分类或预测更加容易。与人工构造特征的方法相比,利用大数据来学习特征,更能够刻画数据的丰富内在信息。

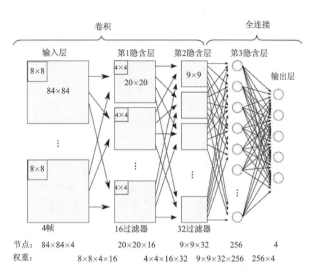

图 5 - 20　深度学习网络结构示意图

2006 年,加拿大多伦多大学教授、机器学习领域的泰斗 Geoffrey Hinton 和他的学生在《科学》上发表了一篇文章,开启了深度学习在学术界和工业界的浪潮。这篇文章有两个主要观点:① 多隐层的人工神经网络具有优异的特征学习能力,学习得到的特征对数据有更本质的刻画,从而更有利于可视化或分类;② 深度神经网络在训练上的难度,可以通过"逐层初始化"(layer-wise pre-training)来克服,而逐层初始化是通过无监督学习实现的。当前多数分类、回归等学习方法为浅层结构算法,其局限性在于有限样本和计算单元对复杂函数的表示能力有限,针对复杂分类问题,其泛化能力受到一定的制约。深度学习可通过学习一种深层非线性网络结构实现复杂函数逼近、表征输入数据的表示,并展现出强大的从少数样本集中学习数据集本质特征的能力。

深度学习与传统的神经网络之间有相同的地方,也有很多不同。相同之处是深度学习采用了神经网络相似的分层结构,系统由包括输入层、隐层(多层)、输出层组成的多层网络,只有相邻层节点之间有连接,同一层以及跨层节点之间相互无连接,每一层可视为一个回归模型。这种分层结构比较接近人类大脑的结构。而为了克服神经网络训练中的问题,深度学习采用了与神经网络不一样的训练机制。传统神经网络采用反向传播方式进行,简单讲,就是采用迭代的算法来训练整个网络,随机设定初值,计算当前网络的输出,然后根据当前输出和标签之间的差去改变前面各层的参数,直到收敛(整体是一个梯度下降法);而深度学习整体上是一个层层传导的训练机制。这样做的原因是,如果采用反向传播机制,对于一个深层网络(7 层以上),当残差传播到最前面的层时值就变得特别小,会出现所谓的梯度扩散问题。

5.4.3　深度学习训练过程

深度学习训练过程具体如下:

① 使用自下上升非监督学习,就是从底层开始,一层一层地往顶层训练。

- 采用无标定数据(有标定数据也可)分层训练各层参数。这一步可以看作是一个无监督训练的过程,是和传统神经网络区别最大的部分(这个过程可以看作是特征学习过程)。

- 用无标定数据训练第一层,训练时先学习第一层的参数(这一层可以看作是得到一个使得输出和输入差别最小的三层神经网络的隐层)。由于模型能力的限制以及稀疏性约束,可以让得到的模型学习到数据本身的结构,从而得到比输入更具表示能力的特征。在学习得到第 $n-1$ 层后,将 $n-1$ 层的输出作为第 n 层的输入,训练第 n 层,由此分别得到各层的参数。

② 自顶向下的监督学习,就是通过带标签的数据去训练,误差自顶向下传输,对网络进行微调。

基于第①步得到的各层参数进一步调整整个多层模型的参数,这一步是一个有监督训练的过程。第①步类似神经网络的随机初始化初值过程,由于深度学习的第①步不是随机初始化,而是通过学习输入数据的结构得到的,所以这个初值更接近全局最优,能够取得更好的效果。因此,深度学习的效果很大程度上归功于第①步的特征学习过程。

5.4.4　MATLAB 深度学习训练过程

下面通过例子来说明用 MATLAB 实现深度学习的训练过程。

【例 5-8】　研究人们活动的分类问题:数据来自人们进行不同活动(走路、爬楼梯、坐着等)时由智能手机获得的观测值,目标是建立一个分类器,可以自动识别给定传感器测量的活动类型。数据集由加速度计和陀螺仪的数据组成,进行的活动包括"走路""爬楼梯""坐""站立""平躺"。数据来自 https://archive.ics.uci.edu。主要数据包括:

① total_acc_(x/y/z)_train:原始加速度传感器数据;

② body_gyro_(x/y/z)_train:原始陀螺仪传感器数据;

③ trainActivity:训练数据标签;

④ testActivity:测试数据标签。

具体实现过程如下:

(1) 下载数据

```
if false % ~exist('UCI HAR Dataset','file')
    downloadSensorData;
end
if ~exist('rawSensorData_train.mat','file') && ~exist('rawSensorData_test.mat','file')
    LoadSensorData;
end
load rawSensorData_train
```

(2) 定义深度学习结构

```
allRawDataDL = cat(3, body_gyro_x_train, body_gyro_y_train, body_gyro_z_train, total_acc_x_train, total_
acc_y_train, total_acc_z_train);
C = num2cell(allRawDataDL, [2 3]);
C = cellfun(@squeeze, C, 'UniformOutput', false);
trainingData = table(C);
trainingData.activity = categorical(trainActivity);
% class(trainingData{:,1}) % should be cell

layers = [imageInputLayer([128 6])
        convolution2dLayer(3, 2)
        reluLayer
        maxPooling2dLayer([12 2], 'Stride', 1)
        fullyConnectedLayer(5)
        softmaxLayer
```

```
                classificationLayer()];

    options = trainingOptions('sgdm','MaxEpochs',15, ...
            'InitialLearnRate',0.005);

    convnet = trainNetwork(trainingData, layers, options);
    Training on single CPU.
Initializing image normalization.
```

Epoch	Iteration	Time Elapsed (seconds)	Mini − batch Loss	Mini − batch Accuracy	Base Learning Rate
1	1	0.27	1.6101	11.72 %	0.0050
1	50	2.18	1.0049	49.22 %	0.0050
2	100	3.56	0.6705	66.41 %	0.0050
3	150	4.99	0.5285	72.66 %	0.0050
4	200	6.45	0.5423	75.00 %	0.0050
5	250	8.09	0.6598	59.38 %	0.0050
6	300	10.04	0.5536	74.22 %	0.0050
7	350	11.79	0.4877	77.34 %	0.0050
8	400	13.20	0.5901	72.66 %	0.0050
8	450	14.69	0.5148	75.78 %	0.0050
9	500	16.22	0.5011	75.00 %	0.0050
10	550	17.76	0.5818	69.53 %	0.0050
11	600	19.23	0.4174	82.81 %	0.0050
12	650	21.01	0.3457	88.28 %	0.0050
13	700	22.63	0.3659	90.63 %	0.0050
14	750	24.27	0.4962	78.91 %	0.0050
15	800	25.79	0.3703	83.59 %	0.0050
15	850	27.33	0.3301	86.72 %	0.0050
15	855	27.46	0.3719	81.25 %	0.0050

（3）训练深度网络

```
    load rawSensorData_test
    %
    allRawDataTestDL = cat(3, body_gyro_x_test, body_gyro_y_test, body_gyro_z_test, total_acc_x_test, total_
acc_y_test, total_acc_z_test);
    Ctest = num2cell(allRawDataTestDL, [2 3]);
    Ctest = cellfun(@squeeze, Ctest, 'UniformOutput', false);
    testData = table(Ctest);
    testData.activity = categorical(testActivity);
    Y_test = classify(convnet, testData(:,1));
    accuracy_test = sum(Y_test == testActivity)/numel(testActivity) % #ok <*NOPTS>
    cm = confusionmat(testActivity, Y_test);

    % Display in a table
    test_results = array2table(cm, ...
        'RowNames', {'Walking','ClibmingStairs','Sitting','Standing','Laying'}, ...
        'VariableNames', {'Walking','ClibmingStairs','Sitting','Standing','Laying'})
    accuracy_test =
        0.7818
    test_results =
      5 × 5 table
```

	Walking	ClibmingStairs	Sitting	Standing	Laying
Walking	300	194	0	2	0
ClibmingStairs	231	649	0	11	0
Sitting	6	2	335	143	5

Standing	6	4	38	484	0
Laying	0	0	1	0	536

5.5　本章小结

　　机器学习的算法较多,但主要研究的还是分类和聚类问题。从应用的角度,通常以分类为主,聚类往往为分类服务(先通过聚类确定分类的最佳类别)。在数学建模中,机器学习适用于数据类的建模问题,并且数据量相对较多,至少具有样本的样子。关于算法的选择,最好根据算法的原理和具体问题的场景来确定,或者将常用的算法(本章介绍的)都使用一遍,然后选择一个最佳的算法。关于深度学习,在数学建模中现在还非常少,但会是一个趋势,在需要选择特征的一类建模问题中,深度学习是一个很有价值的技术。

参考文献

[1] Anguita D,Ghio A,Oneto L,等. 使用多类硬件支持向量机在智能手机上进行人类活动识别[C]//国际环境协助生活研讨会. 加泰罗尼亚,西班牙:IWAAL,2012.

第 6 章

其他数据建模方法

数据建模的方法比较多,除了常见的回归和机器学习等大类方法,还有一些专业领域的方法,比如灰色预测方法、神经网络方法、小波分析方法等。本章主要介绍比较有特色的数据建模方法。

6.1 灰色预测方法

6.1.1 灰色预测概述

在 CUMCM 中,我们经常看到有关预测类的赛题,如表 6-1 所列。

表 6-1 历届 CUMCM 数据预测题目

年　度	类　别	题　目	命题人
2003	A 题	SARS 的传播问题	CUMCM 组委会
2005	A 题	长江水质的评价和预测问题	韩中庚
2007	A 题	中国人口增长预测问题	唐云

有些问题需要在求解的过程中预测相关数据,如 2009 年 CUMCM 的 D 题"会议筹备",是要求参赛者对与会人员进行预测。本章介绍的灰色预测便是常规的一种预测手段。灰色预测具有操作简便、所需数据量少等优点,一般只要 4 个数据便可依据灰色序列进行预测了。

灰色系统是我国知名学者邓聚龙教授在 1982 年提出来的。灰色模型(Gray Model,GM)的形式是在耦合指数 e 的基础上发展起来的,所以灰色模型同样遵循自然界的能量系统。什么是灰色模型?这个问题要解释清楚并不容易。我们知道,完全信息透明的模型称为"白色模型",这不难理解,因为这是常识,比如万有引力定律就能准确地计算出太空中两个星球之间引力的大小。相反,对于完全不懂金融的人来说,对股票看涨还是看跌势必一无所知,这便是"黑色模型"。其实股票涨停并非没有一点规律,它会受到公司基本面、资本厚度、政策袭扰和市场情绪等方面的影响,而我们只了解股票的信息但又不能完全掌握其"脾性",这就是"灰色模型"。自然界中存在的不确定性主要有三种:第一种是信息的模糊性,就是无法用数学方程精确刻画,这方面解决的有效"利器"是模糊数学,用模糊数学的手段预测股票未来涨停信息不会是一组精确的数据,而是一个大概的涨停区间;第二种是机理的不确定性,比如我们很难预测股票未来的行情;第三种是信息贫瘠的不确定性,比如某支股票属于哪种概念股,而关于它的数据很匮乏。

6.1.2　灰色系统基本理论

灰色关联度矩阵是一个极其重要的矩阵,其实用性非常强。其他书籍中对灰色关联度已有阐述,本书的侧重点在于剖析灰色关联度的意义。作者以为,灰色关联度是灰色系统中一项非常实用的技术,其作用深度并不比灰色模型浅。

灰色关联度一定是分析向量与向量之间以及矩阵与矩阵之间的关联度,实际上向量与向量之间的关联度可以看成矩阵与矩阵之间关联度矩阵的一维形态。既然计算关联度,一定是计算某一个待比较的数列与参照物(即参考数列)之间的相关程度。假设有一组参考数列:

$$x_j = (x_j(1), x_j(2), x_j(3), \cdots, x_j(k), \cdots, x_j(n)) \quad (j = 1, 2, 3, \cdots, s)$$

和一组待比较数列:

$$x_i = (x_i(1), x_i(2), x_i(3), \cdots, x_i(k), \cdots, x_i(n)) \quad (i = 1, 2, 3, \cdots, t)$$

则定义关联系数如下:

$$\xi_{ji}(k) = \frac{\min\min|x_j(k) - x_i(k)| + \rho\max\max|x_j(k) - x_i(k)|}{|x_j(k) - x_i(k)| + \rho\max\max|x_j(k) - x_i(k)|} \quad (6-1)$$

关于式(6-1)说明如下:

① 变量 $\xi_{ji}(k)$ 表示第 i 个比较数列与第 j 个参考数列第 k 个样本之间的关联系数。

② $\min\min|x_j(k) - x_i(k)|$ 和 $\max\max|x_j(k) - x_i(k)|$ 表示参考数列矩阵与比较数列矩阵数值作差之后的最小值和最大值。把 $\min\min|x_j(k) - x_i(k)|$ 和 $\max\max|x_j(k) - x_i(k)|$ 耦合到变量 $\xi_{ji}(k)$ 中,可以保证 $\xi_{ji}(k)$ 值位于[0,1]区间上,并且上下对称的结构可以消除量纲不同和数值量级悬殊的问题。

③ 因式 $|x_j(k) - x_i(k)|$ 被称为 Hamming 距离,其倒数被称为反倒数距离,灰色关联度的本质就是通过反倒数大小来判定关联程度的。可以尝试这样理解,假设曲线 x_j 和 x_i 上的点 $(k, x_j(k))$ 和 $(k, x_i(k))$,这两个点之间的距离显然是 $|x_j(k) - x_i(k)|$,其值越大表示距离越大,其倒数就越小。反过来,倒数越大,表示两个曲线之间的距离越小,因为曲线已经消除了量级之间的差异,所以曲线形态就越相似。因此,灰色关联度的本质其实就是依据曲线态势相近程度来分辨数列相关度的。

④ 分辨率 ρ 通常在[0,1]之间取值,但并非表明 ρ 只能在[0,1]之间。实际上,$\rho \in \{n \mid n > 0\}$,而当 ρ 无限增大时,有

$$\lim_{\rho \to +\infty} \frac{\min\min|x_j(k) - x_i(k)| + \rho\max\max|x_j(k) - x_i(k)|}{|x_j(k) - x_i(k)| + \rho\max\max|x_j(k) - x_i(k)|} = 1$$

因此,$\xi_{ji}(\rho)$ 是一个单调增递函数。但是,无论 ρ 如何取值,只改变 $\xi_{ji}(k)$ 的绝对大小,并不能改变关联性的相对强弱。

由于 $\xi_{ji}(k)$ 只能反映点与点之间的相关性,且相关性信息分散,不方便刻画数列之间的相关性,所以需要把 $\xi_{ji}(k)$ 整合起来。我们定义:

$$r_{ji} = \frac{\sum_{k=1}^{n} \xi_{ji}(k)}{n}$$

式中,变量 r_{ji} 为相关度。结合实际背景,有正面作用的称为正相关,反之称为负相关;$|r_{ji}| >$

0.7 称为强相关，$|r_{ji}|<0.3$ 称为弱相关。

如果把 x_j 与 x_i 之间的相关度写成矩阵的形式，则有

$$R = \begin{bmatrix} r_{11} & r_{12} & r_{13} & \cdots & r_{1(t-1)} & r_{1t} \\ r_{21} & r_{22} & r_{23} & \cdots & r_{2(t-1)} & r_{2t} \\ \vdots & \vdots & \vdots & \vdots & \vdots \\ r_{(s-1)1} & r_{(s-1)2} & r_{(s-1)3} & \cdots & r_{(s-1)(t-1)} & r_{(s-1)t} \\ r_{s1} & r_{s2} & r_{s3} & \cdots & r_{s(t-1)} & r_{st} \end{bmatrix}$$

根据 R 矩阵的结构，待比较的数列从列可以看出其作用大小，参考数列从行可以看出其受影响程度的大小；而依据 R 矩阵数值大小，可以分析出比较数列矩阵中哪些数列起到主要的作用。比如某一列数值明显大于其他列，这样的数列我们就称为优势子因素，反之则称为劣势子因素；如果某一行数值明显大于其他行则称为优势母因素，优势母因素比较敏感，容易受到子因素的驱动影响，同理可得劣势母因素。

6.1.3　经典灰色模型 GM(1,1)

灰色模型是基于常微分理论的基础上发展起来的。据说 1781 年在天文学家发现天王星之后，发现其运行轨道总是跟经典的万有引力定律计算结果不一致。人们曾一度怀疑万有引力的正确性，但也有部分学者认为，可能是存在未发现的新行星的引力作用才会产生天王星轨道偏移的结果。不过，限于当时的条件以及技术无法预测和发现这颗未知行星的位置。23 岁的英国剑桥大学的学生亚当斯，根据引力定律和已经观测的天王星轨道数据，建立了常微分方程并准确计算出未知行星的轨道。1843 年 10 月亚当斯将计算成果寄给格林尼治天文台台长艾利，不过可惜的是，这个艾利并不相信"小人物"的研究成果，对此事置之不理。1845 年法国青年勒威开始从事亚当斯相似的研究，并在 1846 年 9 月 18 日把计算结果告诉了柏林天文台助理研究员卡勒，卡勒抓取机会果然在当月的 23 日晚上发现了这颗未知行星，这便是海王星。自此，常微分方程作为一种新型学科声名鹊起，随后科学家们做了很多努力发展常微分方程体系。如今常微分方程仍然发挥着举足轻重、不可或缺的作用，并且越来越多地渗透到其他学科，本章介绍的灰色模型就是其中之一。灰色模型的记号是 GM(M,N)，其中 N 表示变量的个数，M 表示常微分方程的阶数。一般情况下，GM(1,1) 最为常见，本节主要介绍 GM(1,1) 的有关知识，以下是 GM(1,1) 模型组建的具体步骤。

1. 数据累加

原始数据累加可以弱化随机数列的波动性和随机性，以便得到新数据数列。现实中的数据往往受到各方面的干涉，比如各种噪声。累加数据不仅可以起到降噪的作用，而且有利于加强数据规律的显露。这在我们学习完本章知识之后会有更加真切的体会。

假设有一组原始数列：$x^{(0)} = \{x^{(0)}(1), x^{(0)}(2), \cdots, x^{(0)}(n)\}$，现对 $x^{(0)}$ 进行累加（AGO），可以得到新数列 $x^{(1)}$，即

$$x^{(1)} = \{x^{(1)}(1), x^{(1)}(2), x^{(1)}(3), \cdots, x^{(1)}(n)\}$$
$$= \{x^{(0)}(1), x^{(0)}(1) + x^{(0)}(2), x^{(0)}(1) + x^{(0)}(2) + x^{(0)}(3), \cdots\}$$

式中，$x^{(1)}(k)$ 表示数列 $x^{(0)}$ 对应前 k 项数据的累加：

$$x^{(1)}(k) = \sum_{i=1}^{k} x^{(0)}(i) \quad (k=1,2,3,\cdots,n)$$

2. 求出数列 $x^{(1)}$ 的灰导数方程

根据导数和差分的数学思想，假设连续性函数 $C=f(t)$，取横坐标 $t_{k-2},t_{k-1},t_k,t_{k+1}$ 等点，各相邻点横坐标之间的距离 h 可以是相等的，也可以是不相等的，这里我们取 h 相等且足够小。这些点分别对应纵坐标的 $C_{k-2},C_{k-1},C_k,C_{k+1}$ 等，那么一定存在如下结论：

$$\left(\frac{\mathrm{d}C}{\mathrm{d}t}\right)_k = \frac{C_k - C_{k-1}}{h} \tag{6-2}$$

因为 h 是相邻数值间的距离（也就是差值），所以式(6-2)变为

$$\left(\frac{\mathrm{d}C}{\mathrm{d}t}\right)_k = \frac{C_k - C_{k-1}}{h} = \frac{x^{(1)}(k) - x^{(1)}(k-1)}{k-(k-1)}$$

$$= x^{(1)}(k) - x^{(1)}(k-1) = x^{(0)}(k) = d(k) \tag{6-3}$$

式(6-3)被称为灰导数方程。由式(6-3)的推导过程可知，如果 $x^{(1)}(k)$ 与 $x^{(1)}(k+1)$ 之间相对发生跳跃，则式(6-3)的误差会较大。因此，这也决定了灰色模型 G(1,1) 只适用于连续、平滑的事件趋势中，如果出现突变或者灾变的数列，则需要单独从原始数列中提取出来建立灾变灰色模型。

3. 定义数列 $x^{(1)}(k)$ 的紧邻均值

$$z^{(1)}(k) = \frac{x^{(1)}(k) + x^{(1)}(k-1)}{2} \quad (k=2,3,4,\cdots) \tag{6-4}$$

新数列 $z^{(1)} = \{z^{(1)}(2),z^{(1)}(3),z^{(1)}(4),\cdots,z^{(1)}(n)\}$ 被称为 $x^{(1)}$ 的紧邻均值数列，也叫背景值。

4. 定义 GM(1,1) 灰微分方程

定义 GM(1,1) 灰微分方程为一阶线性微分方程：

$$d(k) + az^{(1)}(k) = b$$

综合式(6-2)式(6-3)，可得

$$x^{(0)}(k) + az^{(1)}(k) = b \tag{6-5}$$

此举的目的是为了后续的常微分方程求解可以得到含有指数 e 变化规律的常微分模型，而这恰好符合大部分系统都是能量系统的规律，这也是模型为灰色的一部分原因。式(6-5)中，a、b 是待辨识的参数，a 被称为发展系数，b 被称为灰作用量。

需要注意的是，灰微分方程定义为 $x^{(0)}(k)+az^{(1)}(k)=b$ 而不是 $x^{(0)}(k)+ax^{(1)}(k)=b$ 或者 $x^{(0)}(k)+ax^{(1)}(k-1)=b$，是因为防止原始数列自身存在突变的奇异数据，干扰了模型的强壮性，取其均值用来平滑这种阶跃性。

将 $k=2,3,\cdots,n$ 代入 $x^{(0)}(k)+az^{(1)}(k)=b$ 中，可得

$$\begin{cases} x^{(0)}(2) + az^{(1)}(2) = b \\ x^{(0)}(3) + az^{(1)}(3) = b \\ \quad\vdots \\ x^{(0)}(n-1) + az^{(1)}(n-1) = b \\ x^{(0)}(n) + az^{(1)}(n) = b \end{cases} \Rightarrow \begin{cases} x^{(0)}(2) = -z^{(1)}(2) \times a + 1 \times b \\ x^{(0)}(3) = -z^{(1)}(3) \times a + 1 \times b \\ \quad\vdots \\ x^{(0)}(n-1) = -z^{(1)}(n-1) \times a + 1 \times b \\ x^{(0)}(n) = -z^{(1)}(n) \times a + 1 \times b \end{cases} \tag{6-6}$$

令 $\boldsymbol{Y} = [x^{(0)}(2),x^{(0)}(3),\cdots,x^{(0)}(n)]^{\mathrm{T}}$，$\boldsymbol{u} = (a,b)^{\mathrm{T}}$，$\boldsymbol{B} = \begin{bmatrix} -z^{(1)}(2) & 1 \\ -z^{(1)}(3) & 1 \\ \vdots \\ -z^{(1)}(n) & 1 \end{bmatrix}$，那么式(6-6)

可以写成矩阵的乘法形式：$\boldsymbol{Y} = \boldsymbol{Bu}$。显然，可由最小二乘法求出 a、b 的值：

$$\tilde{\boldsymbol{u}} = (\tilde{a}, \tilde{b})^{\mathrm{T}} = (\boldsymbol{B}^{\mathrm{T}}\boldsymbol{B})^{-1}\boldsymbol{B}^{\mathrm{T}}\boldsymbol{Y}$$

说明：$\tilde{\boldsymbol{u}} = (\tilde{a}, \tilde{b})^{\mathrm{T}}$ 中"$\sim$"表示求出来的是近似值，以区别于 $\boldsymbol{u} = (a, b)^{\mathrm{T}}$。

5. 白化 GM(1,1) 模型

$x^{(0)}(k) + az^{(1)}(k) = b$ 是一个离散变量方程，如果将其"白化"变换成对应的连续方程，就能化解成最终需要的灰色模型形式。那"白化"是什么意思呢？在灰色系统中，"白化"表示使系统在结构上、模型上、关联上由灰变白，或者使系统的白度增加，信息更加透明，定量关系趋向渐渐清晰，亦称"淡入"（"淡入"的概念最早用在电影蒙太奇的表现手法中）。

对式(6-3)进行白化，如果不把 $x^{(0)}(k)$ 看成是离散的数列，而是关于 k 连续的函数，就会存在等式 $x^{(0)}(k) = \dfrac{\mathrm{d}x^{(1)}}{\mathrm{d}k}$；同理可得，$z^{(1)}(k)$ 相当于 $x^{(1)}(k)$。如此白化处理之后，式(6-5)就变为

$$\frac{\mathrm{d}x^{(1)}}{\mathrm{d}k} + ax^{(1)} = b \tag{6-7}$$

式(6-7)被称为 GM(1,1) 的白化模型。从白化的过程可以看出，白化过程是由离散回归连续的过程，这期间可能信息对等，也可能增加伪真信息，这便是称灰色模型为灰色的另一个原因。

至此，我们已经到了建立灰色模型的分界点，后面的推导过程就水到渠成了。只要根据式(6-7)写出具体的表达式并将求出来的 a、b 值代入其中便可得到灰色模型。但是，在建立灰微分方程 $x^{(0)}(k) + az^{(1)}(k) = b$ 时都是自定义的，没有经过严密推导，这就说明，灰色模型 GM(1,1) 借用了常微分方程的形式，GM(1,1) 与白化模型并不是一回事。因此，使用灰色模型过程中须相当慎重，只有符合一阶线性常微分方程的数列或者矩阵才能用灰色模型来预测，否则会给预测结果带来很大的误差。在建立 GM(1,1) 之前，需要进行简单的判别，看其是否适合灰色模型，在建立 GM(1,1) 之后还要进行多指标的精度检验。这些内容会在后面的程序设计部分讲到。

6. 求解模型

对式(6-7)进行求解，非常简单。首先看一个最简单的微分方程：

$$\frac{\mathrm{d}X}{\mathrm{d}k} = X \tag{6-8}$$

将其写成分离变量的形式：

$$\frac{\mathrm{d}X}{X} = \mathrm{d}k \tag{6-9}$$

对上式两边同时进行积分，可得

$$\int \frac{\mathrm{d}X}{X} = \int \mathrm{d}k \tag{6-10}$$

根据已有的常见积分知识，在不计附加变量的情况下，以下等式恒成立：

$$\begin{cases} \displaystyle\int \frac{\mathrm{d}X}{X} = \ln|X| \\ \displaystyle\int \mathrm{d}k = k \\ \displaystyle\int \frac{\mathrm{d}X}{X} = \int \mathrm{d}k \end{cases} \Rightarrow \ln|X| = k + \ln c \Rightarrow \ln \frac{|X|}{c} = k \Rightarrow |X| = c \times \mathrm{e}^{k} \tag{6-11}$$

式中,c 是常量,为初始值。同理,将式(6-7)变形也可得到恒等式:

$$\frac{\mathrm{d}x^{(1)}}{\mathrm{d}k} + ax^{(1)} = b \Leftrightarrow \frac{\mathrm{d}x^{(1)}}{\mathrm{d}k} = -a\left(x^{(1)} - \frac{b}{a}\right) \qquad (6-12)$$

令 $X = x^{(1)} - \dfrac{b}{a}$,并且已知初始条件满足 $k=0, x^{(1)} = x^{(1)}(1) = x^{(0)}(1)$,按照上述一阶线性常微分的求解方法,可得

$$X = \left(x^{(0)}(1) - \frac{b}{a}\right)\mathrm{e}^{-ak} \Rightarrow x^{(1)}(k) - \frac{b}{a} = \left(x^{(0)}(1) - \frac{b}{a}\right)\mathrm{e}^{-ak} \quad (k=0,1,2,3,\cdots)$$

$$(6-13)$$

注意,上面得到的是连续的函数表达式。灰色模型一般面向离散的数列,所以还需要对式(6-13)进行等间隔取样(显然,实际数列的等间隔值为1)。最后得到 GM(1,1)的具体数学表达式如下:

$$\tilde{x}^{(1)}(k+1) = \left(x^{(0)}(1) - \frac{b}{a}\right)\mathrm{e}^{-ak} + \frac{b}{a} \qquad (6-14)$$

用 $\tilde{x}^{(1)}(k+1)$ 表示模型预测得出的值,用来区分原始累加得来的 $x^{(1)}(k+1)$ 数列。另外,还需要明白 $\tilde{x}^{(1)}(k+1) = \left(x^{(0)}(1) - \dfrac{b}{a}\right)\mathrm{e}^{-ak} + \dfrac{b}{a}$ 而不是 $\tilde{x}^{(1)}(k) = \left(x^{(0)}(1) - \dfrac{b}{a}\right)\mathrm{e}^{-ak} + \dfrac{b}{a}$。因为在求解常微分方程时,约束初始条件是 $k=0, x^{(1)} = x^{(1)}(1) = x^{(0)}(1)$,而实际灰色模型面向的数据序列是从 1 开始的而不是从 0 开始的。我们看看原始数列 $x^{(0)} = \{x^{(0)}(1), x^{(0)}(2), \cdots, x^{(0)}(n)\}, n \in \mathbf{Z}^+, n \geqslant 1$ 就明白了。由前面的步骤可知,a、b 都已知,因此式(6-14)是一个明确的表达式。但是,在建立模型之前我们进行了一次数据累加,这里我们把数据进行累减(IAGO),从而还原:

$$\tilde{x}^{(0)}(k+1) = \tilde{x}^{(1)}(k+1) - \tilde{x}^{(1)}(k) \quad (k=1,2,3,\cdots,n)$$

7. 模型检验

模型建立之后不能立即使用,需要先用相关检验的方法检测模型的稳健性和准确性是否达到标准。达到预期标准才可以使用,否则不能使用。模型精度检验有三种常用的有效方法:相对残差 Q 检验、方差比 C 检验和小误差概率 P 检验。

(1) 相对残差 Q 检验

假设有一组原始数列:

$$x^{(0)} = \{x^{(0)}(1), x^{(0)}(2), \cdots, x^{(0)}(n)\}$$

对应灰色模型预测得出数列:

$$\tilde{x}^{(0)} = \{\tilde{x}^{(0)}(1), \tilde{x}^{(0)}(2), \cdots, \tilde{x}^{(0)}(n)\}$$

残差数列为

$$\begin{aligned}\varepsilon^{(0)} &= \{\varepsilon_1, \varepsilon_2, \varepsilon_3, \cdots, \varepsilon_n\} \\ &= \{x^{(0)} - \tilde{x}^{(0)} \mid x^{(0)}(1) - \tilde{x}^{(0)}(1), x^{(0)}(2) - \tilde{x}^{(0)}(2), \cdots, x^{(0)}(n) - \tilde{x}^{(0)}(n)\}\end{aligned}$$

相对误差数列为

$$\Delta = \{\Delta_1, \Delta_2, \Delta_3, \cdots, \Delta_n\} = \left\{\frac{\varepsilon_1}{x^{(0)}(1)}, \frac{\varepsilon_2}{x^{(0)}(2)}, \frac{\varepsilon_3}{x^{(0)}(3)}, \cdots, \frac{\varepsilon_n}{x^{(0)}(n)}\right\}$$

所以相对误差 $Q = \dfrac{1}{n}\sum\limits_{k=1}^{n}\Delta_k$。$Q$ 越小,表明模型越精确,根据 Q 的大小来划分模型的精度等级。

（2）方差比 C 检验

令 $x^{(0)}$ 为原始数列，$\tilde{x}^{(0)}$ 为模型预测数列，$\varepsilon^{(0)}$ 为残差数列，根据统计学知识，各自数列的均值和方差分别为

$$\bar{x} = \frac{1}{n}\sum_{k=1}^{n} x^{(0)}(k), \quad S_1^2 = \frac{1}{n}\sum_{k=1}^{n}(x^{(0)}(k) - \bar{x})$$

$$\bar{\varepsilon} = \frac{1}{n}\sum_{k=1}^{n}\varepsilon^{(0)}(k), \quad S_2^2 = \frac{1}{n}\sum_{k=1}^{n}(\varepsilon^{(0)}(k) - \bar{\varepsilon})$$

定义方差比 $C = \dfrac{S_2}{S_1}$，C 也是越小越好。有的参考书中把 C 称为噪声比，根据 C 的大小来划分模型的精度等级。

（3）小误差概率 P 检验

$$P\{\,|\varepsilon_k - \bar{\varepsilon}| < 0.674\,5S_1\,\}$$

这里的置信水平取 0.5，所以置信区间半长我们取 0.674 5，其意义是误差摆动 $|\varepsilon_k - \bar{\varepsilon}|$ 位于指定数值 $0.674\,5S_1$ 的概率。这一指标能够反映出误差摆动幅度落在指定区间的数量，$|\varepsilon_k - \bar{\varepsilon}|$ 需要逐个计算。依据统计学理论，小概率事件一般是不能发生的，发生了则表示其不是小概率事件。因此，P 值越大，表示吻合精度越好。

表 6 - 2　灰色模型精度检验对照表

等　级	相对误差 Q	方差比 C	小误差概率 P
Ⅰ 级	＜0.01	＜0.35	＞0.95
Ⅱ 级	＜0.05	＜0.50	＜0.80
Ⅲ 级	＜0.10	＜0.65	＜0.70
Ⅳ 级	＞0.20	＞0.80	＜0.60

常规的模型检验除以上三种以外，还有一种是"绝对关联度"精度检验方法，有兴趣的读者可以参阅其他教科书。一般上面这三种模型精度检验方法已经相当完善了。实际上，灰色模型检验方法与其他模型检验方法并无本质区别，跟常见的实验数据误差检验方法也相似；另外，如果能够通过作图且从图形上就能轻易判断模型精度程度，在不是十分严苛的场合则可以不使用这些检验方法。

8. 模型的预测

利用检验好的灰色模型进行预测，得到数列：

$$\tilde{x}^{(0)} = \{\underbrace{\tilde{x}^{(0)}(1), \tilde{x}^{(0)}(2), \cdots, \tilde{x}^{(0)}(n)}_{\text{原数列的模拟}}, \underbrace{\tilde{x}^{(0)}(n+1), \cdots, \tilde{x}^{(0)}(n+m)}_{\text{未来数列的预测}}\}$$

式中，m 为正整数。至此，整个灰色模型的组建过程学习完毕。但是，有些数列基于灰色模型预测误差相当大，这样的数列就不适合用 GM(1,1) 建模。我们可以用计算数列"级比"的方法来预先大致判定它是否适合用 GM(1,1) 预测：

$$\lambda(k) = \frac{x^{(0)}(k-1)}{x^{(0)}(k)} \quad (k = 2,3,4,\cdots) \tag{6-15}$$

式（6-15）中的 $\lambda(k)$ 被称为"级比"，就是原数列之间的错位相除。如果 $\lambda(k)$ 能够落入 $\left(\mathrm{e}^{-\frac{2}{n+1}}, \mathrm{e}^{\frac{2}{n+1}}\right)$ 区间，则可以用 GM(1,1) 来预测。

6.1.4　灰色预测的 MATLAB 程序

灰色预测中有很多关于矩阵的运算,这可是 MATLAB 的特长,所以用 MATLAB 是实现灰色预测过程的首选。用 MATLAB 编写灰色预测程序时,可以完全按照预测模型的求解步骤操作:

① 对原始数据进行累加;

② 构造累加矩阵 **B** 与常数向量;

③ 求解灰参数;

④ 将参数代入预测模型进行数据预测。

下面以某公司收入预测问题为例来介绍灰色预测的 MATLAB 实现过程。

【例 6 - 1】　已知某公司 1999—2008 年的利润(单位:元/年)为

89 677,99 215,109 655,120 333,135 823,159 878,182 321,209 407,246 619,300 670

试预测该公司未来几年的的利润情况。

具体实现代码如下:

程序编号	P6 - 1	文件名称	main0601.m	说明	灰色预测公司的利润

```matlab
clear
syms a b;
c = [a b]';
A = [89677,99215,109655,120333,135823,159878,182321,209407,246619,300670];
B = cumsum(A);                    % 原始数据累加
n = length(A);
for i = 1:(n - 1)
    C(i) = (B(i) + B(i + 1))/2;   % 生成累加矩阵
end
% 计算待定参数的值
D = A;D(1) = [];
D = D';
E = [ - C;ones(1,n - 1)];
c = inv(E * E') * E * D;
c = c';
a = c(1);b = c(2);
% 预测后续数据
F = [];F(1) = A(1);
for i = 2:(n + 10)
    F(i) = (A(1) - b/a)/exp(a * (i - 1)) + b/a ;
end
G = [];G(1) = A(1);
for i = 2:(n + 10)
    G(i) = F(i) - F(i - 1);       % 得到预测出来的数据
end
t1 = 1999:2008;
t2 = 1999:2018;
G
plot(t1,A,'o',t2,G)              % 绘制原始数据与预测数据的比较图
```

运行以上程序,得到预测数据如下:

```
G =
   1.0e + 006 *
   Columns 1 through 14
     0.0897    0.0893    0.1034    0.1196    0.1385    0.1602    0.1854
     0.2146    0.2483    0.2873    0.3325    0.3847    0.4452    0.5152
```

```
Columns 15 through 20
  0.5962    0.6899    0.7984    0.9239    1.0691    1.2371
```

本例程序还绘制了图 6-1 所示的比较图。

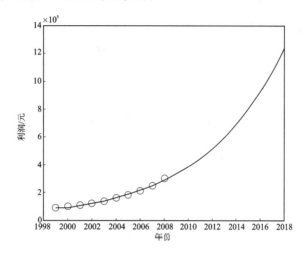

图 6-1　某公司利润原始数据与预测数据的比较图

本例程序使用建议：

① 提先熟悉程序中各条命令的功能，以加深对灰色预测理论的理解；

② 实际使用时可以直接套用该段程序，替换原始数据和时间数列数据即可；

③ 模型的误差检验可以灵活处理，本例程序给出的是原始数据与预测数据的比较图，读者也可以对预测数据进行其他方式的精度检验。

6.1.5　灰色预测应用实例

1. 预测长江水质(CUMCM2005A)

（1）问题分析

长江的水质问题是一个复杂的非线性系统，但是由于数据样本少、需要预测的时间长，直接应用神经网络很难取得理想的效果。考虑到污水排放量的变化规律是一个不确定的系统，且本题给出污水排放量数据样本比较少，还要求做出长达十年的预测，因此采用灰色预测方法来预测未来的污水排放量。

（2）问题求解

对原题附件 4 中的数据进行整理可以得到 1995—2004 年 10 年长江的污水量排放数据，如表 6-3 所列。

表 6-3　1995—2004 年长江的污水量排放

年　份	1995	1996	1997	1998	1999
污水量/亿吨	174	179	183	189	207
年　份	2000	2001	2002	2003	2004
污水量/亿吨	234	220.5	256	270	285

以 P6-1 中的代码为基础，将表 6-3 中的数据代入并更新时间轴数据，可以得到新的程序 P6-2。

程序编号	P6-2	文件名称	Changjiang.m	说明	预测未来 10 年长江的污水量排放

```
clear
syms a b;
c = [a b]';
A = [174 179 183 189 207 234 220.5 256 270 285];
B = cumsum(A);                    % 原始数据累加
n = length(A);
for i = 1:(n - 1)
    C(i) = (B(i) + B(i + 1))/2;   % 生成累加矩阵
end
% 计算待定参数的值
D = A;D(1) = [];
D = D';
E = [- C;ones(1,n - 1)];
c = inv(E * E') * E * D;
c = c';
a = c(1);b = c(2);
% 预测后续数据
F = [];F(1) = A(1);
for i = 2:(n + 10)
    F(i) = (A(1) - b/a)/exp(a * (i - 1)) + b/a;
end
G = [];G(1) = A(1);
for i = 2:(n + 10)
    G(i) = F(i) - F(i - 1);       % 得到预测出来的数据
end
t1 = 1995:2004;
t2 = 1995:2014;
G;a, b                           % 输出预测值,发展系数和灰色作用量
plot(t1,A,'o',t2,G)              % 绘制原始数据与预测数据的比较图
```

运行以上程序,可以得到如图 6-2 所示的数据图。

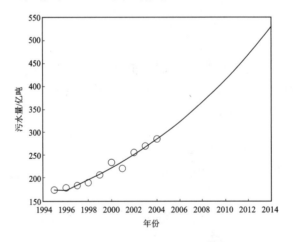

图 6-2　1995—2014 年长江的污水量排放数据图

2. 预测与会代表人数(CUMCM2009D)

(1) 问题描述

本题要求为会议筹备组制定一个预订宾馆客房、租借会议室、租用客车的合理方案,为了解决这个问题,需要先预测与会代表的人数。预测的依据是代表回执数量及往届的与会人员数据。已知本届会议的回执情况(见表 6-4)及以往几届会议代表回执和与会情况(见表 6-5)。

我们要解决的问题是:根据这些数据预测本届与会代表人数。

表 6-4　本届会议的代表回执中有关住房要求的信息

性　别	合住 1	合住 2	合住 3	独住 1	独住 2	独住 3
男/人	154	104	32	107	68	41
女/人	78	48	17	59	28	19

表 6-4 中,第一行的数字 1、2、3 分别指三种不同价格的房间:120～160 元/(天·人)、161～200 元/(天·人)、201～300 元/(天·人)。合住指要求两人合住一间。独住指可安排单人间,或者一人单独住一个双人间。

表 6-5　以往几届会议代表回执和与会情况

回执和与会情况	第一届	第二届	第三届	第四届
发来回执的代表数量	315	356	408	711
发来回执但未与会的代表数量	89	115	121	213
未发回执而与会的代表数量	57	69	75	104

（2）问题求解

根据表 6-4 中的数据,可知本届发来回执的数量为 755。根据表 6-5 中的数据,可以知道发来回执但未与会的代表数和未发回执但与会的代表与发来回执数量间的关系。

定义

$$未知与会率 = \frac{未发回执但与会的代表的数量}{发来回执的代表数量}$$

$$缺席率 = \frac{发来回执但未与会的代表数}{发来回执的代表数量}$$

根据以上定义,可以得到往届的缺席率和未知与会率,如表 6-6 所列。

由表 6-6 可以看出,缺席率一直保持在 0.3 左右,而未知与会率变化剧烈,故认为第五届的缺席率仍为 0.3,缺席人数为:755×0.3＝226.5。若对 226.5 进行向下取整,则缺席的人数为 226。

表 6-6　往届的缺席率和未知与会率

缺席率和未知与会率	第一届	第二届	第三届	第四届
缺席率	0.282 54	0.323 034	0.296 569	0.299 578
未知与会率	0.180 952	0.193 82	0.183 824	0.146 273

未知与会率变化相对剧烈,不适合用比例方法确定,并且由于数据有限,故应用灰色预测方法比较合适。从实际问题的角度,我们认为以未知与会率为研究对象较为合适。将往届的未知与会率数据代入程序 P6-1,并对输入数据和预测数据做相应修改,可以很快得到本届的未知与会率为 0.133 1,所以本届未发回执但与会的代表数为:755×0.133 1＝100.490 5。若对该数值向上取整则为 101 人。因此,预测本届与会代表的人数为:755＋101－226＝630。

6.1.6　灰色预测小结

本节我们学习了灰色系统的一些知识,下面对这些知识点进行简单小结:

① 灰色模型的关键部分还是常微分方程,尽管伴随灰色模型的不断发展和进步,在形式上和符号标定方面越来越脱离既有的数学理论体系,不断朝横断学科的方向发展,但本质上是没有变化的。

② 灰色模型也是一种拟合,从拟合的技术层面来讲,并没有实质区别。通常,数列在进行一次甚至多次级比(数列错位相除)、累加、累减,以及作对数变换等手段处理后,总能表现出明显的规律和趋势。这是灰色模型关键技术之一。

③ 灰色模型操作简易,理论上只要 4 个数据便能进行预测。不过,深入理解灰色模型的原理是必不可少的,因为没有任何规律的数列无论用任何方法都是不靠谱的。

④ 灰色关联度是一个重要的概念,其应用也非常广泛,需要重点掌握。

⑤ 灰色模型还有很多,我们学习的只是冰山一角,但是对于数学建模或者工程应用来说已经足矣,更复杂的数列处理可以参考本书的其他方法。

6.2　神经网络方法

6.2.1　神经网络原理

神经网络是分类技术中的重要方法之一。人工神经网络(Artificial Neural Networks, ANN)是一种应用类似于大脑神经突触连接的结构进行信息处理的数学模型。在这种模型中,大量的节点(或称"神经元""单元")之间相互连接构成网络,即"神经网络",以达到处理信息的目的。神经网络通常需要进行训练,训练的过程就是网络进行学习的过程。训练改变了网络节点的连接权值,使其具有分类的功能,经过训练的网络就可用于对象的识别。神经网络的优势在于:

① 可以任意精度逼近任意函数;

② 神经网络方法本身属于非线性模型,能够适应各种复杂的数据关系;

③ 神经网络具有很强的学习能力,它能比很多分类算法更好地适应数据空间的变化;

④ 神经网络借鉴人脑的物理结构和机理,能够模拟人脑的某些功能,具备"智能"的特点。

人工神经网络的研究是由试图模拟生物神经系统而激发的。人类的大脑主要由称为神经元(neuron)的神经细胞组成,神经元通过叫作轴突(axon)的纤维丝连在一起。当神经元受到刺激时,神经脉冲通过轴突从一个神经元传到另一个神经元。一个神经元通过树突(dendrite)连接到其他神经元的轴突,树突是神经元细胞的延伸物。树突和轴突的连接点叫作神经键(synapse)。神经学家发现,人的大脑通过在同一个脉冲反复刺激下改变神经元之间的神经键连接强度来进行学习。

类似于人脑的结构,ANN 由一组相互连接的节点和有向链构成。本节将分析一系列 ANN 模型,从最简单的模型感知器(perceptron)开始,看看如何训练这种模型来解决分类问题。

图 6-3 展示了一个简单的神经网络结构——感知器。感知器包含两种节点:几个输入节点,用来表示输入属性;

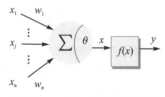

图 6-3　感知器结构示意图

一个输出节点,用来提供模型输出。神经网络结构中的节点通常叫作神经元或单元。在感知器中,每个输入节点都通过一个加权的链连接到输出节点。这个加权的链用来模拟神经元间神经键连接的强度。像生物神经系统一样,训练一个感知器模型就相当于不断调整链的权值,直到能拟合训练数据的输入、输出关系为止。

感知器对输入加权求和,再减去偏置因子 t,然后考察结果的符号,得到输出值 $\hat{y}$。例如,在一个有三个输入节点的感知器中,各节点到输出节点的权值都等于 0.3,偏置因子 $t=0.4$,模型的输出计算公式如下:

$$\hat{y} = \begin{cases} 1, & 0.3x_1 + 0.3x_2 + 0.3x_3 - 0.4 > 0 \\ -1, & 0.3x_1 + 0.3x_2 + 0.3x_3 - 0.4 < 0 \end{cases}$$

例如,如果 $x_1=1, x_2=1, x_3=0$,则 $\hat{y}=+1$,因为 $0.3x_1 + 0.3x_2 + 0.3x_3 - 0.4$ 是正的;如果 $x_1=0, x_2=1, x_3=0$,则 $\hat{y}=-1$,因为加权和减去偏置因子值为负。

注意感知器的输入节点和输出节点之间的区别。输入节点简单地把接收到的值传送给输出链,而不作任何转换。输出节点则是一个数学装置,计算输入的加权和,减去偏置项,然后根据结果的符号产生输出。更具体地,感知器模型的输出可以用数学方式表示:

$$\hat{y} = \mathrm{sign}(w_1 x_1 + w_2 x_2 + \cdots + w_n x_n - t)$$

式中,$w_1, w_2, \cdots, w_n$ 为输入链的权值;$x_1, x_2, \cdots, x_n$ 为输入属性值;sign 为符号函数,作为输出神经元的激活函数(activation function),当参数为正时输出 $+1$,为负时输出 -1。

感知器模型可以写成更简洁的形式:

$$\hat{y} = \mathrm{sign}(\boldsymbol{wx} - t)$$

式中,$\boldsymbol{w}$ 是权值向量;$\boldsymbol{x}$ 是输入向量。

在感知器模型的训练阶段,权值参数不断调整直到输出和训练样例的实际输出一致。感知器具体的学习算法如下:

① 令 $D = \{(x_i, y_i), i=1, 2, \cdots, N\}$ 是训练样例集;

② 用随机值初始化权值向量 $\boldsymbol{w}^{(0)}$;

③ 对于每个训练样例 (x_i, y_i),计算预测输出 $\hat{y}_i^{(k)}$;

④ 对于每个权值 w_j,更新权值为 $w_j^{(k+1)} = w_j^{(k)} + \lambda(y_i - \hat{y}_i^{(k)})x_{ij}$;

⑤ 重复步骤③、④,直至满足终止条件。

算法的主要计算是权值更新公式:

$$w_j^{(k+1)} = w_j^{(k)} + \lambda(y_i - \hat{y}_i^{(k)})x_{ij}$$

式中,$w_j^{(k)}$ 为第 k 次循环后第 j 个输入链上的权值;λ 为学习率(learning rate);x_{ij} 为训练样例 x_i 的第 j 个属性值。权值更新公式的理由是相当直观的。由权值更新公式可以看出,新权值 $w_j^{(k+1)}$ 等于旧权值 $w_j^{(k)}$ 加上一个正比于预测误差的项 $y_i - \hat{y}_i^{(k)}$。如果预测正确,那么权值保持不变;否则,按照如下方法更新:

- 如果 $y=+1, \hat{y}=-1$,那么预测误差 $y-\hat{y}=2$。为了补偿这个误差,需要通过提高所有正输入链的权值、降低所有负输入链的权值来提高预测输出值。
- 如果 $y=-1, \hat{y}=+1$,那么预测误差 $y-\hat{y}=-2$。为了补偿这个误差,我们需要通过降低所有正输入链的权值、提高所有负输入链的权值来减少预测输出值。

在权值更新公式中,对误差项影响最大的链,需要的调整最大。然而,权值不能改变太大,因为仅仅对当前训练样例计算了误差项。如果权值改变太大的话,以前的循环中所做的调整就会失效。学习率 λ 的值在 0～1 之间,可以控制每次循环时的调整量;如果 λ 接近 0,那么新权值主要受旧权值的影响;如果 λ 接近 1,那么新权值对当前循环中的调整量会更加敏感。在某些情况下,可以使用一个自适应的 λ 值:在前几次循环时 λ 值相对较大,而在接下来的循环中 λ 会逐渐减小。

　　用于分类常见的神经网络模型包括:BP(Back Propagation)神经网络、RBF 网络、Hopfield 网络、自组织特征映射神经网络、学习矢量化神经网络。目前,神经网络分类算法研究主要集中在以 BP 为代表的神经网络上。当前的神经网络仍普遍存在收敛速度慢、计算量大、训练时间长和不可解释等问题。

6.2.2　神经网络应用实例

　　【例 6 - 2】　用神经网络方法来训练例 5 - 1 中关于银行市场调查的分类器。

　　具体实现代码如下:

```
hiddenLayerSize = 5;
net = patternnet(hiddenLayerSize);
% 设置训练集、验证机和测试集
net.divideParam.trainRatio = 70/100;
net.divideParam.valRatio = 15/100;
net.divideParam.testRatio = 15/100;
% 训练网络
net.trainParam.showWindow = false;
inputs = XtrainNum';
targets = YtrainNum';
[net,~] = train(net,inputs,targets);
% 用测试集数据进行预测
Yscore_nn = net(XtestNum')';
Y_nn = round(Yscore_nn);
% 计算混淆矩阵
disp('神经网络方法分类结果:')
C_nn = confusionmat(YtestNum,Y_nn)
```

　　运行以上程序,可得到:

```
神经网络方法分类结果:
C_nn =
348    12
26     14
```

6.2.3　神经网络的特点

　　人工神经网络的一般特点概括如下:

　　① 至少含有一个隐藏层的多层神经网络是一种普适近似(universal approximator),即可以用来近似任何目标函数。由于 ANN 具有丰富的假设空间,因此对于给定的问题,选择合适的拓扑结构来防止模型的过分拟合是很重要的。

　　② ANN 可以处理冗余特征,因为权值在训练过程中自动学习。冗余特征的权值非常小。

　　③ 神经网络对训练数据中的噪声非常敏感。处理噪声问题的一种方法是使用确认集来确定模型的泛化误差,另一种方法是每次迭代权值减少一个因子。

　　④ ANN 权值学习使用的梯度下降方法经常会收敛到局部极小值。避免局部极小值的方法是在权值更新公式中加上一个动量项(momentum term)。

　　⑤ 训练 ANN 是一个很耗时的过程,特别是当隐藏节点数量很大时。然而,测试样例分类时,却非常快。

6.3　小波分析方法

6.3.1　小波分析概述

小波分析是近年来发展起来的一种新的时频分析方法,其典型应用包括齿轮变速控制、起重机的非正常噪声、通信信号处理、物理中的间断现象等;而频域分析的着眼点在于,区分突发信号和稳定信号,以及定量分析其能量,典型应用包括细胞膜的识别、金属表面的探伤、金融学中快变量的检测、Internet 的流量控制等。

从以上的信号分析的典型应用可以看出,时频分析应用非常广泛,涵盖了物理学、工程技术、生物科学、经济学等众多领域,而且在很多情况下单单分析其时域或频域的性质是不够的。比如在电力监测系统中,既要监控稳定信号的成分,又要准确定位故障信号,这时就需要引入新的时频分析方法。小波分析正是由于这类需求而发展起来的。

在传统的傅里叶分析中,信号完全是在频域展开的,不包含任何时频的信息。这对于某些应用来说是恰当的,因为信号频率的信息对其是非常重要的。但其丢弃的时域信息可能对某些应用同样非常重要,所以人们对傅里叶分析进行了推广,提出了很多能表征时域和频域信息的信号分析方法,如短时傅里叶变换、Gabor 变换、时频分析、小波变换等。其中短时傅里叶变换是在傅里叶分析的基础上引入时域信息的最初尝试,其基本假定在一定的时间窗内信号是平稳,那么通过分割时间窗,在每个时间窗内把信号展开到频域就可以获得局部的频域信息。但是,它的时域区分度只能依赖于大小不变的时间窗,对某些瞬态信号来说还是粒度太大。换言之,短时傅里叶分析只能在一个分辨率上进行,所以对很多应用来说不够精确,存在很大的缺陷。

而小波分析则克服了短时傅里叶变换在单分辨率上的缺陷,具有多分辨率分析的特点;在时域和频域都有表征信号局部信息的能力,时间窗和频率窗都可以根据信号的具体形态动态调整;一般情况下,在低频部分(信号较平稳),可以采用较低的时间分辨率,提高频率的分辨率;在高频部分(频率变化不大),可以用较低的频率分辨率来换取精确的时间定位。因为这些特点,小波分析可以探测正常信号中的瞬态,并展示其频率成分,被称为数学显微镜,广泛应用于各个时频分析领域。

本节介绍小波变换的基本理论,并介绍一些常用的小波函数,它们的主要性质包括紧支集长度、滤波器长度、对称性、消失矩等,这里对其都做了简要的说明。在不同的应用场合,各小波函数各有千秋。

小波分析在图像处理中有非常重要的应用,包括图像压缩、图像去噪、图像融合、图像分解、图像增强等。除此之外,还给出了详细的程序范例,用 MATLAB 实现了基于小波变换的图像处理。

6.3.2　常见的小波分析方法

1. 一维连续小波变换

定义　设 $\psi(t) \in L^2(\mathbf{R})$,其傅里叶变换为 $\hat{\psi}(\omega)$,当 $\hat{\psi}(\omega)$ 满足允许条件(完全重构条件或恒等分辨条件)

$$C_\psi = \int_{\mathbf{R}} \frac{|\hat{\psi}(\omega)|^2}{|\omega|} \mathrm{d}\omega < \infty \qquad (6-16)$$

时,我们称 $\psi(t)$ 为一个基小波或母小波。将基小波 $\psi(t)$ 进行伸缩和平移后得到

$$\psi_{a,b}(t) = \frac{1}{\sqrt{|a|}} \psi\left(\frac{t-b}{a}\right) \quad (a,b \in \mathbf{R}; a \neq 0) \qquad (6-17)$$

式(6-17)称为一个小波数列,其中 a 为伸缩因子,b 为平移因子。对于任意函数 $f(t) \in L^2(\mathbf{R})$ 的连续小波变换,有

$$W_f(a,b) = \langle f, \psi_{a,b} \rangle = |a|^{-1/2} \int_{\mathbf{R}} f(t) \overline{\psi\left(\frac{t-b}{a}\right)} \mathrm{d}t \qquad (6-18)$$

其重构公式(逆变换)为

$$f(t) = \frac{1}{C_\psi} \int_{-\infty}^{\infty} \int_{-\infty}^{\infty} \frac{1}{a^2} W_f(a,b) \psi\left(\frac{t-b}{a}\right) \mathrm{d}a\, \mathrm{d}b \qquad (6-19)$$

由于基小波 $\psi(t)$ 生成的小波 $\psi_{a,b}(t)$ 在小波变换中对被分析的信号起着观测窗的作用,所以 $\psi(t)$ 还应该满足一般函数的约束条件:

$$\int_{-\infty}^{\infty} |\psi(t)| \mathrm{d}t < \infty \qquad (6-20)$$

因此,$\hat{\psi}(\omega)$ 是一个连续函数。这意味着,为了满足完全重构条件,$\hat{\psi}(\omega)$ 在原点必须等于 0,即

$$\hat{\psi}(0) = \int_{-\infty}^{\infty} \psi(t) \mathrm{d}t = 0 \qquad (6-21)$$

为了使信号重构的实现在数值上是稳定的,除完全重构条件外,还要求基小波 $\psi(t)$ 的傅里叶变化满足下面的稳定性条件:

$$A \leqslant \sum_{-\infty}^{\infty} |\hat{\psi}(2^{-j}\omega)|^2 \leqslant B \qquad (6-22)$$

式中 $0 < A \leqslant B < \infty$。

从稳定性条件可以引出一个重要的概念。

定义(对偶小波)　若基小波 $\psi(t)$ 满足稳定性条件式(6-22),则定义一个对偶小波 $\tilde{\psi}(t)$,其傅里叶变换 $\hat{\tilde{\psi}}(\omega)$ 由下式给出:

$$\hat{\tilde{\psi}}(\omega) = \frac{\hat{\psi}^*(\omega)}{\displaystyle\sum_{j=-\infty}^{\infty} |\hat{\psi}(2^{-j}\omega)|^2} \qquad (6-23)$$

注意,稳定性条件式(6-22)实际上是对式(6-23)分母的约束条件,它的作用是保证对偶小波的傅里叶变换存在的稳定性。值得指出的是,一个小波的对偶小波一般不是唯一的,然而在实际应用中,我们又总是希望它们是唯一对应的。因此,寻找具有唯一对偶小波的合适小波也就成为小波分析中最基本的问题。

连续小波变换具有以下重要性质:

① 线性性:一个多分量信号的小波变换等于各个分量的小波变换之和。

② 平移不变性:若 $f(t)$ 的小波变换为 $W_f(a,b)$,则 $f(t-\tau)$ 的小波变换为 $W_f(a,b-\tau)$。

③ 伸缩共变性:若 $f(t)$ 的小波变换为 $W_f(a,b)$,则 $f(ct)$ 的小波变换为

$$\frac{1}{\sqrt{c}} W_f(ca,cb), \quad c > 0$$

④ 自相似性:对应不同尺度参数 a 和不同平移参数 b 的连续小波变换之间是自相似的。

⑤ 冗余性:连续小波变换中存在信息表述的冗余度。

小波变换的冗余性事实上也是自相似性的直接反映,它主要表现在以下两个方面:

① 由连续小波变换恢复原信号的重构分式不是唯一的。也就是说,信号 $f(t)$ 的小波变换与小波重构不存在一一对应关系,而傅里叶变换与傅里叶逆变换是一一对应的。

② 小波变换的核函数——小波函数 $\psi_{a,b}(t)$,存在许多可能的选择。例如,它们可以是非正交小波、正交小波、双正交小波,甚至允许是彼此线性相关的。

小波变换在不同的 (a,b) 之间的相关性增加了分析和解释小波变换结果的困难,因此,小波变换的冗余度应尽可能减小。这是小波分析中的主要问题之一。

2. 高维连续小波变换

对于 $f(t)\in L^2(\mathbf{R}^n)(n>1)$,公式

$$f(t)=\frac{1}{C_\psi}\int_{-\infty}^{\infty}\int_{-\infty}^{\infty}\frac{1}{a^2}W_f(a,b)\psi\left(\frac{t-b}{a}\right)\mathrm{d}a\,\mathrm{d}b \tag{6-24}$$

存在几种扩展的可能性。其中一种可能性是选择小波 $f(t)\in L^2(\mathbf{R}^n)$,使其为球对称,其傅里叶变换也同样球对称,

$$\hat{\psi}(\bar{\omega})=\eta(|\bar{\omega}|) \tag{6-25}$$

并且其相容性条件变为

$$C_\psi=(2\pi)^2\int_0^{\infty}|\eta(t)|^2\frac{\mathrm{d}t}{t}<\infty \tag{6-26}$$

对所有的 $f,g\in L^2(g^n)$,有

$$\int_0^{\infty}\frac{\mathrm{d}a}{a^{n+1}}W_f(a,b)\overline{W}_g(a,b)\mathrm{d}b=C_\psi<f \tag{6-27}$$

式中,$W_f(a,b)=\langle\psi_{a,b}\rangle$,$\psi_{a,b}(t)=a^{-n/2}\psi\left(\frac{t-b}{a}\right)$,其中 $a\in\mathbf{R}^+$,$a\neq0$ 且 $b\in\mathbf{R}^n$,公式(6-20)也可以写成

$$f=C_\psi^{-1}\int_0^{\infty}\frac{\mathrm{d}a}{a^{n+1}}\int_{\mathbf{R}^n}W_f(a,b)\psi_{a,b}\mathrm{d}b \tag{6-28}$$

如果选择的小波 ψ 不是球对称的,则可以用旋转,进行同样的扩展与平移。例如,在二维时,可定义

$$\psi_{a,b,\theta}(t)=a^{-1}\psi\left(\mathbf{R}_\theta^{-1}\left(\frac{t-b}{a}\right)\right) \tag{6-29}$$

式中,$a>0,b\in\mathbf{R}^2$,$\mathbf{R}_\theta=\begin{bmatrix}\cos\theta & -\sin\theta\\\sin\theta & \cos\theta\end{bmatrix}$,相容条件变为

$$C_\psi=(2\pi)^2\int_0^{\infty}\frac{\mathrm{d}r}{r}\int_0^{2\pi}|\hat{\psi}(r\cos\theta,r\sin\theta)|^2\mathrm{d}\theta<\infty \tag{6-30}$$

该等式对应的重构公式为

$$f=C_\psi^{-1}\int_0^{\infty}\frac{\mathrm{d}a}{a^3}\int_{\mathbf{R}^2}\mathrm{d}b\int_0^{2\pi}W_f(a,b,\theta)\psi_{a,b,\theta}\mathrm{d}\theta \tag{6-31}$$

对于高于二维的情况,可以得出类似的结论。

3. 离散小波变换

在实际运用中,尤其是在计算机上实现时,连续小波必须加以离散化。因此,有必要讨论

连续小波 $\psi_{a,b}(t)$ 和连续小波变换 $W_f(a,b)$ 的离散化。需要强调的是,这一离散化都是针对连续尺度参数 a 和连续平移参数 b 的,而不是针对时间变量 t 的。这一点与惯常的时间离散化不同。在连续小波中,考虑函数:

$$\psi_{a,b}(t) = |a|^{-1/2} \psi\left(\frac{t-b}{a}\right)$$

式中,$b \in \mathbf{R}, a \in \mathbf{R}^{|}$,且 $a \neq 0, \psi$ 是容许的。为方便起见,在离散化中,总限制 a 只取正值,这样相容性条件就变为

$$C_\psi = \int_0^\infty \frac{|\hat{\psi}(\bar{\omega})|}{|\bar{\omega}|} \mathrm{d}\bar{\omega} < \infty \tag{6-32}$$

通常,把连续小波变换中尺度参数 a 和平移参数 b 的离散公式分别取作 $a = a_0^j, b = ka_0^j b_0$,这里 $j \in \mathbf{Z}$,扩展步长 $a_0 \neq 1$ 是固定值。为方便起见,总是假定 $a_0 > 1$(由于 m 可取正、负,所以这个假定无关紧要),所以对应的离散小波函数 $\psi_{j,k}(t)$ 可写作

$$\psi_{j,k}(t) = a_0^{-j/2} \psi\left(\frac{t-ka_0^j b_0}{a_0^j}\right) = a_0^{-j/2} \psi(a_0^{-j}t - kb_0) \tag{6-33}$$

而离散化小波变换系数则可表示为

$$C_{j,k} = \int_{-\infty}^\infty f(t)\psi_{j,k}^*(t)\mathrm{d}t = \langle f, \psi_{j,k}\rangle \tag{6-34}$$

其重构公式为

$$f(t) = C \sum_{-\infty}^\infty \sum_{-\infty}^\infty C_{j,k}\psi_{j,k}(t) \tag{6-35}$$

其中 C 是一个与信号无关的常数。然而,怎样选择 a_0 和 b_0 才能够保证重构信号的精度呢?显然,网格点应尽可能地密(即 a_0 和 b_0 尽可能地小),因为网格点越稀疏,使用的小波函数 $\psi_{j,k}(t)$ 和离散小波系数 $C_{j,k}$ 就越少,信号重构的精度也就会越低。

实际计算中不可能对全部尺度参数和平移参数计算连续小波(CWT)的 a、b 值,加之实际的观测信号都是离散的,所以信号处理中都是用离散小波变换(DWT)。大多数情况下,是将尺度参数和平移参数按 2 的幂次进行离散。最有效的计算方法是 S. Mallat 于 1988 年发展的快小波算法(又称塔式算法)。对任一信号,离散小波变换的第一步是将信号分为低频部分(称为近似部分,表示信号的主要特征)和离散部分(称为细节部分),第二步是对低频部分进行相似运算。不过这时尺度参数已经改变,依次进行到所需要的尺度。除了连续小波、离散小波以外,还有小波包(wavelet packet)和多维小波。

6.3.3　小波分析应用实例

1. 小波图像处理

小波分析在二维信号(图像)处理方面的优点主要体现在其时频分析特性,前面介绍了一些基于这种特性的一些应用的实例,但对二维信号小波系数的处理方法只介绍了阈值化方法一种。下面介绍一下曾在一维信号中用到的抑制系数的方法,在图像处理领域这种方法主要应用于图像增强。

图像增强问题的基本目标是对图像进行一定的处理,使其结果比原图更适用于特定的应用领域。这里"特定"这个词非常重要,因为几乎所有的图像增强问题都是与问题背景密切相关的,脱离了问题本身的知识,图像的处理结果可能并不一定适用。比如某种方法可能非常适

用于处理 X 射线图像,但不一定适用于火星探测图像。

在图像处理领域,图像增强问题主要通过时域(沿用信号处理的说法,空域可能对图像更适合)和频域处理两种方法来解决。时域方法通过直接在图像点上作用算子或掩码来解决,频域方法通过修改傅里叶变换系数来解决。这两种方法的优劣很明显,时域方法方便快速但会丢失很多点之间的相关信息,频域方法可以很详细地分离出点之间的相关,但需要做两次数量级为 nlogn 的傅里叶变换和逆变换的操作,计算量很大。

小波分析是以上两种方法的权衡结果,建立在如下的认识基础上:傅里叶分析在所有点的分辨率都是基于原始图像的尺度,但对于问题本身,可能不需要这么大的分辨率;而单纯的时域分析又显得太粗糙。小波分析的多尺度分析特性为用户提供了更灵活的处理方法,可以选择任意的分解层数,用尽可能少的计算量得到满意的结果。

小波变换将一幅图像分解为大小、位置和方向都不同的分量。在作逆变换之前,可以改变小波变换域中某些系数的大小,这样就能够有选择地放大所感兴趣的分量而减小不需要的分量。下面给出一个图像增强的实例。

【例 6-3】　给定一个 wmandril.mat 图像信号。由于图像经二维小波分解后,图像的轮廓主要体现在低频部分,细节部分体现在高频部分,因此可以对低频分解系数进行增强处理、对高频分解系数进行衰减处理,从而达到图像增强的效果。

具体实现代码如下:

```
load wmandril
% 下面进行图像的增强处理
% 用小波函数 sym4 对 X 进行 2 层小波分解
[c,s] = wavedec2(X,2,'sym4');
sizec = size(c);c1 = c;
% 对分解系数进行处理以突出轮廓部分,弱化细节部分
for i = 1:sizec(2)
  if(c(i) > 350)
 c1(i) = 2 * c(i);
  else
 c1(i) = 0.5 * c(i);
  end
end
% 下面对处理后的系数进行重构
xx = waverec2(c1,s,'sym4');
% 画出图像
colormap(map);
subplot(121);image(X);title('原始图像');axis square
subplot(122);image(xx);title('增强图像');axis square
```

运行以上程序,可得到图 6-4 所示的效果图。

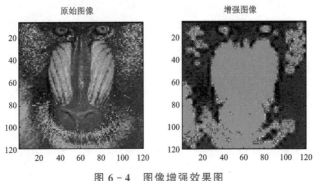

图 6-4　图像增强效果图

2. 小波数据去噪

小波技术的另一个应用是将具有噪声的信号数据去噪。

【例6-4】 应用小波技术将具有噪声的信号数据去噪。具体实现代码如下：

```
clc, clear all, close all,
load nelec.mat;
sig = nelec;
denPAR = {[1 94 5.9 ; 94 1110 19.5 ; 1110 2000 4.5]};
wname = 'sym4';
level = 5;
sorh  = 's'; % type of thresholding
thr = 4.5;
[sigden_1,~,~,perf0,perfl2] = wdencmp('gbl',sig,wname,level,thr,sorh,1);
res = sig - sigden_1;
subplot(3,1,1);plot(sig,'r');        axis tight
title('Original Signal')
subplot(3,1,2);plot(sigden_1,'b');   axis tight
title('Denoised Signal');
subplot(3,1,3);plot(res,'k');        axis tight
title('Residual');
% perf0,perfl2
```

运行以上程序，可得到图6-5所示的效果图。

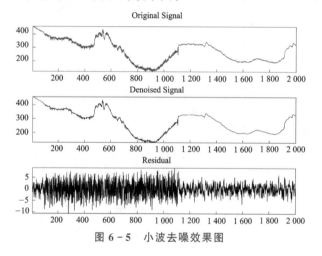

图6-5　小波去噪效果图

6.4　本章小结

本章介绍的三种方法也属于数据建模中的方法。灰色和神经网络一般用于预测，灰色系统适合小样本数据，神经网络更适合大样本数据。另外，神经网络适合多输入多输出的复杂预测问题。小波方法在数学建模中主要用于数据的预处理，比如去噪、提取数据特征、图像的增强等方面，但往往数据预处理是数学建模的基础工作，对得到更优秀的模型能起到重要的作用，所以对小波这类方法也要了解。

参考文献

[1] 周英,卓金武,卞月青. 大数据挖掘：系统方法与实例分析[M]. 北京：机械工业出版社,2016.

第 7 章

标准规划问题的 MATLAB 求解

规划类问题是常见的数学建模问题,离散系统的优化问题一般都可以通过规划模型来求解,所以在建模竞赛中,能够快速求解规划类问题是数学建模队员的基本素质。MATLAB 提供了强大的规划模型的求解命令,可以很快、很简单地得到所要的结果,一般的标准规划模型都可以用这些命令直接进行求解。本章主要介绍常见规划模型的 MATLAB 求解,包括线性规划、非线性规划和整数规划三类模型。掌握这个部分的操作,可以解决大部分的规划模型的求解问题。

7.1 规划模型基本建模知识

7.1.1 数学规划模型的一般形式

简单的优化模型往往是一元或者多元,无约束或者等式约束的最值问题。而在工程技术、经济金融管理、科学研究和日常生活等诸多领域中,人们常常遇到如下问题:结构设计要在满足强度要求的条件下选择材料的尺寸,使其总质量最小;资源分配要在有限资源约束条件下制定各用户的分配数量,使资源产生的总效益最大;生产计划要按照产品的工艺流程和顾客需求制定原料、零部件等订购、投产的日程和数量,尽量降低成本使利润最高。上述一系列问题的实质是:在一系列客观或主观限制条件下,寻求使所关心的某个或多个指标达到最大(或最小)。用数学建模的方法对这类问题进行研究,产生了在一系列等式与不等式约束条件下,使某个或多个目标函数达到最大(或最小)的数学模型,即数学规划模型。

建立数学规划模型一般需要考虑以下三个要素:

① 决策变量。通常是指所研究问题要求解的那些未知量,一般用 n 维向量表示:

$$\boldsymbol{X} = (x_1, x_2, \cdots, x_n)^{\mathrm{T}}$$

式中,x_j 表示问题的第 j 个决策变量。当对 $\boldsymbol{X}$ 赋值后,通常被称为该问题的一个解。

② 目标函数。它通常是所研究问题要求达到最大或最小的那个(或那些)指标的数学表达式,它是决策变量的函数,记为 $f(\boldsymbol{X})$。

③ 约束条件。由所研究问题对决策变量 $\boldsymbol{X}$ 的限制条件给出,$\boldsymbol{X}$ 允许取值的范围记为 D,即 $X \in D$,称 D 为可行域。D 常用一组关于决策变量 $\boldsymbol{X}$ 的等式

$$h_i(\boldsymbol{X}) = 0 \quad (i = 1, 2, \cdots, p)$$

和不等式

$$g_i(\boldsymbol{X}) \leqslant 0 \quad (j = p+1, p+2, \cdots, m)$$

来界定,分别称为等式约束和不等式约束。

数学规划模型可表达成如下一般形式:

$$\max(\min) z = f(\boldsymbol{X})$$

$$\text{s. t.} \begin{cases} h_i(\boldsymbol{X}) = 0 & (i = 1, 2, \cdots, p) \\ g_j(\boldsymbol{X}) \leqslant 0 & (j = p+1, p+2, \cdots, m) \end{cases}$$

式中,max(min)是对目标函数 $f(\boldsymbol{X})$ 求最大值或最小值的意思;s. t. 是"受约束于"的意思。

由于等式约束总可以转化为不等式约束,大于或等于约束总可以转化为小于或等于约束,所以数学规划模型的一般形式又可简化为

$$\max(\min) z = f(\boldsymbol{X})$$

$$\text{s. t.} \ g_j(\boldsymbol{X}) \leqslant 0 \quad (j = p+1, p+2, \cdots, m)$$

7.1.2　数学规划模型的可行解与最优解

由数学规划模型的一般形式,可行域可表达为

$$D = \{ \boldsymbol{X} \mid h_i(\boldsymbol{X}) = 0 \, (i = 1, 2, \cdots, p); g_j(\boldsymbol{X}) \leqslant 0 \, (j = p+1, p+2, \cdots, m) \}$$

满足约束条件的解即可行域 D 中的点称为数学规划模型的可行解;使目标函数 $f(\boldsymbol{X})$ 达到最大值或最小值的可行解,即可行域 D 中使目标函数 $f(\boldsymbol{X})$ 达到最大值或最小值的点称为数学规划模型的最优解。

数学规划模型的求解本质就是在可行域 D 中选择使得目标函数达到最优的点,在运筹学中对数学规划模型的求解进行了大量的研究和求解方法介绍,但总体来说,数学规划模型的求解比较复杂和烦琐,有些问题的求解非常困难。根据实际问题建立的数学规划模型,其结构往往非常复杂且数据量大,不能使用普通方法求解,目前数学软件已发展得比较成熟,可借助 MATLAB 软件进行求解。

7.1.3　数学规划模型的基本类型

数学规划模型的分类方法较多,一般将数学规划模型按照下列方式划分:

① 线性规划模型:目标函数和约束条件都是线性函数的数学规划模型。

② 非线性规划模型:目标函数或者约束条件中有非线性函数的数学规划模型。

③ 整数规划模型:决策变量要求取整数值的线性规划模型。

④ 多目标规划模型:具有多个目标函数的数学规划模型。

多目标规划是特殊的规划模型,可以转化为其他模型进行求解,这里主要探讨前面三种模型的求解方法。

规划模型的求解主要使用的是 MATLAB 中的优化工具箱(Optimization Toolbox)。该工具箱提供了多个函数,可用来求解不同的规划模型。MATLAB 求解规划模型的特征是用矩阵和函数来定义规划模型,并通过函数中体现的决策变量的关系特征来表达不同类型的规划模型,既适合求解离散的规划问题,也适合求解连续问题的最优解。下面针对线性规划、非线性规划和整数规划三类模型给出 MATLAB 的求解方法和案例。

7.2　线性规划

在人们的生产实践中,经常会遇到如何利用现有资源来安排生产,以取得最大经济效益的问题。此类问题构成了运筹学的一个重要分支——数学规划,而线性规划(Linear Programming,LP)则是数学规划的一个重要分支。历史上线性规划理论发展的重要进程有:

1947 年,美国数学家 G. B. Dantzig 提出线性规划的一般数学模型和求解线性规划问题的通用方法——单纯形法,为这门学科奠定了基础。

1947 年,美国数学家冯·诺伊曼提出对偶理论,开创了线性规划的许多新的研究领域,扩大了它的应用范围,提高了其解题能力。

1951 年,美国经济学家 T. C. 库普曼斯把线性规划应用到经济领域,为此与康托罗维奇一起获 1975 年诺贝尔经济学奖。

目前,线性规划理论趋于完善,应用不断延伸,已经渗透到众多领域,特别是在计算机能处理成千上万个约束条件和决策变量的线性规划问题之后,线性规划的适用领域更为广泛了,已成为现代管理中经常采用的基本方法之一。

7.2.1　线性规划的实例与定义

【例 7-1】　央视为改版后的《非常 6+1》栏目播放两套宣传片。其中,宣传片甲播映时间为 3 分 30 秒,广告时间为 30 秒,收视观众为 60 万;宣传片乙播映时间为 1 分钟,广告时间为 1 分钟,收视观众为 20 万。广告公司要求每周至少有 3.5 分钟广告,而电视台每周只能为该栏目宣传片提供不多于 16 分钟的节目时间。电视台每周应播映两套宣传片各多少次,才能使得收视观众最多?

分析:建模是解决线性规划问题极为重要的环节与技术。一个正确数学模型的建立要求建模者熟悉规划问题的生产和管理内容,明确目标要求和错综复杂的约束条件。本例首先将已知数据列成表 7-1。

表 7-1　题意信息清单

类　别	宣传片甲	宣传片乙	节目要求	
片集时间/min	3.5	1		≤16
广告时间/min	0.5	1	≥3.5	
收视观众/万人	60	20		

设电视台每周应播映宣传片甲 x 次,宣传片乙 y 次,总收视观众为 z 万人,则

$$\max z = 60x + 20y \tag{7-1}$$

$$\text{s. t.} \begin{cases} 4x + 2y \leqslant 16 \\ 0.5x + y \geqslant 3.5 \\ x, y \in \mathbf{N} \end{cases} \tag{7-2}$$

式中,变量 x,y 称为决策变量,式(7-1)称为问题的目标函数,式(7-2)是问题的约束条件,记为 s. t. (subject to)。上述即为一规划问题数学模型的三个要素。由于上面的目标函数及约束条件均为线性函数,故称为线性规划问题。

在解决实际问题时,把问题归结成一个线性规划数学模型是很重要的一步,但往往也是困

难的一步,模型建立得是否恰当,直接影响到求解。而选取适当的决策变量,是我们建立有效模型的关键之一。

7.2.2　线性规划的 MATLAB 标准形式

线性规划的目标函数可以是求最大值,也可以是求最小值,约束条件的不等号可以是小于号也可以是大于号。为了避免这种形式多样性带来的不便,MATLAB 中规定线性规划的标准形式为

$$\min_x \boldsymbol{c}^{\mathrm{T}}\boldsymbol{x} \quad \text{such that} \quad \boldsymbol{A}\boldsymbol{x} \leqslant \boldsymbol{b}$$

式中,$\boldsymbol{c}$ 和 $\boldsymbol{x}$ 为 n 维列向量;$\boldsymbol{b}$ 为 m 维列向量;$\boldsymbol{A}$ 为 $m \times n$ 阶矩阵。

例如,线性规划

$$\max_x \boldsymbol{c}^{\mathrm{T}}\boldsymbol{x} \quad \text{such that} \quad \boldsymbol{A}\boldsymbol{x} \geqslant \boldsymbol{b}$$

的 MATLAB 标准形式为

$$\min_x -\boldsymbol{c}^{\mathrm{T}}\boldsymbol{x} \quad \text{such that} \quad -\boldsymbol{A}\boldsymbol{x} \leqslant -\boldsymbol{b}$$

7.2.3　线性规划问题的解的概念

一般线性规划问题的标准形式为

$$\min z = \sum_{j=1}^{n} c_j x_j \tag{7-3}$$

$$\text{s. t.} \sum_{j=1}^{n} a_{ij} x_j \leqslant b_i \quad (i = 1, 2, \cdots, m) \tag{7-4}$$

可行解:满足约束条件式(7-4)的解 $x = (x_1, x_2, \cdots, x_n)$ 称为线性规划问题的可行解,使目标函数式(7-3)达到最小值的可行解称为最优解。

可行域:所有可行解构成的集合称为问题的可行域,记为 R。

7.2.4　线性规划的 MATLAB 求解方法

自 G. B. Dantzig 于 1947 年提出单纯形法以来,虽有许多变形体已被开发,但却保持着同样的基本观念,是因为有如下结论:若线性规划问题有有限最优解,则一定有某个最优解是可行区域的一个极点。基于此,单纯形法的基本思路是:先找出可行域的一个极点,再根据一定规则判断其是否最优;若否,则转换到与之相邻的另一极点,并使目标函数值更优;如此下去,直至找到某一最优解为止。这里不详细介绍单纯形法,有兴趣的读者可以参考其他线性规划书籍。下面介绍线性规划的 MATLAB 解法。

MATLAB 中线性规划的标准形式为

$$\min_x \boldsymbol{c}^{\mathrm{T}}\boldsymbol{x} \quad \text{such that} \quad \boldsymbol{A}\boldsymbol{x} \leqslant \boldsymbol{b}$$

基本函数形式为 linprog(c,A,b),它的返回值是向量 $\boldsymbol{x}$ 的值。还有其他的一些函数调用形式(在 MATLAB 命令窗口运行 help linprog 可以看到所有的函数调用形式),例如:

```
[x,fval] = linprog(c,A,b,Aeq,beq,LB,UB,X0,OPTIONS)
```

其中,fval 返回目标函数的值,Aeq 和 beq 对应等式约束 Aeq*x=beq,LB 和 UB 分别是变量 x 的下界和上界,X0 是 x 的初始值,OPTIONS 是控制参数。

【例 7-2】　求解下列线性规划问题。

$$\min z = 2x_1 + 3x_2 + x_3$$
$$\text{s. t.} \begin{cases} x_1 + 4x_2 + 2x_3 \geqslant 8 \\ 3x_1 + 2x_2 \geqslant 6 \\ x_1, x_2, x_3 \geqslant 0 \end{cases}$$

解　编写 MATLAB 代码如下：

```
c = [2;3;1];
a = [1,4,2;3,2,0];
b = [8;6];
[x,y] = linprog(c, - a, - b,[],[],zeros(3,1))
```

【例 7-3】　求解下列优化问题。

$$\min z = -5x_1 - 4x_2 - 6x_3 \qquad (1)$$
$$\text{s. t.} \begin{cases} x_1 - x_2 + x_3 \leqslant 20 & (2) \\ 3x_1 + 2x_2 + 4x_3 \leqslant 42 & (3) \\ 3x_1 + 2x_2 \leqslant 30 & (4) \\ 0 \leqslant x_1, 0 \leqslant x_2, 0 \leqslant x_3 & (5) \end{cases}$$

解　编写 MATLAB 代码如下：

```
>> f = [-5; -4; -6];
>> A = [1 -1  1;3  2  4;3  2  0];
>> b = [20; 42; 30];
>> lb = zeros(3,1);
>> [x,fval,exitflag,output,lambda] = linprog(f,A,b,[],[],lb)
```

结果如下：

```
x =                         % 最优解
    0.0000
   15.0000
    3.0000
fval =                      % 最优值
  - 78.0000
exitflag =                  % 收敛
    1
output =
       iterations: 6        % 迭代次数
     cgiterations: 0
        algorithm: 'lipsol' % 所使用规则
lambda =
    ineqlin: [3x1 double]
      eqlin: [0x1 double]
      upper: [3x1 double]
      lower: [3x1 double]
>> lambda.ineqlin
ans =
    0.0000
    1.5000
    0.5000
>> lambda.lower
ans =
    1.0000
    0.0000
    0.0000
```

【例 7-4】　求解下列线性规划问题。

$$\max z = 2x_1 + 3x_2 - 5x_3$$

$$\text{s. t.} \begin{cases} x_1 + x_2 + x_3 = 7 \\ 2x_1 - 5x_2 + x_3 \geqslant 10 \\ x_1, x_2, x_3 \geqslant 0 \end{cases}$$

解　① 具体实现代码如下：

```
c = [2;3; -5];
a = [-2,5, -1]; b = -10;
aeq = [1,1,1];
beq = 7;
% 是求最大值而不是最小值,注意这里是"-c"而不是"c"
x = linprog( -c,a,b,aeq,beq,zeros(3,1))
value = c' * x
```

② 将代码文件存盘,并命名为 example1. m。

③ 在 MATLAB 命令窗口中运行 example1 即可得到所求结果。

【例 7 - 5】　求解下列最大值线性规划问题。

$$\max z = 170.858\,2x_1 - 17.725\,4x_2 + 41.258\,2x_3 + 2.218\,2x_4 + 131.818\,2x_5 - 500\,000$$

$$\text{s. t.} \begin{cases} x_1 - 0.170\,37x_2 - 0.532\,4x_3 + x_5 \leqslant 0 \\ 0.170\,37x_2 + 0.532\,4x_3 \leqslant 888\,115 \\ x_1 + 32\%x_2 + x_3 \leqslant 166\,805 \\ x_2 \leqslant 521\,265.625 \\ x_3 + x_4 \leqslant 683\,400 \\ x_4 + x_5 \geqslant 660\,000 \\ x_j \geqslant 0 \ (j = 1, 2, 3, 4, 5) \end{cases}$$

解　为了便于求解,可以将上述求解最大值线性规划问题转化成求解最小值问题：

$$\min z' = -170.858\,2x_1 + 17.725\,4x_2 - 41.258\,2x_3 - 2.218\,2x_4 - 131.818\,2x_5 + 500\,000x_6$$

$$\text{s. t.} \begin{cases} x_1 - 0.170\,37x_2 - 0.532\,4x_3 + x_5 \leqslant 0 \\ 0.170\,37x_2 + 0.532\,4x_3 \leqslant 888\,115 \\ x_1 + 32\%x_2 + x_3 \leqslant 166\,805 \\ x_2 \leqslant 521\,265.625 \\ x_3 + x_4 \leqslant 683\,400 \\ -x_4 - x_5 \leqslant -660\,000 \\ x_6 = 1 \\ x_j \geqslant 0 \ (j = 1, 2, 3, 4, 5) \end{cases}$$

具体实现代码如下：

```
f = [-170.8582 17.7254 -41.2582 -2.2182 -131.8182 500000];
A = [1 -0.17037 -0.5324 0 1 0;0 0.17037 0.5324 0 0 0;1 0.32 1 0 0 0;0 1 0 0 0 0;0 0 1 1 0 0;0 0
    0 -1 -1 0];
b = [0;888115;166805;521265.625;683400; -660000];
Aeq = [0 0 0 0 0 1];
beq = [1];
lb = [0;0;0;0;0;0];
[x,fval,exitflag,output,lambda] = linprog(f,A,b,Aeq,beq,lb,[])
```

运行以上程序,输出结果如下：

```
x =
1.0e + 005  *
   0.00000000000000
   1.70617739889132
   1.12207323235472
   5.71192676764526
   0.88807323235476
   0.00001000000000
fval = − 1.407864558820066e + 007
```

即

$$x_1 = 0, \quad x_2 = 170\,618, \quad x_3 = 112\,207, \quad x_4 = 571\,193, \quad x_5 = 88\,807, \quad x_6 = 1$$

$$\min z' = -14\,078\,646, \quad \max z = -\min z' = -(-14\,078\,646) = 14\,078\,646$$

7.3　非线性规划

7.3.1　非线性规划的实例与定义

如果目标函数或约束条件中包含非线性函数,就称这种规划问题为非线性规划问题。一般而言,解非线性规划要比解线性规划问题困难得多,不像线性规划,有单纯形法这一通用方法。非线性规划目前还没有适于各种问题的一般算法,各方法都有自己特定的适用范围。

下面通过实例归纳出非线性规划数学模型的一般形式,介绍有关非线性规划的基本概念。

【例 7 - 6】(投资决策问题)　某企业有 n 个项目可供选择投资,并且至少要对其中一个项目投资。已知该企业拥有总资金 A 元,投资第 $i(i=1,2,\cdots,n)$ 个项目需花资金 a_i 元,并预计可收益 b_i 元。试选择最佳投资方案。

解　设投资决策变量如下:

$$x_i = \begin{cases} 1, & \text{决定投资第 } i \text{ 个项目} \\ 0, & \text{决定不投资第 } i \text{ 个项目} \end{cases} \quad (i=1,2,\cdots,n)$$

则投资总额为 $\sum\limits_{i=1}^{n} a_i x_i$,投资总收益为 $\sum\limits_{i=1}^{n} b_i x_i$。因为该公司至少要对一个项目投资,并且总的投资金额不能超过总资金 A,故有限制条件:

$$0 < \sum_{i=1}^{n} a_i x_i \leqslant A$$

由于 $x_i(i=1,2,\cdots,n)$ 只取值 0 或 1,所以

$$x_i(1-x_i)=0 \quad (i=1,2,\cdots,n)$$

另外,该公司至少要对一个项目投资,因此有

$$\sum_{i=1}^{n} x_i \geqslant 1$$

最佳投资方案应是投资额最小而总收益最大的方案,所以这个最佳投资决策问题归结为在总资金以及决策变量(取 0 或 1)的限制条件下,极大化利润即总收益与总投资之差。因此,其数学模型为

$$\max Q = \sum_{i=1}^{n} b_i x_i - \sum_{i=1}^{n} a_i x_i$$

$$\text{s. t.} \begin{cases} 0 < \sum_{i=1}^{n} a_i x_i \leqslant A \\ x_i(1-x_i)=0 \ (i=1,2,\cdots,n) \\ \sum_{i=1}^{n} x_i \geqslant 1 \end{cases}$$

本例是在一组等式或不等式的约束下求一个函数的最大值(或最小值)问题,其中目标函数或约束条件中至少有一个非线性函数。这类问题被称为非线性规划问题,简记为 NP,其一般形式为

$$\min f(\boldsymbol{x})$$
$$\text{s. t.} \begin{cases} h_j(x) \leqslant 0 \ (j=1,2,\cdots,q) \\ g_i(x)=0 \ (i=1,2,\cdots,p) \end{cases}$$

式中,$\boldsymbol{x}=(x_1,x_2,\cdots,x_n)^{\mathrm{T}}$ 为 NP 模型的决策变量;f 为目标函数;$g_i(i=1,2,\cdots,p)$ 和 h_j $(j=1,2,\cdots,q)$ 为约束函数。除此之外,$g_i(\boldsymbol{x})=0(i=1,2,\cdots,p)$ 为等式约束,$h_j(\boldsymbol{x}) \leqslant 0(j=1,2,\cdots,q)$ 为不等式约束。

7.3.2　非线性规划的 MATLAB 求解方法

非线性规划的数学模型可写成以下形式:

$$\min f(\boldsymbol{x})$$
$$\text{s. t.} \begin{cases} \boldsymbol{A}\boldsymbol{x} \leqslant \boldsymbol{B} \\ \text{Aeq} \cdot \boldsymbol{x} = \text{Beq} \\ \boldsymbol{C}(\boldsymbol{x}) \leqslant 0 \\ \text{Ceq}(\boldsymbol{x})=0 \end{cases}$$

式中,$f(\boldsymbol{x})$ 是标量函数;$\boldsymbol{A}$、$\boldsymbol{B}$、Aeq、Beq 是相应维数的矩阵和向量;$\boldsymbol{C}(\boldsymbol{x})$、$\text{Ceq}(\boldsymbol{x})$ 是非线性向量函数。

MATLAB 中求解 NP 模型的命令格式如下:

```
X = FMINCON(FUN,X0,A,B,Aeq,Beq,LB,UB,NONLCON,OPTIONS)
```

其中,X 的返回值是向量 $\boldsymbol{x}$;FUN 是用 M 文件定义的函数 $f(\boldsymbol{x})$;X0 是 $\boldsymbol{x}$ 的初始值;A、B、Aeq、Beq 定义了线性约束 $\boldsymbol{A}\boldsymbol{x} \leqslant \boldsymbol{B}$ 和 Aeq · $\boldsymbol{x}$ = Beq。如果没有线性约束,则 A=[],B=[],Aeq=[],Beq=[]。LB 和 UB 分别为 $\boldsymbol{x}$ 的下界和上界,如果上界和下界没有约束,则 LB=[],UB=[];如果 $\boldsymbol{x}$ 无下界,则 LB=−inf;如果 $\boldsymbol{x}$ 无上界,则 UB=inf。NONLCON 是用 M 文件定义的非线性向量函数 $\boldsymbol{C}(\boldsymbol{x})$、$\text{Ceq}(\boldsymbol{x})$;OPTIONS 定义了优化参数,可以使用 MATLAB 默认的参数设置。

【例 7-7】　求下列非线性规划问题。

$$\min f(x)=x_1^2+x_2^2+8$$
$$\text{s. t.} \begin{cases} x_1^2-x_2 \geqslant 0 \\ -x_1-x_2^2+2=0 \\ x_1,x_2 \geqslant 0 \end{cases}$$

解　编写 M 文件:

```
% 文件 fun1. m
function f = fun1(x);
f = x(1)^2 + x(2)^2 + 8;
% fun2. m
function [g,h] = fun2(x);
g = - x(1)^2 + x(2);
h = - x(1) - x(2)^2 + 2;            % 等式约束
```

在 MATLAB 的命令窗口中输入：

```
options = optimset;
[x,y] = fmincon('fun1',rand(2,1),[],[],[],[],zeros(2,1),[], ...
'fun2', options)
```

就可以求得当 $x_1 = 1$，$x_2 = 1$ 时，最小值 $y = 10$。

【例 7 - 8】　求下列非线性规划问题。

$$\max z = \sqrt{x_1} + \sqrt{x_2} + \sqrt{x_3} + \sqrt{x_4}$$

$$\text{s. t.} \begin{cases} x_1 \leqslant 400 \\ 1.1x_1 + x_2 \leqslant 440 \\ 1.21x_1 + 1.1x_2 + x_3 \leqslant 484 \\ 1.331x_1 + 1.21x_2 + 1.1x_3 + x_4 \leqslant 532.4 \\ x_i \geqslant 0 \ (i = 1,2,3,4) \end{cases}$$

解　编写 M 文件：

```
% 定义目标函数
function f = fun44(x)
f = - (sqrt(x(1)) + sqrt(x(2)) + sqrt(x(3)) + sqrt(x(4)));
% 定义约束条件
function [g,ceq] = mycon1(x)
g(1) = x(1) - 400;
g(2) = 1.1 * x(1) + x(2) - 440;
g(3) = 1.21 * x(1) + 1.1 * x(2) + x(3) - 484;
g(4) = 1.331 * x(1) + 1.21 * x(2) + 1.1 * x(3) + x(4) - 532.4;
ceq = 0;
% 主程序,既可以编写为 M 文件,也可以在命令窗口中直接输入命令
x0 = [1;1;1;1];lb = [0;0;0;0];ub = [];A = [];b = [];Aeq = [];beq = [];
[x,fval] = fmincon('fun44',x0,A,b,Aeq,beq,lb,ub,'mycon1')
```

运行以上程序,输出结果如下：

```
x =
  1.0e + 002 *
  0.84243824470856
  1.07635203745600
  1.28903186524063
  1.48239367919807
fval =
 - 43.08209516098581
```

即

$$x_1 = 84.24, \quad x_2 = 107.63, \quad x_3 = 128.90, \quad x_4 = 148.23$$
$$z = -(-43.08) = 43.08$$

7.3.3　二次规划

若某非线性规划的目标函数为自变量 x 的二次函数,约束条件又全是线性的,则称其为

二次规划。

二次规划的数学模型可写成以下形式：

$$\min \frac{1}{2} \boldsymbol{x}^{\mathrm{T}} \boldsymbol{H} \boldsymbol{x} + \boldsymbol{f}^{\mathrm{T}} \boldsymbol{x}$$

$$\text{s. t. } \boldsymbol{A} \boldsymbol{x} \leqslant \boldsymbol{b}$$

式中，$\boldsymbol{f}$、$\boldsymbol{b}$ 是列向量；$\boldsymbol{A}$ 是相应维数的矩阵；$\boldsymbol{H}$ 是实对称矩阵。

"实对称矩阵"的定义：如果有 n 阶矩阵 $\boldsymbol{A}$，其各个元素都是实数，且满足 $a_{ij}=a_{ji}$（转置为其本身），则称 $\boldsymbol{A}$ 为实对称矩阵。

MATLAB 中求解二次规划模型的命令格式如下：

```
[X,FVAL] = QUADPROG(H,f,A,b,Aeq,beq,LB,UB,X0,OPTIONS)
```

其中，X 的返回值是向量 $\boldsymbol{x}$；FVAL 的返回值是目标函数在 X 处的值。（具体细节可以查看在 MATLAB 指令中运行 help quadprog 后的帮助。）

【例 7 - 9】 求解下列二次规划问题。

$$\min f(x) = 2x_1^2 - 4x_1 x_2 + 4x_2^2 - 6x_1 - 3x_2$$

$$\text{s. t. } \begin{cases} x_1 + x_2 \leqslant 3 \\ 4x_1 + x_2 \leqslant 9 \\ x_1, x_2 \geqslant 0 \end{cases}$$

解 具体实现代码如下：

```
h = [4, -4; -4,8];
f = [-6; -3];
a = [1,1;4,1];
b = [3;9];
[x,value] = quadprog(h,f,a,b,[],[],zeros(2,1))
```

结果如下：

$$x = \begin{bmatrix} 1.950\ 0 \\ 1.050\ 0 \end{bmatrix}, \quad \min f(x) = -11.025\ 0$$

利用罚函数方法，可以将非线性规划问题的求解转化为一系列无约束极值问题的求解，因此该方法也称为序列无约束最小化技术，简记为 SUMT（Sequential Unconstrained Minimization Technique）。

罚函数方法求解非线性规划问题的思想：利用问题中的约束函数做出适当的罚函数，由此构造出带参数的增广目标函数，把问题转化为无约束非线性规划问题。罚函数方法主要有两种形式：一种是外罚函数方法，另一种是内罚函数方法。下面介绍外罚函数方法。

考虑如下问题：

$$\min f(x)$$

$$\text{s. t. } \begin{cases} g_i(x) \leqslant 0 \ (i=1,2,\cdots,r) \\ h_i(x) \geqslant 0 \ (i=1,2,\cdots,s) \\ k_i(x) = 0 \ (i=1,2,\cdots,t) \end{cases}$$

取一个充分大的数 $M>0$，构造函数：

$$P(x,M) = f(x) + M \sum_{i=1}^{r} \max(g_i(x),0) - M \sum_{i=1}^{s} \min(h_i(x),0) + M \sum_{i=1}^{t} |k_i(x)|$$

或

$$P(x,M) = f(x) + M_1 \max(G(x), 0) + M_2 \min(H(x), 0) + M_3 \| K(x) \|$$

式中，$G(x) = \begin{bmatrix} g_1(x) \\ \vdots \\ g_r(x) \end{bmatrix}$，$H(x) = \begin{bmatrix} h_1(x) \\ \vdots \\ h_s(x) \end{bmatrix}$，$K(x) = \begin{bmatrix} k_1(x) \\ \vdots \\ k_t(x) \end{bmatrix}$，$M_1, M_2, M_3$ 为适当的行向量。

因为 MATLAB 中可以直接利用 max 和 min 函数，所以增广目标函数 $P(x, M)$ 为目标函数的无约束极值问题 $\min P(x, M)$ 的最优解 x 也是原问题的最优解。

【例 7 - 10】　求下列非线性规划问题。

$$\min f(x) = x_1^2 + x_2^2 + 8$$

$$\text{s.t.} \begin{cases} x_1^2 - x_2 \geqslant 0 \\ -x_1 - x_2^2 + 2 = 0 \\ x_1, x_2 \geqslant 0 \end{cases}$$

解　编写 M 文件：

```
% test.m
function g = test(x);
M = 50000;
f = x(1)^2 + x(2)^2 + 8;
g = f - M * min(x(1),0) - M * min(x(2),0) - M * min(x(1)^2 - x(2),0)...
    + M * abs( - x(1) - x(2)^2 + 2);
```

在 MATLAB 命令窗口中输入：

```
[x,y] = fminunc('test',rand(2,1))
```

即可求得问题的解。

7.4　整数规划

7.4.1　整数规划的定义

规划中的变量（部分或全部）限制为整数时，称为整数规划。若在线性规划模型中，变量限制为整数，则称为整数线性规划。目前所流行的求解整数规划的方法，往往只适用于整数线性规划。目前还没有一种方法能有效地求解一切整数规划问题。常见的整数规划问题的求解算法有：

① 分枝定界法，可求纯或混合整数线性规划问题。

② 割平面法，可求纯或混合整数线性规划问题。

③ 隐枚举法，可求解 0 - 1 整数规划问题，包括过滤隐枚举法和分枝隐枚举法。

④ 匈牙利法，可解决指派问题（0 - 1 整数规划中的特殊情形）。

7.4.2　0 - 1 整数规划

0 - 1 整数规划是整数规划中的特殊情形，它的变量 x_j 仅取值 0 或 1，这时 x_j 称为 0 - 1 变量，或二进制变量。x_j 仅取值 0 或 1，可用下述约束条件表达：

$$0 \leqslant x_j \leqslant 1, \quad x_j \in \mathbf{N}$$

或

$$x_i(1 - x_i) = 0 \quad (i = 1, 2, \cdots, n)$$

在实际问题中,如果引入 0-1 变量,就可以把有各种情况需要分别讨论的线性规划问题集中在一个问题中讨论了。下面举例说明其过程。

【例 7-11】 用 MATLAB 混合整数规划求解器 intlingprog 求解 0-1 整数规划问题。

$$\max z = 3x_1 - 2x_2 + 5x_3$$

$$\text{s. t.} \begin{cases} x_1 + 2x_2 - x_3 \leqslant 2 \\ x_1 + 4x_2 + x_3 \leqslant 4 \\ x_1 + x_2 \leqslant 3 \\ 4x_2 + x_3 \leqslant 6 \\ x_1, x_2, x_3 = 0 \text{ 或 } 1 \end{cases}$$

解 实现代码如下:

```
clc, clear all, close all
f = [ - 3; 2; - 5];
intcon = 3;
A = [1 2 - 1; 1 4 1; 1 1 0; 0 4 1];
b = [2; 4; 3; 6];
lb = [0, 0 , 0];
ub = [1,1,1];
Aeq = [0,0,0];
beq = 0;
x = intlinprog(f,intcon,A,b,Aeq,beq,lb,ub)
```

7.5　规划模型的 MATLAB 求解模式

前面针对不同类型的模型给出的求解方法,采用的是求解器的求解模式。下面从 MATLAB 工具本身的角度介绍规划模型的求解模式。早期版本的 MATLAB 主要通过 M 脚本的函数(求解器)模式求解规划模型,也是主流的用法。MATLAB 新版本增加了实时脚本这种模式,并增加了针对优化问题的交互式求解模式。这种模式的优点是容易上手,可以灵活选择求解器,具有很强的交互作用,适合在探索求解方法的阶段使用。这两种模式都适合直接求解标准的规划问题,然而对于一些系统性的优化问题,由于系统的决策变量和目标没有直接的关系或者目标函数太复杂很难建立标准的规划模型,比如 CUMCM 2011 年交巡警平台的优化设置问题、2015 年的出租车补贴方案优化等。针对这类系统优化问题,近期的 MATLAB 版本提供了基于问题的求解模式,可以高效、方便地进行求解。

这三种求解模式都有各自的特点和适应性,其中基于求解器的模式是最主流的用法,适应性最广,所以下面先总结基于求解器求解模式的使用要点。

7.5.1　基于求解器的求解模式

基于求解器的求解模式比较符合我们求解规划问题的思维方式,即先定位问题的类型,再寻找合适的求解器,再按照求解器的使用规范对问题进行求解。具体来说,基于求解器的求解模式有以下 5 个步骤:

① 定位规划模型的类型,并选择一个合适的求解器;

② 创建模型的目标函数,通常是最小化函数;

③ 创建模型约束条件;

④ 设置求解器的选项;

⑤ 调用求解器进行求解，得到求解结果。

该模式的核心是针对规划模型的类型定位与之相匹配的求解器，一般可以根据表 7 - 2 进行选择。仔细看该决策表就会发现，常用的求解器就几个，比如 linprog、fmincon，所以只要熟悉这几个常用的求解器就可以解决绝大多数的规划问题。

表 7 - 2　规划模型求解器决策表

约束类型	目标类型				
	线性	二次	最小二乘	平滑非线性	非平滑
无	—	quadprog	• lsqcurvefit; • lsqnonlin	• fminsearch; • fminunc	fminsearch
有边界	linprog	quadprog	• lsqcurvefit; • lsqnonlin; • lsqnonneg; • lsqlin	• fminbnd; • fmincon; • fseminf	• fminbnd; • ga; • surrogatopt; • patternsearch; • particleswarm; • simulannealbnd
线性	linprog	quadprog	lsqlin	fmincon	• ga; • patternsearch; • surrogatept
二阶锥	coneprog	fmincon	fmincon	fmincon	• ga; • patternsearch; • surrogatept
常规平滑	fmincon	fmincon	fmincon	• fmincon; • fseminf	• ga; • patternsearch; • surrogateopt
常规非平滑	• ga; • patternsearch	• ga; • patternsearch	• ga; • patternsearch	• ga; • patternsearch	• ga; • patternsearch; • surrogateopt
离散	intlinprog	—	—	—	• ga; • surrogateopt

选择好求解器后，根据求解器的用法创建目标函数和约束条件，一般采用默认的求解器选项就可以进行求解了。当出现求解时间过长、结果不理想等情况时，设置求解器的选项优化求解过程是必要的。

新版的 MATLAB 对每个求解器提供了丰富的选项来辅助优化求解过程，比如可以通过最大迭代次数（maxIterations）、终止容差（step tolerance）这些基本的参数来控制算法的精度。除了这些精度控制选项，算法的选择对求解过程也比较重要。比如 fmincon 中提供了 5 种算法，这些算法的选择对求解过程也有显著的影响，因为每种算法都有一定的适应性，而选择这些算法的依据可以参考以下算法的特征：

① 算法-'interior - point'，处理大型稀疏问题及小型稠密问题，该算法在所有迭代中都满足边界，并且可以从 NaN 或 Inf 结果中恢复，是一种大规模算法。

② 算法-'sqp'，在所有迭代中都满足边界，可以从 NaN 或 Inf 结果中恢复，不是大规模

算法。

③ 算法-$'sqp-legacy'$,类似于$'sqp'$,但通常速度更慢且占用的内存更多。

④ 算法-$'active-set'$,可以采用大步长提高速度,对具有非平滑约束的问题很有效,不是一种大规模算法。

⑤ 算法-$'trust-region-reflective'$,需要提供梯度,只允许边界或线性等式约束,但二者不能同时使用,也是一种大规模算法。在这些限制下,该算法可以高效处理大型稀疏问题和小型稠密问题。

在选择算法的时候,如果不确定这些算法的适应性,也可以根据模型的目标和求解时间来综合评价最佳的算法。

在实践中,虽然每个求解器提供可设置的选项很多,但一般情况一次不需要设置过多的属性,针对求解器的实际表现,有针对性地调整几个属性来优化求解过程就可以了。

7.5.2 基于实时脚本的交互式求解模式

基于实时脚本的交互式求解模式(简称交互模式),是利用实时脚本支持控件的功能而产生的一种新的规划模型的求解模式。该模式的优点是可以快速创建优化问题,并利用下拉菜单灵活选择求解器及最佳求解器。这种模式适用于求解模型的探索阶段,借助交互功能,可以高效、灵活地测试各种求解器、选项设置和求解分析数据。

下面介绍如何利用交互模式实现规划模型的求解。

【例 7-12】 求解下列模型。

$$\min f(x) = 100(x_2 - x_1^2)^2 + (1 - x_1)^2$$
$$\text{s. t. } x_1^2 + x_2^2 \leqslant 1$$

解　用交互模式实现求解:

① 创建一个新的实时脚本。

② 添加"优化"任务,如图 7-1 所示。

图 7-1　添加"优化"任务操作界面

③ 根据任务标签上的提示指定优化问题,如图 7 - 2 所示。

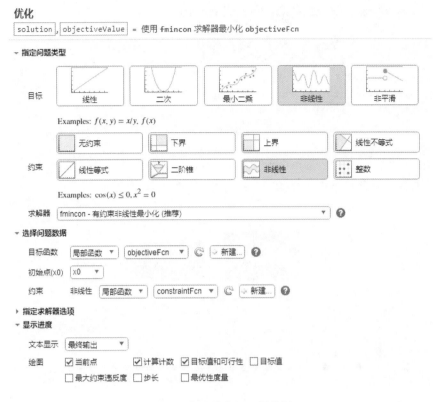

图 7 - 2　指定优化问题操作界面

④ 选择求解器并运行优化过程,可得到优化结果。

⑤ 在任务界面上右击,在弹出的快捷菜单中选择"控件和代码",将会显示相应的代码,如图 7 - 3 所示。

图 7 - 3　设置控件和代码显示模式界面

最终得到求解该问题的完整代码,如下:

```
% 规划模型
% 通过"优化"任务设置优化问题
x0 = [0,0] % 根据"选择问题数据"提示后面增加此条初值设置

x0 = 1×2
    0    0


% 设置非默认求解器选项
options = optimoptions("fmincon","PlotFcn",["optimplotx",...
    "optimplotfunccount","optimplotfvalconstr"]);

% 求解
[solution,objectiveValue] = fmincon(@objectiveFcn,x0,[],[],[],[],[],[],...
    @constraintFcn,options);
```

运行以下代码后会显示优化算法的收敛过程,如图 7 - 4 所示。

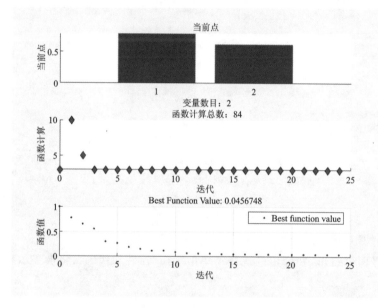

图 7 - 4　优化收敛过程

```
% 清除变量
clearvarsoptions

% 优化结果
x = solution
x = 1×2
    0.7864    0.6177

% 定义函数
functionf = objectiveFcn(optimInput)
x(1) = optimInput(1);
x(2) = optimInput(2);
f = 100 * (x(2) - x(1)^2)^2 + (1 - x(1))^2;
end


function[c,ceq] = constraintFcn(x)
c = x(1)^2 + x(2)^2 - 1;
ceq = [ ];
end
```

由本例可知,交互模式具有引导、辅助、交互选择、代码生成的作用,从而有利于快速探索针对规划模型的最佳求解方法,在实践中比较实用。

7.5.3 基于问题的求解模式

基于问题的求解模式是 MATLAB 中新增加的一种针对特殊规划模型的新模式。在实际的规划问题中,有些可以建立标准的规划模型,那么就用求解器进行求解。不容易建立标准模型的规划问题,比较特殊,形式多样,比如没有明显的目标函数,目标函数与决策变量不直接关联。针对这类不规则的规划问题,可以从问题角度建立模型,采用基于问题的求解模式进行求解。

基于问题的求解模式,也需要先创建决策变量,再用这些变量构建表示目标和约束的表达式,然后使用求解器求解。该模式可以分解为以下几步:

① 使用 optimproblem 创建一个优化问题对象。这个问题对象就像一个容器,可以在其中定义目标表达式和约束,定义问题和存在于问题中各变量的边界。比如定义一个最大化问题:

```
prob = optimproblem('ObjectiveSense','maximize');
```

② 使用 optimvar 定义决策变量和变量的边界,用来描述问题的目标和约束。例如,创建一个 15 行 3 列的二进制数组变量 x:

```
x = optimvar('x',15,3,'Type','integer','LowerBound',0,'UpperBound',1);
```

③ 将问题对象中的目标函数定义为关于决策变量的表达式。如果有必要,在表达式中可以包含额外的参数。例如,假设有一个实矩阵 f 和一个决策变量 x 的矩阵一样大,目标是 f 中的元素乘以相应变量 x 的和,则问题的目标可以定义为

```
prob.Objective = sum(sum(f.*x));
```

④ 将问题对象的约束定义为关于决策变量的表达式。例如,假设决策变量 x 每行的变量之和必须是 1,每列的变量之和不超过 1,则可以描述为

```
onesum = sum(x,2) == 1;
vertsum = sum(x,1) <= 1;
prob.Constraints.onesum = onesum;
prob.Constraints.vertsum = vertsum;
```

⑤ 对于非线性问题,给决策变量设置一个初始值。例如:

```
x0.x = randn(size(x));
x0.y = eye(4);            % 假设 y 是一个 4×4 矩阵
```

⑥ 使用 solve 对问题进行求解:

```
sol = solve(prob);
```

若是非线性问题,则为

```
sol = solve(prob, x0);
```

下面以求解数独问题为例介绍如何使用基于问题的求解模式。

1. 问题描述

数独(sudoku)是一种数学游戏,玩家需要根据 9×9 盘面上的已知数字推理出所有剩余空格的数字,并满足每一行、每一列、每一个宫内的数字均含 $1 \sim 9$,不重复。

2. 建立模型

针对该问题,经过分析可以将决策变量定义为一个 $9 \times 9 \times 9$ 三维数组 X,其每个元素的

值为 0 或 1。若数独矩阵的第一行第二列的数字为 6，则有 $X(1,2,6)=1$。相当于前两个维度表示数字的位置，第三个维度表示具体的数值，也可以将这个三维数组看成 9 层矩阵，层数表示具体数值。

定义决策变量后，该问题中涉及的约束可以用数学表达式来描述。

约束 1　9 层矩阵的同一位置只可以出现一个 1，即

$$\sum_{k=1}^{9} X(i,j,k)=1 \quad (i=1,2,\cdots,9;j=1,2,\cdots,9)$$

约束 2　任何一层的任何一行只能有一个 1，即

$$\sum_{j=1}^{9} X(i,j,k)=1 \quad (i=1,2,\cdots,9;k=1,2,\cdots,9)$$

约束 3　任何一层的任何一列只能有一个 1，即

$$\sum_{i=1}^{9} X(i,j,k)=1 \quad (j=1,2,\cdots,9;k=1,2,\cdots,9)$$

约束 4　每层的九宫格中只能有一个 1，即

$$\sum_{i=1}^{3}\sum_{j=1}^{3} X(i+U,j+V,k)=1 \quad (k=1,2,\cdots,9)$$

上式中，$U,V \in \{0,3,6\}$。

以上是该问题的约束，然而该问题并没有优化目标，只要满足约束条件的解即可。类似这样的问题，可以使用基于问题的求解模式。

3. 模型的求解

下面采用基于问题的求解模式对该模型进行求解。

（1）给出算例

数独游戏需要盘面上有一些初始数字，不防用一个已经被验证过的数独算例作为所要求解的对象，如图 7.5 所示，实现代码如下：

```
B = [1,2,2; 1,5,3; 1,8,4; 2,1,6; 2,9,3; 3,3,4; 3,7,5; 4,4,8; 4,6,6; 5,1,8; 5,5,1; 5,9,6; 6,4,7; 6,6,5; 7,3,7; 7,7,6; 8,1,4; 8,9,8; 9,2,3; 9,5,4; 9,8,2];

drawSudoku(B)          % 显示数独
```

运行以上代码后会显示数独的初值分布情况。

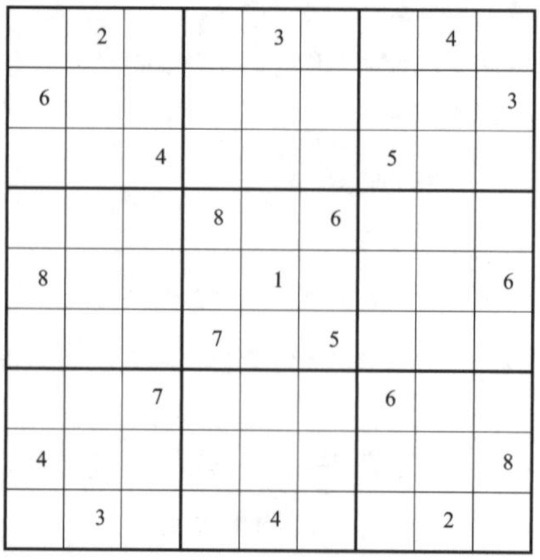

	2			3			4	
6								3
		4				5		
			8		6			
8				1				6
			7		5			
		7				6		
4								8
	3			4			2	

图 7-5　数独初值分布图

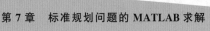

（2）设置决策变量

本问题的决策变量为一个 $9 \times 9 \times 9$ 三维数组 X，其所有元素是下界为 0、上界为 1 的整数，故决策变量可以如下设置：

```
x = optimvar('x',9,9,9,'Type','integer','LowerBound',0,'UpperBound',1);
```

（3）建立问题容器

```
% 定义一个问题容器,将目标和约束放入该容器中
sudpuzzle = optimproblem;

% 定义目标函数
mul = ones(1,1,9);
mul = cumsum(mul,3);
sudpuzzle.Objective = sum(sum(sum(x,1),2).*mul);

% 定义约束
sudpuzzle.Constraints.consx = sum(x,1) == 1;
sudpuzzle.Constraints.consy = sum(x,2) == 1;
sudpuzzle.Constraints.consz = sum(x,3) == 1;

majorg = optimconstr(3,3,9);

foru = 1:3
    for v = 1:3
        arr = x(3*(u-1)+1:3*(u-1)+3,3*(v-1)+1:3*(v-1)+3,:);
        majorg(u,v,:) = sum(sum(arr,1),2) == ones(1,1,9);
    end
end

sudpuzzle.Constraints.majorg = majorg;
```

（4）求解和展示结果

当问题容器定义好以后，就可以调用通用的基于问题的求解器对问题进行求解。该问题的解可以很快得到，如图 7 - 6 所示。整个求解过程与结果展示的代码如下：

```
sudsoln = solve(sudpuzzle)

sudsoln.x = round(sudsoln.x);

y = ones(size(sudsoln.x));
fork = 2:9
    y(:,:,k) = k;
end
S = sudsoln.x.*y;
S = sum(S,3);

drawSudoku(S)        % 显示最终的求解结果,如图 7 - 6 所示
```

通过对数据案例的求解，可以发现，基于问题的求解模式的优点是其通用性比较强，具体表现在两个方面：一方面是对问题的通用性，基于问题的求解模式不仅适合标准的规划模型，而且适合系统规划模型；另一方面是求解程序的框架比较稳定，不用甄选求解器，直接用一个通用的求解器 solve 就可以了。

从模型求解的角度，基于问题的求解模式是一种比较好的求解模式，在数学建模中可以作为一种基本的模型求解方法。从竞赛的角度，基于问题的求解模式，不利于体现建模思想，往往还需要挖掘更深层的关联关系来拓展创新型建模思路，从而增强竞争力。

8	6	1	9	3	2	4	5	7
9	5	4	1	7	6	2	8	3
2	3	7	4	5	8	9	1	6
7	9	8	6	1	3	5	2	4
1	2	6	5	8	4	3	7	9
5	4	3	7	2	9	1	6	8
3	7	5	8	4	1	6	9	2
4	1	9	2	6	7	8	3	5
6	8	2	3	9	5	7	4	1

图 7 - 6　数独的求解结果

7.5.4　三种模式的配合

三种求解模式中,交互模式比较适用于求解初期,可灵活选择求解器,并且借助实时脚本的脚本自动生成功能可以提高编程效率。求解器模式是主流的模式,一般情况,如果模型是标准的模型且有一定的编程基础,基本都会按照求解器的模式展开求解,编写程序。基于问题的求解模式往往作为一种补充模式,当模型不规则或者是系统优化模式时,可以采用。以上三个模式是相辅相成、互相配合的,在实践中可以灵活使用。

7.6　应用实例:彩票中的数学(CUMCM2002B)

CUMCM2002B 题是一道非常有意思的题目,在中国数学建模竞赛中有着里程碑的意义。这道题开放性特别强,不仅对开拓建模思路有很好的示范作用,而且对建模问题的求解也提出了新的要求。参考答案中的模型对参赛队员的编程要求相对较高,如果没有很好的编程基础,在短时间内很难求出模型的解。这道题有助于读者对大规模复杂规划问题的求解有大致的了解。要想在建模竞赛中取得好成绩,至少应该有独自编写求解该类问题程序的能力。

7.6.1　问题、假设和符号说明

CUMCM2002B 题目可以参考官网,它有两个子问题:问题 1 已有一些文献做了介绍;问题 2 是典型的优化问题。这里重点介绍问题 2 的 MATLAB 求解过程。

基本假设:

① 假设彩票摇奖是公平公正的,各号码的出现是随机的,彩民购买彩票是随机的独立事件;

② 假设同一方案中高级别奖项的奖金比例(或奖金额)不低于相对低级别的奖金比例(或奖金额);

③ 假设我国居民的平均工作年限为 35 年。

符号说明:

r_j——第 j 等(高项)奖占高项奖总额的比例,$j = 1, 2, 3$;

x_i——第 i 等奖奖金额的均值，$1 \leqslant i \leqslant 7$；

P_i——彩民中第 i 等奖 x_i 的概率，$1 \leqslant i \leqslant 7$；

$\mu(x_i)$——彩民对某个方案第 i 等奖的满意度，即第 i 等奖对彩民的吸引力，$1 \leqslant i \leqslant 7$；

λ——某地区的平均收入和消费水平的相关因子，称为"实力因子"，一般为常数。

7.6.2　模型的准备

1. 确定彩民的心理曲线

一般，人们的心理变化是一个模糊的概念，而彩民对一个方案的各个奖项及奖金额的看法（即对彩民的吸引力）的变化就是一个典型的模糊概念。根据模糊数学隶属度的概念和心理学的相关知识，以及人们对一件事物的心理变化一般遵循的规律，不妨定义彩民的心理曲线为

$$\mu(x) = 1 - e^{-\left(\frac{x}{\lambda}\right)^2} \quad (\lambda > 0)$$

式中，λ 表示彩民平均收入的相关因子，称为实力因子，一般为常数。

2. 彩票指标函数

综合彩票方案的合理性，应建立一个能够充分反映各种因素的合理性指标函数。彩民购买彩票可以认为是一种冒险行为，所以根据决策分析中风险决策的理论以及彩民心理因素的影响，可取 $\mu(x) = 1 - e^{-\left(\frac{x}{\lambda}\right)^2}(\lambda > 0)$ 为风险决策的益损函数，于是作出如下指标函数：

$$F = \sum_{i=1}^{7} P_i \mu(x_i)$$

该指标函数表示在考虑彩民心理因素的条件下，一个方案的中奖率、中奖面、奖项和奖金设置等因素对彩民的吸引力。

7.6.3　模型的建立

对于问题 2，选取什么方案 m/n（n 和 m 取何值），设置哪些奖项，以及高项奖的比例 $r_i(j=1,2,3)$ 和低项奖的奖金额 $x_i(j=4,5,6,7)$ 为多少时，目标函数 $F = \sum_{i=1}^{7} P_i \mu(x_i)$ 有最大值？

假设以 m、n、$r_j(j=1,2,3)$、$x_i(i=4,5,6,7)$ 为决策变量，以它们之间所满足的关系为约束条件，则可以得到非线性规划模型：

$$\max F = \sum_{i=1}^{7} P_i \mu(x_i)$$

$$\text{s. t.} \quad x_j = \frac{\left(1 - \sum_{i=4}^{7} P_i x_i\right) r_j}{P_j} \quad (j=1,2,3) \tag{1}$$

$$\mu(x_i) = 1 - \exp\left[-\left(\frac{x_i}{\lambda}\right)^2\right] \quad (i=1,2,3,4,5,6,7; \lambda = 6.305\,89 \times 10^5) \tag{2}$$

$$r_1 + r_2 + r_3 = 1 \tag{3}$$

$$0.5 \leqslant r_1 \leqslant 0.8 \tag{4}$$

$$6 \times 10^5 \leqslant x_1 \leqslant 5 \times 10^6 \tag{5}$$

$$a_i \leqslant \frac{x_i}{x_{i+1}} \leqslant b_i \quad (i=1,2,3,3,5,6) \tag{6}$$

$$P_i < P_{i+1} \quad (i=1,2,3,4,5,6) \tag{7}$$

$$5 \leqslant m \leqslant 7 \tag{8}$$

$$29 \leqslant n \leqslant 60 \ (m,n \text{ 为正整数}) \tag{9}$$

$$r_j > 0, x_i \geqslant 0 \tag{10}$$

关于约束条件的说明：

① 条件(1)、(2)是奖项的获奖率和心理满意度的计算表达式。

② 条件(3)、(4)是对高项奖的比例约束，r_1 值不能太大或太小，条件(4)是根据已知方案确定的。

③ 条件(5)是根据题意中一等奖的保底额和封顶额确定的。

④ 条件(6)中的 a_i、b_i($i=1,2,3,4,5,6$)分别为 i 等奖的奖金额 x_i 比 $i+1$ 等奖的奖金额 x_{i+1} 高的倍数，可由问题1的计算结果和已知各方案的奖金额统计得到

$$a_1 = 10, \quad b_1 = 233$$
$$a_2 = 4, \quad b_2 = 54$$
$$a_3 = 3, \quad b_3 = 17$$
$$a_4 = 4, \quad b_4 = 20$$
$$a_5 = 2, \quad b_5 = 10$$
$$a_6 = 2, \quad b_6 = 10$$

⑤ 条件(7)是根据实际问题确定的，比如高项奖的概率 P_i 应小于低项奖的概率 P_{i+1}，它的值主要由 m、n 确定。

⑥ 条件(8)、(9)是对方案中 m、n 取值范围的约束，是由已知方案确定的。

⑦ 条件(10)为变量有效性约束。

7.6.4　模型的求解

本题是一个较复杂的非线性(整数)规划。彩票共有 K_1、K_2、K_3、K_4 四种类型：K_1 为 10 选 6+1(6+1/10)型；K_2 为 n 选 m(m/n)型；K_3 为 n 选 m+1(m+1/n)型；K_4 为 n 选 m(m/n)无特别号型；K_2、K_3、K_4 对应各不相同的若干组 m、n 组合。我们要做的是：求出各种类型、各种 m、n 组合下的最优解，再找出所有最优解中目标函数最大的那组 m、n，它的最优解就是答案。

对于复杂的非线性规划，MATLAB 和 Lingo 是常用的方案，这里用 MATLAB，求解函数用 fmincon(fmincon 用于求解有约束非线性规划问题，详细说明请见 MATLAB 的帮助文件)。程序中要首先求出当前彩票方案各奖项的获奖概率，然后用 fmincon 求解当前彩票方案目标函数最大的解。由于变量数目有差异，不同类型彩票的目标函数和约束的形式可能略有不同，这一困难可以用 fmincon 参数中的 P1、P2 等作为标志变量，向目标函数和约束函数传递当前求解的彩票类型，以起到区分的作用(P1、P2 的用法详见 fmincon 的说明)。最后比较所有的最优解(应注意，首先要求的是可行解)，输出目标函数最大的方案。

另外，要完整地求解这个模型，需要处理不同彩票类型和不同 m、n 组合这两层循环。刚开始，读者可以先固定一组 m、n，然后完善用到的数据结构，尝试整体求解。

还有一个问题需要注意，MATLAB 非线性规划函数是从我们传递给 fmincon 的初始解

开始搜索的,最后求得的结果可能不是全局最优解,而是局部极值,这和非线性规划的数值算法有关。避免只求到局部极值的办法是:用大量不同的解作为 fmincon 的初值,以提高找到全局最优解的概率。下面程序中 nums_test_of_initial_value 可以起到这个作用,但是,如果 nums_test_of_initial_value 值设置得过大,则意味着求解时间很长。读者根据计算机的配置可自行设置。

具体实现代码如下:

程序编号	P7 - 1	文件名称	main. m	说明	主程序

```
% % 功能说明:
% 根据参考答案中的模型,本程序分别对 K1、K2、K3、K4 型彩票进行求解,并对 n,m 的各种组合进行循
% 环。求解时,首先计算当前 n,m 的各奖项获奖概率,然后随机生成多个初始值,调用 fmincon 函数寻
% 找目标函数的最小值(原目标函数要求极大,但 fmincon 是寻找极小,故令原目标函数乘以(-1)
% 寻找新目标函数的极小值,最后比较各种类型彩票的求解结果,输出对应最大的原目标函数的解
% 本程序包含的 m 文件如下
%     main.m:主程序
%     cpiao.m:目标函数
%     calculate_probability.m:计算各奖项获奖概率
%     nonlcon.m:非线性约束
% 使用说明:执行 main.m
% % 设置初始参数
clc, clear
% 为避免陷入局部最优,需要以随机的初值进行多次尝试,该变量为对每个 m/n 组合生成随机初值的
% 数目,越大则找到全局最优的概率越大,但程序运行的时间也越长,请根据计算机情况自行设置
nums_test_of_initial_value = 20;

global v
v = 630589;           % 求解 v 为 630589 的收入水平情况
DEBUG = 0;
rng('shuffle')
format long g

% % 求解 K1 型
p_k1 = [2e - 7;8e - 7;1.8e - 5;2.61e - 4;3.42e - 3;4.1995e - 2];
% 6 个奖项有 6 个变量
Aeq = [1,1,1,0,0,0];
beq = 1;
a_lb = [10,4,3,4,2];
b_ub = [233,54,17,20,10];
A = [0,0,0, - 1,a_lb(4),0;
     0,0,0,1, - b_ub(4),0;
     0,0,0,0, - 1,a_lb(5);
     0,0,0,0,1, - b_ub(5)];
b = [0;0;0;0];
lb = [0.5;0;0;0;0;0];
ub = [0.8;1;1;inf;inf;inf];
p_test = p_k1;
rx0_tmp = zeros(6,1);
rx_meta_result = zeros(6,1);
fval_meta_result = inf;
flag_meta_result = nan; % 用于判断有没有得到过可行解
if DEBUG == 1
    output_meta_result = [];
end
for j = 1:nums_test_of_initial_value
    % 随机生成多个初始值 rx0_tmp,以避免局部最优
    rx0_tmp(1) = rand * (0.8 - 0.5) + 0.5;
    rx0_tmp(2) = rand * (1 - rx0_tmp(1));
```

```matlab
        rx0_tmp(3) = 1 - rx0_tmp(1) - rx0_tmp(2);
        rx0_tmp(4) = rand * 1000;
        rx0_tmp(5) = rand * 100;
        rx0_tmp(6) = rand * 50;
        % 寻优
        [rx_tmp,fval_tmp,flag_tmp,output_tmp] = ...
                fmincon('cpiao',rx0_tmp,A,b,...
                        Aeq,beq,lb,ub,'nonlcon',[],1,p_test,a_lb,b_ub);
% 上式倒数第四个参数是为了区分彩票的类型(K1、K2、K3、K4)
% 最后三个是函数 cpiao 和 nonlcon 计算中可能要用到的量
        if (flag_tmp == 1) && (fval_meta_result > fval_tmp)
            fval_meta_result = fval_tmp;
            rx_meta_result = rx_tmp;
            flag_meta_result = 1;
            if DEBUG == 1
                output_meta_result = output_tmp;
            end
        end
    end
    % 把求得的最好结果保存下来
    if ~isnan(flag_meta_result)
        rx_k1 = rx_meta_result;
        fval_k1 = fval_meta_result;
        flag_k1 = flag_meta_result;
        if DEBUG == 1
            output = output_meta_result;
        end
    else
        if DEBUG == 1
            rx_k1 = rx_tmp;
            fval_k1 = fval_tmp;
            flag_k1 = flag_tmp;
            output = output_tmp;
        end
    end


    % % 对于 K2、K3、K4 型的情况
    % n 选 m 或(m + 1),n 的选择范围在 29~60 之间,m 的选择范围在 5~7 之间
    % 故有 (60 - 29 + 1)(7 - 5 + 1) = 96 种取法
    % 依题意,K2、K3、K4 型都有 96 种取法
    % 故有下面的变量声明
    p_all = zeros(7,96,3);
    rx_all = zeros(7,96,3);
    fval_all = zeros(1,96,3);
    flag_all = zeros(1,96,3);
    for m = 5:7
        for n = 29:60
            for i = 1:3
                % 根据 i 的值判断属于(K2、K3、K4)中哪一型
                % (i = 1 是 K2;i = 2 是 K3;i = 3 是 K4),
                % 并根据 n、m 生成各奖项概率
                % p_temp = eval(sprintf('comb_k%d(m,n)',i+1));
                p_temp = calculate_probability(m,n,i+1);
                p_all(:,(m-5).*32+(n-28),i) = p_temp;
                % K2、K3 型可合并处理(奖项数目一样)
                if (i ~= 3)
                    Aeq = [1,1,1,0,0,0,0];
                    beq = 1;
                    a_lb = [10,4,3,4,2,2];
```

```matlab
        b_ub = [233,54,17,20,10,10];
        A = [ 0,0,0,-1,a_lb(4),0,0;
              0,0,0,1,-b_ub(4),0,0;
              0,0,0,0,-1,a_lb(5),0;
              0,0,0,0,1,-b_ub(5),0];
        % 由于 x(7)可能为零,故不在这里对 x(6)/x(7)进行上、下限限制
        % 而是在非线性约束 nonlcon 中进行
        %     0,0,0,0,0,-1,a_lb(6);
        %     0,0,0,0,0,1,-b_ub(6)];
        % b = [0;0;0;0;0;0];
        b = [0;0;0;0];
        lb = [0.5;0;0;0;0;0;0];
        ub = [0.8;1;1;inf;inf;inf;inf];
        p_test = p_temp;
        % 随机生成多个初始值 rx0_tmp,以避免局部最优
        rx0_tmp = zeros(7,1);
        rx_meta_result = zeros(7,1);
        fval_meta_result = inf;
        flag_meta_result = nan;  % 用于判断有没有得到过可行解
        for j = 1:nums_test_of_initial_value
            rx0_tmp(1) = rand * (0.8 - 0.5) + 0.5;
            rx0_tmp(2) = rand * (1 - rx0_tmp(1));
            rx0_tmp(3) = 1 - rx0_tmp(1) - rx0_tmp(2);
            rx0_tmp(4) = rand * 1000;
            rx0_tmp(5) = rand * 100;
            rx0_tmp(6) = rand * 50;
            rx0_tmp(7) = rand * 10;
            [rx_tmp,fval_tmp,flag_tmp] = ...
                    fmincon('cpiao',rx0_tmp,...
                            A,b,Aeq,beq,lb,ub,...
                            'nonlcon',[],i+1,p_test,a_lb,b_ub);
                    % 上式倒数第四个参数是为了区分彩票的类型(K1/K2/K3/K4)
                    % 最后三个是函数 cpiao 和 nonlcon 计算中可能要用到的量
            if (flag_tmp == 1) && (fval_meta_result > fval_tmp)
                fval_meta_result = fval_tmp;
                rx_meta_result = rx_tmp;
                flag_meta_result = 1;
            end
        end
    % 把求得的最好结果保存下来
    rx_all(:,(m-5).*32+(n-28),i) = rx_meta_result;
    fval_all(1,(m-5).*32+(n-28),i) = fval_meta_result;
    flag_all(1,(m-5).*32+(n-28),i) = flag_meta_result;
else
% i == 3,相应于 K4 型
    % 对于 K4 型,因只设到五等奖,故仅 5 个变量了
    Aeq = [1,1,1,0,0];
    beq = 1;
    a_lb = [10,4,3,4];
    b_ub = [233,54,17,20];
    A = [ 0,0,0,-1,a_lb(4);
          0,0,0,1,-b_ub(4)];
    b = [0;0];
    lb = [0.5;0;0;0;0];
    ub = [0.8;1;1;inf;inf];
    p_test = p_temp;
    % 随机生成多个初始值 rx0_tmp,以避免局部最优
    rx0_tmp = zeros(5,1);
    rx_meta_result = zeros(5,1);
    fval_meta_result = inf;
```

```matlab
                        flag_meta_result = nan;    % 用于判断有没有得到过可行解
                        for j = 1:nums_test_of_initial_value
                            rx0_tmp(1) = rand * (0.8 - 0.5) + 0.5;
                            rx0_tmp(2) = rand * (1 - rx0_tmp(1));
                            rx0_tmp(3) = 1 - rx0_tmp(1) - rx0_tmp(2);
                            rx0_tmp(4) = rand * 1000;
                            rx0_tmp(5) = rand * 100;
                            [rx_tmp,fval_tmp,flag_tmp] = ...
                                    fmincon('cpiao',rx0_tmp,A,b,...
                                        Aeq,beq,lb,ub,'nonlcon',...
                                        [],4,p_test,a_lb,b_ub);
                                    % 上式倒数第四个参数是为了区分彩票的类型(K1/K2/K3/K4)
                                    % 最后三个是函数 cpiao 和 nonlcon 计算中可能要用到的量
                            if (flag_tmp == 1) && (fval_meta_result > fval_tmp)
                                fval_meta_result = fval_tmp;
                                rx_meta_result = rx_tmp;
                                flag_meta_result = 1;
                            end
                        end
                        % 把求得的最好结果保存下来
                        rx_all(:,(m-5). * 32 + (n-28),i) = [rx_meta_result;0;0];
                        fval_all(1,(m-5). * 32 + (n-28),i) = fval_meta_result;
                        flag_all(1,(m-5). * 32 + (n-28),i) = flag_meta_result;


                    end
                end
            end
end


% % 寻优结束,进行结果处理
% 在所有(K1、K2、K3、K4)求解结果中寻找目标函数最小的
% 判断(K1、K2、K3、K4)中哪一种的目标函数最小
ind_tmp = (flag_all <= 0);
if sum(sum(sum(ind_tmp))) ~ = 0
    % 在 K2、K3、K4 的求解结果中找到了可行解(或最优解)
    val_tmp = fval_all. * ind_tmp;
    [val_tmp2,ind_tmp2] = min(val_tmp);
    [val_min,ind_tmp3] = min(val_tmp2);
    if (flag_k1 < 0)
        % 在 K1 的求解结果中没有找到可行解
        signal = 1;        % 标志变量
    else
        if val_min < fval_k1
            signal = 1;
        elseif val_min > fval_k1
            signal = 2;
        else
            signal = 3;
        end
    end

else
    % 在 K2、K3、K4 的求解结果中没有找到可行解
    if (flag_k1 < 0)
        % 在 K1 的求解结果中没有找到可行解
        disp('(K1、K2、K3、K4)所有的求解中 ')
        disp('一个可行解都没有找到 ')
        disp('(并不意味着完全没有可行解,')
        disp('也许是初值点选得不好因此没有找到)')
```

```
%            break;
    else
        signal = 2;
    end
end

if (signal == 1)
    ind_tmp4 = ind_tmp2(ind_tmp3);
    rx_result = rx_all(:,ind_tmp4,ind_tmp3);
    fval_result = fval_all(:,ind_tmp4,ind_tmp3);
    fval_result = - fval_result;
    n = (ind_tmp4 - floor(ind_tmp4 / 32) * 32) + 28;
    m = floor(ind_tmp4 / 32) + 5;
    p_tmp = p_all(:,ind_tmp4,ind_tmp3);
elseif signal == 2
    rx_result = rx_k1;
    fval_result = - fval_k1;
    p_tmp = p_k1;
else    % signal == 3
    ind_tmp4 = ind_tmp2(ind_tmp3);
    rx_result = rx_all(:,ind_tmp4,ind_tmp3);
    fval_result = fval_all(:,ind_tmp4,ind_tmp3);
    fval_result = - fval_result;
    n = (ind_tmp4 - floor(ind_tmp4 / 32) * 32) + 28;
    m = floor(ind_tmp4 / 32) + 5;
end

% % 输出计算结果
if signal == 1        % 最优解在 K2、K3、K4 型中时
    if ind_tmp3 == 1
        fprintf(' 最优解为:K2 型, % d 选 % d\n',n,m);
    elseif ind_tmp3 == 2
        fprintf(' 最优解为:K3 型, % d 选 % d + 1\n',n,m);
    elseif ind_tmp3 == 3
        fprintf(' 最优解为:K4 型, % d 选 % d 无特别号\n',n,m);
    end
elseif signal == 2    % 最优解在 K1 型中时
    fprintf(' 最优解为:K1 型,10 选 6 + 1\n');
else                  % K1 的解和 K2、K3、K4 的解重合时
    if ind_tmp3 == 1
        fprintf('10 选 6 + 1 和 K2 型 % d 选 % d 同为最优解\n',n,m);
    elseif ind_tmp3 == 2
        fprintf('10 选 6 + 1 和 K3 型 % d 选 % d + 1 同为最优解\n',n,m);
    elseif ind_tmp3 == 3
        fprintf('10 选 6 + 1 和 K4 型 % d 选 % d 无特别号同为最优解\n',n,m);
    end
end
disp(' 对应的目标函数值为:')
disp(fval_result)
if signal ~ = 3
    disp(' 最终求解变量值为:')
    disp(rx_result)
    disp(' 各奖项的金额是:')
    x = zeros(3,1);
    x(1) = (1 - p_tmp(4). * rx_result(4) - ...
            p_tmp(5). * rx_result(5) - ...
            p_tmp(6). * rx_result(6) - ...
            p_tmp(7). * rx_result(7)). * rx_result(1)./p_tmp(1);
    x(2) = (1 - p_tmp(4). * rx_result(4) - ...
            p_tmp(5). * rx_result(5) - ...
```

```
                    p_tmp(6). * rx_result(6) - ...
                    p_tmp(7). * rx_result(7)). * rx_result(2)./p_tmp(2);
        x(3) = (1 - p_tmp(4). * rx_result(4) - ...
                    p_tmp(5). * rx_result(5) - ...
                    p_tmp(6). * rx_result(6) - ...
                    p_tmp(7). * rx_result(7)). * rx_result(3)./p_tmp(3);
        rx_money = [x;rx_result(4;7)];
        disp(rx_money)
    else
        disp('最终求解变量值为:')
        disp('10 选 6 + 1 时 ')
        disp(rx_k1)
        disp('K % d 型时 ',ind_tmp3 + 1)
        disp(rx_result)
    end
```

程序编号	P7 - 1 - 1	文件名称	cpiao. m	说明	目标函数

```
function f = cpiao(rx,type,p_test,a_lb,b_ub)
% type 表示当前求解的彩票类型
% p_test 表示当前各奖项概率(当前彩票类型,当前 m、n)
% a_lb 和 b_ub 在本函数中用不到
%注意:这里的目标函数是原目标函数乘以 - 1

global v
if (type == 1)
    % 这是 K1 型的
    rx_last3 = rx(4;6);
    p_last3 = p_test(4;6);
    p_last3 = p_last3';
    sum_last3 = p_last3 * rx_last3;
    f = ...
        - ( p_test(1). * (1 - exp( - (((1 - sum_last3). * rx(1))./p_test(1)./v).^2)) + ...
            p_test(2). * (1 - exp( - (((1 - sum_last3). * rx(2))./p_test(2)./v).^2)) + ...
            p_test(3). * (1 - exp( - (((1 - sum_last3). * rx(3))./p_test(3)./v).^2)) + ...
            p_test(4). * (1 - exp( - (rx(4)./v).^2)) + ...
            p_test(5). * (1 - exp( - (rx(5)./v).^2)) + ...
            p_test(6). * (1 - exp( - (rx(6)./v).^2)) ...
        );
elseif (type == 2) || (type == 3)
    % 这是 K2 和 K3 型的(K2、K3 可合并处理,因奖项数目一样)
    rx_last4 = rx(4;7);
    p_last4 = p_test(4;7);
    p_last4 = p_last4';
    sum_last4 = p_last4 * rx_last4;
    f = ...
        - ( p_test(1). * (1 - exp( - (((1 - sum_last4). * rx(1))./p_test(1)./v).^2)) + ...
            p_test(2). * (1 - exp( - (((1 - sum_last4). * rx(2))./p_test(2)./v).^2)) + ...
            p_test(3). * (1 - exp( - (((1 - sum_last4). * rx(3))./p_test(3)./v).^2)) + ...
            p_test(4). * (1 - exp( - (rx(4)./v).^2)) + ...
            p_test(5). * (1 - exp( - (rx(5)./v).^2)) + ...
            p_test(6). * (1 - exp( - (rx(6)./v).^2)) + ...
            p_test(7). * (1 - exp( - (rx(7)./v).^2)) ...
        );
elseif (type == 4)
    % K4 型
    rx_last2 = rx(4;5);
    p_last2 = p_test(4;5);
    p_last2 = p_last2';
```

```
        sum_last2 = p_last2 * rx_last2;
        f = ...
            - ( p_test(1).*(1 - exp(- (((1 - sum_last2).*rx(1))./p_test(1)./v).^2)) +...
                p_test(2).*(1 - exp(- (((1 - sum_last2).*rx(2))./p_test(2)./v).^2)) +...
                p_test(3).*(1 - exp(- (((1 - sum_last2).*rx(3))./p_test(3)./v).^2)) +...
                p_test(4).*(1 - exp(- (rx(4)./v).^2)) +...
                p_test(5).*(1 - exp(- (rx(5)./v).^2)) ...
              );
    else
        error('Error in function cpiao!')
    end
```

程序编号	P7 - 1 - 2	文件名称	calculate_probability. m	说明	计算各奖项获奖概率

```
function p_temp_sub = calculate_probability(m,n,type);
% n 选 m 时各奖项的获奖概率
% type 表示当前求解的彩票类型
% K1 型是固定概率,无需在这里计算

if (type == 2)
    % K2 型的
    p_temp_sub = zeros(7,1);
    p_temp_sub(1) = 1/mmmcomb(n,m);
    p_temp_sub(2) = mmmcomb(m,m - 1)./mmmcomb(n,m);
    p_temp_sub(3) = mmmcomb(m,m - 1).*mmmcomb(n - m - 1,1)./mmmcomb(n,m);
    p_temp_sub(4) = mmmcomb(m,m - 2).*mmmcomb(n - m - 1,1)./mmmcomb(n,m);
    p_temp_sub(5) = mmmcomb(m,m - 2).*mmmcomb(n - m - 1,2)./mmmcomb(n,m);
    p_temp_sub(6) = mmmcomb(m,m - 3).*mmmcomb(n - m - 1,2)./mmmcomb(n,m);
    p_temp_sub(7) = mmmcomb(m,m - 3).*mmmcomb(n - m - 1,3)./mmmcomb(n,m);
elseif (type == 3)
    % K3 型的
    p_temp_sub = zeros(7,1);
    p_temp_sub(1) = 1./mmmcomb(n,m + 1);
    p_temp_sub(2) = mmmcomb(n - m - 1,1)./mmmcomb(n,m + 1);
    p_temp_sub(3) = mmmcomb(m,m - 1).*mmmcomb(n - m - 1,1)./mmmcomb(n,m + 1);
    p_temp_sub(4) = mmmcomb(m,m - 1).*mmmcomb(n - m - 1,2)./mmmcomb(n,m + 1);
    p_temp_sub(5) = mmmcomb(m,m - 2).*mmmcomb(n - m - 1,2)./mmmcomb(n,m + 1);
    p_temp_sub(6) = mmmcomb(m,m - 2).*mmmcomb(n - m - 1,3)./mmmcomb(n,m + 1);
    p_temp_sub(7) = mmmcomb(m,m - 3).*mmmcomb(n - m - 1,3)./mmmcomb(n,m + 1);
elseif (type == 4)
    % K4 型的
    p_temp_sub = zeros(7,1);
    p_temp_sub(1) = 1./mmmcomb(n,m);
    p_temp_sub(2) = mmmcomb(m,m - 1).*mmmcomb(n - m,1)./mmmcomb(n,m);
    p_temp_sub(3) = mmmcomb(m,m - 2).*mmmcomb(n - m,2)./mmmcomb(n,m);
    p_temp_sub(4) = mmmcomb(m,m - 3).*mmmcomb(n - m,3)./mmmcomb(n,m);
    p_temp_sub(5) = mmmcomb(m,m - 4).*mmmcomb(n - m,4)./mmmcomb(n,m);
    p_temp_sub(6) = 0;
    p_temp_sub(7) = 0;
else
    error('Error in calculate_probability!');
end

function combi = mmmcomb(n,m)
% 求从 n 个数中取出 m 个数的组合数
if (isscalar(n)) && (isscalar(m)) &&...
    (isreal(n)) && (isreal(m)) && (n >= m) && (m > 0)
    combi = factorial(n)./factorial(m)./factorial(n - m);
else
```

```
        error('A mistake occurs when calculating combinations.')
    end
```

程序编号	P7-1-3	文件名称	nonlcon.m	说明	非线性约束

```
function [c,ceq] = nonlcon(rx,type,p_test,a_lb,b_ub)
% type 表示当前求解的彩票类型
% p_test 表示当前各奖项概率(当前彩票类型,当前 m、n)
% a_lb 和 b_ub 分别是相邻两个奖项奖金之比的下限和上限

if (type == 1)
    % 这是 K1 型的
    c(1) = 6e5 - ...
            (1 - p_test(4). * rx(4) - p_test(5). * rx(5) - ...
            p_test(6). * rx(6)). * rx(1)./p_test(1);
    c(2) = - 5e6 + ...
            (1 - p_test(4). * rx(4) - p_test(5). * rx(5) - ...
            p_test(6). * rx(6)). * rx(1)./p_test(1);
    c(3) = a_lb(1). * ...
            (1 - p_test(4). * rx(4) - p_test(5). * rx(5) - ...
            p_test(6). * rx(6)). * rx(2)./p_test(2) - ...
            (1 - p_test(4). * rx(4) - p_test(5). * rx(5) - ...
            p_test(6). * rx(6)). * rx(1)./p_test(1);
    c(4) = a_lb(2). * ...
            (1 - p_test(4). * rx(4) - p_test(5). * rx(5) - ...
            p_test(6). * rx(6)). * rx(3)./p_test(3) - ...
            (1 - p_test(4). * rx(4) - p_test(5). * rx(5) - ...
            p_test(6). * rx(6)). * rx(2)./p_test(2);

    c(5) = a_lb(3). * rx(4) - ...
            (1 - p_test(4). * rx(4) - p_test(5). * rx(5) - ...
            p_test(6). * rx(6)). * rx(3)./p_test(3);

    c(6) = - b_ub(1). * ...
            (1 - p_test(4). * rx(4) - p_test(5). * rx(5) - ...
            p_test(6). * rx(6)). * rx(2)./p_test(2) + ...
            (1 - p_test(4). * rx(4) - p_test(5). * rx(5) - ...
            p_test(6). * rx(6)). * rx(1)./p_test(1);

    c(7) = - b_ub(2). * ...
            (1 - p_test(4). * rx(4) - p_test(5). * rx(5) - ...
            p_test(6). * rx(6)). * rx(3)./p_test(3) + ...
            (1 - p_test(4). * rx(4) - p_test(5). * rx(5) - ...
            p_test(6). * rx(6)). * rx(2)./p_test(2);

    c(8) = - b_ub(3). * rx(4) + ...
            (1 - p_test(4). * rx(4) - p_test(5). * rx(5) - ...
            p_test(6). * rx(6)). * rx(3)./p_test(3);

    ceq = [];
elseif (type == 2) || (type == 3)
    % 这是 K2 和 K3 型的(K2、K3 可合并处理,因奖项数目一样)
    c(1) = 6e5 - ...
            (1 - p_test(4). * rx(4) - p_test(5). * rx(5) - ...
            p_test(6). * rx(6) - p_test(7). * rx(7)). * rx(1)./p_test(1);
    c(2) = - 5e6 + ...
            (1 - p_test(4). * rx(4) - p_test(5). * rx(5) - ...
            p_test(6). * rx(6) - p_test(7). * rx(7)). * rx(1)./p_test(1);
    c(3) = a_lb(1). * ...
```

```
                (1 - p_test(4). * rx(4) - p_test(5). * rx(5) - ...
                 p_test(6). * rx(6) - p_test(7). * rx(7)). * rx(2)./p_test(2) - ...
                (1 - p_test(4). * rx(4) - p_test(5). * rx(5) - ...
                 p_test(6). * rx(6) - p_test(7). * rx(7)). * rx(1)./p_test(1);
        c(4) = a_lb(2). * ...
                (1 - p_test(4). * rx(4) - p_test(5). * rx(5) - ...
                 p_test(6). * rx(6) - p_test(7). * rx(7)). * rx(3)./p_test(3) - ...
                (1 - p_test(4). * rx(4) - p_test(5). * rx(5) - ...
                 p_test(6). * rx(6) - p_test(7). * rx(7)). * rx(2)./p_test(2);

        c(5) = a_lb(3). * rx(4) - ...
                (1 - p_test(4). * rx(4) - p_test(5). * rx(5) - ...
                 p_test(6). * rx(6) - p_test(7). * rx(7)). * rx(3)./p_test(3);

        c(6) = - b_ub(1). * ...
                (1 - p_test(4). * rx(4) - p_test(5). * rx(5) - ...
                 p_test(6). * rx(6) - p_test(7). * rx(7)). * rx(2)./p_test(2) + ...
                (1 - p_test(4). * rx(4) - p_test(5). * rx(5) - ...
                 p_test(6). * rx(6) - p_test(7). * rx(7)). * rx(1)./p_test(1);

        c(7) = - b_ub(2). * ...
                (1 - p_test(4). * rx(4) - p_test(5). * rx(5) - ...
                 p_test(6). * rx(6) - p_test(7). * rx(7)). * rx(3)./p_test(3) + ...
                (1 - p_test(4). * rx(4) - p_test(5). * rx(5) - ...
                 p_test(6). * rx(6) - p_test(7). * rx(7)). * rx(2)./p_test(2);

        c(8) = - b_ub(3). * rx(4) + ...
                (1 - p_test(4). * rx(4) - p_test(5). * rx(5) - ...
                 p_test(6). * rx(6) - p_test(7). * rx(7)). * rx(3)./p_test(3);
if (rx(7) == 0)
    c(9) = - 1;
    c(10) = - 1;
else
    c(9) = a_lb(6) . * rx(7) - rx(6);
    c(10) = - b_ub(6) . * rx(7) + rx(6);
end
        ceq = [];
elseif (type == 4)
    % K4 型
    c(1) = 6e5 - ...
            (1 - p_test(4). * rx(4) - p_test(5). * rx(5)). * rx(1)./p_test(1);
    c(2) = - 5e6 + ...
            (1 - p_test(4). * rx(4) - p_test(5). * rx(5)). * rx(1)./p_test(1);
    c(3) = a_lb(1). * ...
            (1 - p_test(4). * rx(4) - p_test(5). * rx(5)). * rx(2)./p_test(2) - ...
            (1 - p_test(4). * rx(4) - p_test(5). * rx(5)). * rx(1)./p_test(1);
    c(4) = a_lb(2). * ...
            (1 - p_test(4). * rx(4) - p_test(5). * rx(5)). * rx(3)./p_test(3) - ...
            (1 - p_test(4). * rx(4) - p_test(5). * rx(5)). * rx(2)./p_test(2);

    c(5) = a_lb(3) . * rx(4) - ...
            (1 - p_test(4). * rx(4) - p_test(5). * rx(5)). * rx(3)./p_test(3);

    c(6) = - b_ub(1). * ...
            (1 - p_test(4). * rx(4) - p_test(5). * rx(5)). * rx(2)./p_test(2) + ...
            (1 - p_test(4). * rx(4) - p_test(5). * rx(5)). * rx(1)./p_test(1);

    c(7) = - b_ub(2). * ...
            (1 - p_test(4). * rx(4) - p_test(5). * rx(5)). * rx(3)./p_test(3) + ...
```

```
            (1 - p_test(4). * rx(4) - p_test(5). * rx(5)). * rx(2)./p_test(2);

    c(8) = - b_ub(3) . * rx(4) + ...
            (1 - p_test(4). * rx(4) - p_test(5). * rx(5)). * rx(3)./p_test(3);
    ceq = [];
else
    error('Error in function nonlcon!')
end
```

当 nums_test_of_initial_value＝20 时,作者的一台双核(E5300)计算机大约需要运行 5 min。经过多次运行,得到的最好结果如下:

```
最优解:K2 型,32 选 6
对应的目标函数值为:
- 8.03531714610032e - 007
最终求解变量为:
        0.799976241865028
        0.136725100520848
        0.0632986576141243
        22.1883858101198
        1.10941929050599
        0.110954086029531
        0.0111140743020319
各奖项的金额是:
rx_money =
        713340.412780325
        20319.6741752165
        376.290262504009
        22.1883858101198
        1.10941929050599
        0.110954086029531
        0.0111140743020319
```

以上是对 λ＝630 589 进行求解的。对于经济发达地区和欠发达地区,应有所不同。这里分别对年收入 1 万元、2 万元、2.5 万元、3 万元、4 万元、5 万元、10 万元,工作年限 35 年(均)的情况进行求解,最优方案如表 7-3 所列。

表 7-3　不同地区的最佳彩票方案

年收入/万元	1	2	2.5	3	4	5	10
λ	420 393	840 786	1 050 952	1 261 179	1 681 571	2 101 964	4 203 928
最优方案	42 选 5	44 选 5	29 选(6+1)	30 选(6+1)	52 选 5	32 选(6+1)	42 选(5+1)
F	1.057×10^{-6}	5.831×10^{-7}	4.763×10^{-7}	3.901×10^{-7}	2.830×10^{-7}	2.359×10^{-7}	1.176×10^{-7}
r_1	0.80	0.80	0.8	0.8	0.8	0.8	0.80
r_2	0.037	0.097	0.174	0.170	0.050	0.173	0.183
r_3	0.163	0.103	0.026	0.030	0.150	0.027	0.017
x_1	6.35×10^5	8.39×10^5	1.22×10^6	1.58×10^6	1.93×10^6	2.63×10^6	4.11×10^6
x_2	5 930	20 239	12 047	14 602	23 981	22 745	26 115
x_3	717	571	304	425	1 583	594	484
x_4	77	34	18	25	162	35	28
x_5	4	2	10	1	8	2	1
x_6	0	1	2	1	1	0	0
x_7	0	0	0	0	0	0	0

7.6.5　求解总结

　　彩票问题适于决策论方法，需要用"效用理论"来求解。若对其进行细分，则只有两种方法：单目标决策和多目标决策，但无论哪种决策都需要用规划模型的建模方法。

　　彩票问题之所以很经典，主要的一个原因是这个问题中的效用很难定量描述。在更早的最短路、参数设计、投资等问题中，它们的目标都可以用具体的指标来衡量，也很容易找到计算方法，但彩票问题的目标就比较难找。心理效用和经济效用该如何用数学表达式去定量描述是彩票问题的一个难点。这道题目的另一个特点是求解方法多样化且复杂化，从上文可以看出，如果采用标准答案的建模思路，则求解难度比较大，对参赛队员的编程要求较高。

　　从这道题目的建模过程和求解过程来看，可以总结出以下几点解题技巧：

　　① 确定问题的所属类别和模型的基调。很明显本题是最优决策问题，需要求解的参数比较多，用目标规划方法求解比较合适。

　　② 确定目标，并构建定量描述目标的数学表达式。如果目标是不便于量化的效用函数，则利用心理、物理等方法加以确定，只要是能客观地反映事物发展趋势的表达式都可以，当然和事物的实际情况越接近越好。

　　③ 抽象问题中的约束条件。总的来说，约束条件分为两种：一种是明显存在的约束，如供求模型中物品的总数，文中前三个获奖等级奖金的分配率之和为 1；另一种是隐含约束，主要是限制搜索范围，界定可行解的大致区间，如文中提到的 a_i、b_i（$i=1,2,3,4,5,6$）。在抽象约束条件时，要特别关注这种隐含约束，这种约束不仅使模型变得非常漂亮，而且可减少求解过程中的许多麻烦，从而提高求解效率。

　　④ 模型的求解。首先选择一个合适的求解工具，在建模比赛中，比较常用的是 MATLAB、Lingo、Mathematica，这三款软件各有特点。根据本文的模型，首先要能够判断该模型的求解需要自主编程，基于这样的判断，选择 MATLAB 是比较合适的。Lingo 适合求解标准的规划问题，尤其是整数规划，而 Mathematica 适合处理涉及符号计算的问题。

　　⑤ 确定求解工具后就要确定求解的算法。最原始的求解规划模型的方法是遍历算法，其次考虑用遗传算法等智能算法，它可以提高求解效率。

　　本节介绍的模型是全国评分标准答案，是比较经典的建模案例，但仍有拓展空间。问题 2用多目标决策方法更好些，否则误差较大，考虑因素不全面，不切合实际。至于头等奖奖金广告效应、各项奖奖金吸引力效用、总中奖率、头等奖中奖率、彩票公司保底 60 万元带来的风险等因素的权重，则可以用层次分析法来确定。不同的论文定的权重会有一些不同，也是很正常的。这并非随意性大，而是短短 3 天思考，本就难以确定，大家只是根据自己的感受来确定。单目标决策只有各项奖奖金吸引力效用为 1，而其他因素权重均为 0，这显然很不合情理。其实单目标决策只是多目标决策的一个特例，所以感兴趣的读者可以尝试用多目标决策的方法来完善该问题的求解。

7.7　本章小结

　　本章主要介绍了线性、非线性和整数规划三大类标准规划模型的求解。这三大类模型是优化类模型的基础，掌握了这些模型的 MATLAB 求解方法基本可以解决绝大多数建模竞赛中的优化问题。另外，本章介绍了 MATLAB 优化模型的三类模式，各个模式都有自己的适用场景。在数学建模比赛中主流的用法还是采用基于求解器的模式,其他两种可以作为辅助模式来提高模型的求解效率。

　　纵观这三类模型的 MATLAB 求解过程可以发现,虽然模型不同,但程序结构相似,求解器的用法结构也相似,所以用 MATLAB 求解规划问题还是比较方便的。其实不仅标准规划模型的 MATLAB 求解程序结构相似,全局优化模型的求解结构也相似,总结它们的共性、关注它们的差异后,才能在编程实践中更高效。

参考文献

[1] 姜启源,谢金星,叶俊. 数学模型[M].4 版. 北京:高等教育出版社,2011.

第 8 章

MATLAB 全局优化算法

离散型问题是数学建模竞赛中的主流题型,如果判断所研究的问题是组合优化问题,那么大概率要用全局优化算法了。历年赛题中,比较经典的这类问题有灾情巡视、公交车调度、彩票中的数学、露天矿卡车调度、交巡警服务平台、太阳影子定位,等等。由此可见,全局优化问题的求解算法在数学建模中有多么重要。本章主要介绍 MATLAB 全局优化技术及相关实例。

8.1 MATLAB 全局优化概况

MATLAB 中有个全局优化工具箱(Global Optimization Toolbox),该工具箱集成了几个主流的全局优化算法,包含全局搜索、多初始点、模式搜索、遗传算法、多目标遗传算法、模拟退火求解器和粒子群求解器,如图 8-1 所示。对于目标函数或约束条件连续、不连续、随机、导数不存在以及包含仿真或黑箱函数的优化问题,都可以使用这些求解器来求解。

‹ **Global Optimization Toolbox**

Getting Started with Global Optimization Toolbox

Optimization Problem Setup

Global or Multiple Starting Point Search

Direct Search

Genetic Algorithm

Particle Swarm

Simulated Annealing

Multiobjective Optimization

图 8-1 MATLAB 全局优化工具箱
包含的求解器

另外,通过设置选项和自定义创建、更新函数可以提高求解器效率;使用自定义数据类型,并配合遗传算法和模拟退火求解器,可以描绘采用标准数据类型不容易表达的问题;利用混合函数选项,可以在第一个求解器之后应用第二个求解器来改进解算。

8.2 遗传算法

8.2.1 遗传算法的原理

遗传算法(Genetic Algorithms,GA)是一种基于自然选择和基因遗传学原理,借鉴了生物进化优胜劣汰的自然选择机理和生物界繁衍进化的基因重组、突变的遗传机制的全局自适应概率搜索算法。

遗传算法是从一组随机产生的初始解(种群)开始的,这个种群由经过基因编码的一定数量的个体组成,每个个体实际上是染色体带有特征的实体。染色体作为遗传物质的主要载体,其内部表现(即基因型)是某种基因组合,它决定了个体的外部表现。因此,从一开始就需要实现从表现型到基因型的映射,即编码工作。初始种群产生后,按照优胜劣汰的原理,逐代演化产生出越来越好的近似解。在每一代,根据问题域中个体的适应度大小选择个体,并借助自然遗传学的遗传算子进行组合交叉和变异,产生出代表新的解集的种群。这个过程将导致种群像自然进化一样,后代种群比前代更加适应环境,末代种群中的最优个体经过解码可以作为问题近似最优解。

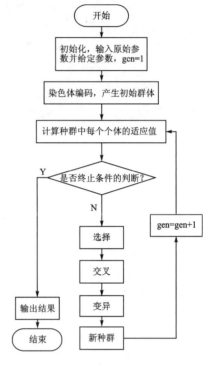

　　计算开始时,将实际问题的变量进行编码形成染色体,随机产生一定数目的个体,即种群,并计算每个个体的适应度值,然后通过终止条件判断该初始解是否是最优解。若是则停止计算输出结果,若不是则通过遗传算子操作产生新的一代种群,回到计算群体中每个个体的适应度值的部分,然后转到终止条件进行判断。这一过程循环执行,直到满足优化准则,最终产生问题的最优解。图 8-2 所示为简单遗传算法的基本过程。

图 8-2　简单遗传算法的基本过程

8.2.2　遗传算法的步骤

1. 初始参数

　　种群数目(n):n 影响遗传算法的有效性。n 太小,不能提供足够的采样点;n 太大,会增加计算量,收敛时间延长。一般 n 在 $20\sim160$ 之间比较合适。

　　交叉概率(p_c):p_c 控制着交换操作的频率。p_c 太大,会使高适应值的结构很快被破坏掉;p_c 太小,会使搜索停滞不前,一般 p_c 取 $0.5\sim1.0$。

　　变异概率(p_m):p_m 是增大种群多样性的第二个因素。p_m 太小,不会产生新的基因块;p_m 太大,会使遗传算法变成随机搜索,一般 p_m 取 $0.001\sim0.1$。

　　进化代数(t):t 是遗传算法运行结束的一个条件。一般取值范围为 $100\sim1\,000$。当个体编码较长时,进化代数要取小一些;否则会影响算法的运行效率。进化代数的选取还可以采用某种判定准则,准则成立时即停止。

2. 染色体编码

　　利用遗传算法进行问题求解时,必须在目标问题实际表示与染色体位串结构之间建立一个联系。对于给定的优化问题,由种群个体的表现型集合所组成的空间称为问题空间,由种群基因型个体所组成的空间称为编码空间。由问题空间向编码空间的映射称为编码,而由编码空间向问题空间的映射称为解码。

　　按照遗传算法的模式定理,de Jong 进一步提出了较为客观明确的编码评估准则,我们称之为编码原理。具体可以概括为两条规则:

① 有意义积木块编码规则：编码应当易于生成与所求问题相关且具有低阶、短定义长度模式的编码方案。

② 最小字符集编码规则：编码应使用能使问题得到自然表示或描述具有最小编码字符集的编码方案。

常用的编码方式有两种：二进制编码和浮点数(实数)编码。

二进制编码方法是遗传算法中最常用的一种编码方法，它将问题空间的参数用字符集 $\{1,0\}$ 构成染色体位串，符合最小字符集原则，便于用模式定理分析，但存在映射误差。

采用二进制编码，将决策变量编码为二进制，编码串长 m_i 取决于需要的精度。例如，x_i 的值域为 $[a_i, b_i]$，而需要的精度是小数点后 5 位，这要求将 x_i 的值域至少分为 $(b_i - a_i) \times 10^6$ 份。设 x_i 所需要的编码串长为 m_i，则有

$$2^{m_i - 1} < (b_i - a_i) \times 10^6 < 2^{m_i}$$

并且二进制编码的编码精度为 $\delta = \dfrac{b_i - a_i}{2^{m_i} - 1}$，将 x_i 由二进制转换为十进制可按下式计算：

$$x_i = a_i + \mathrm{decimal}(\mathrm{substring}_i) \times \delta$$

式中，$\mathrm{decimal}(\mathrm{substring}_i)$ 表示变量 x_i 的子串 $\mathrm{substring}_i$ 的十进制值。染色体编码的总串长

$$m = \sum_{i=1}^{N} m_i$$

若没有规定计算精度，那么可采用定长二进制编码，即 m_i 可以自行确定。

二进制编码方式的编码、解码简单易行，便于遗传算法的交叉、变异等操作实现。但是，当连续函数离散化时，它将会存在映射误差；而且，当优化问题所求的精度较高时，若要保证解的精度，则个体的二进制编码串就会很长，从而导致搜索空间急剧扩大，计算量增加，计算时间也相应延长。

浮点数(实数)编码方法能够克服二进制编码的这些缺点。该方法中个体的每个基因都要用参数所给定区间范围内的某一浮点数来表示，而个体的编码长度则等于其决策变量的总数。遗传算法中交叉、变异等操作所产生的新个体的基因值必须保证在参数指定区间范围内。当个体的基因值是由多个基因组成时，交叉操作必须在两个基因之间的分界字节处进行，而不是在某一基因内的中间字节分隔处进行。

3. 适应度函数

适应度函数是用来衡量个体优劣，度量个体适应度的函数。适应度函数值(适应度)越大个体越好，反之，适应度函数值越小个体越差。在遗传算法中根据适应值对个体进行选择，以保证适应性能好的个体有更多的机会繁殖后代，使优良特性得以遗传。一般而言，适应度函数是由目标函数变换而成的。由于在遗传算法中根据适应度排序的情况计算选择概率，这就要求适应度函数计算出的值不能小于零。因此，在某些情况下，将目标函数转换成最大化问题形式而且函数值非负的适应度函数是必要的，并且在任何情况下总是希望其函数值越大越好；但是许多实际问题中，目标函数有正有负，所以经常需要从目标函数到适应度函数的变换。

考虑如下一般的数学规划问题：

$$\min f(\boldsymbol{x})$$
$$\mathrm{s.\,t.} \begin{cases} g(\boldsymbol{x}) = 0 \\ h_{\min} \leqslant h(\boldsymbol{x}) \leqslant h_{\max} \end{cases}$$

变换方法一：

① 对于最小化问题,可以建立适应度函数 $F(x)$ 和目标函数 $f(x)$ 的映射关系:

$$F(x) = \begin{cases} C_{\max} - f(x), & f(x) < C_{\max} \\ 0, & f(x) \geqslant C_{\max} \end{cases}$$

式中,$C_{\max}$ 既可以是特定的输入值,也可以选取所得到的目标函数 $f(x)$ 的最大值。

② 对于最大化问题,一般采用下述方法:

$$F(x) = \begin{cases} f(x) - C_{\min}, & f(x) > C_{\min} \\ 0, & f(x) \leqslant C_{\min} \end{cases}$$

式中,$C_{\min}$ 既可以是特定的输入值,也可以选取所得到的目标函数 $f(x)$ 的最小值。

变换方法二:

① 对于最小化问题,可以建立适应度函数 $F(x)$ 和目标函数 $f(x)$ 的映射关系:

$$F(x) = \frac{1}{1 + c + f(x)}, \quad c \geqslant 0, \quad c + f(x) \geqslant 0$$

② 对于最大化问题,一般采用下述方法:

$$F(x) = \frac{1}{1 + c - f(x)}, \quad c \geqslant 0, \quad c - f(x) \geqslant 0$$

式中,c 为目标函数界限的保守估计值。

4. 约束条件的处理

在遗传算法中必须对约束条件进行处理,但目前尚无处理各种约束条件的一般方法。根据具体问题,可选择下面三种方法:罚函数法、搜索空间限定法和可行解变换法。

(1) 罚函数法

罚函数的基本思想:对在解空间中无对应可行解的个体计算其适应度时,除以一个罚函数可以降低该个体的适应度,从而使该个体被选遗传到下一代群体中的概率减小。可以用下式对个体的适应度进行调整:

$$F'(x) = \begin{cases} F(x), & x \in U \\ F(x) - P(x), & x \notin U \end{cases}$$

式中,$F(x)$ 为原适应度函数;$F'(x)$ 为调整后的新的适应度函数;$P(x)$ 为罚函数;U 为约束条件组成的集合。

如何确定合理的罚函数是这种处理方法难点之所在,在考虑罚函数时,既要度量解对约束条件不满足的程度,又要考虑计算效率。

(2) 搜索空间限定法

搜索空间限定法的基本思想:对遗传算法搜索空间的大小加以限制,使得搜索空间中表示一个个体的点与解空间中表示一个可行解的点有一一对应的关系。对一些比较简单的约束条件适当编码,使搜索空间与解空间一一对应,限定搜索空间有助于提高遗传算法的效率。在使用搜索空间限定法时,必须保证交叉、变异之后的解个体在解空间中有对应解。

(3) 可行解变换法

可行解变换法的基本思想:在由个体基因型到个体表现型的变换中,增加满足约束条件的处理过程,寻找个体基因型与个体表现型的多对一变换关系,扩大搜索空间,使进化过程中所产生的个体总能通过变换转化成解空间中满足约束条件的一个可行解。可行解变换法对个体的编码方式、交叉运算、变异运算等无特殊要求,但运行效果下降。

5. 遗传算子

遗传算法中包含 3 个模拟生物基因遗传操作的遗传算子:选择(复制)、交叉(重组)和变异(突变)。遗传算法利用遗传算子产生新一代群体来实现群体进化,算子的设计是遗传策略的主要组成部分,也是调整和控制进化过程的基本工具。

(1)选择操作

遗传算法中的选择操作就是用来确定如何从父代群体中,按某种方法选取哪些个体遗传到下一代群体中的一种遗传运算。遗传算法使用选择(复制)算子来对群体中的个体进行优胜劣汰操作:适应度较高的个体被遗传到下一代群体中的概率较大;适应度较低的个体被遗传到下一代群体中的概率较小。选择操作建立在对个体适应度进行评价的基础上,其主要目的是为了避免基因缺失、提高全局收敛性和计算效率。常用的选择方法有转轮法、排序选择法、两两竞争法。

1)轮盘赌法

轮盘赌法为简单的选择方法,通常以第 i 个个体入选种群的概率以及群体规模的上限来确定其生存与淘汰。轮盘赌法是一种正比选择策略,能够根据与适应度函数值成正比的概率选出新的种群。轮盘赌法由以下五步构成:

① 计算各染色体 v_k 的适应度 $F(v_k)$;

② 计算种群中所有染色体的适应值的和:

$$\mathrm{Fall} = \sum_{k=1}^{n} F(v_k)$$

③ 计算各染色体 v_k 的选择概率:

$$p_k = \frac{\mathrm{eval}(v_k)}{\mathrm{Fall}} \quad (k = 1, 2, \cdots, n)$$

④ 计算各染色体 v_k 的累计概率:

$$q_k = \sum_{j=1}^{k} p_j \quad (k = 1, 2, \cdots, n)$$

⑤ 在 $[0,1]$ 区间上产生一个均匀分布的伪随机数 r,若 $r \leqslant q_1$,则选择第一个染色体 v_1;否则,选择第 k 个染色体,使得 $q_{k-1} < r \leqslant q_k$ 成立。

2)排序选择法

排序选择法的主要思想:对群体中所有个体按其适应度大小进行排序,基于这个排序来分配各个个体被选中的概率。

排序选择方法的具体操作过程如下:

① 对群体中的所有个体按其适应度大小进行降序排列。

② 根据具体求解问题,设计一个概率分配表,将各个概率值按上述排列次序分配给各个个体。

③ 以各个个体所分配到的概率值作为其能够被遗传到下一代的概率,基于这些概率值用轮盘赌法来产生下一代群体。

3)两两竞争法

两两竞争法又称锦标赛选择法,基本做法:先随机地在种群中选择 k 个个体进行锦标赛式的比较,从中选出适应度最好的个体进入下一代,复用这种方法进行比较,直到下一代个体数为种群规模时为止。这种方法使得适应度好的个体在下一代具有较大的"生存"机会,同时它只能使用适应值的相对值作为选择的标准,但不能与适应值的大小成直接比例关系,所以它能较好地避免超级个体的影响,一定程度地避免过早收敛现象和停滞现象。

(2) 交叉操作

在遗传算法中,交叉操作是起核心作用的遗传操作,它是生成新个体的主要方式。交叉操作的基本思想:通过对两个个体之间进行某部分基因的互换来实现产生新个体的目的。常用的交叉算子有单点交叉算子、两点交叉算子、多点交叉算子、均匀交叉算子和算术交叉算子等。

1) 单点交叉算子

交叉过程一般分为两步:首先,对配对库中的个体进行随机配对;其次,在配对个体中随机设定交叉位置,配对个体彼此交换部分信息。图 8-3 所示为单点交叉过程示意图。

2) 两点交叉算子

具体操作:随机设定两个交叉点,互换两个父代在这两个点间的基因串,分别生成两个新个体。

3) 多点交叉算子

其思想源于控制个体特定行为的染色体表示信息的部分无需包含于邻近的子串中,多点交叉的破坏性可以促进解空间的搜索,而不是促进过早收敛。

4) 均匀交叉算子

均匀交叉是指通过设定屏蔽字来决定新个体的基因继承两个个体中哪个个体的对应基因:当屏蔽字中的位为 0 时,新个体 A′ 继承旧个体 A 中对应的基因;当屏蔽字位为 1 时,新个体 A′ 继承旧个体 B 中对应的基因,由此可生成一个完整的新个体 A′。同理也可生成新个体 B′。图 8-4 所示为均匀交叉过程示意图。

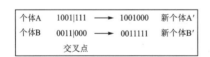

图 8-3　单点交叉过程示意图　　　　图 8-4　均匀交叉过程示意图

(3) 变异操作

变异操作是指将个体染色体编码串中某些基因座的基因值用该基因座的其他等位基因值来替代,从而形成一个新的个体。变异运算是产生新个体的辅助方法,它和选择、交叉算子结合在一起,保证遗传算法的有效性,使遗传算法具有局部的随机搜索能力,提高遗传算法的搜索效率;同时使遗传算法保持种群的多样性,以防止出现早熟收敛。在变异操作中,为了保证个体变异后不会与其父体产生太大的差异,保证种群发展的稳定性,变异率不能取太大。如果变异率大于 0.5,遗传算法就变为随机搜索,遗传算法的一些重要的数学特性和搜索能力也就不存在了。变异算子的设计包括确定变异点的位置和基因值替换。变异操作的方法有基本位变异、均匀变异、边界变异、非均匀变异等。

1) 基本位变异

基本位变异操作是指对个体编码串中以变异概率 p_m 随机指定某一位或几位基因作变异运算,所以其发挥作用比较慢,作用效果也不明显。基本位变异算子的具体执行过程如下:

① 对个体的每一个基因座,以变异概率 p_m 指定其为变异点。

② 对每一个指定的变异点,对其基因值作取反运算或者用其他等位基因值来替代,从而产生一个新个体。

2) 均匀变异

均匀变异操作是指分别用符合某一范围内均匀分布的随机数,以某一较小的概率替换个体编码串中各个基因座上的原有基因值。均匀变异的具体操作过程如下:

① 依次指定个体编码串中每个基因座为变异点。

② 对每一个变异点,以变异概率 p_m 从对应基因的取值范围内取一随机数替代原有基因值。

假设有一个个体为 $v_k = \{v_1, v_2, \cdots, v_k, \cdots, v_m\}$,若 v_k 为变异点,其取值范围为 $[v_{k,\min}, v_{k,\max}]$,在该点对个体 v_k 进行均匀变异操作后,可得到一个新的个体 $v_k = \{v_1, v_2, \cdots, v_k', \cdots, v_m\}$,其中变异点的新基因值是

$$v_k' = v_{k,\min} + r \times (v_{k,\max} - v_{k,\min})$$

式中,r 为 $[0,1]$ 范围内符合均匀概率分布的一个随机数。均匀变异操作特别适合于遗传算法的初期运行阶段,因为它使得搜索点可以在整个搜索空间内自由地移动,从而增加群体的多样性。

(4) 倒位操作

倒位操作是指颠倒个体编码串中随机指定的两个基因座之间的基因排列顺序,从而形成一个新的染色体。倒位操作的具体过程如下:

① 在个体编码串中随机指定两个基因座作为倒位点;

② 以倒位概率颠倒这两个倒位点之间的基因排列顺序。

6. 搜索终止条件

遗传算法的终止条件有以下两个,满足任何一个条件搜索就结束。

① 遗传操作中连续多次前、后两代群体最优个体适应度之差值处于某个任意小的正数 ε 所确定,即满足:

$$0 < |F_{\text{new}} - F_{\text{old}}| < \varepsilon$$

式中,F_{new} 为新产生的群体中最优个体的适应度;F_{old} 为前代群体中最优个体的适应度。

② 达到遗传操作的最大进化代数 t。

8.2.3　遗传算法实例

考虑求解一个决策变量为 x_1 和 x_2 的优化问题:

$$\min f(x) = 100(x_1^2 - x_2)^2 + (1 - x_1)^2$$

X 满足以下两个非线性约束条件:

$$\text{s.t.} \begin{cases} x_1 x_2 + x_1 - x_2 + 1.5 \leqslant 0 \\ 10 - x_1 x_2 \leqslant 0 \\ 0 \leqslant x_1 \leqslant 1, 0 \leqslant x_2 \leqslant 13 \end{cases}$$

下面尝试用遗传算法求解该优化问题。首先,用 MATLAB 编写一个名为 simple_fitness.m 的函数,代码如下:

```
function y = simple_fitness(x)
y = 100 * (x(1)^2 - x(2)) ^2 + (1 - x(1))^2;
```

MATLAB 中可用 ga 函数求解遗传算法问题,假设目标函数中输入变量的个数与决策变量的个数一致,其返回值为对某组输入按照目标函数的形式进行计算而得到的数值。

　　对于约束条件,同样可以创建一个名为 simple_constraint.m 的函数来表示。其代码如下:

```
function [c, ceq] = simple_constraint(x)
c = [1.5 + x(1) * x(2) + x(1) - x(2);
 - x(1) * x(2) + 10];
ceq = [];
```

　　这些约束条件也是假设输入的变量个数等于所有决策变量的个数,然后计算所有约束函数中不等式两边的值,并返回给向量 c 和 ceq。

　　为了减小遗传算法的搜索空间,应尽量给每个决策变量指定其定义域。在 ga 函数中,是通过设置它们的上下限来实现的,也就是 LB 和 UB。设置之后就可以直接调用 ga 函数,实现用遗传算法对上述优化问题的求解了。其代码如下:

```
Objective Function = @simple_fitness;
nvars = 2;      % Number of variables
LB = [0 0];    % Lower bound
UB = [1 13];   % Upper bound
ConstraintFunction = @simple_constraint;
[x,fval] = ga(ObjectiveFunction,nvars,[],[],[],[],LB,UB, ConstraintFunction)
```

　　运行以上程序,可以得到如下结果:

```
x =
    0.8122   12.3122
fval =
  1.3578e + 04
```

　　遗传算法是典型的通过变化解的结构得到更优解的一种算法,具有比较强的适应能力。下面以旅行商问题(TSP)为例,看看如何使用 MATLAB 来实现遗传算法。

　　(1) 加载并可视化数据

```
load('usborder.mat','x','y','xx','yy');
plot(x,y,'Color','red'); hold on;
cities = 40;
locations = zeros(cities,2);
n = 1;
while (n <= cities)
    xp = rand * 1.5;
    yp = rand;
if inpolygon(xp,yp,xx,yy)
        locations(n,1) = xp;
        locations(n,2) = yp;
        n = n + 1;
end
end
plot(locations(:,1),locations(:,2),'bo');
xlabel('城市的横坐标 x'); ylabel('城市的纵坐标 y');
grid on
```

　　运行以上程序,可得到如图 8-5 所示的城市分布图。

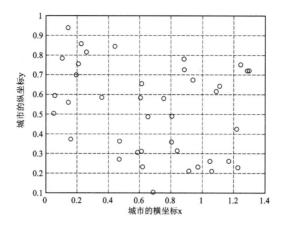

图 8 - 5　TSP 问题城市分布图

（2）计算城市间的距离

```
distances = zeros(cities);
for count1 = 1:cities
for count2 = 1:count1
        x1 = locations(count1,1);
        y1 = locations(count1,2);
        x2 = locations(count2,1);
        y2 = locations(count2,2);
        distances(count1,count2) = sqrt((x1 - x2)^2 + (y1 - y2)^2);
        distances(count2,count1) = distances(count1,count2);
end
end
```

（3）定义目标函数

```
FitnessFcn = @(x) traveling_salesman_fitness(x,distances);

my_plot = @(options,state,flag) traveling_salesman_plot(options, ...
    state,flag,locations);
```

（4）设置优化属性并用遗传算法求解

```
options = optimoptions (@ga,'PopulationType', 'custom','InitialPopulationRange', ...
                    [1;cities]);

options = optimoptions (options,'CreationFcn',@create_permutations, ...
                    'CrossoverFcn',@crossover_permutation, ...
                    'MutationFcn',@mutate_permutation, ...
                    'PlotFcn', my_plot, ...
                    'MaxGenerations',500,'PopulationSize',60, ...
                    'MaxStallGenerations',200,'UseVectorized',true);

numberOfVariables = cities;
[x,fval,reason,output] = ...
    ga(FitnessFcn,numberOfVariables,[],[],[],[],[],[],options);
```

运行以上程序，可以得到图 8 - 6 所示的最优遍历图。

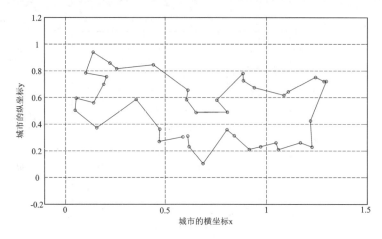

图 8-6　TSP 问题最优遍历图

8.3　模拟退火算法

模拟退火算法是三大非经典算法之一。它源于自然界的物理过程,奇妙地与优化问题挂上了钩。在数学建模中,模拟退火算法通常作为遗传算法的替补算法,用于解决全局最优问题。

8.3.1　模拟退火算法的原理

工程中许多实际优化问题的目标函数都是非凸的,存在许多局部最优解,特别是随着优化问题规模的扩大,局部最优解的数目将会迅速增加。因此,有效地求出一般非凸目标函数的全局最优解至今仍是一个难题。求解全局优化问题的方法可分为两类:一类是确定性方法,另一类是随机性方法。确定性方法适于求解具有特殊特征的问题,而梯度法和一般的随机性方法则沿着目标函数下降方向搜索,因此常常陷入局部而非全局最优值。

模拟退火(Simulated Annealing,SA)算法是一种通用概率算法,用于在一个大的搜寻空间内寻找问题的最优解。早在 1953 年,Metropolis 等就提出了模拟退火的思想。1983 年 Kirkpatrick 等将 SA 引入组合优化领域,由于其具有能有效解决 NP 难题、避免陷入局部最优、对初值没有强依赖关系等特点,在 VLS、生产调度、控制工程、机器学习、神经网络、图像处理等领域得到了广泛应用。

现代的模拟退火算法形成于 20 世纪 80 年代初,其思想源于固体的退火过程:将固体加热至足够高的温度,再缓慢冷却;升温时,固体内部粒子随温度升高变为无序状,内能增大,而缓慢冷却粒子又逐渐趋于有序。从理论上讲,如果冷却过程足够缓慢,那么冷却中任一温度时固体都能达到热平衡;当冷却到低温时,将达到这一低温下的内能最小状态。物理退火过程和模拟退火算法的类比关系如图 8-7 所示。

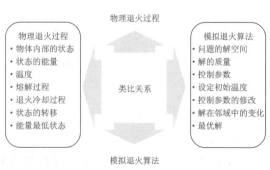

图 8-7　物理退火过程和模拟退火算法的类比关系图

在这一过程中,任一恒定温度都能达到热平衡是很重要的步骤。这一点可以用蒙特卡洛算法模拟,不过需要大量采样,工作量很大。因为物理系统总是趋向于能量最低,而分子热运动趋向于破坏这种低能量的状态,所以只需着重取贡献比较大的状态即可达到比较好的效果。1953 年 Metropolis 提出了一个重要性采样的方法:设从当前状态 i 生成新状态 j,若新状态的内能小于状态 i 的内能($E_j < E_i$),则接受新状态 j 作为新的当前状态;否则,以概率 $\exp\left[\dfrac{-(E_j - E_i)}{kt}\right]$ 接受状态 j,其中 k 为玻耳兹曼常数。这就是通常所说的 Metropolis 准则。

1953 年,Kirkpatrick 把模拟退火思想与组合最优化的相似点进行类比,将模拟退火应用到了组合最优化问题中。在把模拟退火算法应用于最优化问题时,一般可以将温度 T 当作控制参数,目标函数值 f 视为内能 E,而固体在某温度 T 时的一个状态对应一个解 x_i;然后,算法试图随着控制参数 T 的降低使目标函数值 f(内能 E)也逐渐降低,直至趋于全局最小值(退火中低温时的最低能量状态),就像固体退火过程一样。

8.3.2　模拟退火算法的步骤

1. 符号说明

退火过程由一组初始参数,即冷却进度表(cooling schedule)控制,它的核心是尽量使系统达到准平衡,以便算法在有限的时间内逼近最优解。冷却进度表包括:

① 控制参数的初值 T_0:冷却开始的温度。

② 控制参数 T 的衰减函数:因计算机能够处理离散数据,因此需要把连续的降温过程离散化成降温过程中的一系列温度点,衰减函数即计算这一系列温度的表达式。

③ 控制参数 T 的终值 T_f(停止准则)。

④ 马尔可夫链的长度 L_k:任一温度 T 的迭代次数。

2. 算法基本步骤

① 令 $T = T_0$,即开始退火的初始温度,随机生成一个初始解 x_0,并计算相应的目标函数值 $E(x_0)$。

② 令 T 等于冷却进度表中的下一个值 T_i。

③ 根据当前解 x_i 进行扰动(扰动方式可以参考后面的实例),产生一个新解 x_j,计算相应的目标函数值 $E(x_j)$,得到 $\Delta E = E(x_j) - E(x_i)$。

④ 若 $\Delta E < 0$,则新解 x_j 被接受,作为当前解;若 $\Delta E > 0$,则新解 x_j 按概率 $\exp(-\Delta E / T_i)$ 接受,T_i 为当前温度。

⑤ 在温度 T_i 下,重复 L_k 次的扰动和接受过程(L_k 是马尔可夫链的长度),即步骤③、④。

⑥ 判断 T 是否已到达 T_f:若是,则终止算法;若否,则转到步骤②继续执行。

实质上算法分两层循环,在任一温度随机扰动产生新解,并计算目标函数值的变化,以决定是否被接受。由于算法初始温度比较高,使得 E 增大的新解在初始时也可能被接受,因而能跳出局部极小值,然后通过缓慢地降低温度,算法最终就可能会收敛到全局最优解。还有一点需要说明的是,虽然在低温时接受函数已经非常小了,但仍不能排除会接受更差的解,因此一般都会把退火过程中碰到的最好的可行解(历史最优解)也记录下来,与终止算法前最后一个被接受解一并输出。

3. 算法说明

为了更好地实现模拟退火算法,在个人的经验之外,还需要注意一些其他方面。

（1）状态表达

前面提到过,SA 算法中优化问题的一个解模拟了(或者说可以想象为)退火过程中固体内部一种粒子分布的情况。这里状态表达是指实际问题的解(即状态)如何以一种合适的数学形式被表达出来。它应当既适用于 SA 的求解,又能充分表达实际问题,这需要仔细地设计。可以参考遗传算法和禁忌搜索中编码的相关内容。常见的表达方式有:背包问题和指派问题的 0-1 编码、TSP 问题和调度问题的自然数编码,还有用于连续函数优化的实数编码等。

（2）新解的产生

新解产生机制的基本要求是能够尽量遍及解空间的各个区域,这样,在某一恒定温度不断产生新解时,就可能跳出当前区域以搜索其他区域。这是模拟退火算法能够进行广域搜索的一个重要条件。

（3）收敛的一般性条件

收敛到全局最优的一般性条件如下:

① 初始温度足够高;

② 热平衡时间足够长;

③ 终止温度足够低;

④ 降温过程足够缓慢。

但上述条件在应用中很难同时满足。

（4）参数的选择

1）控制参数 T 的初始值 T_0。

求解全局优化问题的随机搜索算法一般都采用大范围的粗略搜索与局部的精细搜索相结合的搜索策略。只有在初始的大范围搜索阶段找到全局最优解所在的区域,才能逐渐缩小搜索的范围,最终求出全局最优解。模拟退火算法是通过控制参数 T 的初值 T_0 和其衰减变化过程来实现大范围的粗略搜索与局部的精细搜索。一般来说,只有足够大的 T_0 才能满足算法要求(但对不同的问题,"足够大"的含义也不同,有的可能 $T_0=100$ 就可以,有的则要 1 010)。在问题规模较大时,过小的 T_0 往往会导致算法难以跳出局部陷阱而无法达到全局最优。但为了减小计算量,T_0 不宜取得过大,而应与其他参数折中选取。

2）控制参数 T 的衰减函数

衰减函数可以有多种形式,一个常用的衰减函数是

$$T_{k+1}=\alpha T_k \quad (k=0,1,2,\cdots)$$

式中,α 是一个常数,可以取为 0.5～0.99,它的取值块定了降温的过程。小的衰减量可能导致算法进程迭代次数的增加,从而使算法进程接受更多的变换,访问更多的邻域,搜索更大范围的解空间,返回更好的最终解。同时,由于在 T_k 值上已经达到准平衡,所以在 T_{k+1} 时只需少量的变换就可以达到准平衡。这样就可选取长度较短的马尔可夫链来缩短算法时间。

3）马尔可夫链长度

马尔可夫链长度的选取原则:在控制参数 T 的衰减函数已选定的前提下,L_k 应该能够使得在控制参数 T 的每一取值上达到准平衡。从经验上说,对于简单的情况,可以令 $L_k=100n$,n 为问题规模。

（5）算法停止准则

对 Metropolis 准则中的接受函数 $\exp\left[\dfrac{-(E_j-E_i)}{kt}\right]$ 进行分析可知,在 T 比较大的高温

情况下,指数上的分母比较大,但因为这是一个负指数,所以整个接受函数可能会趋于 1,即比当前解 x_i 更差的新解 x_j 也可能被接受,这时就有可能跳出局部极小而进行广域搜索,去搜索解空间的其他区域。随着冷却的进行,T 减小到一个比较小的值时,指数上的分母也变小了,整个接受函数也小了,即比当前解更差的解难以接受,这时就不太容易跳出当前的区域。如果在高温时进行了充分的广域搜索,找到了可能存在最好解的区域,再在低温时进行充分的局部搜索,就可能最终找到全局最优解了。

因此,一般 T_f 应设为一个足够小的正数,比如 $0.01 \sim 5$,但这只是一个粗糙的经验值,更精确的设置及其他的停止准则可以查阅参考文献。

8.3.3　模拟退火算法应用实例

这里以经典的旅行商问题为例说明如何用 MATLAB 实现模拟退火算法的应用。旅行商问题(Traveling Salesman Problem,TSP)代表一类组合优化问题,在物流配送、计算机网络、电子地图、交通疏导、电气布线等方面都有重要的工程和理论价值,因此引起了许多学者的关注。

TSP 简单描述:一名商人要到 n 个不同的城市去推销商品,每两个城市 i 和 j 之间的距离为 d_{ij},如何选择一条既能走遍每个城市,最后又能回到起点的最短路径。

TSP 既是典型的组合优化问题,又是一个 NP 难题。TSP 很简单,早期的研究者使用精确算法求解该问题,常用的方法有分枝定界法、线性规划法和动态规划法等,但可能的路径总数是随城市数目 n 呈指数型增长的,所以当城市数目超过 100 以后,就很难精确地求出其全局最优解。随着人工智能的发展,出现了许多独立于问题的智能优化算法,如蚁群算法、遗传算法、模拟退火、禁忌搜索、神经网络、粒子群优化算法及免疫算法等,通过模拟或解释某些自然现象(或过程)而得以发展。模拟退火算法具有高效、鲁棒、通用、灵活的优点,将模拟退火算法引入 TSP 求解,可以避免在求解过程中陷入 TSP 的局部最优。

算法设计步骤如下:

(1) TSP 的解空间和初始解

TSP 的解空间 S 是遍访每个城市恰好一次的所有回路,是所有城市排列的集合。S 可以表示为 $\{1,2,\cdots,n\}$ 的所有排列的集合,即

$$S = \{(c_1, c_2, \cdots, c_n) \mid (c_1, c_2, \cdots, c_n)\}$$

式中,每一个排列 S_i 表示遍访 n 个城市的一个路径;$c_i = j$ 表示第 i 次访问城市 j。模拟退火算法的最优解和初始状态没有强的依赖关系,故初始解为随机函数生成一个 $\{1,2,\cdots,n\}$ 的随机排列作为 S_0。

(2) 目标函数

TSP 的目标函数即访问所有城市的路径总长度(也可称为代价函数):

$$C(c_1, c_2, \cdots, c_n) = \sum_{i=1}^{n+1} d(c_i, c_{i+1}) + d(c_1, c_n)$$

TSP 的求解就是通过模拟退火算法求出目标函数 $C(c_1, c_2, \cdots, c_n)$ 的最小值,相应地,$S = (c_1^*, c_2^*, \cdots, c_n^*)$ 即为 TSP 的最优解。

(3) 新解的产生

新解的产生对问题的求解非常重要。新解可通过分别或者交替使用以下两种方法来产生:

二交换法:任选序号 u、v(设 $u < v < n$),交换 u 和 v 之间的访问顺序。

三交换法:任选序号 u、v(设 $u < v < n$),u、v、w(设 $u \leqslant v < w$),将 u 和 v 之间的路径插

到 w 之后访问。

（4）目标函数差

计算交换前的解与变换后目标函数的差值称为目标函数差，即

$$\Delta C' = C(s_i') - C(s_i)$$

（5）Metropolis 接受准则

以新解与当前解的目标函数差定义接受概率，即

$$P = \begin{cases} 1, & \Delta C' < 0 \\ \exp(-\Delta C'/T), & \Delta C' > 0 \end{cases}$$

TSPLIB 是一组各类 TSP 问题的实例集合，下面以 TSPLIB 的 berlin52 为例进行求解，berlin52 有 52 座城市，其坐标数据如表 8-1 所列。

表 8-1 坐标数据

城市编号	X 坐标	Y 坐标	城市编号	X 坐标	Y 坐标	城市编号	X 坐标	Y 坐标
1	565	575	19	510	875	37	770	610
2	25	185	20	560	365	38	795	645
3	345	750	21	300	465	39	720	635
4	945	685	22	520	585	40	760	650
5	845	655	23	480	415	41	475	960
6	880	660	24	835	625	42	95	260
7	25	230	25	975	580	43	875	920
8	525	1 000	26	1 215	245	44	700	500
9	580	1 175	27	1 320	315	45	555	815
10	650	1 130	28	1 250	400	46	830	485
11	1 605	620	29	660	180	47	1 170	65
12	1 220	580	30	410	250	48	830	610
13	1 465	200	31	420	555	49	605	625
14	1530	5	32	575	665	50	595	360
15	845	680	33	1 150	1 160	51	1 340	725
16	725	370	34	700	580	52	1 740	245
17	145	665	35	685	595			
18	415	635	36	685	610			

具体实现代码如下：

程序编号	P8-1	文件名称	Main0801.m	说明	TSP 模拟退火算法程序

```
clear
clc
a = 0.99;                          % 温度衰减函数的参数
t0 = 97; tf = 3; t = t0;
Markov_length = 10000;             % 马尔可夫链长度
coordinates = [
1      565.0     575.0; 2     25.0     185.0; 3     345.0     750.0;
4      945.0     685.0; 5     845.0     655.0; 6     880.0     660.0;
7      25.0      230.0; 8     525.0    1000.0; 9     580.0    1175.0;
10     650.0    1130.0; 11   1605.0     620.0; 12   1220.0     580.0;
13    1465.0     200.0; 14   1530.0       5.0; 15    845.0     680.0;
16     725.0     370.0; 17    145.0     665.0; 18    415.0     635.0;
```

```
19      510.0     875.0; 20     560.0     365.0; 21     300.0     465.0;
22      520.0     585.0; 23     480.0     415.0; 24     835.0     625.0;
25      975.0     580.0; 26    1215.0     245.0; 27    1320.0     315.0;
28     1250.0     400.0; 29     660.0     180.0; 30     410.0     250.0;
31      420.0     555.0; 32     575.0     665.0; 33    1150.0    1160.0;
34      700.0     580.0; 35     685.0     595.0; 36     685.0     610.0;
37      770.0     610.0; 38     795.0     645.0; 39     720.0     635.0;
40      760.0     650.0; 41     475.0     960.0; 42      95.0     260.0;
43      875.0     920.0; 44     700.0     500.0; 45     555.0     815.0;
46      830.0     485.0; 47    1170.0      65.0; 48     830.0     610.0;
49      605.0     625.0; 50     595.0     360.0; 51    1340.0     725.0;
52     1740.0     245.0;
];
    coordinates(:,1) = [];
    amount = size(coordinates,1);          % 城市数
    % 通过向量化的方法计算距离矩阵
    dist_matrix = zeros(amount, amount);
    coor_x_tmp1 = coordinates(:,1) * ones(1,amount);
    coor_x_tmp2 = coor_x_tmp1';
    coor_y_tmp1 = coordinates(:,2) * ones(1,amount);
    coor_y_tmp2 = coor_y_tmp1';
    dist_matrix = sqrt((coor_x_tmp1 - coor_x_tmp2).^2 + ...
                       (coor_y_tmp1 - coor_y_tmp2).^2);

    sol_new = 1:amount;                    % 产生初始解
    % sol_new 是每次产生的新解
    % sol_current 是当前解
    % sol_best 是冷却中的最好解
    E_current = inf;E_best = inf;
    % E_current 是当前解对应的回路距离
    % E_new 是新解的回路距离
    % E_best 是最优解
    sol_current = sol_new; sol_best = sol_new;
    p = 1;

    while t >= tf
        for r = 1:Markov_length          % 马尔可夫链长度
            % 产生随机扰动
            if (rand < 0.5)              % 随机决定是进行二交换还是三交换
                % 二交换
                ind1 = 0; ind2 = 0;
                while (ind1 == ind2)
                        ind1 = ceil(rand. * amount);
                        ind2 = ceil(rand. * amount);
                end
                tmp1 = sol_new(ind1);
                sol_new(ind1) = sol_new(ind2);
                sol_new(ind2) = tmp1;
            else
                % 三交换
                ind1 = 0; ind2 = 0; ind3 = 0;
                while (ind1 = = ind2) || (ind1 = = ind3) ...
                        || (ind2 = = ind3) || (abs(ind1 - ind2) = = 1)
                        ind1 = ceil(rand. * amount);
                        ind2 = ceil(rand. * amount);
                        ind3 = ceil(rand. * amount);
                end
                tmp1 = ind1;tmp2 = ind2;tmp3 = ind3;
                % 确保 ind1 < ind2 < ind3
```

```matlab
                    if (ind1 < ind2) && (ind2 < ind3)
                            ;
                    elseif (ind1 < ind3) && (ind3 < ind2)
                            ind2 = tmp3;ind3 = tmp2;
                    elseif (ind2 < ind1) && (ind1 < ind3)
                            ind1 = tmp2;ind2 = tmp1;
                    elseif (ind2 < ind3) && (ind3 < ind1)
                            ind1 = tmp2;ind2 = tmp3; ind3 = tmp1;
                    elseif (ind3 < ind1) && (ind1 < ind2)
                            ind1 = tmp3;ind2 = tmp1; ind3 = tmp2;
                    elseif (ind3 < ind2) && (ind2 < ind1)
                            ind1 = tmp3;ind2 = tmp2; ind3 = tmp1;
                    end

                    tmplist1 = sol_new((ind1 + 1):(ind2 - 1));
                    sol_new((ind1 + 1):(ind1 + ind3 - ind2 + 1)) = ...
                            sol_new((ind2):(ind3));
                    sol_new((ind1 + ind3 - ind2 + 2):ind3) = ...
                            tmplist1;
            end

            % 检查是否满足约束

            % 计算目标函数值(即内能)
            E_new = 0;
            for i = 1 :(amount - 1)
                    E_new = E_new + ...
                            dist_matrix(sol_new(i),sol_new(i + 1));
            end
            % 再算上从最后一个城市到第一个城市的距离
            E_new = E_new + ...
                    dist_matrix(sol_new(amount),sol_new(1));

            if E_new < E_current
                    E_current = E_new;
                    sol_current = sol_new;
                    if E_new < E_best
                    % 把冷却过程中最好的解保存下来
                            E_best = E_new;
                            sol_best = sol_new;
                    end
            else
                    % 若新解的目标函数值小于当前解的目标函数值
                    % 则仅以一定概率接受新解
                    if rand < exp( - (E_new - E_current)./t)
                            E_current = E_new;
                            sol_current = sol_new;
                    else
                            sol_new = sol_current;
                    end
                end
            end
        t = t. * a;          % 控制参数 t(温度)为原来的 a 倍
end

disp('最优解为:')
disp(sol_best)
disp('最短距离:')
disp(E_best)
```

多执行几次上面的脚本文件,以减小其中的随机数可能带来的影响,从而得到最好的结果:

```
最优解为:
Columns 1 through 17
  17  21  42   7   2  30  23  20  50  29  16  46  44  34  35  36  39
  Columns 18 through 34
  40  37  38  48  24   5  15   6   4  25  12  28  27  26  47  13  14
  Columns 35 through 51
  52  11  51  33  43  10   9   8  41  19  45  32  49   1  22  31  18
  Column 52
   3
最短距离:
7.5444e + 003
```

以上是根据模拟退火算法的原理用 MATLAB 编写的求解 TSP 的一个实例。当然,MATLAB 的全局优化工具箱中本身就有遗传算法函数 simulannealbnd,直接调用该函数求解优化问题会更方便。

simulannealbnd 函数的用法有以下几种:

```
x = simulannealbnd(fun,x0)
x = simulannealbnd(fun,x0,lb,ub)
x = simulannealbnd(fun,x0,lb,ub,options)
x = simulannealbnd(problem)
[x,fval] = simulannealbnd(...)
[x,fval,exitflag] = simulannealbnd(...)
[x,fval,exitflag,output] = simulannealbnd(fun,...)
```

根据具体问题的需要选择其中一种用法即可,直接调用模拟算法求解器对问题进行求解,比如下面用模拟退火算法求解峰值问题。

具体实现代码如下:

```
clc, clear, close all
% 定义优化问题
peaks
problem = createOptimProblem('fmincon',...
                              'objective',@(x) peaks(x(1),x(2)), ...
                              'nonlcon',@circularConstraint,...
                              'x0',[ - 1 - 1],...
                              'lb',[ - 3 - 3],...
                              'ub',[3 3],...
                              'options',optimset('OutputFcn',...
                                  @peaksPlotIterates))
```

脚本运行后,可以得到图 8 - 8 所示的解空间分布图。

```
% 用一般最优算法求解
[x,f] = fmincon(problem)

  x =
     - 1.3474    0.2045
  f =
     - 3.0498
```

脚本运行后,可以得到图 8 - 9 所示的一般算法巡优路径图。

```
%  用模拟退火算法寻找全局最小值
problem.solver = 'simulannealbnd';
problem.objective = @(x) peaks(x(1),x(2)) + (x(1)^2 + x(2)^2 - 9);
problem.options = saoptimset('OutputFcn',@peaksPlotIterates,...
                             'Display','iter',...
                             'InitialTemperature',10,...
                             'MaxIter',300)

[x,f] = simulannealbnd(problem)
x =
    0.2280    -1.5229
f =
   -13.0244
```

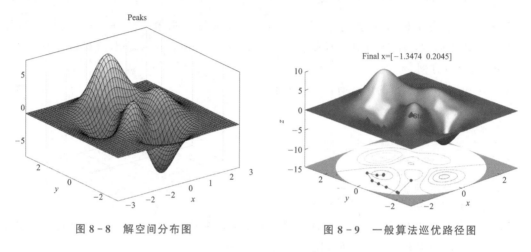

图 8 - 8   解空间分布图   图 8 - 9   一般算法巡优路径图

脚本运行后,可得到图 8 - 10 所示的最优结果示意图。

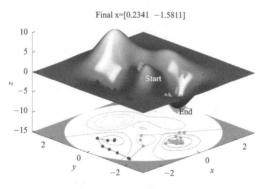

图 8 - 10   模拟退火算法得到的最优结果示意图

8.4   全局优化求解器汇总

MATLAB 全局优化算法求解器如表 8 - 2 所列。如果参加建模比赛,建议大家提前了解一下各算法的原理,根据问题的特征判断用哪个或哪几个算法比较合适。如果不好判断,不妨全部尝试一下做个比较,这样得到的结果"更酷",摘要也更有内容了。

表 8-2　MATLAB 全局优化算法求解器一览表

算　法	MATLAB 求解器	作　用
全局搜索	GlobalSearch	用全局搜索方式寻找全局最小值
多起点搜索	MultiStart	用多起点搜索方式寻找多个局部最小值
模式搜索	patternsearch	用模式搜索方式寻找函数的最小值
遗传	Ga	用遗传算法寻找函数的最小值
粒子群	particleswarm	用粒子群算法寻找函数的最小值
模拟退火	simulannealbnd	用模拟退火算法寻找函数的最小值

8.5　本章小结

全局优化问题主要用于求解组合类或者不适合大规模遍历的问题,其中遗传算法和模拟退火算法最为常用,这两种算法能解决 80% 以上的全局优化问题。对于具体的全局优化问题,也不妨两种方法都尝试一下,以便确定哪种算法更优。对于 MATLAB 全局优化的各个求解器,一般选择默认的参数,这些默认的参数适应能力相对较强,也可以调整一下参数,以便研究参数对最优结果的影响。

参考文献

[1] 姜启源,谢金星,叶俊. 数学模型[M].4 版.北京:高等教育出版社,2011.

第 9 章

蚁群算法及其 MATLAB 实现

20 世纪 90 年代,意大利学者 M. Dorigo 等人在新型算法研究的过程中,发现蚁群在寻找食物时,通过分泌一种信息素(pheromone)的生物激素来交流觅食信息,从而快速找到目标。据此,他们提出了一种基于信息正反馈原理的新型模拟进化算法——蚁群算法(Ant Colony Algorithm,ACA,有的教材也称为 ACO)。蚁群算法是一种仿生算法,作为通用型随机优化方法,它吸收了昆虫王国中蚂蚁的行为特征,通过其内在的搜索机制,在一系列困难的组合优化问题求解中取得了成效。

自从蚁群算法在著名的旅行商问题(TSP)上取得成效以后,逐渐被应用到其他多个领域中,如工序排序、图着色、车辆调度、集成电路设计、通信网络、数据聚类分析等。

在数学建模中,优化类问题占据了半壁江山,其中很多都是组合优化问题,而蚁群算法正好适合解决组合优化问题。纵观历年数学建模赛题,很多经典问题都可以用蚁群算法来求解,如灾情巡视、集装箱装箱、露天矿卡车调度、出版社资源优化等。本章主要介绍蚁群算法的基本原理、在 MATLAB 中的实现以及应用实例。

9.1 蚁群算法的原理

9.1.1 蚁群算法的基本思想

蚁群算法原理来源于自然界蚂蚁觅食的最短路径原理。根据昆虫学家的观察,发现自然界的蚂蚁虽然视觉不发达,但它可以在没有任何提示的情况下找到从食物源到巢穴的最短路径,并且能在环境发生变化(如原有路径上有了障碍物)后,自适应地搜索新的最佳路径。蚂蚁是如何做到这一点的呢?

原来,蚂蚁在寻找食物源时,能在其走过的路径上释放一种蚂蚁特有的分泌物——信息激素(也可称为信息素),在一定范围内的其他蚂蚁能够察觉到并由此影响它们后面的行为。当一些路径上通过的蚂蚁越来越多时,其留下的信息素也越来越多,信息素浓度增大(当然,随时间的推移会逐渐减弱),所以其他蚂蚁选择该路径的概率也越高,从而更增加了该路径的信息素浓度。这种选择过程被称为蚂蚁的自催化行为。由于其原理是一种正反馈机制,因此也可将蚂蚁王国理解为增强型学习系统。

我们可以用图来说明蚂蚁觅食的最短路径选择原理,如图 9-1 所示。假设 A 是蚂蚁的巢穴,而 B 是食物,A、B 之间有一个障碍物,那么此时从 A 到 B 点的蚂蚁就必须决定往左走还是往右走,而从 B 到 A 也必须决定选择走哪条路径。这种决定会受到各条路径上以往蚂蚁留下的信息素浓度(即残留信息素浓度)的影响。如果往右走的路径上信息素浓度比较大,那么右边的路径被蚂蚁选中的可能性也就大一些。但对于第一批探路的蚂蚁而言,因为没有信息素的影响或影响比较小,所以它们选择向左或者向右的可能性是一样的,正如图 9-1(a)所示的那样。

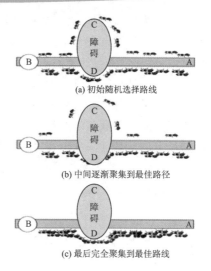

(a) 初始随机选择路线

(b) 中间逐渐聚集到最佳路径

(c) 最后完全聚集到最佳路线

图 9-1　蚁群觅食原理

随着觅食过程的进行,各条路径上信息素的浓度开始出现变化,有的强,有的弱。我们从 A 到 B 的蚂蚁为例说明(对于从 B 到 A,过程基本是一样的)随后过程的变化。由于路径 ADB 比路径 ACB 要短,因此选择 ADB 路径的第一只蚂蚁要比选择 ACB 的第一只蚂蚁早到达 B。此时,从 B 向 A 看,路径 BDA 上的信息素浓度要比路径 BCA 上的信息素浓度大。因此从下一时刻开始,从 B 到 A 的蚂蚁,它们选择 BDA 路径的可能性要比选择 BCA 路径的可能性就大一些,从而使 BDA 路径上的信息素进一步增强,于是依赖信息素浓度的强弱选择路径的蚂蚁逐渐偏向于路径 ADB,如图 9-1(b)所示。

随着时间的推移,几乎所有的蚂蚁都会选择路径 ADB(或 BDA)搬运食物,同时 ADB 路径也正是事实上的最短路径。这种蚁群寻径的原理可简单理解为:对于单个的蚂蚁来说,它并没有要寻找最短路径的主观意愿;但对于整个蚁群系统,它们确实达到了找到最短路径的客观上的效果。

在自然界中,蚁群的这种寻找路径的过程是一种正反馈的过程,“蚁群算法”就是模拟生物学上蚁群觅食寻找最短路径的原理衍生出来的。例如,我们把只具备了简单功能的工作单元视为“蚂蚁”,那么上述寻找路径的过程可以用于解释蚁群算法中人工蚁群的寻优过程,这也就是蚁群算法的基本思想。

9.1.2　蚁群算法的数学模型

蚁群算法只是一种算法思想,要想真正地应用该算法,还需要针对特定问题建立数学模型。下面仍以经典的 TSP 为例,进一步阐述如何基于蚁群算法求解实际问题。

对于 TSP 问题,不失一般性,设整个蚁群中蚂蚁的数量为 m,城市的数量为 n,城市 i 与城市 j 之间的距离为 $d_{ij}(i,j=1,2,\cdots,n)$,t 时刻城市 i 与城市 j 连接路径上的信息素浓度为 $\tau_{ij}(t)$。初始时刻,蚂蚁在不同的城市,并且各城市间连接路径上的信息素浓度相同,不妨设 $\tau_{ij}(0)=\tau_0$。然后蚂蚁按一定概率选择线路,不妨设 $p_{ij}^k(t)$ 为 t 时刻蚂蚁 k 从城市 i 转移到城市 j 的概率。我们知道,“蚂蚁 TSP”策略会受到两方面的影响:一方面是访问某城市的期望;另一方面是其他蚂蚁释放的信息素浓度。由此可定义:

$$p_{ij}^k(t)=\begin{cases}\dfrac{\left[\tau_{ij}(t)\right]^{\alpha}\cdot\left[\eta_{ij}(t)\right]^{\beta}}{\sum\limits_{s\in\text{allow}_k}\left[\tau_{is}(t)\right]^{\alpha}\cdot\left[\eta_{is}(t)\right]^{\beta}}, & j\in\text{allow}_k\\[3mm] 0, & j\notin\text{allow}_k\end{cases}$$

式中,$\eta_{ij}(t)$为启发函数,表示蚂蚁从城市i转移到城市j的期望程度;$\text{allow}_k(k=1,2,\cdots,m)$为蚂蚁$k$待访问城市集合,开始时,$\text{allow}_k$中有$n-1$个元素,即包括除了蚂蚁$k$出发城市的其他所有城市,随着时间的推移,$\text{allow}_k$中的元素越来越少,直至为空;$\alpha$为信息素重要程度因子,简称信息素因子,其值越大,表明信息素浓度影响越大;β为启发函数重要程度因子,简称启发函数因子,其值越大,表明启发函数影响越大。

在蚂蚁遍历各城市的过程中,与实际情况相似的是,在蚂蚁释放信息素的同时,各城市间连接路径上的信息素浓度也在通过挥发等方式逐渐消失。为了描述这一特征,不妨令$\rho(0<\rho<1)$表示信息素浓度的挥发程度。这样,当所有蚂蚁走完一遍所有城市之后,各个城市间连接路径上的信息浓度为

$$\begin{cases} \tau_{ij}(t+1)=(1-\rho)\tau_{ij}(t)+\Delta\tau_{ij}, & 0<\rho<1 \\ \Delta\tau_{ij}=\displaystyle\sum_{k=1}^{m}\Delta\tau_{ij}^{k} \end{cases}$$

式中,$\Delta\tau_{ij}^{k}$为第k只蚂蚁在城市i与城市j连接路径上释放信息素而增加的信息素浓度;$\Delta\tau_{ij}$为所有蚂蚁在城市i与城市j连接路径上释放信息素而增加的信息素浓度。

一般$\Delta\tau_{ij}^{k}$的值可由 ant cycle system 模型进行计算:

$$\Delta\tau_{ij}^{k}=\begin{cases} \dfrac{Q}{L_k}, & \text{蚂蚁}k\text{从城市}i\text{访问城市}j \\ 0, & \text{其他} \end{cases}$$

式中,Q为信息素常数,表示蚂蚁循环一次所释放的信息素总量;L_k为第k只蚂蚁经过路径的总长度。

另外,关于$\Delta\tau_{ij}^{k}$的计算,还有 ant quantity system 和 ant density system 模型,这里不做详细介绍;但对于 TSP,一般认为选择 ant cycle system 模型的计算方式更合理些。

9.1.3 蚁群算法的流程

用蚁群算法求解 TSP 的算法流程如图 9-2 所示,具体每步的含义如下:

① 对相关参数进行初始化,包括蚁群规模、信息素因子、启发函数因子、信息素挥发因子、信息素常数、最大迭代次数等,以及将数据读入程序并对数据进行基本的处理,如将城市的坐标位置转化为城市间的矩阵。

② 随机将蚂蚁放于不同的出发点,对每个蚂蚁计算其下一个访问城市,直至所有蚂蚁访问完所有城市。

③ 计算各个蚂蚁经过的路径长度L_k,记录当前迭代次数中的最优解,同时对各个城市连接路径上的信息素浓度进行更新。

④ 判断是否达到最大迭代次数,如果否则转到步骤②,如果是则终止程序。

⑤ 输出程序结果,并根据需要输出程序寻优过程中的相关指标,如运行时间、收敛迭代次数等。

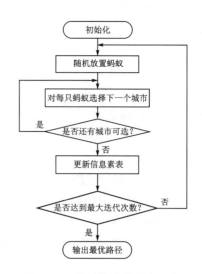

图 9-2 蚁群算法基本流程图

9.2　蚁群算法的 MATLAB 实现

9.2.1　实例背景

　　TSPLIB 是一组各类 TSP 问题的实例集合。下面以 TSPLIB 的 berlin52 为例进行求解。berlin52 有 52 座城市,其坐标数据如表 9 - 1 所列。

表 9 - 1　城市位置坐标

城市号	X 坐标	Y 坐标	城市号	X 坐标	Y 坐标	城市号	X 坐标	Y 坐标
1	565	575	19	510	875	37	770	610
2	25	185	20	560	365	38	795	645
3	345	750	21	300	465	39	720	635
4	945	685	22	520	585	40	760	650
5	845	655	23	480	415	41	475	960
6	880	660	24	835	625	42	95	260
7	25	230	25	975	580	43	875	920
8	525	1 000	26	1 215	245	44	700	500
9	580	1 175	27	1 320	315	45	555	815
10	650	1 130	28	1 250	400	46	830	485
11	1 605	620	29	660	180	47	1 170	65
12	1 220	580	30	410	250	48	830	610
13	1 465	200	31	420	555	49	605	625
14	1 530	5	32	575	665	50	595	360
15	845	680	33	1 150	1 160	51	1 340	725
16	725	370	34	700	580	52	1 740	245
17	145	665	35	685	595			
18	415	635	36	685	610			

9.2.2　算法设计步骤

1. 数据准备

　　为了防止既有变量的干扰,首先将环境变量清空。然后将城市的位置坐标从数据文件(源程序里的 excel 文件)读入程序,并保存到变量为 citys 的矩阵中(第一列为城市的横坐标,第二列为城市的纵坐标)。

2. 计算城市距离矩阵

　　根据两点间距离公式,由城市坐标矩阵 citys 可以很容易计算出任意两个城市之间的距离。但需要注意的是,这样计算出的矩阵,对角线上的元素为 0;为保证启发函数的分母不为 0,需将对角线上的元素修正为一个足够小的正数。从数据的数量级判断,修正为 10^{-3} 以下,我们认为就足够了。

3. 初始化参数

　　计算之前需要对参数进行初始化,并且为了加快程序的执行速度,对于程序中涉及的一些过程量,需要预分配其存储容量。

4. 迭代寻找最佳路径

该步为整个算法的核心。首先要根据蚂蚁的转移概率构建解空间,即逐个蚂蚁逐个城市访问,直至遍历所有城市;然后计算各个蚂蚁经过路径的长度,并在每次迭代后根据信息素更新公式实时更新各个城市连接路径上的信息素浓度。经过循环迭代,记录下最优的路径和长度。

5. 结果显示

将计算结果用数字或图形的方式显示出来,以便于分析。同时,也可以根据需要把能够显示程序寻优过程的数据显示出来,直观呈现出寻优轨迹。

9.2.3　MATLAB 程序实现

程序编号	P9-1	文件名称	ACA_main_ex1	说明	蚁群算法的 TSP 求解程序

```matlab
%%蚁群算法的 TSP 求解程序
%
%--------------------------------------------------------------
%%数据准备
%清空环境变量
clear all
clc

%程序运行计时开始
t0 = clock;

%导入数据
citys = xlsread('D:\Matab_work\Chap8_citys_data.xlsx', 'B2:C53');
%--------------------------------------------------------------
%%计算城市间相互距离
n = size(citys,1);
D = zeros(n,n);
for i = 1:n
    for j = 1:n
        if i ~ = j
            D(i,j) = sqrt(sum((citys(i,:) - citys(j,:)).^2));
        else
            D(i,j) = 1e-4;        %设定的对角矩阵修正值
        end
    end
end
%--------------------------------------------------------------
%%初始化参数
m = 31;                          %蚂蚁数量
alpha = 1;                       %信息素重要程度因子
beta = 5;                        %启发函数重要程度因子
vol = 0.2;                       %信息素挥发(volatilization)因子
Q = 10;                          %常系数
Heu_F = 1./D;                    %启发函数(heuristic function)
Tau = ones(n,n);                 %信息素矩阵
Table = zeros(m,n);              %路径记录表
iter = 1;                        %迭代次数初值
iter_max = 100;                  %最大迭代次数
Route_best = zeros(iter_max,n);  %各代最佳路径
Length_best = zeros(iter_max,1); %各代最佳路径的长度
Length_ave = zeros(iter_max,1);  %各代路径的平均长度
```

```matlab
Limit_iter = 0;                              % 程序收敛时迭代次数
% -------------------------------------------------------------
% % 迭代寻找最佳路径
while iter <= iter_max
    % 随机产生各个蚂蚁的起点城市
    start = zeros(m,1);
    for i = 1:m
        temp = randperm(n);
        start(i) = temp(1);
    end
    Table(:,1) = start;
    % 构建解空间
    citys_index = 1:n;
    % 逐个蚂蚁路径选择
    for i = 1:m
        % 逐个城市路径选择
        for j = 2:n
            tabu = Table(i,1:(j - 1));               % 已访问的城市集合(禁忌表)
            allow_index = ~ismember(citys_index,tabu);  % 参见程序说明①
            allow = citys_index(allow_index);        % 待访问的城市集合
            P = allow;
            % 计算城市间转移概率
            for k = 1:length(allow)
                P(k) = Tau(tabu(end),allow(k))^alpha * Heu_F(tabu(end),allow(k))^beta;
            end
            P = P/sum(P);
            % 用轮盘赌法选择下一个访问的城市
            Pc = cumsum(P);                          % 参见程序说明②
            target_index = find(Pc >= rand);
            target = allow(target_index(1));
            Table(i,j) = target;
        end
    end
    % 计算各个蚂蚁的路径距离
    Length = zeros(m,1);
    for i = 1:m
        Route = Table(i,:);
        for j = 1:(n - 1)
            Length(i) = Length(i) + D(Route(j),Route(j + 1));
        end
        Length(i) = Length(i) + D(Route(n),Route(1));
    end
    % 计算最短路径距离及平均距离
    if iter == 1
        [min_Length,min_index] = min(Length);
        Length_best(iter) = min_Length;
        Length_ave(iter) = mean(Length);
        Route_best(iter,:) = Table(min_index,:);
        Limit_iter = 1;

    else
        [min_Length,min_index] = min(Length);
        Length_best(iter) = min(Length_best(iter - 1),min_Length);
        Length_ave(iter) = mean(Length);
        if Length_best(iter) == min_Length
            Route_best(iter,:) = Table(min_index,:);
            Limit_iter = iter;
        else
            Route_best(iter,:) = Route_best((iter - 1),:);
```

```
            end
        end
        % 更新信息素
        Delta_Tau = zeros(n,n);
        % 逐个蚂蚁计算
        for i = 1:m
            % 逐个城市计算
            for j = 1:(n - 1)
                Delta_Tau(Table(i,j),Table(i,j+1)) = Delta_Tau(Table(i,j),Table(i,j+1)) + Q/Length(i);
            end
            Delta_Tau(Table(i,n),Table(i,1)) = Delta_Tau(Table(i,n),Table(i,1)) + Q/Length(i);
        end
        Tau = (1 - vol) * Tau + Delta_Tau;
        % 迭代次数加 1,清空路径记录表
        iter = iter + 1;
        Table = zeros(m,n);
end
% ------------------------------------------------------------
%% 结果显示
[Shortest_Length,index] = min(Length_best);
Shortest_Route = Route_best(index,:);
Time_Cost = etime(clock,t0);
disp(['最短距离:' num2str(Shortest_Length)]);
disp(['最短路径:' num2str([Shortest_Route Shortest_Route(1)])]);
disp(['收敛迭代次数:' num2str(Limit_iter)]);
disp(['程序执行时间:' num2str(Time_Cost) '秒']);
% ------------------------------------------------------------
%% 绘图
figure(1)
plot([citys(Shortest_Route,1);citys(Shortest_Route(1),1)],...
    [citys(Shortest_Route,2);citys(Shortest_Route(1),2)],'o-');
grid on
for i = 1:size(citys,1)
    text(citys(i,1),citys(i,2),['  ' num2str(i)]);
end
text(citys(Shortest_Route(1),1),citys(Shortest_Route(1),2),'起点');
text(citys(Shortest_Route(end),1),citys(Shortest_Route(end),2),'终点');
xlabel('城市位置横坐标')
ylabel('城市位置纵坐标')
title(['ACA 最优化路径(最短距离:' num2str(Shortest_Length) ')'])
figure(2)
plot(1:iter_max,Length_best,'b')
legend('最短距离')
xlabel('迭代次数')
ylabel('距离')
title('算法收敛轨迹')
% ------------------------------------------------------------
```

程序说明:

① ismember 函数用于判断一个变量中的元素是否在另一个变量中出现,返回 0-1 矩阵;

② cumsum 函数用于求变量中累加元素的和,如果 A=[1, 2, 3, 4, 5],则 cumsum(A)= [1, 3, 6, 10, 15]。

9.2.4 程序执行结果与分析

运行程序后可以很快得到结果,其中的一次执行结果如下:

```
最短距离:7681.4537
最短路径:42   7   2  30  23  20  50  16  29  46  44  34  35  36  39  40  38  37  48  24   5  15   6
4  25  12  28  27  26  47  13  14  52  11  51  33  43  10   9   8  41  19  45  32  49   1  22  31  18   3
17  21  42
收敛迭代次数:40
程序执行时间:48.5 秒
```

　　程序的结果报告中除给出了最短距离和最短路径,还给出了评价程序运行性能的收敛迭代次数和程序执行时间。根据这些指标就可以调整算法中的参数,以达到更好的效果。程序还自动绘制了最优路径线路图(见图 9-3)和算法收敛轨迹图(见图 9-4),这样,就可以更直观地看出程序结果和收敛特征。

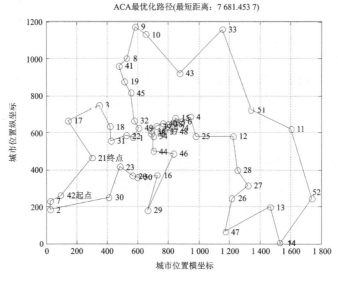

图 9-3　最优路径线路图

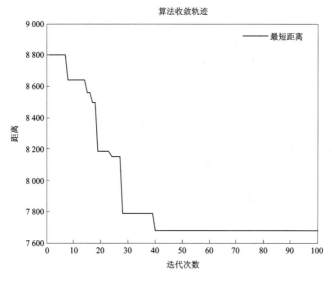

图 9-4　算法收敛轨迹图

9.3　算法关键参数的设定

9.3.1　参数设定的准则

通过对蚁群算法原理和程序的学习,我们大致可以感受到蚁群算法的特点。特点之一是,蚁群在寻优过程中,带有一定的随机性,这种随机性主要体现在初始城市(出发点)的选择上。蚁群算法正是通过这个初始点的选择将全局寻优慢慢转化为局部寻优。蚁群算法参数设定的关键是在"全局"与"局部"之间建立一个平衡点。既要使得蚁群算法的搜索空间尽可能大,以寻找可能存在的最优解的解区间;同时,又要充分利用蚁群当前留下的有效信息,以较大的概率尽快收敛到近似的全局最优。

目前蚁群算法中的参数设定尚无严格的理论依据,难以用解析法确定最佳组合,但可以通过实验来研究算法的寻优规律,从而确定相对合理的参数组合。其实,由于现实事物的复杂性,用严格的解析数学往往很难描述真实的现实世界。这时我们不妨考虑用比较经典的实验法来研究算法的参数设定,因为在近代科学发展史上,有很多伟大的发现都是通过实验法得到的。

一般来讲,这类智能算法的参数设定遵照以下基本准则:

① 尽可能在全局上搜索最优解,以保证解的最优性;

② 算法尽快收敛,以节省寻优时间;

③ 尽量反映客观存在的规律,以保证这种仿生算法的真实性。

9.3.2　蚂蚁数量

在蚁群算法中,M 表示城市数量,m 表示蚂蚁数量,而 m 的确定是非常重要的。m 过大,会使被搜索过的路径上的信息素量变化趋于平均,正反馈作用减弱,导致收敛速度减慢;反之,在处理较大规模问题时,易使未被搜索到的路径信息素量减小到 0,使程序过早出现停滞现象,以致解的全局优化性降低。这里我们通过实验来研究 m 对最短路程、收敛迭代次数(程序开始收敛时的迭代次数,可由算法收敛轨迹图形很容易判断出)和程序执行时间等关键指标的影响,如表 9-2 所列。实验发现,即使参数完全相同,每次程序的运行结果也都不同。这种不同主要体现在最短路程和收敛迭代次数上,也说明了算法的随机寻优性。程序执行时间与蚂蚁数有显著关系,当蚂蚁数确定后,程序执行时间基本确定。对于这三组实验,它们的参数相同,执行时间也基本一致,所以我们只采集其中一组的程序执行时间。

表 9-2　蚂蚁数与最短路程、收敛迭代次数、程序执行时间关系的实验数据

m/M	蚂蚁数 m	最短路程				收敛迭代次数				时间/s
		实验 1	实验 2	实验 3	平均	实验 1	实验 2	实验 3	平均	
0.6	31	7 727	7 549	7 681	7 652	60	65	68	64	21
0.8	42	7 681	7 681	7 791	7 718	72	72	34	59	27
1	52	7 742	7 681	7 708	7 710	50	98	52	67	33
1.2	62	7 847	7 769	7 663	7 760	60	48	72	60	39

续表 9 - 2

m/M	蚂蚁数 m	最短路程				收敛迭代次数				时间/s
		实验 1	实验 2	实验 3	平均	实验 1	实验 2	实验 3	平均	
1.4	73	7 677	7 681	7 663	7 674	32	40	71	48	46
1.6	83	7 677	7 729	7 681	7 696	42	63	93	66	52
1.8	94	7 681	7 681	7 663	7 675	74	45	46	55	58
2	104	7 681	7 681	7 681	7 681	83	100	59	81	66

注：其他参数有 alpha＝1，beta＝5，vol＝0.2，Q＝10。

为了更直观地分析蚂蚁数对程序的影响，将这些数据用图形来描述。在此，顺便复习一下 MATLAB 的绘图技术，具体实现代码如下：

```
% %绘制蚁群算法中蚂蚁数与最短路程、收敛迭代次数、程序执行时间关系图
% %准备环境与数据
clc
clear all

%输入数据
R = [0.6 0.81 1.2 1.4 1.6 1.8 2];
Y1 = [7652 7718 7710 7760 7674 7696 7675 7681];
Y2 = [64 59 67 60 48 66 55 81];
Y3 = [21 27 33 39 46 52 58 66];

% %绘图
set(gca,'linewidth',2)
%与最短路程关系图
subplot(3,1,1);
plot(R,Y1, '-r*', 'LineWidth', 2);
set(gca,'linewidth',2);
xlabel('蚂蚁数与城市数之比');
ylabel('最短路程');
title('蚂蚁数与最短路程关系图','fontsize',12);
% legend('最短路程');

%与收敛迭代次数关系
subplot(3,1,2);
plot(R,Y2, '--bs', 'LineWidth', 2);
set(gca,'linewidth',2);
xlabel('蚂蚁数与城市数之比','LineWidth', 2);
ylabel('收敛迭代次数','LineWidth', 2);
title('蚂蚁数与收敛迭代次数关系图','fontsize',12);
% legend('收敛迭代次数');

%与程序执行时间关系
subplot(3,1,3);
plot(R,Y3, '-ko', 'LineWidth', 2);
set(gca,'linewidth',2);
xlabel('蚂蚁数与城市数之比');
ylabel('执行时间');
title('蚂蚁数与执行时间关系图','fontsize',12);
% legend('执行时间');
```

运行以上程序，可以得到图 9 - 5 所示的关系图。此处，类似于一个多目标规划问题。我们希望三个指标越小越好，所以根据该图，可以直观地判断出 m/M 约为 1.5 时，比较合理。这个结论与相关文献的结论也基本一致，所以在时间等资源条件紧迫的情况下，蚂蚁数设定为

城市数的 1.5 倍较稳妥。

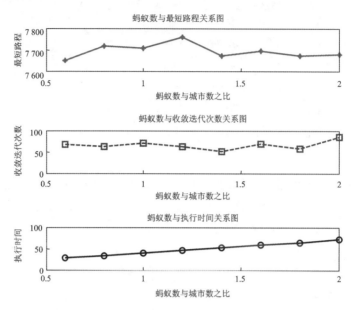

图 9 - 5　蚂蚁数与最短路程、收敛迭代次数、程序执行时间的关系图

9.3.3　信息素因子

　　研究其他参数对算法指标的影响同样可以采用以上实验方法,然后确定各参数的合理取值,具体实验过程这里不再赘述,只将一些主要结论总结出来,建议时间富裕的读者可以根据以上的实验方法来研究其他参数的取值。

　　信息素因子 α 反映了蚂蚁在运动过程中所积累的信息量在指导蚁群搜索中的相对重要程度。其值越大,蚂蚁选择以前走过路径的可能性就越大,搜索的随机性就会减弱;其值越小,则等同于贪婪算法,易使蚁群的搜索过早陷入局部最优。实验研究发现,当 $\alpha \in [1,4]$ 时,综合求解性能较好。

9.3.4　启发函数因子

　　启发函数因子 β,反映了启发式信息在指导蚁群搜索过程中的相对重要程度,其大小反映了蚁群寻优过程中先验性、确定性因素的作用强弱。β 过大时,蚂蚁在某个局部点上选择局优的可能性就大,虽然收敛速度加快,但搜索全优的随机性减弱,易于陷入局部最优过程。β 过小,蚂蚁群体陷入纯粹的随机搜索,很难找到最优解。实验研究发现,当 $\beta \in [3,4.5]$ 时,综合求解性能较好。

9.3.5　信息素挥发因子

　　信息素挥发因子 ρ 描述信息素的消失水平,而 $1-\rho$ 则为信息素残留因子,描述信息素的保持水平。ρ 值关系到蚁群算法的全局搜索能力及收敛速度,$1-\rho$ 则反映蚂蚁之间个体相互影响的强弱。由于 ρ 的存在,问题规模较大会使从未被搜索的路径的信息素量减小至 0,降低全局搜索能力,并且当 ρ 过大时,重复搜索的可能性也大,进而影响随机性和全局搜索能力;当 ρ 过小时,并且当收敛速度会降低。实验研究发现,当 $\rho \in [0.2,0.5]$ 时,综合求解性能较好。

9.3.6　信息素常数

常数 Q 为信息素强度,表示蚂蚁循环一周释放在路径上的信息素总量,其作用是充分利用有向图上的全局信息反馈量,使算法在正反馈机制作用下以合理的演化速度搜索到全局最优解。Q 越大,蚂蚁在已遍历路径上的信息素累积就越快,就越有助于快速收敛。

Q 越大,信息素收敛速度越快。当 Q 过大时,虽然收敛速度较快,但算法易陷入局优,性能也不稳定;当 Q 过小时,会影响算法收敛速度。实验研究发现,当 $Q \in [10, 1\,000]$ 时,综合性能较好。

9.3.7　最大迭代次数

最大迭代次数 iter_max 控制算法的迭代次数。其值过小,可能导致算法还没收敛,程序就已经结束了;其值过大,则会导致资源浪费。从前面的程序来看,ASA 算法一般经过 50～100 次的迭代后收敛,所以,最大迭代次数可以取 100～500。一般来讲,建议先取 200,执行程序后,查看算法收敛轨迹,由此判断比较合理的最大迭代次数取值。

9.3.8　组合参数设计策略

由于 ACA 算法中涉及上述参数,而且这些参数对程序的运行性能都有一定的影响,因此,设计一组较合适的参数组合对程序来说非常重要。通常,可以按照以下策略进行参数的组合设定:

① 确定蚂蚁数目,蚂蚁数目与城市规模之比约为 1.5;

② 参数粗调,即调整取值范围较大的 α、β、Q;

③ 参数微调,即调整取值范围较小的 ρ。

9.4　应用实例:最佳旅游方案(五一联赛 2011B)

9.4.1　问题描述

随着人们的生活不断提高,旅游已成为提高人们生活质量的重要活动。江苏徐州有一位旅游爱好者打算当年的 5 月 1 日早上 8 点之后出发,到全国一些著名景点旅游,最后回到徐州。由于跟团旅游会受到若干限制,他打算自己作为背包客出游。他预选了 10 个省市的旅游景点,如表 9-3 所列。

假设:

① 城际交通出行可以乘火车(含高铁)、长途汽车或飞机(不允许包车或包机),车票或机票均可预订到。

② 市内交通出行可乘公交车(含专线大巴、小巴)、地铁或出租车。

③ 旅游费用以网上公布为准,具体包括交通费、住宿费、景点门票(第一门票)。晚上 20:00 至次日早晨 7:00 之间,如果在某地停留超过 6 小时,必须住宿,住宿费不超过 200 元/天。吃饭等其他费用 60 元/天。

④ 假设景点的开放时间为 8:00 至 18:00。

表 9 - 3   旅游景点信息表

省 市	景点名称	在景点的最短停留时间/h
江苏	常州市恐龙园	4
山东	青岛市崂山	6
北京	八达岭长城	3
山西	祁县乔家大院	3
河南	洛阳市龙门石窟	3
安徽	黄山市黄山	7
湖北	武汉市黄鹤楼	2
陕西	西安市秦始皇兵马俑	2
江西	九江市庐山	7
浙江	舟山市普陀山	6

问题：

根据上述要求，针对如下几种情况，为该旅游爱好者设计详细的行程表，该行程表应包括具体的交通信息（车次、航班号、起止时间、票价等）、宾馆地点和名称、门票费用，以及在景点的停留时间等信息。

① 如果时间不限，游客将 10 个景点全游览完，至少需要多少旅游费用？请建立相关数学模型并设计旅游行程表。

② 如果旅游费用不限，游客将 10 个景点全游览完，至少需要多少时间？请建立相关数学模型并设计旅游行程表。

③ 如果这位游客准备 2 000 元旅游费用，想尽可能多地游览景点，请建立相关数学模型并设计旅游行程表。

④ 如果这位游客只有 5 天的时间，想尽可能多地游览景点，请建立相关数学模型并设计旅游行程表。

⑤ 如果这位游客只有 5 天的时间和 2 000 元的旅游费用，想尽可能多地游览景点，请建立相关数学模型并设计旅游行程表。

9.4.2   问题的求解和结果

本例是一个非常有现实意义的题目，初步判断，与 TSP 问题十分相似，但各子问题又有不同的要求。仔细分析后发现，这些问题可以很容易转化为 TSP 问题，也就是说，可以用蚁群算法进行求解。下面我们以问题①的求解为例解释如何将实际问题转化为 TSP 问题，然后再利用蚁群算法进行求解。

问题①要求旅游费用最少，根据实际情况，我们可以假设到各旅游景点后的所有花费为定值，而影响旅游花费变化的只有变更城市（景点）所产生的交通费用。于是问题就转化为求使整个行程交通费用最小的旅游方案了。

不妨假设在更换城市的过程中，所有交通工具（飞机、列车和长途汽车）都选择费用最低的方式，然后利用网络查询各城市到其他城市的最少交通费用，如表 9 - 4 所列。该表中的数据正好相当于 TSP 问题中的城市距离矩阵，于是对前面的程序稍作修改即可得到该问题的解决方案。

表 9 - 4 旅游景点间的最少交通费用
元

城　　市	徐州	常州	青岛	北京	祁县	洛阳	黄山	武汉	西安	九江	舟山
徐州	0	470	410	390	400	410	450	350	340	520	600
常州	60	0	490	430	460	500	420	410	450	600	570
青岛	70	560	0	420	310	500	540	630	450	740	810
北京	100	550	470	0	380	430	530	460	430	580	790
祁县	110	580	370	390	0	470	520	390	320	580	650
洛阳	30	530	470	350	380	0	470	370	310	490	610
黄山	100	480	530	480	460	500	0	440	420	480	530
武汉	40	510	660	440	370	440	480	0	410	500	540
西安	60	570	510	440	330	410	490	440	0	510	650
九江	90	580	650	440	440	440	400	380	360	0	550
舟山	140	520	690	630	480	530	420	390	470	520	0

具体需要修改的程序如下：

```
% 导入数据
citys = xlsread('D:\Matab_work\Ch8_spots_data.xlsx', 'B2:L12');
% --------------------------------------------------------------
% % 计算城市间相互距离
n = size(citys,1);
D = zeros(n,n);
for i = 1:n
    for j = 1:n
        if i ～ = j
            D(i,j) = citys(i,j);
        else
            D(i,j) = 1e - 4;           % 设定的对角矩阵修正值
        end
    end
end
% --------------------------------------------------------------
% % 初始化参数
m = 15;                              % 蚂蚁数量
```

上述程序我们只做了几点修改，其他基本没变，运行程序后可以很快得到旅游方案的数据结果：

```
最短距离：4240
最短路径：1  8  10  7  11  2  4  6  9  5  3  1
收敛迭代次数：90
程序执行时间：3.516 秒
```

由于程序中的 citys 变量此时已经没有什么意义了，因此只绘制了图 9 - 6 所示的算法收敛轨迹图。

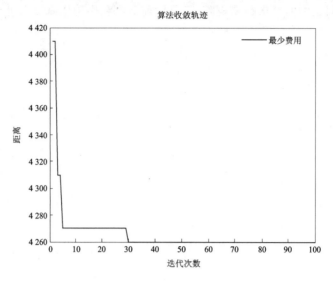

图 9 - 6　求最少旅游费用时的算法收敛轨迹图

9.5　本章小结

根据蚁群算法的基本思想及求解 TSP 的模型和流程,不难发现,蚁群算法有以下几个特点:

① 就算法的性质而言,蚁群算法也是在寻找一个比较好的局部最优解,而不是强求全局最优解。

② 开始时算法收敛速度较快,但随后在寻优过程中,迭代一定次数后,容易出现停滞现象。

③ 蚁群算法对 TSP 及相似问题具有良好的适应性,无论城市数目大还是小,都能进行有效的求解,而且求解速度相对较快。

④ 用蚁群算法求解稳定性较差,即使参数不变,每次运行程序都有可能得到不同的解,为此需要多运行几次以找到最佳的解。

⑤ 蚁群算法中需要设定多个参数,而且这些参数对程序又都有一定的影响,所以选择合适的参数组合在算法设计过程中也非常重要。好在这些参数的设定有一定的规律,所以在实际算法设计中,可以根据我们的经验快速设定合理的算法参数。

参 考 文 献

[1] 马良,朱刚,宁爱兵.蚁群优化算法[M].北京:科学出版社,2007.

第 10 章

连续模型的 MATLAB 求解方法

连续模型是指模型是连续函数的一类模型的总称,具体建模方法主要是微分方程建模。微分方程建模是数学建模的重要方法,因为许多实际问题的数学描述最终都是求微分方程的定解问题。把形形色色的实际问题转化成求微分方程的定解问题,大体上有以下几步:

① 根据实际要求确定要研究的量(自变量、未知函数、必要的参数等)并确定坐标系。

② 找出这些量所满足的基本规律(物理的、几何的、化学的或生物学的,等等)。

③ 运用这些规律列出方程和定解条件。

MATLAB 在微分模型建模过程中的主要作用是求微分方程的解析解,将微分方程转化为一般的函数形式。另外,微分方程建模一定要做数值模拟,即根据方程的表达形式给出变量间关系的图形,做数值模拟也需要用 MATLAB 来实现。

微分方程的形式多样,微分方程的求解也是根据不同的形式采用不同的方法,在建模比赛中,常用的方法有三种:

① 用 dsolve 求解常见的微分方程解析解;

② 用 ODE 家族的求解器求解数值解;

③ 使用专用的求解器求解。

10.1 MATLAB 中一般微分方程的求解

10.1.1 MATLAB 中微分方程的表达方法

微分方程在 MATLAB 中有固定的表达方式,这些基本的表达方式如表 10-1 所列。

表 10-1 MATLAB 中微分方程的基本表达方式

MATLAB 中微分方程的函数名	功能描述
Dy	表示 y 关于自变量的一阶导数
D2y	表示 y 关于自变量的二阶导数
dsolve('equ1','equ2',…)	表示求微分方程的解析解,其中 equ1、equ2 表示为方程(或条件)
simplify(s)	表示对 s(表达式)使用 maple 的化简规则进行化简

续表 10 - 1

MATLAB 中微分方程的函数名	功能描述
$[r, how] = simple(s)$	simple 命令表示对 s（表达式）用各种规则进行化简，然后用 r 返回最简形式；how 表示返回形成这种形式所用的规则
$[T, Y] = solver(odefun, tspan, y0)$	表示求微分方程的数值解。其中，solver 为 ode45、ode23、ode113、ode15s、ode23s、ode23t、ode23tb 命令之一；odefun 表示显式常微分方程$\left(\text{例如}\begin{cases}\dfrac{dy}{dt} = f(t, y)\\ y(t_0) = y_0\end{cases}\right)$在积分区间 tspan（即从 t_0 到 t_f）用初始条件 y0 求解，要想获得问题在其他指定时间点（例如 $t_0, t_1, t_2, \cdots$）上的解，则令 tspan $=[t_0, t_1, t_2, \cdots, t_f]$（要求是单调的）
$ezplot(x, y, [tmin, tmax])$	符号函数的作图命令。其中，x、y 表示关于参数 t 的符号函数；$[tmin, tmax]$ 为 t 的取值范围

10.1.2　一般微分方程的求解实例

对于一般的微分方程，需要先求解析解，而 dsolve 是首选的求解器，因为 dsolve 可以求解析解。

【例 10 - 1】　求微分方程 $xy' + y - e^x = 0$ 在初始条件 $y(1) = 2e$ 下的特解，并画出解函数的图形。

解　具体实现代码如下：

```
syms x y
y = dsolve('x * Dy + y - exp(x) = 0','y(1) = 2 * exp(1)','x')
ezplot(y)
```

微分方程的特解如下：

```
y = 1/x * exp(x) + 1/x *  exp (1)
```

其数学表达式为 $y = \dfrac{e + e^x}{x}$。图 10 - 1 所示为函数的图形。

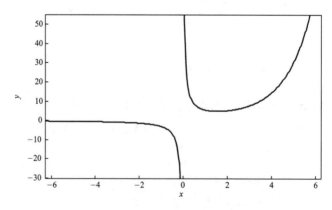

图 10 - 1　y 关于 x 的函数图形

10.2　ODE 家族求解器

10.2.1　ODE 求解器的分类

如果微分方程的解析解求不出来,那么退而求其次的办法是求数值解,这时 ODE 家族的求解器就用上了。

因为没有一种算法可以有效地解决所有的 ODE 问题,所以 MATLAB 提供了多种求解器。对于不同的 ODE 问题,采用不同的求解器。MATLAB 中常用 ODE 求解器及特点说明如表 10-2 所列。

表 10-2　MATLAB 中常用 ODE 求解器及特点说明

求解器	ODE 类型	特　点	说　明
ode45	非刚性	单步算法;四、五阶龙格-库塔方程;累计截断误差达 $(\Delta x)^3$	大部分场合的首选算法
ode23	非刚性	单步算法;二、三阶龙格-库塔方程;累计截断误差达 $(\Delta x)^3$	精度较低的情形
ode113	非刚性	多步法;Adams 算法;高、低精度均可达到 $10^{-3} \sim 10^{-6}$	计算时间比 ode45 短
ode23t	适度刚性	梯形算法	适度刚性的情形
ode15s	刚性	多步法;Gear's 反向数值微分;中等精度	ode45 失效时可尝试使用
ode23s	刚性	单步算法;二阶 Rosebrock 算法;精度低	当精度较低时,计算时间比 ode15s 短
ode23tb	刚性	梯形算法;低精度	当精度较低时,计算时间比 ode15s 短

ode23、ode45 是极其常用的 MATLAB 求解器,尤其是求非刚性标准形式一阶常微分方程(组)初值问题的解。

- ode23 采用龙格-库塔二阶算法,用三阶公式作误差估计来调节步长,精度低;
- ode45 采用龙格-库塔四阶算法,用五阶公式作误差估计来调节步长,具有中等精度。

10.2.2　ODE 求解器应用实例

【例 10-2】　导弹追踪问题。设位于坐标原点的甲舰向位于 x 轴上点 $A(1,0)$ 处的乙舰发射导弹,导弹头始终对准乙舰。如果乙舰以最大的速度 v_0(是常数)沿平行于 y 轴的直线行驶,导弹的速度是 $5v_0$,求导弹运行的曲线方程,以及乙舰行驶多远时导弹将它击中?

解　令导弹的速度为 w,乙舰的速率恒为 v_0。设时刻 t 乙舰的坐标为 $(X(t),Y(t))$,导弹的坐标为 $(x(t),y(t))$。在零时刻,$(X(0),Y(0))=(1,0)$,$(x(0),y(0))=(0,0)$,建立微分方程模型:

$$\begin{cases} \dfrac{\mathrm{d}x}{\mathrm{d}t} = \dfrac{w}{\sqrt{(X-x)^2+(Y-y)^2}}(X-x) \\ \dfrac{\mathrm{d}y}{\mathrm{d}t} = \dfrac{w}{\sqrt{(X-x)^2+(Y-y)^2}}(Y-y) \end{cases}$$

因乙舰以速度 v_0 沿直线 $x=1$ 运动,设 $v_0=1,w=5,X=1,Y=t$,因此导弹运动轨迹的参数方程为

$$
\begin{cases}
\dfrac{\mathrm{d}x}{\mathrm{d}t} = \dfrac{5}{\sqrt{(1-x)^2+(t-y)^2}}(1-x) \\[2mm]
\dfrac{\mathrm{d}y}{\mathrm{d}t} = \dfrac{5}{\sqrt{(1-x)^2+(t-y)^2}}(t-y) \\[2mm]
x(0)=0,y(0)=0
\end{cases}
$$

用 MATLAB 求数值解,具体实现代码如下:

```
% 定义方程的函数形式
function dy = eq2(t,y)
dy = zeros(2,1);
dy(1) = 5 * (1 - y(1))/sqrt((1 - y(1))^2 + (t - y(2))^2);
dy(2) = 5 * (t - y(2))/sqrt((1 - y(1))^2 + (t - y(2))^2);

% 求解微分方程的数值解
t0 = 0,tf = 0.21;
[t,y] = ode45('eq2',[t0 tf],[00]);
X = 1;Y = 0:0.001:0.21;plot(X,Y,' - ')
plot(y(:,1),y(:,2),' * '),hold on
x = 0:0.01:1;y = - 5 * (1 - x).^(4/5)/8 + 5 * (1 - x).^(6/5)/12 + 5/24;
plot(x,y,'r')
```

运行以上程序可得到图 10 - 2 所示。

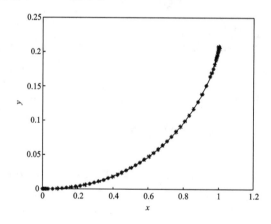

图 10 - 2　导弹拦截路径图

10.3　专用求解器

比较特殊且复杂的微分方程模型的求解,可以借助 MATLAB 偏微分方程工具箱中的专用求解器。下面介绍如何借助偏微分方程工具箱求解微分方程及数值仿真。

研究对象是一个二阶波的方程:

$$
\frac{\partial^2 u}{\partial t^2} - \nabla \cdot \nabla u = 0
$$

此时需要查看一下 MATLAB 中哪个函数能求解类似的方程,比如 solvepde 函数,可以求解以下方程形式:

$$m\frac{\partial^2 u}{\partial t^2} - \nabla \cdot (c\nabla u) + au = f$$

可以发现,只要通过参数设定,就可以将所要求解的方程转化成这种标准形式。
具体实现代码如下:

```
% 设置参数
c = 1;
a = 0;
f = 0;
m = 1;

% 定义波的空间位置
numberOfPDE = 1;
model = createpde(numberOfPDE);
geometryFromEdges(model,@squareg);
pdegplot(model,'EdgeLabels','on');          % 绘制图 10 - 3
ylim([-1.1 1.1]);
axis equal
title 'Geometry With Edge Labels Displayed';
xlabel x
ylabel y
```

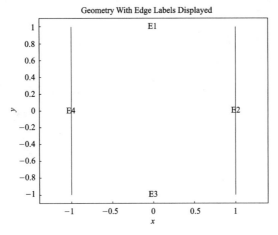

图 10 - 3　空间位置边界

```
% 定义微分方程模型的系数和边界条件
specifyCoefficients(model,'m',m,'d',0,'c',c,'a',a,'f',f);
applyBoundaryCondition(model,'dirichlet','Edge',[2,4],'u',0);
applyBoundaryCondition(model,'neumann','Edge',([1 3]),'g',0);

% 定义该问题的有限元网格
generateMesh(model);
figure
pdemesh(model);
ylim([-1.1 1.1]);                   % 绘制图 10 - 4
axis equal
xlabel x
ylabel y
% 定义初始条件
u0 = @(location) atan(cos(pi/2 * location.x));
ut0 = @(location) 3 * sin(pi * location.x). * exp(sin(pi/2 * location.y));
setInitialConditions(model,u0,ut0);

% 求解方程
```

```
n = 31;%求解次数
tlist = linspace(0,5,n);
model.SolverOptions.ReportStatistics ='on';
result = solvepde(model,tlist);
u = result.NodalSolution;

% 模型的数值仿真
figure
umax = max(max(u));
umin = min(min(u));
for i = 1:n
    pdeplot(model,'XYData',u(:,i),'ZData',u(:,i),'ZStyle','continuous',...
            'Mesh','off','XYGrid','on','ColorBar','off');    % 绘制图 10－5
    axis([-1 1 -1 1 umin umax]);
    caxis([umin umax]);
    xlabel x
    ylabel y
    zlabel u
    M(i) = getframe;
end
```

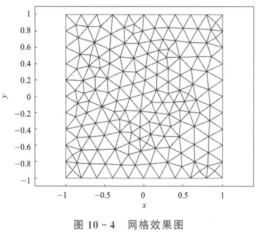

图 10－4　网格效果图

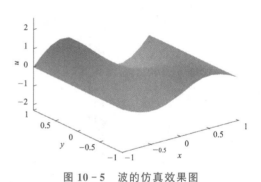

图 10－5　波的仿真效果图

10.4　本章小结

　　连续模型也是一种基础模型,在数学建模中,有时整个问题都是连续模型,有时只是局部用到连续模型,比如 2002 年的彩票中的数学,整个问题属于优化问题,但在构建心理曲线的时候,就用到了连续模型。对于连续模型,先根据变量的内在联系建立微分方程或差分方程,推导出方程的形式,再用 MATLAB 求解其中的数值或进一步的解析形式,最后再进行数值仿真。这是此类问题求解的一般步骤。尤其要重视数值仿真,数值仿真会有助于检验模型的正确性,进而反向促进模型的提升。关于 MATLAB 连续模型的求解,一般要掌握最常用的求解器,如 ode45,通过求解器熟悉这类函数中的参数含义,即使用其他求解器,也能快速适用。

参考文献

[1] 姜启源,谢金星,叶俊. 数学模型[M].4 版.北京:高等教育出版社,2011.

第 11 章

评价型模型的 MATLAB 求解方法

本章主要介绍评价型模型的 MATLAB 求解方法。首先，构成评价型模型的五个要素分别为被评价对象、评价指标、权重系数、综合评价模型和评价者。当各被评价对象和评价指标值都确定以后，问题的综合评价结果就完全依赖于权重系数的取值了，即权重系数的确定合理与否，直接关系到综合评价结果的可信度，甚至影响到最后决策的正确性。而 MATLAB 在评价型模型建模过程中的作用，主要是指标筛选、数据预处理（如数据标准化、归一化等）和权重的计算，最重要的还是权重的计算。

权重计算主要有两种方法：一是线性加权法；二是层次分析法。下面将介绍这两种方法的 MATLAB 实现过程。

11.1　线性加权法

线性加权法的适用条件是各评价指标之间相互独立，这样就可以利用多元线性回归方法得到各指标对应的系数。下面介绍如何用 MATLAB 实现具体的计算过程。

【例 11 - 1】　评价对象是股票，已知一些股票的指标和历史表现（可参考配套程序中的数据表格），标记为 1 的表示上涨股票，标记为 0 的表示一般股票，标记为 -1 的表示下跌股票。根据已知数据建立股票的评价模型，这样就可以利用模型评价新的股票了。

具体实现步骤如下：

（1）导入数据

```
clc, clear all, close all
s = dataset('xlsfile', 'SampleA1.xlsx');
```

（2）多元线性回归

导入数据后可以先建立一个多元线性回归模型，代码如下：

```
myFit = LinearModel.fit(s);
disp(myFit)
sx = s(:,1:10);
sy = s(:,11);
n = 1:size(s,1);
sy1 = predict(myFit,sx);
figure
plot(n,sy, 'ob', n, sy1,'* r')
xlabel('样本编号', 'fontsize',12)
ylabel('综合得分', 'fontsize',12)
title('多元线性回归模型', 'fontsize',12)
set(gca, 'linewidth',2)
```

运行以上程序,可得到模型及其参数:

```
Linear regression model:
    eva ~ 1 + dv1 + dv2 + dv3 + dv4 + dv5 + dv6 + dv7 + dv8 + dv9 + dv10

Estimated Coefficients:
                    Estimate        SE          tStat        pValue
                   _____    _____    _____    _____

    (Intercept)       0.13242      0.035478       3.7324      0.00019329
    dv1            - 0.092989      0.0039402     - 23.6       7.1553e - 113
    dv2             0.0013282      0.0010889      1.2198      0.22264
    dv3            6.4786e - 05    0.00020447     0.31685     0.75138
    dv4            - 0.16674       0.06487      - 2.5703      0.01021
    dv5            - 0.18008       0.022895     - 7.8656      5.1261e - 15
    dv6            - 0.50725       0.043686     - 11.611      1.6693e - 30
    dv7            - 3.1872        1.1358       - 2.8062      0.0050462
    dv8             0.033315       0.084957      0.39214      0.69498
    dv9            - 0.028369      0.093847     - 0.30229     0.76245
    dv10           - 0.13413       0.010884     - 12.324      4.6577e - 34

R - squared: 0.819,   Adjusted R - Squared 0.818
F - statistic vs. constant model: 1.32e + 03, p - value = 0
```

利用多元线性回归模型对原始数据进行预测,得到图 11 - 1 所示的股票综合得分。可以看出,尽管这些数据存在一定偏差,但三个簇的分层非常明显,说明模型在刻画历史数据方面具有较高的准确度。

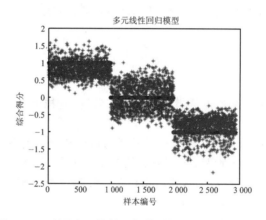

图 11 - 1　利用多元线性回归模型得到股票综合得分图

(3)逐步回归

上述方法是对所有变量进行回归,也可以使用逐步回归方法筛选因子,以得到优选因子后的模型。代码如下:

```
myFit2 = LinearModel.stepwise(s);
disp(myFit2)
sy2 = predict(myFit2,sx);
figure
plot(n,sy, 'ob', n, sy2,' * r')
xlabel('样本编号', 'fontsize',12)
ylabel('综合得分 ', 'fontsize',12)
title('逐步回归模型 ', 'fontsize',12)
set(gca, 'linewidth',2)
```

运行以上程序,可得到模型及其参数:

```
Linear regression model:
    eva ~ 1 + dv7 + dv1 * dv5 + dv1 * dv10 + dv5 * dv10 + dv6 * dv10

Estimated Coefficients:
                 Estimate        SE           tStat        pValue
                 _____    _____    _____    _____
    (Intercept)   0.032319     0.01043        3.0987        0.0019621
    dv1          - 0.099059    0.0037661    - 26.303        4.6946e - 137
    dv5          - 0.11262     0.023316     - 4.8301        1.4345e - 06
    dv6          - 0.56329     0.037063     - 15.198        2.864e - 50
    dv7          - 3.2959      1.0714       - 3.0763        0.0021155
    dv10         - 0.14693     0.010955     - 13.412        7.5612e - 40
    dv1:dv5        0.018691    0.0053933      3.4656        0.00053673
    dv1:dv10       0.010822    0.0019104      5.665         1.6127e - 08
    dv5:dv10     - 0.1332      0.021543     - 6.183         7.1632e - 10
    dv6:dv10       0.10062     0.027651       3.639         0.00027845

R - squared: 0.824,   Adjusted R - Squared 0.823
F - statistic vs. constant model: 1.52e + 03, p - value = 0
```

可以看出,利用逐步回归方法得到的模型少了 5 个单一因子,多了 5 个组合因子,模型的决定系数提高了一些,这说明逐步回归得到的模型精度更高一些,影响因子更少一些,这对于分析模型本身是非常有帮助的,尤其是在剔除因子方面。

利用逐步回归模型对原始数据进行预测,得到图 11 - 2 所示的股票综合得分,总体趋势与图 11 - 1 相似。

以上是用线性加权法构建评价型模型,其程序框架对绝大多数的此类问题都可以直

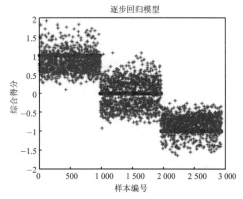

图 11 - 2　逐步回归模型得到的股票综合得分图

接应用,其核心是要构建评价的指标体系,这是建模的基本功。总的来说,线性加权法的特点是:

① 该方法能使各评价指标的作用得到线性补偿,保证综合评价指标的公平性;

② 该方法中权重系数对评价结果的影响明显,即权重较大的指标值对综合指标作用较大;

③ 该方法计算简便,可操作性强,便于推广使用。

11.2　层次分析法

层次分析法(Analytic Hierarchy Process,AHP)是美国运筹学家萨蒂(T. L. Saaty)等人20 世纪 70 年代初提出的一种决策方法。该方法是将半定性、半定量问题转化为定量问题的有效途径,并且将各种因素层次化,逐层比较多种关联因素,为分析和预测事物的发展提供可比较的定量依据。它特别适用于那些难以完全用定量进行分析的复杂问题,因此在资源分配、选优排序、政策分析、冲突求解以及决策预报等领域得到广泛应用。

层次分析法的本质是,根据人们对事物的认知特征将感性认识进行定量化的过程。人们在分析多个因素时,大脑很难同时梳理那么多的信息,而层次分析法的优势就是通过对因素归

纳、分层,并逐层分析和量化事物,以达到对复杂事物更准确的认识,从而帮助决策。

在数学建模中,层次分析法的应用场景比较多,归纳起来,主要有:

1) 评价、评判类的题目。这类题目可以直接用层次分析法来评价,例如奥运会的评价、彩票方案的评价、导师和学生的相互选择、建模论文的评价、城市空气质量分析等。

2) 资源分配和决策类的题目。这类题目可以转化为评价类的题目,然后按照层次分析法进行求解。例如,将一笔资金进行投资,有几个备选项目,那么如何投资分配最合理呢?这类题目还有比较典型的应用——方案的选择问题,比如旅游景点的选择、计算机的挑选、学校的选择、专业的选择等,这些都是层次分析法最经典的应用场景了。

3) 一些优化问题,尤其是多目标优化问题。对于一般的优化问题,目前已有成熟的方法求解。然而,这些优化问题一旦具有如下特性之一:① 问题中存在一些难以度量的因素,② 问题的结构在很大程度上依赖于决策者的经验,③ 问题的某些变量之间存在相关性,④ 需要加入决策者的经验、偏好等因素,就很难单纯依靠一个优化的数学模型来求解。求解这类问题,通常的做法是借助层次分析法将复杂的问题转化为典型的、便于求解的优化问题,比如多目标规划,借助层次分析法,确定各个目标的权重,从而将多目标规划问题转化为可以求解的单目标规划问题。

由于层次分析法的理论比较基础,很多书中都有详细的描述,这里重点关注如何用 MATLAB 实现层次分析法的过程。而层次分析法中需要 MATLAB 的地方主要就是将评判矩阵转化为因素的权重向量,因此这里只介绍如何用 MATLAB 来实现这一转化。

矩阵将评判矩阵转化为权重向量,通常的做法就是求解矩阵最大特征值和对应的向量。如果不用软件,可以采用一些简单的近似方法来求解,比如“和法”“根法”“幂法”。虽然这些方法简单但依然很繁琐,所以建模竞赛中建议还是采用软件来实现。用 MATLAB 来求解,我们不用担心具体的计算过程,MATLAB 便可以准确地求解出矩阵的特征值。需要注意的是,在将评判矩阵转化为权重向量的过程中,一般需要先判断评判矩阵的一致性,因为通过一致性检验的矩阵,得到的权重才更可靠。

下面通过实例说明如何应用 MATLAB 实现求解权重向量。具体程序如下:

```
% % AHP 权重向量计算 MATLAB 程序
% % 数据读入
clc
clear all
A = [1 2 6; 1/2 1 4; 1/6 1/4 1];% 评判矩阵
% % 一致性检验和权重向量计算
[n,n] = size(A);
[v,d] = eig(A);
r = d(1,1);
CI = (r - n)/(n - 1);
RI = [0 0 0.58 0.90 1.12 1.24 1.32 1.41 1.45 1.49 1.52 1.54 1.56 1.58 1.59];
CR = CI/RI(n);
if  CR < 0.10
    CR_Result = '通过';
  else
    CR_Result = '不通过';
end

% % 权重向量计算
w = v(:,1)/sum(v(:,1));
w = w';
```

```
% % 结果输出
disp('该评判矩阵权重向量计算报告:');
disp(['一致性指标:' num2str(CI)]);
disp(['一致性比例:' num2str(CR)]);
disp(['一致性检验结果:' CR_Result]);
disp(['特征值:' num2str(r)]);
disp(['权重向量:' num2str(w)]);
```

运行上述程序,可以得到以下结果:

```
该判断矩阵权重向量计算报告:
一致性指标:0.0046014
一致性比例:0.0079334
一致性检验结果:通过
特征值:3.0092
权重向量:0.58763      0.32339      0.088983
```

从上述程序来看,程序简单、明了,输出的内容非常全面,既有一致性检验,又有我们想要的权重向量。

应用这段程序时,只要将评判矩阵输入到程序中,其他地方都不需要修改就可以直接、准确地计算出对应的结果,所以这段程序在实际使用中非常灵活。

只要掌握了层析分析法的应用场景、应用过程,以及如何由评判矩阵得到权重向量,就可以灵活、方便地使用层次分析法解决实际问题了。

11.3　本章小结

本章介绍的加权法和层次分析法是比较常用的针对评价型问题的建模方法,对于同一个问题,这两种方法都适用。加权法更适合变量更具体的问题,而层次分析法更适合相对抽象的问题,比如景点的评价、奥运会综合影响力的评价等问题。

参考文献

[1] 姜启源,谢金星,叶俊. 数学模型[M].4 版.北京:高等教育出版社,2011.

第 12 章

MATLAB 机理建模方法

在数学建模中,如果遇到一个非典型的数学建模问题(非数据、优化、连续、评价),那么就需要用到机理建模方法。

机理建模是指根据对现实对象特性的认识,分析其因果关系,找出反映内部机理的规则,然后建立规则的数学模型。机理建模的经典案例有很多,比如万有引力公式的推导过程。

常见的机理建模有两类:一类是推导法机理建模,类似于微分方程建模,常用于动力学的建模过程,比如化学中的反应动力学,还有各种场的方程,比如压力场、热场方程等;另一类是包含一个或几个类别对象的复杂系统问题,常通过元胞自动机仿真法来进行机理建模。下面将介绍这两类机理建模的具体 MATLB 实现过程。

12.1 推导法机理建模

12.1.1 问题描述

某种医用薄膜具有允许一种物质的分子穿透它(从高浓度的溶液向低浓度的溶液扩散)的功能,在试制时需测定薄膜被这种分子穿透的能力。测定方法如下:用面积为 S 的薄膜将容器分隔成体积分别为 V_A、V_B 的两部分(见图 12 - 1),在两部分中分别注满同一种物质不同浓度的溶液。此时该物质分子就会从高浓度溶液穿过薄膜向低浓度溶液中扩散。已知通过单位面积薄膜分子扩散的速度与膜两侧溶液的浓度差成正比,比例系数 K 表征了薄膜被该物质分子穿透的能力,称为渗透率。定时测量容器中薄膜某一侧的溶液浓度值,可以确定 K 的数值,试用数学建模的方法解决 K 值的求解问题。

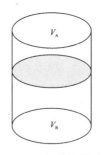

图 12 - 1　圆柱体容器被薄膜
截面 S 阻隔

12.1.2 模型假设与符号说明

为便于建模,作以下几点假设:

① 假设薄膜两侧的溶液始终是均匀的,即在任何时刻膜两侧的溶液浓度都是相同的。

② 当两侧的溶液浓度不一致时,假设物质的分子穿透薄膜总是从高浓度溶液向低浓度溶

液扩散。

③ 假设通过单位面积膜分子扩散的速度与膜两侧溶液的浓度差成正比。

④ 假设薄膜是双向同性的,即物质从膜的任何一侧向另一侧渗透的性能是相同的。

下面约定需要用到的几个数学符号:

$C_A(t)$、$C_B(t)$——t 时刻容器 A、B 侧的溶液浓度;

a_A、a_B——初始时刻容器 A、B 侧的溶液浓度,mg/cm^3;

K——渗透率;

V_A、V_B——由薄膜阻隔的容器 A 和 B 的体积。

12.1.3　模型的建立

考察 $[t,t+\Delta t]$ 时段两容器 A 和 B 中该物质质量的变化。

以容器 A 侧为例,在该时段物质质量的增加量为 $V_A C_A(t+\Delta t)-V_A C_A(t)$;由渗透率的定义可知,从 B 侧渗透至 A 侧的物质质量为 $SK(C_B-C_A)\Delta t$。根据质量守恒定律,二者应该相等:

$$V_A C_A(t+\Delta t)-V_A C_A(t)=SK(C_B-C_A)\Delta t \tag{12-1}$$

两边都除以 Δt,令 $\Delta t \to 0$,整理得

$$\frac{dC_A}{dt}=\frac{SK}{V_A}(C_B-C_A) \tag{12-2}$$

并且注意到,整个容器的溶液中含有该物质的质量应该不变,即

$$V_A C_A(t)+V_B C_B(t)=V_A \alpha_A+V_B \alpha_B \Rightarrow C_A(t)=\alpha_A+\frac{V_B}{V_A}\alpha_B-\frac{V_B}{V_A}C_B(t) \tag{12-3}$$

代入式(12-2)得

$$\frac{dC_B}{dt}+SK\left(\frac{1}{V_A}+\frac{1}{V_B}\right)C_B=SK\left(\frac{\alpha_A}{V_B}+\frac{\alpha_B}{V_A}\right) \tag{12-4}$$

再利用初始条件 $C_B(0)=\alpha_B$,解出:

$$C_B(t)=\frac{\alpha_A V_A+\alpha_B V_B}{V_A+V_B}+\frac{V_A(\alpha_B-\alpha_A)}{V_A+V_B}e^{-SK\left(\frac{1}{V_A}+\frac{1}{V_B}\right)t} \tag{12-5}$$

至此,问题归结为利用 C_B 在时刻 t_j 的测量数据 $C_j(j=1,2,\cdots,N)$ 来辨识参数 K、a_A、a_B,对应的数学模型变为求函数:

$$\min E(K,\alpha_A,\alpha_B)=\sum_{j=1}^{n}[C_B(t_j)-C_j]^2 \tag{12-6}$$

令

$$a=\frac{\alpha_A V_A+\alpha_B V_B}{V_A+V_B},\quad b=\frac{V_A(\alpha_B-\alpha_A)}{V_A+V_B}$$

则问题转化为求函数

$$E(K,\alpha_A,\alpha_B)=\sum_{j=1}^{n}\left[a+be^{-SK\left(\frac{1}{V_A}+\frac{1}{V_B}\right)t_j}-C_j\right]^2 \tag{12-7}$$

的最小值点 (K,a,b)。

12.1.4　模型中参数的求解

假设 $V_A=V_B=1\ 000\ cm^3$,$S=10\ cm^3$,容器 B 侧溶液浓度的测试结果如表 12-1 所列。

表 12 - 1   容器 B 侧溶液浓度测试结果

t_j/s	100	200	300	400	500	600	700	800	900	1 000
$C_j/(mg \cdot cm^{-3})$	4.54	4.99	5.35	5.65	5.90	6.10	6.26	6.39	6.50	6.59

此时极小化的函数为

$$E(K,\alpha_A,\alpha_B) = \sum_{j=1}^{10} \left(a + b e^{-0.02K \cdot t_j} - C_j \right)^2 \tag{12-8}$$

下面用 MATLAB 进行参数求解。具体实现代码如下：

```
% 编写文件 curvefun.m
function f = curvefun(x,tdata)
f = x(1) + x(2) * exp( - 0.02 * x(3) * tdata);  % 其中 x(1) = a;x(2) = b;x(3) = k;


% 编写程序 test1.m
tdata = linspace(100,1000,10);
cdata = 1e - 05. * [454 499 535 565 590 610 626 639 650 659];
x0 = [0.2,0.05,0.05];
opts = optimset( 'lsqcurvefit' );
opts = optimset( opts, 'PrecondBandWidth', 0 )
x = lsqcurvefit ('curvefun',x0,tdata,cdata,[],[],opts)
f = curvefun(x,tdata)
plot(tdata,cdata,'o',tdata,f,'r - ')
xlabel(' 时间/s')
ylabel(' 浓度/(cg · cm⁻³)')
```

运行以上程序，可得到输出结果：

```
x =
    0.0063    - 0.0034    0.2542
% 即表示 k = 0.2542,  a = 0.0063,  b = - 0.0034 时
f =
    0.0043    0.0051    0.0056    0.0059    0.0061
    0.0062    0.0062    0.0063    0.0063    0.0063
```

曲线的拟合结果如图 12 - 2 所示，进一步可求得

$$a_B = 0.004, \quad a_A = 0.01 \quad （单位：mg/cm^3）$$

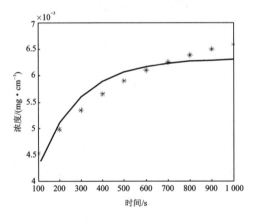

图 12 - 2   模型拟合曲线与溶液实际测试浓度

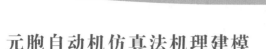

12.2　元胞自动机仿真法机理建模

12.2.1　元胞自动机的定义

元胞自动机(Cellular Automata,CA),亦被称为细胞自动机。CA 的经典案例是定义一个网格,网格上的每个点代表一个有限数量的状态中的细胞。过渡规则同时应用到每一个细胞。典型的转换规则依赖于细胞和它的近邻的状态(4 个或 8 个),虽然邻近的细胞也同样使用。CA 应用于并行计算研究、物理模拟和生物模拟等领域。在数学建模中,一般是借鉴元胞自动机的概念,应用于具体的适合机理建模的问题中。这类问题的典型特征是,所研究的问题是一个系统问题,而系统由若干个一个或几个不同类的对象组成,经典的模型并不适用。典型的问题如滴滴打车问题(2015)、开发小区问题(2016)。

12.2.2　元胞自动机的 MATLAB 实现

对于这类问题,首先要分析系统内的对象,从微观角度研究每个对象的行为规则(模型);之后通过动态仿真研究系统内的对象随时间或其他物理量的变化趋势;然后再根据目标综合评估系统。概括起来,实现步骤如下:

① 定义元胞的初始状态;

② 定义系统内元胞的变化规则;

③ 设置仿真时间,输出仿真结果。

对于这类仿真,MATLAB 的优势非常明显。下面介绍一个典型的元胞自动机的 MAT-LAB 实现过程,具体代码如下:

```matlab
%%元胞自动机(CA)的 MATLAB 实现
clc, clf,clear

%%界面设计(环境的定义)
plotbutton = uicontrol('style','pushbutton',...
                       'string','Run', ...
                       'fontsize',12, ...
                       'position',[100,400,50,20], ...
                       'callback', 'run = 1;');

%定义 stop button
erasebutton = uicontrol('style','pushbutton',...
                        'string','Stop', ...
                        'fontsize',12, ...
                        'position',[200,400,50,20], ...
                        'callback','freeze = 1;');

%定义 Quit button
quitbutton = uicontrol('style','pushbutton',...
                       'string','Quit', ...
                       'fontsize',12, ...
                       'position',[300,400,50,20], ...
                       'callback','stop = 1;close;');

number = uicontrol('style','text', ...
                   'string','1', ...
                   'fontsize',12, ...
                   'position',[20,400,50,20]);
```

```
% % 元胞自动机的设置
n = 128;
z = zeros(n,n);
cells = z;
sum = z;
cells(n/2,.25 * n:.75 * n) = 1;
cells(.25 * n:.75 * n,n/2) = 1;
cells = (rand(n,n))<.5 ;
imh = image(cat(3,cells,z,z));
axis equal
axis tight

% 元胞索引更新的定义
x = 2:n-1;
y = 2:n-1;

% 元胞更新的规则定义
stop = 0;          % wait for a quit button push
run = 0;           % wait for a draw
freeze = 0;        % wait for a freeze
while (stop == 0)
    if (run == 1)
        % nearest neighbor sum
        sum(x,y) = cells(x,y-1) + cells(x,y+1) + ...
            cells(x-1, y) + cells(x+1,y) + ...
            cells(x-1,y-1) + cells(x-1,y+1) + ...
            cells(3:n,y-1) + cells(x+1,y+1);
        % The CA rule
        cells = (sum == 3) | (sum == 2 & cells);
        % draw the new image
        set(imh, 'cdata', cat(3,cells,z,z) )
        % update the step number diaplay
        stepnumber = 1 + str2num(get(number,'string'));
        set(number,'string',num2str(stepnumber))
    end
    if (freeze == 1)
        run = 0;
        freeze = 0;
    end
    drawnow   % need this in the loop for controls to work
end
```

运行上述代码可以得到图 12 - 3。

单击 Run 按钮,可以得到图 12 - 4 所示元胞自动机的仿真图。

如果改变运行规则,还可以得到其他图像,如图 12 - 5 所示。

以上只是给出一个 MATLAB 实现典型元胞自动机的一个框架,具体建模时,还要根据具体问题灵活定义元胞、更新规则及系统输出。比如,在 CUMCM 2015 年的打车问题中,元胞就是打车人和出租车;更新的规则是当打车人发出打车信号时,周边出租车的影响规则;系统输出则是评价指标。所以,元胞自

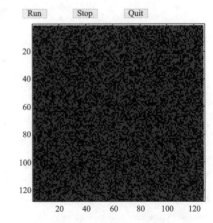

图 12 - 3   元胞自动机的初始图像

动机只是一个概念,在实际的建模问题中,还应根据特定的问题灵活定义。

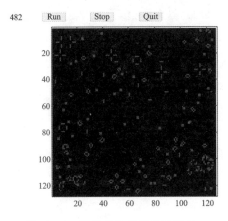

图 12 - 4　元胞自动机的仿真图像

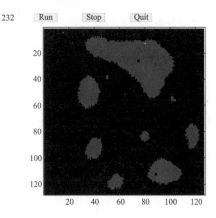

图 12 - 5　元胞自动机的仿真图像(更改规则后)

12.3　本章小结

　　机理建模方法是没有定式的建模方法,相对比较开放,要针对具体的问题选择使用。本章介绍的两种方法是机理建模中常用的两类建模方法,当遇到非经典建模问题时,尤其是开放度比较强的问题,这时就要考虑采用机理建模方法了。一般会先用推导法建模,找出事物之间本质的定量联系,然后再看看是否适合数值仿真,如果适合仿真,此时就可以考虑使用元胞自动机－仿真法了。这两种建模方法往往相辅相成,推导法为仿真提供理论基础,仿真法为推导法提供验证和改进依据,两种方法相得益彰,不断促进模型的提升。

参考文献

[1]　姜启源,谢金星,叶俊. 数学模型[M].4 版.北京:高等教育出版社,2011.

第三篇　实践篇

　　本篇是实践篇,以历年全国大学生数学建模竞赛的经典赛题为例,介绍 MATLAB 在其中的实际应用过程,包括详细的建模过程、求解过程以及原汁原味的竞赛论文,不仅有助于读者提高 MATLAB 实战技能,而且能增强读者的建模实战水平。

第 13 章

露天矿卡车调度(CUMCM2003B)

CUMCM2003B 题是一道典型的规划类问题。这道题的特点是比较容易建立模型,但求解比较困难,所以当时我们的求解策略是分步求解、逐级优化。采用这种策略后,就可以将复杂的优化问题转化为标准的规划模型,就可以很容易通过 MATLAB 等科学计算软件进行求解了。本章给出的 MATLAB 程序具有典型性,用标准的命令格式就可以把问题求解了,需要注意的是问题中的约束比较多,所以数据比较多,求解的过程基本上都是数据输入的过程。读者阅读本章时,可以重点关注将复杂问题转化为可求解的规划问题的方法,同时练习用 MATLAB 求解实际的规划类问题。

13.1 问题描述

钢铁工业是国家工业的基础之一,铁矿是钢铁工业的主要原料。现代化铁矿许多是露天开采的,它的生产过程主要是由电动铲车(以下简称电铲)装车、电动轮自卸卡车(以下简称卡车)运输来完成。因此,提高这些大型设备的利用率是增加露天矿经济效益的首要任务。

露天矿里有若干个爆破生成的石料堆,每堆称为一个铲位,每个铲位已预先根据铁含量将石料分成矿石和岩石。一般来说,平均铁含量不低于 25% 的为矿石,否则为岩石。每个铲位的矿石、岩石数量,以及矿石的平均铁含量(称为品位)都是已知的。每个铲位至多能安置一台电铲,电铲的平均装车时间为 5 min。

卸货地点(以下简称卸点)有卸矿石的矿石漏、2 个铁路倒装场(以下简称倒装场)、卸岩石的岩石漏、岩场等,每个卸点都有各自的产量要求。从保护国家资源及矿山的经济效益角度考虑,应尽量把矿石按矿石卸点需要的铁含量(假设要求都为 29.5%±1%,称为品位限制)搭配起来送到卸点,搭配的量在一个班次(8 h)内满足品位限制即可。从长远看,卸点可以移动,但在一个班次内不会变。卡车的平均卸车时间为 3 min。

所用卡车载重量为 154 吨,平均时速为 28 km/h。卡车的耗油量很大,每个班次每卡台车消耗近 1 吨柴油。发动机点火时需要消耗相当多的电瓶能量,故一个班次中只在开始工作时点火一次。卡车在等待时所耗费的能量也是相当可观的,原则上在安排时不应发生卡车等待的情况。电铲和卸点都不能同时为两辆及两辆以上卡车服务。卡车每次都是满载运输。

本章内容是根据中国矿业大学卓金武、刘广峰、吴德勇 2003 年全国大学生数学建模竞赛一等奖论文整理的。

每个铲位到每个卸点的道路都是专用的宽 6 m 的双向车道,不会出现堵车现象,每段道路的里程都是已知的。

一个班次的生产计划应该包含以下内容:出动几台电铲,分别在哪些铲位上;出动几辆卡车,分别在哪些路线上各运输多少次(因为随机因素影响,装卸时间与运输时间都不精确,所以排时计划无效,只求出各条路线上的卡车数及安排即可)。一个合格的计划是要在卡车不等待的条件下满足产量和质量(品位)要求,而一个好的计划还应该考虑下面两条原则之一:

原则 1　总运量(单位:吨·公里)最小,同时出动的卡车最少,从而运输成本最小;

原则 2　利用现有车辆运输,获得最大的产量(岩石产量优先;在产量相同的情况下,取总运量最小的解)。

请就以上两条原则分别建立数学模型,并给出一个班次生产计划的快速算法。针对下面的实例,给出具体的生产计划、相应的总运量及岩石和矿石产量。

某露天矿有铲位 10 个,卸点 5 个,现有铲车 7 台,卡车 20 辆。各卸点一个班次的产量要求:矿石漏 1.2 万吨,倒装场 I 1.3 万吨,倒装场 II 1.3 万吨,岩石漏 1.9 万吨,岩场 1.3 万吨。

图 13 - 1 所示为各铲位和卸点位置的示意图,表 13 - 1 所列为各铲位和各卸点之间的距离,表 13 - 2 所列为各铲位的矿石、岩石数量和矿石的平均铁含量。

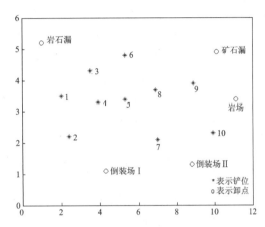

图 13 - 1　各铲位和卸点位置的示意图

表 13 - 1　各铲位和各卸点之间的距离

km

卸 点	铲位 1	铲位 2	铲位 3	铲位 4	铲位 5	铲位 6	铲位 7	铲位 8	铲位 9	铲位 10
矿石漏	5.26	5.19	4.21	4.00	2.95	2.74	2.46	1.90	0.64	1.27
倒装场 I	1.90	0.99	1.90	1.13	1.27	2.25	1.48	2.04	3.09	3.51
岩场	5.89	5.61	5.61	4.56	3.51	3.65	2.46	2.46	1.06	0.57
岩石漏	0.64	1.76	1.27	1.83	2.74	2.60	4.21	3.72	5.05	6.10
倒装场 II	4.42	3.86	3.72	3.16	2.25	2.81	0.78	1.62	1.27	0.50

表 13 - 2　铲位矿石、岩石数量和矿石的平均铁含量

参　量	铲位 1	铲位 2	铲位 3	铲位 4	铲位 5	铲位 6	铲位 7	铲位 8	铲位 9	铲位 10
矿石量/万吨	0.95	1.05	1.00	1.05	1.10	1.25	1.05	1.30	1.35	1.25
岩石量/万吨	1.25	1.10	1.35	1.05	1.15	1.35	1.05	1.15	1.35	1.25
铁含量/%	30	28	29	32	31	33	32	31	33	31

13.2　基本假设与符号说明

1. 基本假设

为了便于研究问题,需要对题目中的不确定因素作以下约定和假设:

① 电铲在一个班次内不改变铲位,也就是说,每台电铲在一个班次内只在一个铲位上工作。这主要是因为电铲的转移不方便并且电铲的转移需要占用时间,影响效益。

② 矿石漏和铁路倒装场只是卸矿石的不同地方,它们的开采对露天矿的经济效益无影响。同样,卸岩石的岩石漏和岩场的属性也不影响开采公司的经济效益。开采公司的经济效益主要与开采量与运输成本有关。

③ 卸点的品位是指在一个班次内在卸点内所卸总矿石铁的综合含量,并不要求任何一部分矿石的铁含量达到品位限制要求。

④ 卡车每次运输都按载重量满载运输,并不考虑因颠簸而使岩石或矿石减少的情况。另外,卡车运输始终以 28 km/h 的平均速度行驶,发动和刹车所占用的时间忽略不计。

⑤ 在同一班次内,每辆卡车所走的路线是不定的,即卡车选择哪条路线是随机的。

2. 符号说明

g_{ij}——在一个班次内从 j 铲位到 i 卸点单向路径上所通过的总车次;

r_{ij}——在一个班次内从 i 卸点到 j 铲位单向路径上所通过的总车次;

m、n——卸点、铲位的总数;

s_{ij}——从 i 卸点到 j 铲位的路程;

$t_{上}$、$t_{下}$——装、卸一辆车所需的时间;

Q——总运量;

F——总产量;

N——所需卡车的总量;

K_i——i 号卸点的需求量;

M_j、U_j——j 号铲位的岩石、矿石供应量。

注:其他符号依次在文中说明。

13.3　问题分析及模型准备

直观感知,本题目是一个较复杂的运输系统调度问题。题目要求在分别满足两条运输原则的条件下建立一个班次运输方案安排的数学模型,并且要给出所用电铲的台数,每台电铲的铲位,出动卡车的数量,卡车的具体调度安排等。所以本题目是一个大型的目标规划问题,目标函数是要求的两个原则:一个是要求总运量最小,同时出动的卡车最少;另一个是要求获得最大的产量。对于开采公司来说,制定的两个原则事实上就是降低成本、增加收入,以提高公司的经济效益。这样我们就可知道研究该问题的方向是寻找目标函数,抽象约束条件,建立规划问题的数学模型。

为了建立完善的数学模型,我们还要对问题作进一步的分析。

(1) 运输矩阵的建立

卡车运输路线的选择是双向、随机的,当多辆卡车同时运输时,它们所形成的运输网错综复杂。为了便于描述卡车在一个班次的调动状态,我们先规定两个运输方向,同人们习惯上的方向相同。我们将从铲位到卸点的方向称为前进(Go)方向,而将从卸点到铲位的方向称为返回(Return)方向。

假设有 m 个卸点、n 个铲位,就可以构建以下矩阵描述 Go 方向的运输状态(简称 Go 矩阵):

$$G = \begin{bmatrix} g_{11} & g_{12} & \cdots & g_{1n} \\ g_{21} & g_{22} & \cdots & g_{2n} \\ \vdots & \vdots & & \vdots \\ g_{n1} & g_{n2} & \cdots & g_{mn} \end{bmatrix}$$

式中,g_{ij} 表示在一个班次内从 j 铲位到 i 卸点单向路径上通过的总车次,$1 \leqslant j \leqslant n$,$1 \leqslant i \leqslant m$。

同理,我们可以得到 Return 矩阵:

$$R = \begin{bmatrix} r_{11} & r_{12} & \cdots & r_{1n} \\ r_{21} & r_{22} & \cdots & r_{2n} \\ \vdots & \vdots & & \vdots \\ r_{n1} & r_{n2} & \cdots & r_{mn} \end{bmatrix}$$

式中,r_{ij} 表示在一个班次内从 i 卸点到 j 铲位单向路径上通过的总车次。

我们将 Go 矩阵和 Return 矩阵统称为调度矩阵。

(2) 原则 1 的数学分析

原则 1 要求总运量最小,同时出动的卡车数量最少,这实际上是要求运输成本最小,所以原则 1 又可称为成本最小原则。这里的总运量我们理解为卡车所装载的货物总质量(吨)与卡车在装载状态下所行的路程之积,其数字表达式为

$$Q = \sum_{i=1}^{m} \sum_{j=1}^{n} a g_{ij} s_{ij}$$

式中,s_{ij} 表示从铲位 j 到卸点 i 之间的路程;a 表示卡车满载时的载重。

当卡车从卸点返回时,虽然卡车所走的路程不为零,但卡车所装载货物的质量为零,所以返回时卡车的运量为零。卡车的总运输指的是从铲位到卸点(即 Go 方向上)的总运量。

原则 1 同时也要求在同一班次内出动卡车的数量最少。卡车最少的运输状态有以下两个特点:

① 卡车得到最大程度的利用,即卡车几乎没有等待时间(闲置时间)。

② 卡车充分地工作,恰能完成运输问题,或者说超额的部分并不多。

对于多辆卡车的装、运、卸的时间,我们很难确定,但根据特点①,我们在宏观上很容易找到卡车数量与其他因素之间的关系。

由于所有卡车几乎一直在工作,即对每辆卡车来说,在一个班次内都处于装、运、卸三个时间状态,所以我们将所有卡车的工作时间折合成一辆卡车的工作时间,便有

$$NT = \sum_{i=1}^{m} \sum_{j=1}^{n} [(g_{ij} + r_{ij}) s_{ij} / v] + \sum_{i=1}^{m} \sum_{j=1}^{n} (g_{ij} t_{上} + r_{ij} t_{下}) + t^*$$

式中,T 为生产周期,即一个班次的时间;t^* 为在一个班次内所有卡车的总等待时间。于是有

$$N = \left\{ \sum_{i=1}^{m} \sum_{j=1}^{n} [(g_{ij} + r_{ij}) s_{ij} / v] + \sum_{i=1}^{m} \sum_{j=1}^{n} (g_{ij} t_{上} + r_{ij} t_{下}) + t^* \right\} / T$$

由于整个运输过程中原则上不应存在等待时间,所以 t^* 的值应近似为零或就是零。

（3）原则 2 的数学分析

原则 2 要求利用现有车辆获得最大的产量，所以原则 2 又可称为产量最大原则。这里的产量指的是矿石和岩石的总产量，其数学表达式为

$$F = \sum_{i=1}^{m} \sum_{j=1}^{n} a g_{ij}$$

（4）等待时间的控制

在安排运输方案时，原则上不应存在等待时间，但不排除一定存在等待时间的情况，所以我们尽可能避免出现等待时间的情况。卡车在进行调度时可以根据"最小饱和度"调度准则（MSD）尽可能地避免等待现象。

这一准则的实质，是将卡车调往具有"最小饱和度"的路线：

$$\begin{cases} \text{choice}(i) = j \left| \begin{array}{l} \min\{D_j\} \\ 1 \leqslant j \leqslant n \end{array} \right. \\ \text{choice}(j) = i \left| \begin{array}{l} \min\{D_i\} \\ 1 \leqslant i \leqslant m \end{array} \right. \end{cases}$$

式中，$\text{choice}(i)$ 表示处于 i 卸点的待发车所选择的将去铲位的代号；$\text{choice}(j)$ 表示处于 j 铲位的待发车所选择的将去卸点的代号；D_j 表示由卸点到 j 铲位的饱和度；D_i 表示由铲位到 i 卸点的饱和度。D_j 和 D_i 的具体表达式为

$$\begin{cases} D_j = \dfrac{s_{ij}\left(\dfrac{t'}{t_{\pm}} + N_j\right)}{v t_{\pm}} \\[4ex] D_i = \dfrac{s_{ij}\left(\dfrac{t'}{t_{\mp}} + N_i\right)}{v t_{\mp}} \end{cases}$$

式中，t' 表示正装车（卸车）估计剩余的装车（卸车）时间；N_j 表示到第 j 号铲位的卡车数，不包括正装的卡车；N_i 表示到 i 卸点的卡车数，不包括正卸的卡车。

13.4　原则 1 数学模型的建立与求解

下面对原则 1 建立数学模型（简称模型 1）并求解。

13.4.1　建立模型

通过前面对问题的分析，我们给出了成本的数学表达式，再经过对目标函数约束条件的分析后，建立了以下双目标线性规划模型：

$$\min Q = \sum_{i=1}^{m} \sum_{j=1}^{n} a g_{ij} s_{ij}$$

$$\min N = \left\{ \sum_{i=1}^{m} \sum_{j=1}^{n} \left[(g_{ij} + \gamma_{ij}) s_{ij} / v \right] + \sum_{i=1}^{m} \sum_{j=1}^{n} (g_{ij} t_{\pm} + \gamma_{ij} t_{\mp}) + t^* \right\} \cdot T^{-1}$$

$$\text{s. t.} \begin{cases} \sum_{j=1}^{n} ag_{ij} \geqslant K_i & (1) \\[2mm] \sum_{j=1}^{n} b_j g_{ij} a \cdot \left(\sum_{j=1}^{n} ag_{ij}a \right)^{-1} \in [29.5\% \pm 1\%] & (2) \\[2mm] \sum_{i=1}^{n} ag_{ij} \leqslant M_j & (3) \\[2mm] \sum_{i=1}^{n} ag_{ij} \leqslant U_j & (4) \\[2mm] \sum_{i=1}^{n} g_{ij} \leqslant \dfrac{T}{t_{\perp}}, \ 1 \leqslant j \leqslant n & (5) \\[2mm] \sum_{j=1}^{n} r_{ij} \leqslant \dfrac{T}{t_{\top}}, \ 1 \leqslant i \leqslant m & (6) \\[2mm] T^* \geqslant 0, \ \lim T^* = 0 & (7) \\[2mm] \sum_{i=1}^{m} \sum_{j=1}^{n} g_{ij} = \sum_{i=1}^{m} \sum_{j=1}^{n} r_{ij} & (8) \\[2mm] g_{ij} \geqslant 0, r_{ij} \geqslant 0, \text{且 } g_{ij} \text{、} r_{ij} \text{ 为整数} & (9) \\[2mm] \text{choice}(i) = j \ \Big| \ \begin{array}{l} \min\{D_j\} \\ 1 \leqslant j \leqslant n \end{array} & (10) \\[2mm] \text{choice}(j) = i \ \Big| \ \begin{array}{l} \min\{D_j\} \\ 1 \leqslant i \leqslant m \end{array} & (11) \end{cases}$$

关于约束条件的说明:

① 条件(1)是为保障在一个班次内要满足各卸点的需求。

② 条件(2)是对铲位搭配的约束,即在同一个班次内所有矿石的卸点都要达到品位要求的限制。

③ 条件(3)、(4)是基于铲位的岩石和矿石的储量都是有限的而进行的约束,即从任何铲位所输出的产量不应超过该铲位的储量。

④ 条件(5)、(6)是对 g_{ij} 和 r_{ij} 的约束,它们的上限不应超过 $T/t_{\perp}$ 和 $T/t_{\top}$。

⑤ 条件(7)描述了等待时间的情形,说明可以存在等待时间,但尽量应使等待时间为 0。

⑥ 条件(8)给出了 Go 和 Return 矩阵元素之间的逻辑关系。

⑦ 条件(9)是对目标函数中 g_{ij} 和 r_{ij} 的约束,这是由它们的现实意义而定的。

⑧ 条件(10)、(11)是为了尽量避免等待而进行的实时调度的约束。

13.4.2　模型求解

模型 1 是典型大型双目标线性规划问题,即使在约束条件下对两个目标分别求解,难度也很大。其困难在于模型中的变量太多,尤其是约束条件中包含了对实时调度的限制。这种限制使模型变成了非线性且不易控制的复杂数学模型,因此不宜直接由计算机进行搜索求解,只能另辟蹊径。

1. 模型算法的理论分析

模型的求解要求给出一个班次内出动电铲的台数、电铲分布的铲位、出动卡车的数量及卡车的路线分配。模型的目标函数为总运量最小且出动的卡车最少，同时也要满足运输要求。我们先不考虑出动卡车的台数，直接以总运量最小为目标，求解模型；求解出运输方案后，卡车数量即可给出。

直接求解比较复杂，为此我们分步求解：

① 用线性规划方法求出从每个铲位到每个卸点所发的车次，从而求解出 Go 矩阵。

② 由 Go 矩阵判断所需出动的电铲的台数和铲位分配。

③ 依据 Go 矩阵提供的信息，用线性规划方法求出由每个卸点返回到每个铲位的车次，从而得到了 Return 矩阵。

④ 依据 Go 矩阵和 Return 矩阵，以及卡车的充分利用条件，求出在一个班次内所需卡车的数量。

2. 分步求解的实现

为求解 Go 矩阵，首先要求出从每个铲位到每个卸点的岩石或矿石的运量。为此，我们以总运量最小为目标函数，以供应约束、需求约束、品位限制为约束条件，建立如下单目标线性规划数学模型：

$$\min Q = a \sum_{i=1}^{5} \sum_{j=1}^{10} g_{ij} s_{ij}$$

$$\text{s. t.} \begin{cases} \sum_{j=1}^{10} a g_{ij} \geqslant K_i \\ \sum_{i=1}^{5} a g_{ij} \leqslant M_j \\ \sum_{j=1}^{5} a g_{ij} \leqslant U_j \\ \sum_{j=1}^{5} b_j g_{ij} a \cdot \left(\sum_{j=1}^{5} g_{ij} a \right)^{-1} \in [29.5\% \pm 1\%] \\ \sum_{i=1}^{m} g_{ij} \leqslant \dfrac{T}{t_{\text{上}}}, 1 \leqslant j \leqslant n \\ g_{ij} \geqslant 0, \text{且为整数} \\ \sum_{j=1}^{10} g_{ij} \leqslant 160, \sum_{i=1}^{5} g_{ij} \leqslant 96 \end{cases}$$

该模型是线性规划问题，用 MATLAB 编写并不难。具体实现代码如下：

程序编号	P13 - 1	文件名称	Ex2003B_Original	说明	线性规划 Go 矩阵求解程序

```
c = [5.26      5.19      4.21      4         2.95      2.74      2.46      1.9       0.64      1.27
     1.9       0.99      1.9       1.13      1.27      2.25      1.48      2.04      3.09      3.51
     4.42      3.86      3.72      3.16      2.25      2.81      0.78      1.62      1.27      0.5
     5.89      5.61      5.61      4.56      3.51      3.65      2.46      2.46      1.06      0.57
     0.64      1.76      1.27      1.83      2.74      2.6       4.21      3.72      5.05      6.1];
A = [0.0154 …… % 该矩阵数据量较大，此处省略，可到北京航空航天大学出版社网站下载源程序参考
b = [1.2154            -1.2      1.3154            -1.3      1.3154            -1.3
     0                 0         0                 0         0                 0
     61.68831169       68.18181818   64.93506494   68.18181818   71.42857143   81.16883117
     68.18181818       84.41558442   87.66233766   81.16883117   81.16883117   71.42857143
     87.66233766       68.18181818   74.67532468   87.66233766   68.18181818   74.67532468
     87.66233766       81.16883117   160           160           160           160
     160               96        96                96            96            96
     96                96        96                96            96]';
```

```
Aeq = [];
beq = [];
lb = zeros(1,50);
for i = 1 :50
    ub(i) = inf;
end
[x,z] = linprog(c,A,b,Aeq,beq,lb,ub)
```

运行该程序求出一组解,由于该函数求出的解并非整数,所以需要动手修改,对结果进行优化处理。处理原则是:对所得结果进行向上或向下取整,并在满足限制条件下使目标函数尽可能大。这样便可得到 Go 矩阵:

$$G_{5\times10} = \begin{bmatrix} 0 & 13 & 0 & 0 & 0 & 0 & 0 & 55 & 0 & 10 \\ 0 & 41 & 0 & 44 & 0 & 0 & 0 & 0 & 0 & 0 \\ 0 & 0 & 0 & 0 & 0 & 0 & 0 & 0 & 70 & 15 \\ 81 & 0 & 43 & 0 & 0 & 0 & 0 & 0 & 0 & 0 \\ 0 & 14 & 0 & 0 & 0 & 0 & 0 & 0 & 0 & 71 \end{bmatrix}$$

该矩阵对应的由铲位到卸点的运输方案如表 13-3 所列。可以看出,表格的形式更能直观地表现卡车的调动状态。由表中信息可解得:

满载运程:553.72 公里
最小总运量:85 272.88 吨·公里

表 13-3　满载时(从铲位到卸点)的车次安排表

卸　点	铲位 1	铲位 2	铲位 3	铲位 4	铲位 8	铲位 9	铲位 10	合　计
矿石漏		13			55		10	78
倒装场 I		41		44				85
岩场						70	15	85
岩石漏	81		43					124
倒装场 II		14					71	85
合　计	81	68	43	44	55	70	96	457

3. Return 矩阵的求解

由于卡车返回时所选的路线是随机的,但它选择的路线应使总路程最短,所以卡车返回时我们仍用线性规划模型求解。卡车返回的路线如图 13-2 所示。

此时卡车被视为都集中在卸点,我们的任务是给出卡车从卸点到铲位的最佳分配方案,使总路程最短。此时卸点相当于供求点,铲位相当于需求点,我们可以以总路程最短为目标函数,以卸点的供求限制、铲位的需求限制为约束条件,建立以下单目标线性规划模型:

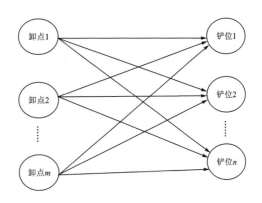

图 13-2　卡车返回的路线示意图

$$\min H = \sum_{i=1}^{5} \sum_{j=1}^{10} s_{ij} r_{ij}$$

$$\text{s. t.}\begin{cases}\sum_{i=1}^{5}r_{ij}=\sum_{i=1}^{5}g_{ij}(j=1,2,\cdots,10)\\\sum_{j=1}^{10}r_{ij}=\sum_{j=1}^{10}g_{ij}(i=1,2,\cdots,5)\end{cases}$$

式中，H 表示所有卡车返回时所走的总路程。

用 MATLAB 求解此模型(程序和 P13 - 1 相似)可得从卸点到铲位的运输方案，如表 13 - 4 所列，并可解得：

空载运程：468.39 公里
最少车辆数：13 辆

表 13 - 4　空载时(从卸点到铲位)的车次安排表

卸　　点	铲位 1	铲位 2	铲位 3	铲位 4	铲位 8	铲位 9	铲位 10	合　　计
矿石漏					8	70		78
倒装场Ⅰ		68		17				85
岩场							85	85
岩石漏	81		43					124
倒装场Ⅱ				27	47		11	85
合　　计	81	68	43	44	55	70	96	457

13.4.3　用整数规划求解器求解

以上模型的求解是参赛时的求解过程，当时的 MATLAB 还没有整数规划求解器，现在的版本已经有了整数规划求解器 intlinprog。使用该求解器，求解的速度更快，结果也更准。

对 Go 矩阵用 intlinprog 求解，代码如下：

程序编号	P13 - 2	文件名称	Ex2003B. m	说明	整数规划 Go 矩阵求解程序

```
c = [5.26      5.19      4.21      4        2.95      2.74      2.46      1.9       0.64      1.27
     1.9       0.99      1.9       1.13     1.27      2.25      1.48      2.04      3.09      3.51
     4.42      3.86      3.72      3.16     2.25      2.81      0.78      1.62      1.27      0.5
     5.89      5.61      5.61      4.56     3.51      3.65      2.46      2.46      1.06      0.57
     0.64      1.76      1.27      1.83     2.74      2.6       4.21      3.72      5.05      6.1];
A = [0.0154 …% 该矩阵数据较大,故此处省略,可到北京航空航天大学出版社网站下载源程序参考.
b = [1.2154              -1.2          1.3154           -1.3          1.3154           -1.3
     0                    0            0
     61.68831169         68.18181818  64.93506494      68.18181818   71.42857143      81.16883117
     68.18181818         84.41558442  87.66233766      81.16883117   81.16883117      71.42857143
     87.66233766         68.18181818  74.67532468      87.66233766   68.18181818      74.67532468
     87.66233766         81.16883117  160              160           160              160
     160                 96           96               96            96               96
     96                  96           96               96            96]';
Aeq = [];
beq = [];
lb = zeros(1,50);
ub = ones(1,50) * inf;
intcon = (1,50)';
[x,z] = intlinprog(c,intcon,A,b,Aeq,beq,lb,ub);
X1 = round(x,2); % 确保显示的数值为整数,因为精度太高会让部分分数值不能显示为整数
X2 = reshape(X1,[10,5])'
```

用 intlinprog 求解可以直接得到新的 Go 矩阵：

$$\boldsymbol{G}_{5\times10} = \begin{bmatrix} 0 & 13 & 0 & 0 & 0 & 0 & 0 & 52 & 0 & 13 \\ 0 & 40 & 0 & 45 & 0 & 0 & 0 & 0 & 0 & 0 \\ 0 & 15 & 0 & 0 & 0 & 0 & 2 & 0 & 0 & 68 \\ 0 & 0 & 0 & 0 & 0 & 0 & 0 & 0 & 0 & 0 \\ 0 & 0 & 0 & 0 & 0 & 0 & 0 & 0 & 0 & 0 \end{bmatrix}$$

新的 Go 矩阵前两行与之前结果相似,后三行的结果变化较大,说明不同求解器结果会有一定的差异。

通过对比可以发现,随着技术的进步,MATLAB 版本的升级,使用 MATLAB 求解规划问题变得越来越方便,结果也更准确。

13.5　原则 2 数学模型的建立与求解

原则 2 的数学模型和原则 1 的数学模型相似,仅目标函数不同,求解方法也基本相同,这里不再详述。

13.6　技巧点评

本章的建模思路依然是定目标、抽约束、求解三步曲,建模过程相对来说比较容易些。虽然目标和约束非常清晰,但对问题的求解比较麻烦些。从本章的建模和求解过程来看,可以归纳出以下技巧:

① 在建立模型的过程中,可以从简单到复杂,循序渐进,求解的起点低一些更容易得到简单模型的解。这样求解是逐渐深入的过程,便于对模型的结果进行比较。

② 本章的模型直接进行求解是非常困难的,这里采取了分步求解、逐级优化的策略,将复杂的模型简化到了可以求解的程度,从而很容易对模型进行求解。虽然得到的解不是最优解,但也是非常接近最优解的可行解。因此,对模型进行简化在实际的建模比较中要考虑到。

参考文献

[1] 朱道元,等.数学建模案例精选[M].北京:科学出版社,2003.

[2] 苏金明,等. MATLAB 6.1 实用指南[M].北京:电子工业出版社,2002.

[3] 谷源盛,等.运筹学[M].重庆:重庆大学出版社,2001.

[4] 田国强,等.现代经济学与金融学前沿发展[M].北京:商务印书馆,2002.

[5] 龚六堂.动态经济学方法[M].北京:北京大学出版社,2002.

[6] 过秀成,等.交通工程学[M].南京:东南大学出版社 2000.

[7] 杨肇夏.计算机模拟及其应用[M].北京:中国铁道出版社,1999.

[8] 姜启源.数学模型[M].3 版.北京:高等教育出版社,2007.

[9] 张幼蒂.露天矿卡车调度模型[M].中国矿业学院科技情报室,1984.

第 14 章

奥运会商圈规划（CUMCM2004A）

CUMCM2004A 题是一道综合性的建模题目,具有很强的开放性,可以从不同角度给出不同的模型。本章介绍的模型是作者参赛时的模型,该模型的建模思路具有很强的典型性。在模型的求解过程中,既用到了规划问题的求解方法,还用到了模拟退火算法和遗传算法,对开阔建模视野、增加建模能力、巩固智能优化算法的应用都有帮助。

14.1 问题描述

2008 年北京奥运会的建设工作进入全面设计和实施阶段,在比赛主场馆的周边需要建设由小型商亭构建的临时商业网点,称为迷你超市(Mini Supermarket,以下记为 MS)网,以满足观众、游客、工作人员等在奥运会期间的购物需求。在比赛主场馆周边设置 MS,在地点、大小类型和总量方面有三个基本要求:满足奥运会期间的购物需求、分布基本均衡和商业上赢利。

图 14-1 所示为比赛主场馆的规划简图。作为简图,图中仅保留了与本问题有关的道路、

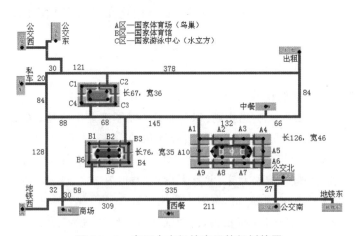

图 14-1 奥运会主场馆商区的规划简图

本章内容是根据中国矿业大学卓金武、王恺、朱琼燕 2004 年全国大学生数学建模竞赛一等奖论文整理的。

公交车站、地铁站、出租车站、私车停车场、餐饮部门等,其中标有 A1~A10、B1~B6、C1~C4 的区域是规定的设计 MS 网点的 20 个商区。为简化起见,假定国家体育场(鸟巢)能容纳 10 万人,国家体育馆能容纳 6 万人,国家游泳中心(水立方)能容纳 4 万人。三个场馆的每个看台容量均为 1 万人,出口对准一个商区,各商区面积相同。假设有大、小两种规模不同的 MS 类型可供选择,给出图 14-1 中 20 个商区内 MS 网点的设计方案(即每个商区内不同类型 MS 的个数及分布),以满足上述三个基本要求。

14.2　基本假设、符号说明及名词约定

1. 基本假设

① 各个场馆相互独立,其看台入口同时也是出口,并且奥运会期间每个场馆都爆满。

② 如果一个观众某一天出行的路径为"车站—场馆—餐厅(或商场)—场馆—车站",那么从车站到场馆之间的人流总量是其总人数的 2 倍,从场馆到餐厅(或商场)之间的人流总量是其总人数的 2 倍。

③ MS 分布均衡是指各商区的 MS 的数量相等或近似相等。

④ 每个商区内设有大、小两种规模的 MS,并且相同规模的 MS 造价相同。

⑤ 各商区的 MS 的利率均相等。

⑥ 人们的消费欲望与其心理消费档次和当前 MS 的利率有关。

2. 符号说明

x_i、y_i——i 商区内小 MS、大 MS 的个数;

a、b——小 MS、大 MS 的标准容量;

c_j——j 档的平均消费额;

c'、c''——小 MS、大 MS 的造价;

η——MS 的利率;

N_i——i 商区一天的总顾客数。

3. 名词约定

① MS 的标准容量:通常情况下 MS 在一天内可以宽松接待的顾客总人次。

② 潜在效益:建立 MS 网点潜在或长远的收益。

③ 就业效益:建立 MS 网点在缓解社会就业压力方面产生的社会效益。

④ 商圈:商圈也称商势圈,是指 MS 吸引游客的范围,即某店能吸引多远距离的游客来店购物,这一顾客到 MS 的距离范围,就称为该 MS 的商圈。因此,现代市场把商圈定义为:在现代市场中,零售企业进行销售活动的空间范围,它是由消费者的购买行为和零售企业的经营能力所决定的。

14.3　问题分析与模型准备

通过对问题分析,发现确定每个商区内不同规模的 MS 的个数是我们研究的重点,而 MS 的设置应符合满足奥运会期间的购物要求、分布基本均衡和商业上赢利三个基本条件。但事实上,除了要满足以上三个基本条件外,还要考虑一些其他方面的因素,比如这些 MS 在解决失业人口再就业问题方面带来的效益等。分析至此,我们就能感觉到可以用目标规划方法来

建立问题求解的数学模型。进一步分析可知,建立规划模型需要知道 20 个商区的人流量分布,而人流量分布又可根据问卷调查反映的观众在出行、用餐和购物等方面的规律得到,于是解决问题的思路我们就找到了。

14.3.1　基本思路

① 在满足最短路程原则的条件下,根据调查得到的观众出行规律,按比例计算不同规模体育馆周围各点的人流量分布,确定经过各商区的观众人次及其平均消费档次。

② 建立以 x_i、y_i 为规划变量的目标规划模型并求解。

③ 分析模型求解的结果与实际情况的差别,如果发现不妥,则进一步改进模型,使其更具有现实意义。

14.3.2　基本数学表达式的构建

1. 购物要求

各商区首先应该满足奥运会期间的购物需求,即一方面为观众提供方便的购物环境,另一方面增加商区的收益。

假设用下式来描述购物需求关系:

$$N_i \leqslant x_i a + y_i b \leqslant t N_i \quad (i = 1, 2, \cdots, 20)$$

式中,a 为小 MS 的标准容量;b 为大 MS 的标准容量;t 为限制因子。该式的意义是,各商区的大、小 MS 所能接纳的标准顾客总数应大于或等于该商区的总顾客数,但也不能太大,以免资源浪费,对商区造成负面影响,故用 $t N_i$ 来限制。t 的值依据经验来确定,我们认为 $t = 2$。

2. 分布均衡要求

分布均衡是指各商区的 MS 个数近似相等,也就是要求 20 个商区的 MS 个数的方差尽可能小,其数学表达式为

$$\min \sum_{i=1}^{20} \left[x_i + y_i - \frac{1}{20} \sum_{i=1}^{20} (x_i + y_i) \right]^2$$

3. 经济效益

假设以各商区所有 MS 的总利润为研究对象。利润与总销售额、利率有关,还应考虑各MS 的折旧费用。我们应尽量让利润最大,以提高 MS 的经济效益,于是得到利润最大化的数学表达式:

$$\max \text{profit} = \sum_{i=1}^{20} \left(\eta \sum_{j=1}^{6} n_{ij} c_j - x_i c' - y_i c'' \right)$$

式中,η 为盈利率;n_{ij} 为各商区、各档次商品的销售额;c'、c'' 分别为小 MS、大 MS 的折旧费。

4. 潜在效益

建立任何商业设施都应考虑当前的收益和潜在的收益,包括顾客对该项服务的满意程度和因此而引起的长远收益。我们统一用潜在效益来描述 MS 在这方面的社会效益,这主要由顾客的满意程度决定。顾客的满意度主要与 MS 的利率 η 有关,并认为,当 $\eta = 0$ 时,满意度最大,其值为 1。为此,结合顾客的平均消费水平和消费心理特征,我们构建了潜在效益的数学表达式:

$$\text{underlyingbenefit} = 2 - e^{\eta/(\bar{c}_j/r)}$$

式中,$\bar{c}_j = \sum p_i c_j$ 为平均消费水平;r 为修正因子。

5. 就业效益

就业问题是社会问题之一,如果多设一个 MS 就能相应地增加一些就业机会,有助于缓解就业压力,那么单从这个角度来讲应该多设置一些 MS 点。我们用下式表达所有 MS 的就业效益:

$$\text{obtainemploymentbenefit} = s \sum_{i=1}^{20} (x_i c + y_i d)$$

式中,s 为一个人就业的社会效益值;c、d 分别为小 MS、大 MS 可提供的就业岗位的个数。

14.4　设置 MS 网点数学模型的建立与求解

14.4.1　建立模型

通过以上的分析可知,对商区内 MS 网点的设计有多个目标和多个限制条件,为便于建立一个规划模型,首先需要确定问题所涉及的几个目标函数。在对问题的分析过程中,前面已构建了几个描述问题目标和限制条件的数学表达式,我们很容易发现设置 MS 网点的经济效益、潜在效益和就业效益可以作为目标函数,而且三个目标函数都要求最大化。多目标不利于问题的求解,于是我们先用偏好性系数加权法将多目标问题转化为单目标问题,其表达式为

$$\max F = k_1 \sum_{i=1}^{20} \left(\eta \sum_{j=1}^{6} n_{ij} c_j - x_i c' - y_i c'' \right) + k_2 \left(1 - e^{\eta/(\bar{c}_j/r)} \right) + k_3 s \sum_{i=1}^{20} (x_i c + y_i d)$$

目标函数 F 综合体现了经济效益、潜在效益和就业效益,我们称之为综合效益。k_1、k_2、k_3 有两方面的含义:一是作为偏好性加权系数;二是充当修正系数的作用,以保证经济效益、潜在效益和就业效益三个目标函数的量化值在数值上近似相等。

由此,可建立以下单目标规划模型:

$$\max F = k_1 \sum_{i=1}^{20} \left(\eta \sum_{j=1}^{6} n_{ij} c_j - x_i c' - y_i c'' \right) + k_2 \left(1 - e^{\eta/(\bar{c}_j/r)} \right) + k_3 s \sum_{i=1}^{20} (x_i c + y_i d)$$

$$\text{s.t.} \begin{cases} N_i \leqslant x_i a + y_i b \leqslant t N_i, i=1,2,\cdots,20 & (1) \\[2mm] \sum_{i=1}^{20} \left[x_i + y_i - \dfrac{1}{20} \sum_{i=1}^{20} (x_i + y_i) \right]^2 & (2) \\[2mm] \bar{c} = \sum p_j c_j & (3) \\[2mm] n_{ij} = N_i p_i & (4) \\[2mm] x_i \leqslant \dfrac{N_i}{a} & (5) \\[2mm] y_i \leqslant \dfrac{N_i}{b} & (6) \\[2mm] b_1 \leqslant \dfrac{x_i}{y_i} \leqslant b_2 & (7) \\[2mm] x_i \text{、} y_i \text{ 为非负整数} & (8) \end{cases}$$

关于约束条件的说明:

① 条件(1)、(2)是为了分别满足观众的购物需求和各商区 MS 分布均匀的要求,这里引

入了一个限制方差上限的 I^* 以调节各商区 MS 分布的均匀程度。I^* 值越大,表明对 MS 分布均匀程度的限制越宽松;I^* 值越小,则对这种均匀程度要求越高,当 I^* 为 0 时表明各商区的 MS 数必须相当。考虑实际情况,尽管各商区的面积都相等,但由于地理、交通等因素,各商区的商圈还是会有不同,正如题目所要求的,各商区的 MS 分布只是基本均衡。

② 条件(5)、(6)是为了给出各商区内大 MS、小 MS 数量的上限,便于计算机求解。

③ 条件(7)给出了两种 MS 数量的比例关系,即比例的上下限。一般来讲,一个商区内小 MS 的数量都要比大 MS 的数量大,所以我们令 $b_1=1$,同时这种比例也不宜太大,所以,设定上限 $b_2=10$。

14.4.2 模型求解

1. 模型求解的理论分析

该模型是一个多变量非线性单目标规划模型,模型是否有解取决于限制条件。我们分析模型的限制条件发现,条件(1)和(2)构成了有多组解的二元方程组,而其他约束条件则在一定程度上限制了一些解,再由目标函数可以很快找到最优解。基于这样的分析,我们认为该模型有最优解。

2. 模型中一些参数的确定

(1) k_1、k_2、k_3 和 s

k_1、k_2、k_3 分别为经济效益、潜在效益和就业效益的加权因子。这三个子目标函数中,经济效益最重要,而且它有明确意义的数值概念,即是以收入的货币(元)来衡量的,所以我们将潜在效益和就业效益也转化为经济效益。由潜在效益的数学表达式可以发现,当盈利率为定值时,潜在效益也为定值,潜在效益仅是盈利率的函数,所以为了便于问题的求解,我们令 $k_2=0$。需要说明的是,这并不表示我们对潜在效益不重视,只是为了便于求解。

个人的就业效益值可以他的工资来衡量,并认为一位工作人员一天的工资为 100 元,即 $s=100$。此时我们可以简单地令 $k_1=k_3=1$。

(2) η 和 r

各商区各 MS 的盈利率 η 应该相等,η 值大说明 MS 的盈利额就高,但 η 值过大又会产生很多负面效应。我们暂且规定 $\eta=10\%$。

根据统计的结果,可以很快计算出 $\bar{c}_j=202$,当 $\eta=1$ 时,令 $2-e^{\frac{\eta}{\bar{c}_j/r}}=0$,即可解得 $r=140$。

(3) a、b、c 和 d

基于我们对附近小 MS 每天人流量的调查和体育馆周边商区的商圈大小,我们认为小 MS 的标准容量 $a=1\,000$,大 MS 的标准容量 $b=8\,000$,小 MS 可以提供的就业岗位 $c=20$,大 MS 可以提供的就业岗位 $d=100$。

(4) c' 和 c''

这两个参数分别为小 MS、大 MS 的每天折旧费用,考虑实际情况,暂令 $c'=10\,000$,$c''=200\,000$。

3. 模型求解的结果

通过分析可以知道,该模型是一个非线性整数规划问题。其中,约束条件(3)、(4)要求 $ax_i \leqslant N_i$ 和 $by_i \leqslant N_i$,这和约束条件(1) $N_i \leqslant ax_i+by_i$ 在一定程度上是矛盾的,导致解空间大大缩小了;约束条件(2)要求各商区 MS 总数的方差要在一定范围内,但是由于各商区的总人流量不等,最大为 278 096,最小仅为 60 000。要同时满足约束条件(1)、(2),解空间就会变得很不规则,所以这个问题的求解是比较困难的。

在实际求解中,我们采用的是 Lingo 软件。运行几次程序后我们发现,要找到最优解非常困难,有时需要连续计算一个半小时以上,而找到可行解的时间比较少,并且迭代一段时间之后,目标函数值仅在一个较小的区域内发生变化,和最优的目标函数值相差无几。通过中断求解过程,我们发现这时的解和最优解差别不大,所以用可行解迭代至目标函数变化不明显时的解来代替最优解是合理的,是可以接受的。当各参数的取值为

$$a = 1\,000, \quad b = 8\,000, \quad k_1 = 1, \quad k_3 = 1$$
$$c' = 10\,000, \quad c'' = 200\,000, \quad c = 20, \quad d = 100, \quad s = 100$$
$$\eta = 0.1, \quad I^* = 800, \quad t = 1.5, \quad b_1 = 1, \quad b_2 = 6$$

时,所求的最优解如表 14-1 所列。

表 14-1　MS 网点设计方案表

编　号	A1	A2	A3	A4	A5	A6	A7	A8	A9	A10
小 MS	66	38	42	47	60	47	60	47	42	37
大 MS	12	8	9	10	10	29	10	10	9	8
编　号	B1	B2	B3	B4	B5	B6	C1	C2	C3	C4
小 MS	34	35	44	36	34	61	30	30	53	30
大 MS	7	6	8	6	7	14	5	5	10	5

为了给出一种比较好的 MS 网络设计方案,我们对两个重要参数 t、b_2 分别赋予不同的值求解以进行比较,比较的结果如图 14-2 所示。

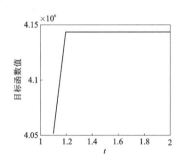
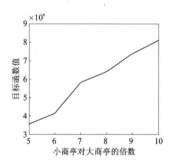

图 14-2　不同参数对目标函数值的灵敏度图

由图 14-2 可知,变化趋势大体上是目标函数值随自变量的增大而增大,所以我们选择使目标函数最大的一组参数:

$$a = 2\,000, \quad b = 12\,000, \quad k_1 = 1, \quad k_3 = 1$$
$$c' = 10\,000, \quad c'' = 200\,000, \quad c = 20, \quad d = 100$$
$$s = 100, \quad \eta = 0.1, \quad I^* = 1\,024, \quad t = 2, \quad b_1 = 1, \quad b_2 = 10$$

对应的最优解见表 14-2。

表 14-2   目标函数最大时对应的 MS 设置方案

编　号	A1	A2	A3	A4	A5	A6	A7	A8	A9	A10
小 MS	45	30	33	40	40	32	40	40	33	30
大 MS	6	4	4	4	5	18	5	4	4	4
编　号	B1	B2	B3	B4	B5	B6	C1	C2	C3	C4
小 MS	30	30	32	30	30	39	30	30	37	20
大 MS	3	3	4	3	3	8	3	3	5	2

14.5　设置 MS 网点理论体系的建立

定义 1　以各商区的大小两种 MS 的数量构成的集合称为商区设置集合,即
$$A = \{(x_i, y_i) \mid i = 1, 2, \cdots, 20\}$$

定义 2　以下条件统称为商区设置条件:
$$\begin{cases} N_i \leqslant x_i a + y_i b \leqslant t N_i \\ \sum_{i=1}^{10} \left[x_i + y_i - \dfrac{1}{20} \sum_{i=1}^{20} (x_i + y_i) \right]^2 \leqslant I^* \\ x_i, y_i \geqslant 0 \end{cases}$$

定义 3　满足商区设置条件的商区设置集合称为商区设置的解集(解空间),即
$$s = \{(x_i, y_i), i = 1, 2, \cdots, 20 \mid (x_i, y_i) \text{ 满足商区设置条件}\}$$

解空间中使目标函数最大的解集称为最优解集。

引理 1　商区的人流密度与人们消费档次的密度成正态分布。

引理 2　最优解集具有固定性,不具有对称性和轮换性,当且仅当各商区的所有因素,主要是人流密度相同时,此时的解才具有对称性和轮换性。

证明　假设解集 $\{(x_1, y_1)(x_2, y_2)\}$ 是以下规划函数的最优解:
$$\max \{n_1 c - n_1 c' - y_1 c'' + n_2 c - x_2 c' - y_2 c''\}$$
$$\text{s.t.} \begin{cases} x_1 a + y_1 b = n_1 \\ x_2 a + y_2 b = n_2 \\ n_1 \neq n_2 \end{cases}$$

对上述目标函数的解作轮换后,若可行则目标函数值不变,因此
$$\begin{cases} x_1 a + y_1 b = n_1 \\ x_2 a + y_2 b = n_2 \end{cases}$$

此时会有
$$\begin{cases} a(x_2 - x_1) + b(y_2 - y_1) = 0 \\ a(x_1 - x_2) + b(y_1 - y_2) = 0 \end{cases}$$

于是得到
$$x_2 = x_1, \quad y_2 = y_1$$

这就意味着原解集中的解都相等。当这些解不相等时,这种轮换是不合理的。

引理 3　若小 MS 的标准容量为 a,大 MS 的标准容量为 b,则大小 MS 商圈的半径之比为

$$\sqrt{\frac{b}{a}}。$$

证明　由雷利法可知,小 MS 的商圈半径为

$$D_x = \frac{D_{xy}}{1 + \sqrt{b/a}}$$

则大 MS 的商圈半径为

$$D_y = D_{xy}\left(1 - \frac{1}{1 + \sqrt{b/a}}\right) = \frac{D_{xy}\sqrt{b/a}}{1 + \sqrt{b/a}}$$

则

$$\frac{D_x}{D_y} = \sqrt{b/a}$$

根据 MS 的职能及分布规律,我们可对 MS 进行性质上的分类。

定义 4　全能 MS 是指那些经营商品类型齐全、品种多的 MS,用 U 表示。

定义 5　互补 MS 是指具有互补性的两个或多个无竞争的 MS,用 V 表示。

定义 6　互斥 MS 是指商品相同或相近的两个或多个具有竞争性的 MS,用 W 表示。

引理 4　设 $U_i、V_i、W_i(i=1,2,\cdots)$ 分别表示一个商区内全能 MS、互补 MS、互斥 MS 的商圈半径,$D(A,B)$ 表示 A、B 两 MS 的圆心距,则合理商圈布置的充要条件是

$$\begin{cases} 2U_i \leqslant d(U_i, U_j) \\ 2V_i \leqslant d(V_i, V_j) \\ 2W_i \leqslant d(W_i, W_j) \\ U_i + V_i \leqslant d(U_i, V_i) \\ U_i + W_i \leqslant d(U_i, W_i) \\ V_i + W_i \leqslant d(V_i, W_i) \end{cases}$$

以上引理是基于 MS 的布局原理而得到的,椐此引理还可得到以下几个推论。

推论 1　同性 MS 必为互斥 MS。

大 MS 一般经营的商品品种齐全,所以大 MS 都为全能 MS,为此得到推论2。

推论 2　大 MS 必为互斥 MS,大小 MS 必为互斥 MS,小 MS 间既可以是互补 MS,也可以是互斥 MS。

引理 5　商区内 MS 布局的最优方案应满足:所有大 MS 的间距尽可能大且商圈无重合;大 MS 和小 MS 的商圈无重合;小 MS 的商圈可以有一定程度的重合。

引理 6　最优的布局中,各大 MS 的空间距离相等。

证明　现设某区的总商圈大小为 S,由于大商圈的规划在很大程度上体现了整个商圈的规划水平,所以忽略小 MS 的存在。假设商区内部都是大 MS,各大 MS 的商圈为 S_i,则有

$$\sum S_i = S$$

由重要不等式得

$$\sqrt[n]{\prod S_i} \leqslant \frac{\sum S_i}{n}$$

当且仅当 $S_1 = S_2 = \cdots = S_n$ 时等式才成立。由于几何平均值可以表示各 MS 的综合效益,所以当各值相等,即各大 MS 的商圈外围相等时,各大 MS 的综合效益最大,此时商区内任

何两个大 MS 的圆心距都相等。

14.6 商区布局规划的数学模型

14.6.1 建立模型

基于以上理论,我们发现对商区内 MS 的布局也可以建立规划模型来求解。假设长方形商区的长为 l、宽为 l',以长方形的左下角为圆心建立笛卡儿坐标系,并记 MS 的圆心坐标为 (l_i, l'_i),如图 14-3 所示。

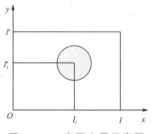

问题可简述为:在图 14-3 所示的长方形区域内有 x_i 个半径为 r 的小圆,有 y_i 个半径为 R 的大圆,现将这些圆放在长方形区域内,使各大圆之间的圆心距近似相等且尽可能地大,使小圆与大圆之间无重合。

图 14-3 商区布局示意图

定义 7
$$g = \sqrt{\prod_i \prod_j \left[(l_i - l_j)^2 + (l'_i - l'_j)^2 \right]} \quad (i \neq j)$$

以 g 最大为目标的好处是,既能满足各大圆之间的圆心距近似相等,也能让间距都尽可能地大,所以我们以 g 的最大为目标函数建立以下的规划模型:

$$\max g$$

$$\text{s.t.} \begin{cases} R \leqslant l_{yi} \leqslant l - R \\ R \leqslant l'_{yi} \leqslant l' - R \\ r \leqslant l_{xi} \leqslant l - r \\ r \leqslant l'_{yi} \leqslant l' - r \\ \sqrt{(l_{yi} - l_{yj})^2 + (l'_{yi} - l'_{yj})^2} \geqslant 2R, \ i \neq j \\ \sqrt{(l_{xi} - l_{yj})^2 + (l'_{xi} - l'_{yj})^2} \geqslant R + r \end{cases}$$

式中,下标 x 表示小圆的圆心坐标,下标 y 表示大圆的圆心坐标。

14.6.2 模型求解

以 A1 商区为规划对象,假设其长为 200 m,宽为 150 m,由前文可知该商区大 MS 的个数为 6,小 MS 的个数为 45,并设大 MS 半径为 25 m,现应用该模型对该商区进行布局规划。

1. 有记忆的模拟退火算法

为了简化问题,我们仅考虑大 MS 的布局问题,之后可以根据小 MS 所经营的商品类型,再与大 MS 相切的外围进行安排,以满足适度的聚集放大效应。

布局问题(PLP)属于一种典型的"肮脏"(dirty)问题,因此很难对它构造出有效的算法,但是我们利用有记忆的模拟退火算法的灵活性可以有效地求出大 MS 布局的近似最优解。

在求解过程中,当通过扰动产生的新解有重叠现象时,我们采用加入惩罚项的方法对其进行惩罚。当初始温度为 97 ℃,终了温度为 3 ℃,马尔可夫链长为 60 000 时,所求得的近似最优解如图 14-4(a)所示。

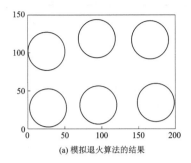
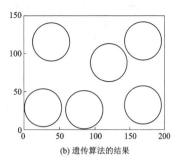

(a) 模拟退火算法的结果　　　　　　　　(b) 遗传算法的结果

图 14 - 4　用模拟退火算法和遗传算法求得的大 MS 布局

模拟退火算法的 MATLAB 程序如下：

程序编号	P14 - 1	文件名称	Sams. m	说明	用模拟退火求解大 MS 布局

```
% MYFSAPLP SOLVE THE PLP IN THE THIRD PROBLEM BY SA ALGORITHM.
% 首先只考虑 n 为偶数的情况
% 变量初始化
clc
clf
clear;
xmin = 0; xmax = 200; ymin = 0; ymax = 150;
r = 25; n = 6;
fval_every = 1; fval_best = fval_every; fval_pro = fval_every;
lamdao = 1e30; fs_every = 1;
t0 = 98; tf = 3; a = 0.98; t = t0; t_mid = 50;
p = 1;
dfo = 0;
while(t > tf)
    if p == 1
        % 产生新解
        for i = 1:n. /2
            x(i. * 2 - 1) = r + 2 * r * (i - 1);
            x(i * 2) = r + 2 * r * (i - 1);
            y(2 * i - 1) = r;
            y(2 * i) = 3 * r;
        end
        for i = 1:(n - 1)
            for j = (i + 1):n
                fs_every = fs_every. * sqrt((x(i) - x(j)).^2 + (y(i) - y(j)).^2);
            end
        end
        fs_every = fs_every.^(1. /n);
        fval_every = fs_every;
        dfval = fval_pro - fval_every;
    if dfval < 0
            if p~ = 1
                x(i) = x0;
                y(i) = y0;
                fval_pro = fval_every;
                fs_pro = fs_every;
                dfo_pro = dfo;
            else
                fval_pro = fval_every;
                fs_pro = fs_every;
                dfo_pro = dfo;
            end
    else
```

```matlab
            rand_jud = rand;
            if rand_jud > exp( - dfval. /t)
                x(i) = x0;
                y(i) = y0;
                fval_pro = fval_every;
                fs_pro = fs_every;
                dfo_pro = dfo;
            else
                fs_every = fs_pro;
                fval_every = fval_pro;
                dfo = dfo_pro;
            end
    end
        if fval_every > fval_best
            x_best = x;
            y_best = y;
            fval_best = fval_every;
            fs_best = fs_every;
            dfo_bestk = dfo;
        end
        p = p - 1;

    else
%           keyboard
        for k = 1:500. * n
            i = ceil(rand. * n);
            x0 = (xmin + r) + rand * ((xmax - r) - (xmin + r));
            y0 = (ymin + r) + rand * ((ymax - r) - (ymin + r));
            for j = 1:n
                if j ~ = i
                    dis0 = sqrt((x(j) - x(i)).^2 + (y(j) - y(i)).^2);
                    dis1 = sqrt((x(j) - x0).^2 + (y(j) - y0).^2);
                    if dis0 < 2 * r
                        dfo = dfo - 1;
                    else
                        dfo = dfo + 1;
                    end
                    if dis1 < 2 * r
                        dfo = dfo + 1;
                    else
                        dfo = dfo - 1;
                    end
                    fs_every = fs_every. /dis0.^(1. /n);
                    fs_every = fs_every. * dis1.^(1. /n);
                end
            end
            dfo_tmp = dfo. /2;
            fval_every = fs_every - dfo_tmp. * lamdao. /t;

dfval = fval_pro - fval_every;
if dfval < 0
                if p ~ = 1
                    x(i) = x0;
                    y(i) = y0;
                    fval_pro = fval_every;
                    fs_pro = fs_every;
                    dfo_pro = dfo;
                else
                    fval_pro = fval_every;
```

```
                    fs_pro = fs_every;
                    dfo_pro = dfo;
                end
else
                rand_jud = rand;
                if rand_jud > exp( - dfval. /t)
                    x(i) = x0;
                    y(i) = y0;
                    fval_pro = fval_every;
                    fs_pro = fs_every;
                    dfo_pro = dfo;
                else
                    fs_every = fs_pro;
                    fval_every = fval_pro;
                    dfo = dfo_pro;
                end
end
            if fval_every > fval_best
                x_best = x;
                y_best = y;
                fval_best = fval_every;
                fs_best = fs_every;
                dfo_bestk = dfo;
            end
        end
    end
    t = t. * a;
end

% 求解结束
x_center = x_best;
y_center = y_best;
disp('圆心坐标分别为:')
circle_center = [x_center; y_center]';
disp(circle_center)
% 绘图
hold on
for i = 1 : length(x_center)
    x_plot_tmp = linspace(x_center(i) - r,x_center(i) + r);
    y_plot_tmp_up = ...
        sqrt(r.^2 - (x_plot_tmp - x_center(i)).^2) ...
            + y_center(i);
    y_plot_tmp_down = ...
        - sqrt(r.^2 - (x_plot_tmp - x_center(i)).^2) ...
            + y_center(i);
    plot(x_plot_tmp,y_plot_tmp_up);
    plot(x_plot_tmp,y_plot_tmp_down);
end
```

2. 遗 传 算 法

大 MS 的布局问题同样可以用遗传算法进行求解。为了简化编程的复杂程度,在求解过程中我们调用了 MATLAB 的遗传算法工具箱 GAOT(version 5,根据需要自行下载)进行求解。当最大迭代次数设为 10 000 时,所求的近似最优解如图 14 - 4(b)所示。遗传算法的 MATLAB 程序如下:

程序编号	P14-2	文件名称	Gamain.m	说明	用遗传算法求解大 MS 布局

```
% GA main
% using toolbox of GAOT version 5
clc
clf
clear
bounds = ones(12,2);

global r

xmin = 0; ymin = 0; xmax = 200; ymax = 150;
r = 25; n = 6;
bounds(:,1) = zeros(12,1) + r;
bounds(1:6,2) = ones(6,1). * xmax - r;
bounds(7:12,2) = ones(6,1). * ymax - r;

[x,endPop] = ga(...
                 bounds,'myfGAPLP',[],[],[1e-6 1 1]);

myfplotcircleGA(x,r,xmax,ymax);

% % 以下为辅助函数的程序,放于独立的 m 文件中
function [x,fval] = myfGAPLP(x,options)
% options is required by the format of GAOT ver 5.

fval = 1; dfo = 0;
global r

n = 6; lamdao = 1e30;
for i = 1:(n-1)
    for j = (i+1):n
        rtmp = sqrt((x(i)-x(j)).^2+(x(n+i)-x(n+j)).^2);
        fval = fval. * rtmp;
        if rtmp < 2 * r
            dfo = dfo + 1;
        end
    end
end
fval = fval - dfo. * lamdao;

% % 以下为辅助函数的程序,放于独立的 m 文件中
function y = myfplotcircleGA(xx,rtmp,xmax,ymax)
% plot circle

xtmp = xx(1:6);
ytmp = xx(7:12);
numlen = length(xtmp);
numsize = 200;
t = linspace(0,2. * pi,numsize);
xplot = zeros(numsize,1);
yplot = zeros(numsize,1);
hold on
for j = 1:numlen
for i = 1:numsize
xplot(i) = xtmp(j) + rtmp * cos(t(i));
yplot(i) = ytmp(j) + rtmp * sin(t(i));
end
plot(xplot,yplot)
end
```

```
y = [];
xlim([0 xmax]);
ylim([0 ymax]);
```

14.7　模型评价及使用说明

模型的优点:

① 构造了综合效益函数,综合反映了商区 MS 网点的经济效益、潜在效益和就业效益,为规划模型的建立提供了可靠的目标函数。

② 计算机分析与实际情况相结合,给出了数学模型中的参数,并用 MATLAB 和 Lingo 软件分别对模型进行求解,得到了一致且符合现实情况的结果。

③ 恰当地运用商圈的概念和雷利法则,对商区内的 MS 布局给出了合理、科学的规划。

模型的缺点:模型中的参数是由分析得到的,虽然很大程度上能与现实吻合,但它们的实际数值还有待进一步研究。

14.8　技巧点评

本问题的开发性比较强,建模思路也是多样,但因为有多个决策变量,所以一般都会转化为规划类模型去求解。本章中给出的数学模型是一个规划模型,其建模思路依然是定目标、抽约束、求解三步曲。本问题中目标选定的自主性比较强,各队的差异比较大,但只要有道理,能客观地反映问题的变化趋势就可以。从本章的建模和求解过程来看,可以得到以下技巧:

① 对于大数据量的建模问题,首先应该确定建模方向和求解思路,根据需要处理、分析、统计数据,将冗杂的数据转化为模型可用的信息。

② 在抽象模型的目标时,尽量考虑多些指标和影响因素,最后分析各指标的权重,这样就能较准确地描述问题的目标。

③ 在建模比赛中,如果时间允许,可以对问题进行更深入的拓展,这样更能提高建模论文的竞争力。比如在确定各商区 MS 的数量后,又对 MS 的布局规划进行了优化研究,并提出磁性球装箱实物模型。虽然这些模型不能真正地解决问题,但也体现了建模思路,展现了参赛者对问题的思考和看法。这些内容无疑会为论文加分,更易于获胜,尤其在前面内容各队竞争力都相当的情况下。

参考文献

[1] 李毕万.浅谈零售商圈理论及其应用[J].商业现代化,1996,318(2).

[2] 张荣奇,等.商圈分析与网点布局[J].中国农业大学学报,2001,44(6).

[3] 康立山,等.非数值并行算法——模拟退火算法[M].北京:科学出版社,1994.

[4] 苏金明,等.MATLAB 6.1 实用指南[M].北京:电子工业出版社,2002.

第 15 章

葡萄酒的评价(CUMCM2012A)

CUMCM2012A 题是一道典型的数据建模类题目,可以使用多种数据类建模方法,但难点是数据项比较多,对哪些数据进行建模是关键。首先,需要对题目进行仔细分析;其次,找到数据项的关系并形成建模思路;最后,对各子问题进行建模并求解。

15.1　问题描述

原题有以下三个附件:

附件 1:葡萄酒品尝评分表(含 4 个表格)

附件 2:葡萄和葡萄酒的理化指标(含 2 个表格)

附件 3:葡萄和葡萄酒的芳香物质(含 4 个表格)

确定葡萄酒质量一般需要聘请一批有资质的品酒师进行评分,每个品酒师品尝葡萄酒后对其分类指标进行打分,然后求和得到其总分,从而确定葡萄酒的质量。酿酒葡萄的好坏与所酿葡萄酒的质量有直接的关系,葡萄酒和酿酒葡萄检测的理化指标会在一定程度上反映葡萄酒和葡萄的质量。附件 1 给出了某一年份一些葡萄酒的评价结果,附件 2 和附件 3 分别给出了该年份这些葡萄酒和酿酒葡萄的成分数据。请尝试建立数学模型并讨论下列问题:

问题 1　分析附件 1 中两组品酒师的评价结果有无显著性差异,哪一组结果更可信?

问题 2　根据酿酒葡萄的理化指标和葡萄酒的质量对这些酿酒葡萄进行分级。

问题 3　分析酿酒葡萄与葡萄酒的理化指标之间的联系。

问题 4　分析酿酒葡萄和葡萄酒的理化指标对葡萄酒质量的影响,并论证能否用酿酒葡萄和葡萄酒的理化指标来评价葡萄酒的质量?

15.2　问题 1 模型的建立与求解

15.2.1　问题分析

问题 1 要求我们首先确定两组品酒员的评价结果有无显著性差异,再评判哪组结果更可信。既然是显著性差异,就很容易想到用统计学中的显著性检验方法来确定该问题。

显著性检验(test of significance)又叫假设检验,是统计学中一个很重要的内容。显著性检验的方法很多,常用的有 t 检验、F 检验和 χ_2 检验等。尽管这些检验方法的用途及使用条件不同,但其检验的基本原理是相同的。根据本问题的场景,结合这三个检验方法的特点,该问题比较适合用 t 检验方法。

t 检验分为单总体检验和双总体检验。单总体 t 检验是检验一个样本平均数与一个已知的总体平均数的差异是否显著;双总体 t 检验是检验两个样本平均数与其各自所代表的总体的差异是否显著。对于该问题,因为有两个样本,所以采用双总体 t 检验。

15.2.2　建立模型并求解

1. 差异显著性评判

由于 t 检验是比较成熟的方法,所以这里不再对 t 检验的理论进行探讨,而是直接应用该方法。

双总体 t 检验的一般步骤如下:

① 提出无效假设与备择假设:

$$H_0: \mu_1 = \mu_2, \quad H_1: \mu_1 \neq \mu_2$$

② 计算 t 值,公式如下:

$$t = \frac{\bar{x}_1 - \bar{x}_2}{S_{\bar{x}_1 - \bar{x}_2}}, \quad 自由度\ df = (n_1 - 1) + (n_2 - 1)$$

式中,
$$S_{\bar{x}_1 - \bar{x}_2} = \sqrt{\frac{\sum(x_1 - \bar{x}_1)^2 + \sum(x_2 - \bar{x}_2)^2}{(n_1 - 1) + (n_2 - 1)} \times \left(\frac{1}{n_1} + \frac{1}{n_2}\right)}$$

当 $n_1 = n_2 = n$ 时,

$$S_{\bar{x}_1 - \bar{x}_2} = \sqrt{\frac{\sum(x_1 - \bar{x}_1)^2 + \sum(x_2 - \bar{x}_2)^2}{n(n-1)}}$$

式中,$S_{\bar{x}_1 - \bar{x}_2}$ 为均数的标准误;n_1、n_2 为两样本含量;$\bar{x}_1$、$\bar{x}_2$ 为两样本平均数。

③ 根据 $df = (n_1 - 1) + (n_2 - 1)$,查临界 t 值 $t_{0.05}$ 和 $t_{0.01}$,将计算所得 t 值的绝对值与其比较并作出统计推断。推断依据如表 15-1 所列。

表 15-1　t 检验推断依据表

t	P 值	差异显著程度
$t \geqslant t_{0.01}(df)$	$P \leqslant 0.01$	非常显著
$t \geqslant t_{0.05}(df)$	$P \leqslant 0.05$	显著
$t < t_{0.05}(df)$	$P > 0.05$	不显著

方法确定后再确定研究对象,即对哪个主体利用该方法。在这个问题里面,每个样品既有单项评分又有总分,而从品酒师角度,每个品酒师又有评分。为此,我们针对问题的目标,即评判两组品酒师的评价结果有无显著性差异,来确定最合适的研究对象。

在该问题中,每个样品的品质可以认为是固定的,所以对每个样品,不同组的品酒师的总分应用 t 检验最合适,也最能反映两组品酒师的评价结果。

为此,在利用 t 检验之前,需要对原始数据进行一些预处理,主要处理内容包括:

① 数据质量检查与清洗,即查看数据是否有缺失。如果有缺失,则需要填充。通过检查数据质量发现,的确存在数据缺失现象,为此对于缺失的值,用同组的平均值来填充。

② 对附件表中的数据按照样品编号进行重新排列,以便程序进行比较。

经过这些处理,就可以用程序计算这些样品的 t 检验值了,并且可以用每组检验值的平均值表示每组品酒师对红葡萄酒和白葡萄酒的显著性差异,即

$$t^* = \sum_{i=1}^{N} t_i$$

式中,t^* 为平均 t 检验值;i 为样品号;N 为样品总数;t_i 为两组品酒师对样品 i 的 t 检验值。

由于红葡萄酒和白葡萄酒品质差异比较大,所以我们分别对红葡萄酒和白葡萄酒的评价结果进行显著性分析。对于红葡萄酒,$N=27$;对于白葡萄酒,$N=8$。

用 MATLAB 求解该问题,具体实现代码如下:

程序编号	P15-1	文件名称	ch15_P1.m	说明	葡萄酒样品得分 t 检验

```matlab
% % 2012A_question1_T evaluation
% -------------------------------------------------------------
% % 数据准备
% 清空环境变量
clear all
clc

% 导入数据
X1 = xlsread('2012A_T1_processed.xls', 'T1_red_grape', 'D3:M272');
X2 = xlsread('2012A_T1_processed.xls', 'T2_red_grape', 'D3:M272');
X3 = xlsread('2012A_T1_processed.xls', 'T1_white_grape', 'D3:M282');
X4 = xlsread('2012A_T1_processed.xls', 'T2_white_grape', 'D3:M282');

% % 红葡萄酒 t 检验计算过程
[m1,n1] = size(X1);
K1 = 27;
% 计算每个样品的总得分
for i = 1:K1
    for j = 1:n1
        SX1(i,j) = sum(X1(10 * i - 9:10 * i,j));
        SX2(i,j) = sum(X2(10 * i - 9:10 * i,j));
    end
end
% 计算每组样品得分的均值
for i = 1:K1
    Mean1(i) = mean(SX1(i,:));
    Mean2(i) = mean(SX2(i,:));
end
% 计算检验值
for i = 1:K1
    S1(1,i) = (sum((SX1(i,:) - Mean1(i)).^2) + sum((SX2(i,:) - Mean2(i)).^2))/(n1 * (n1 - 1));
    T1(1,i) = (Mean1(i) - Mean2(i))/(sqrt(S1(1,i)));
end
AT_R = abs(T1);
M_AT_R = mean(AT_R);
% % 白葡萄酒 t 检验计算过程
[m2,n2] = size(X3);
K2 = 28;
% 计算每个样品的总得分
for i = 1:K2
    for j = 1:n2
        SX3(i,j) = sum(X3(10 * i - 9:10 * i,j));
        SX4(i,j) = sum(X4(10 * i - 9:10 * i,j));
    end
```

```
    end
    %计算每组样品得分的均值
    for i = 1:K2
        Mean3(i) = mean(SX3(i,:));
        Mean4(i) = mean(SX4(i,:));
    end
    %计算检验值
    for i = 1:K2
        S2(1,i) = (sum((SX3(i,:) - Mean3(i)).^2) + sum((SX4(i,:) - Mean4(i)).^2))/(n2 * (n2 - 1));
        T2(1,i) = (Mean3(i) - Mean4(i))/(sqrt(S2(1,i)));
    end
    AT_W = abs(T2);
    M_AT_W = mean(AT_W);
    % %结果显示与比较
    a = 2.102;                      %  t(0.05,2,18) = 2.101
    b = 2.878;                      %  t(0.01,2,18) = 2.878
    set(gca,'linewidth',2)
    %红葡萄酒结果
    for i = 1:K1
        Ta1(i) = a;
        Tb1(i) = b;
    end
    t1 = 1:K1;
    subplot(2,1,1);
    plot(t1,AT_R,'* k - ',t1,Ta1,'r - ',t1,Tb1,' - .b', 'LineWidth', 2)
    title('红葡萄酒显著性检验结果','fontsize',14)
    legend('t 检验值 ', 't(0.05)值 ', 't(0.01)值 ')
    xlabel('样品号 '), ylabel('t 检验值 ')

    %白葡萄酒结果
    for i = 1:K2
        Ta2(i) = a;
        Tb2(i) = b;
    end
    t2 = 1:K2;
    subplot(2,1,2);
    plot(t2,AT_W,'* k - ',t2,Ta2,'r - ',t2,Tb2,' - .b', 'LineWidth', 2)
    title('白葡萄酒显著性检验结果','fontsize',14)
    legend('t 检验值 ', 't(0.05)值 ', 't(0.01)值 ')
    xlabel('样品号 '), ylabel('t 检验值 ')
    %显示平均检验结果
    disp(['两组品酒师对红葡萄酒的平均显著性 t 检验值:'num2str(M_AT_R)]);
    disp(['两组品酒师对白葡萄酒的平均显著性 t 检验值:'num2str(M_AT_W)]);
    % % end
```

运行以上程序,可得到图 15 - 1 所示的每个样品的 t 检验结果和以下平均 t 检验值:

两组品酒师对红葡萄酒的平均显著性 t 检验值:1.7539
两组品酒师对白葡萄酒的平均显著性 t 检验值:1.1641

查表可知,$t(0.05,2,18)＝2.101$,$t(0.01,2,18)＝2.878$。按照 t 检验的第③步可知,$t＜t_{0.05}(df)$,所以我们可以得到问题 1 的结论:

① 两组品酒师对红葡萄酒和白葡萄酒的评价结果差异不显著;

② 对白葡萄酒评价结果的差异小于对红葡萄酒的差异。

2. 评价结果稳定性

基于上述分析可知,两组品酒师对葡萄酒样品的评判结果差异不显著,即可以认为是来自同一样本的数据。这样我们就可以用每组品酒师的得分对总体样本的方差表示各组品酒师评价结果的稳定性,即

$$V = \sum_{i=1}^{N} (S_i - u_0)^2$$

式中，V 为样本对总体样本的方差；S_i 为第 i 组品酒师给葡萄酒样品的总分；u_0 为总体样本均值。

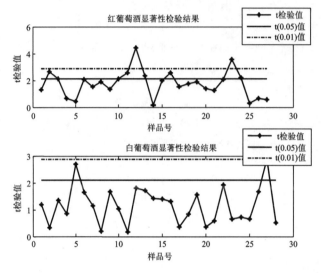

图 15-1   每个样品的 t 检验值与参考值的比较

由于在计算 t 检验的过程中已得到该表达式所有参数的值，所以可以很快得到每组品酒师对每个样品的方差了。将程序 P15-1 稍作修改就可以得到计算该方差的程序。具体实现代码如下：

程序编号	P15-2	文件名称	ch15_P2.m	说明	两组品酒师的评价

```matlab
% % 2012A_question1_T evaluation
% -------------------------------------------------------------
% %数据准备
%清空环境变量
clear all
clc

%导入数据
X1 = xlsread('2012A_T1_processed.xls', 'T1_red_grape', 'D3:M272');
X2 = xlsread('2012A_T1_processed.xls', 'T2_red_grape', 'D3:M272');

% %计算每组品酒师对每个样品的方差
[m,n] = size(X1);
K = 27;

%计算每个样品的总得分
for i = 1:K
    for j = 1:n
    SX1(i,j) = sum(X1(10 * i - 9:10 * i,j));
    SX2(i,j) = sum(X2(10 * i - 9:10 * i,j));
    end
    u0(i) = mean([SX1(i,:), SX2(i,:)]);
end
%计算方差
for i = 1:K
    SD1(i,:) = (SX1(i,:) - u0(i)). * (SX1(i,:) - u0(i));
```

```
        SD2(i,:) = (SX2(i,:) - u0(i)).*(SX2(i,:) - u0(i));
end

% %结果显示与比较
for i = 1:K
    TSD(1,i) = sum(SD1(i,:));
    TSD(2,i) = sum(SD2(i,:));
end
t = 1:K;
plot(t,TSD(1,:),'*k-',t,TSD(2,:),'or--','LineWidth',2)
legend('一组对红葡萄酒的方差','二组对红葡萄酒的方差')
xlabel('红葡萄酒样品编号'); ylabel('红葡萄酒样品编号');
TSD1 = sum(TSD(1,:));
TSD2 = sum(TSD(2,:));
disp(['一组对红葡萄酒的总方差:' num2str(TSD1)]);
disp(['二组对红葡萄酒的总方差:' num2str(TSD2)]);
```

运行以上程序,可得到图 15-2 和总方差:

一组对红葡萄酒的总方差:16434.675
二组对红葡萄酒的总方差:10524.775

方差越小表明越稳定,故对于红葡萄酒,第二组品酒师的评价结果更稳定。

如果将白葡萄酒的数据输入程序 P15-2,则可以得到图 15-3 和总方差:

一组对白葡萄酒的总方差:34961.6
二组对白葡萄酒的总方差:16522.8

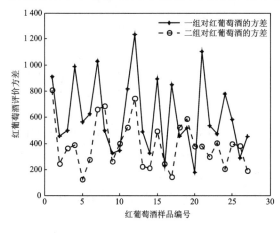

图 15-2　两组品酒师对红葡萄酒的方差比较　　　图 15-3　两组品酒师对白葡萄酒的方差比较

综合两组品酒师对两类葡萄酒的评价可知,第二组对两类酒评价的稳定性都比第一组高。

15.3　问题 2 模型的建立与求解

15.3.1　基本假设与问题分析

1. 基本假设

① 假设品酒师在完全相同的环境因素下进行品酒,且品酒师均按照同一标准进行品酒。

② 假设酿酒葡萄的编号和葡萄酒的编号是一致的,存在严格的对应关系。这样就可以利用葡萄酒的评分数据对酿酒葡萄进行分级,同时二者的理化指标也能够对应上,便于找出它们在理化指标方面的关系。

2. 问题分析

问题2要求根据酿酒葡萄的理化指标和葡萄酒的质量对这些酿酒葡萄进行分级。但该问题中并没有给出分级的标准和具体的分级数,所以该问题属于数据建模中的聚类问题。这样我们就可以利用一些聚类方法来求解该问题了。在众多聚类方法中,K‑means 方法适应性比较强,所以不妨先用该方法对所研究的数据进行聚类,然后再尝试用层次聚类、模糊聚类等方法,以方便结果比较和最佳聚类方法的选择。

下面分析该对谁聚类,即确定聚类的研究对象。问题中已明确规定根据酿酒葡萄的理化指标和葡萄酒的质量实现对酿酒葡萄的分级。对葡萄酒的理化指标数据分析后发现,理化指标比较多,用哪些指标进行分级,效果很难评判;但用葡萄酒质量数据进行分级,既有直观的现实意义,操作上也可行。因此,决定先根据葡萄酒的质量进行酿酒葡萄的分级。由第一问可知,虽然第二组品酒员的数据更稳定,但两组品酒员的结果并没有显著差异,所以应该以两组品酒员的平均值作为酒样的质量数据。

决定根据葡萄酒的质量对酿酒葡萄进行分级后,就可以研究如何利用酿酒葡萄的理化指标来分级。这里面,理化指标的差异就是数值上的差异,而求解这类问题的一个典型方法就是主成分分析方法,所以用该方法实现对理化指标的降维,然后同样可以用上述的聚类方法来实现聚类。

15.3.2   建立模型并求解

1. 葡萄酒质量分级

目前的聚类算法都属于半监督算法,还需要指定每次聚类过程中类别的数量,所以对于该问题,需要先确定最佳类别的数量。可以先用轮廓值对 K‑means 聚类结果进行评价,这样就可以据此来确定最佳的类别数。

对于聚类的执行,选择用 K‑means 实现,因为该算法的适应范围最广。K‑means 算法的一般步骤如下:

① 从 n 个数据对象任意选择 k 个对象作为初始聚类中心。

② 根据每个聚类对象的均值(中心对象),计算每个对象与这些中心对象的距离;并根据最小距离重新对相应对象进行划分。

③ 重新计算每个(有变化)聚类的均值(中心对象),直到聚类中心不再变化。这种划分使得下式值最小:

$$E = \sum_{j=1}^{k} \sum_{x_i \in \omega_j} \| x_i - m_j \|^2$$

式中,m_j 为各类的中心;x_i 第 i 个样本点的位置。

④ 循环步骤②~③直到每个聚类不再发生变化为止。

接下来是明确要聚类的对象,既可以对理化指标进行聚类,也可以对葡萄酒的质量(评分)进行聚类。显然,对后者聚类更容易操作,还可以以两组品酒员评分的均值作为葡萄酒的质量。首先,以红葡萄酒的质量评分为研究对象确定最佳的类别。当确定最佳分类数后就可以使用常用的集中聚类方法对该问题进行聚类,然后比较各种算法,看哪种算法对该问题更适

合;同时,还可以比较各算法对该问题是否有很好的一致性。根据这一思路,编写 MATLAB
程序如下:

程序编号	P15 - 3	文件名称	ch15_p3_R. m	说明	酒样分类 K - means 方法

```
% % 用聚类法确定葡萄酒分级
clc, clear all, close all
% % 需要聚类的数据
% 红葡萄酒质量评分数据

A = [65.4    77.15   77.50   69.90   72.70   69.25   68.40   69.15   79.85   71.50...
     65.85   61.10   71.70   72.80   62.20   72.40   76.90   62.75   75.60   77.45...
     74.65   74.40   81.35   74.75   68.70   72.90   72.25];

% 白葡萄酒质量评分数据

% A = [79.95   75      80.45   78.15   76.25   71.95   75.85   71.85   76.65   77.05...
       71.85   67.85   69.9    74.55   75.4    70.65   79.55   74.9    74.3    77.2...
       77.8    75.2    76.65   74.7    78.3    77.8    70.9    80.45];

% % 用 K - means 法确定最佳的聚类数
X = A';
numC = 15;
for i = 1:numC
    kidx = K - means(X,i);
    silh = silhouette(X,kidx);              % 计算轮廓值
    silh_m(i) = mean(silh);                 % 计算平均轮廓值
end

figure
plot(1:numC,silh_m,'o-')                    % 绘制图 15 - 4
xlabel('类别数')
ylabel('平均轮廓值')
title('不同类别对应的平均轮廓值')

% 绘制 2 至 5 类时的轮廓值分布图
figure
for i = 2:5
    kidx = K - means(X,i);
    subplot(2,2,i-1);                       % 绘制图 15 - 5
    [~,h] = silhouette(X,kidx);
    title([num2str(i),'类时的轮廓值'])
    snapnow
    xlabel('轮廓值');
    ylabel('类别数');
end

% % K - means 聚类过程,并将结果显示出来
[idx,ctr] = K - means(A',4);                % 用 K - means 法聚类
% 提取同一类别的样品号
c1 = find(idx == 1); c2 = find(idx == 2);
c3 = find(idx == 3); c4 = find(idx == 4);
figure
F1 = plot(find(idx == 1), A(idx == 1),'r-- *',...   % 绘制图 15 - 6
    find(idx == 2), A(idx == 2),'b:o',...
    find(idx == 3), A(idx == 3),'k:o',...
    find(idx == 4), A(idx == 4),'g:d');
set(gca,'linewidth',2);
set(F1,'linewidth',2, 'MarkerSize',8);
xlabel('编号','fontsize',12);
```

```
ylabel('得分','fontsize',12);
title('红葡萄酒质量评分 - - K - means 法聚类结果')
disp('聚类结果:');
disp(['第 1 类:',' 中心点:',num2str(ctr(1)),' ','该类样品编号:', num2str(c1')]);
disp(['第 2 类:',' 中心点:',num2str(ctr(2)),' ','该类样品编号:', num2str(c2')]);
disp(['第 3 类:',' 中心点:',num2str(ctr(3)),' ','该类样品编号:', num2str(c3')]);
disp(['第 4 类:',' 中心点:',num2str(ctr(4)),' ','该类样品编号:', num2str(c4')]);

% % 层次法聚类
X = A';
Y = pdist(X);                        % 计算样品间的欧式距离
Z = linkage(Y, 'average');           % 利用类平均法创建系统聚类树
cn = size(X);
clabel = 1:cn;
clabel = clabel';
figure
F2 = dendrogram(Z);                  % 绘制聚类树形图,见图 15 - 7
set(F2,'linewidth',2);
ylabel('标准距离');
% % 模糊 C - means 法聚类
X = A';
[center,U] = fcm(X,4);
Cid1 = find(U(1,:) == max(U));
Cid2 = find(U(2,:) == max(U));
Cid3 = find(U(3,:) == max(U));
Cid4 = find(U(4,:) == max(U));
figure
F3 = plot(Cid1, A(Cid1),'r-- *', ...    % 绘制图 15 - 8
     Cid2, A(Cid2),'b:o', ...
     Cid3, A(Cid3),'k:o', ...
     Cid4, A(Cid4),'g:d');

set(gca,'linewidth',2);
set(F3,'linewidth',2,'MarkerSize',8);
xlabel('编号');
ylabel('得分');
title('模糊 C - means 法聚类结果')
% % CUMCM2012A 题第二问求解示例程序
```

　　运行程序的前两节,就可以得到该问题平均轮廓值与类别数的关系图(见图 15 - 4)和类别数为 2、3、4、5 时的轮廓值分布图(见图 15 - 5)。对于聚类问题,我们一方面希望聚类的数量比较适中,同时又希望每个样品的轮廓值尽量高。对这个只有不到 30 个样品的样本问题,比较合适的类别数是 2~5 个,而通过图 15 - 4 可以发现,类别数为 2、3 或者 4 时平均轮廓值比较高;但如果只分为 2 类或 3 类,分级效果则不明显,如果分为 5 类,轮廓值较小。

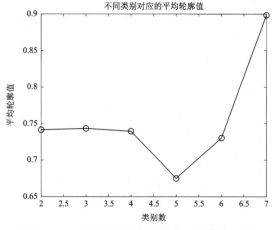

图 15 - 4　平均轮廓值与聚类类别数的关系图

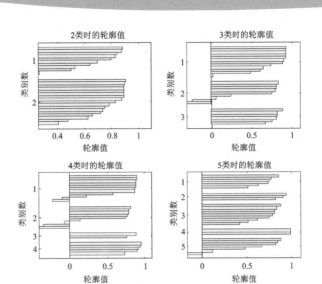

图 15 - 5 类别数分别为 2,3,4,5 时的轮廓值分布图

综上分析,对于这个问题,最佳的类别数选为 4 比较合适。用同样的方法,对白葡萄酒的数据进行分析,可以得到一致的结论。需要注意的是,聚类方法都有一定的随机性,所以每次运行的程序会有一些差异,但总体趋势是一致的。

将类别数设为 4,运行程序的其他几节就可以得到 K - means、层次和模糊 C - means 三种方法的聚类结果,如图 15 - 6~图 15 - 8 所示。从这三幅图来看,三种方法的结果基本一致,说明三种方法对该问题的聚类效果是一致的。不妨以 K - means 聚类法得到的结果作为本问题的分级依据。

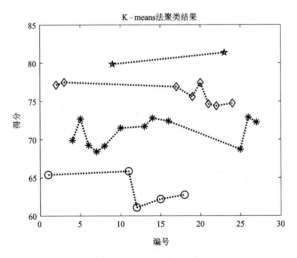

图 15 - 6 红葡萄酒 K - means 法聚类结果分布图

运行程序 P15 - 3,在 MATLAB 的命令窗口区可得到 K - means 法的聚类结果:

```
聚类结果:
第1类:中心点:70.9708  该类样品编号:4  5  6  7  8  10  13  14  16  25  26  27
第2类:中心点:63.46    该类样品编号:1  11  12  15  18
第3类:中心点:80.6     该类样品编号:9  23
第4类:中心点:76.05    该类样品编号:2  3  17  19  20  21  22  24
```

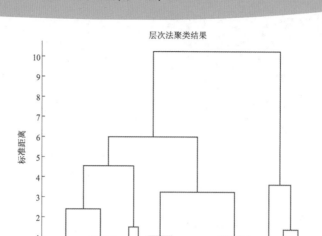

图 15 - 7　红葡萄酒层次法聚类结果分布图

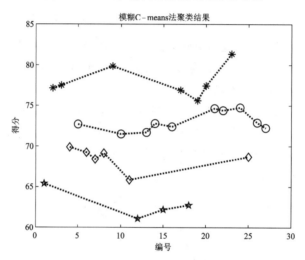

图 15 - 8　红葡萄模糊 C - means 法聚类结果分布图

对于白葡萄酒,采取同样的方法,可以很快得到白葡萄酒的聚类结果:

```
聚类结果:
第1类:中心点:78.4722　该类样品编号:1　3　4　10　17　20　21　25　26
第2类:中心点:75.4045　该类样品编号:2　5　7　9　14　15　18　19　22　23　24
第3类:中心点:67.85　　　该类样品编号:12
第4类:中心点:71.1833　该类样品编号:6　8　11　13　16　27
```

因为白葡萄酒的分类图与红葡萄酒基本一致,所以这里就不再给出。

2. 葡萄酒理化指标分级

前面是根据葡萄酒的评分结果对酿酒葡萄进行分级,下面介绍如何根据葡萄酒的理化指标对酿酒葡萄进行分级。葡萄酒的理化指标有一级指标和二级指标,为了保持指标级别的一致性,统一选择一级指标作为研究对象。仍然以红葡萄酒作为研究对象,对原题附件2的数据进行整理,得到红葡萄酒的一级指标数据,如表 15 - 2 所列。

由表 15 - 2 可以看出,红葡萄酒的一级理化指标有 9 个,根据这 9 个指标进行聚类,难度较大。因此,可以先用主成分分析(PCA)法对指标进行降维,再利用 K - means 聚类法对降维结果进行聚类。

表 15 - 2　红葡萄酒一级指标数据

红葡萄酒品种编号	花色苷/$(mg \cdot L^{-1})$	单宁/$(mmol \cdot L^{-1})$	总酚/$(mmol \cdot L^{-1})$	酒总黄酮/$(mmol \cdot L^{-1})$	白藜芦醇/$(mg \cdot L^{-1})$	DPPH/1/IV50/μL	色泽/D65		
							L	a	b
样品 1	973.878	11.03	9.983	8.02	2.438 2	0.358	2.480	16.100	3.880
样品 2	517.581	11.078	9.56	13.3	3.648 4	0.46	14.260	45.770	24.060
样品 3	398.77	13.259	8.549	7.368	5.245 6	0.396	16.390	48.040	27.560
样品 4	183.519	6.477	5.982	4.306	2.933 7	0.177	42.300	59.530	26.750
样品 5	280.19	5.849	6.034	3.644	4.996 9	0.207	34.460	60.160	24.050
样品 6	117.026	7.354	5.858	4.445	4.431 1	0.211	56.950	54.430	23.570
样品 7	90.825	4.014	3.858	2.765	1.820 5	0.112	59.000	48.820	32.070
样品 8	918.688	12.028	10.137	7.748	1.015 8	0.346	8.600	38.860	14.680
样品 9	387.765	12.933	11.313	9.905	3.859 9	0.386	14.170	46.090	24.190
样品 10	138.714	5.567	4.343	3.145	3.215 0	0.136	57.090	50.060	0.000
样品 11	11.838	4.588	4.023	2.103	0.381 6	0.105	88.790	12.140	19.540
样品 12	84.079	6.458	4.817	2.986	2.162 8	0.141	53.680	50.450	30.590
样品 13	200.08	6.385	4.93	3.957	1.338 8	0.166	41.590	58.730	19.600
样品 14	251.57	6.073	5.013	3.068	2.165 9	0.163	24.220	56.170	35.300
样品 15	122.592	3.985	4.064	1.836	0.888 6	0.068	52.950	57.870	19.090
样品 16	171.502	4.832	4.044	2.668	1.162 0	0.117	50.470	59.450	18.200
样品 17	234.42	9.17	6.168	4.912	1.650 4	0.31	41.210	56.030	25.120
样品 18	71.902	4.447	4.353	3.531	1.739 6	0.138	58.180	54.720	22.550
样品 19	198.614	5.981	5.157	3.875	9.026 9	0.167	47.700	64.930	20.670
样品 20	74.377	5.864	4.858	4.044	0.964 1	0.158	78.480	26.390	15.870
样品 21	313.784	10.09	8.941	4.44	8.793 0	0.358	21.810	52.800	35.210
样品 22	251.017	7.105	6.199	5.827	4.466 6	0.231	40.550	54.050	26.200
样品 23	413.94	10.888	12.529	12.144	12.682 1	0.566	14.600	46.860	25.070
样品 24	270.108	5.747	5.394	3.731	6.868 9	0.165	42.840	59.060	17.680
样品 25	158.569	5.406	4.425	3.022	2.578 9	0.165	50.240	63.780	11.530
样品 26	151.481	3.615	3.889	2.154	2.736 9	0.076	33.500	62.050	29.180
样品 27	138.455	5.961	4.734	3.284	4.775 8	0.151	63.140	48.730	15.980

主成分分析法的基本步骤如下:

① 对原始数据进行标准化处理。

② 计算样本相关系数矩阵。

③ 计算相关系数矩阵 $\boldsymbol{R}$ 的特征值 $(\lambda_1, \lambda_2, \cdots, \lambda_p)$ 和相应的特征向量。

④ 选择重要的主成分并写出其表达式。

⑤ 计算主成分得分。

⑥ 依据主成分得分数据,进一步对问题进行分析和建模。

根据主成分分析法和 K-means 聚类法的步骤,用 MATLAB 实现数据降维和聚类。具体实现代码如下:

程序编号	P15-4	文件名称	ch15_P4.m	说明	酒样数据降维和聚类

```matlab
% % 根据红葡萄酒质量评分进行 K-means 聚类
clear all,clc
% % 用 PCA 和 K-means 方法对葡萄酒的理化指标进行聚类
% --------------------------------------------------
% % 数据导入及处理
clc
clear all
A = xlsread('2012A_Table2.xls','葡萄酒指标汇总','B3:J29');

% 数据标准化处理
a = size(A,1);
b = size(A,2);
for i = 1:b
    SA(:,i) = (A(:,i) - mean(A(:,i)))/std(A(:,i));
end

% % 计算相关系数矩阵的特征值和特征向量
CM = corrcoef(SA);                       % 计算相关系数矩阵(correlation matrix)
[V, D] = eig(CM);                        % 计算特征值和特征向量

for j = 1:b
    DS(j,1) = D(b + 1 - j, b + 1 - j);        % 对特征值按降序排列
end
for i = 1:b
    DS(i,2) = DS(i,1)/sum(DS(:,1));           % 贡献率
    DS(i,3) = sum(DS(1:i,1))/sum(DS(:,1));    % 累积贡献率
end

% % 选择主成分及对应的特征向量
T = 0.8;                                  % 主成分信息保留率
for K = 1:b
    if DS(K,3) >= T
        Com_num = K;
        break;
    end
end

% 提取主成分对应的特征向量
for j = 1:Com_num
    PV(:,j) = V(:,b + 1 - j);
end

% % 计算各评价对象的主成分得分
new_score = SA * PV;
for i = 1:a
    total_score(i,1) = sum(new_score(i,:));
    total_score(i,2) = i;
end
result_report = [new_score, total_score];      % 将各主成分得分与总分放在同一个矩阵中
result_report = sortrows(result_report,(K + 2));  % 按总分降序排列

% % K-means 聚类及结果报告
A = result_report(:,(K + 1));
```

```
[idx,ctr] = K - means(A,4);
[m,n] = size(A);
t1 = ones(1,n) * 30;
set(gca,'linewidth',2) ;
c1 = find(idx == 1); c2 = find(idx == 2); c3 = find(idx == 3); c4 = find(idx == 4);
plot(t1,A,' - - bo',c1,A(idx == 1),'r * ', c2,A(idx == 2),'bs', c3,A(idx == 3),'k + ', c4,A(idx == 4),'ro')
xlabel('红葡萄酒样品编号 ','fontsize',12);
ylabel('主成分得分 ','fontsize',12);

disp('主成分得分(最后 1 列为样本编号,倒数第 2 列为总分,前面为各主成分得分)')
result_report
disp('分类结果:');
disp(['第 1 类:',',','中心点:',num2str(ctr(1)),'   ','该类样品编号:', num2str(c1')]);
disp(['第 2 类:',',','中心点:',num2str(ctr(2)),'   ','该类样品编号:', num2str(c2')]);
disp(['第 3 类:',',','中心点:',num2str(ctr(3)),'   ','该类样品编号:', num2str(c3')]);
disp(['第 4 类:',',','中心点:',num2str(ctr(4)),'   ','该类样品编号:', num2str(c4')]);
```

运行上述程序,可以得到主成分分析法对数据降维的结果:

```
主成分得分(最后 1 列为样本编号,倒数第 2 列为总分,前面为各主成分得分)

result_report =

  - 4.0321     3.6196       0.8374       0.4249     1.0000
  - 3.8866     0.0578     - 0.4445     - 4.2733     2.0000
  - 2.8865   - 0.6357     - 0.5275     - 4.0498     3.0000
    0.6710   - 0.7083     - 0.0146     - 0.0519     4.0000
    0.3150   - 0.8298       0.5800       0.0652     5.0000
    0.6448   - 0.4866     - 0.2724     - 0.1142     6.0000
    2.2083   - 0.4435     - 1.0665       0.6984     7.0000
  - 3.6148     2.0198       0.7447     - 0.8503     8.0000
  - 3.5577   - 0.1010     - 0.5354     - 4.1941     9.0000
    1.6422     0.8049       1.3847       3.8318    10.0000
    2.6053     2.4583     - 2.2842       2.7793    11.0000
    1.4885   - 0.4968     - 0.9500       0.0417    12.0000
    1.0034     0.1632       0.5555       1.7221    13.0000
    0.7095   - 1.1133     - 0.4716     - 0.8754    14.0000
    2.4298     0.3334       0.5700       3.3332    15.0000
    1.9190     0.3081       0.7169       2.9441    16.0000
  - 0.2961   - 0.2239     - 0.2811     - 0.8011    17.0000
    1.9458   - 0.0004     - 0.1128       1.8327    18.0000
    0.6641   - 1.4232       1.0296       0.2706    19.0000
    1.6656     2.0066     - 1.2740       2.3982    20.0000
  - 1.9686   - 2.0953     - 0.7128     - 4.7766    21.0000
  - 0.1253   - 0.6373     - 0.1735     - 0.9361    22.0000
  - 4.9984   - 1.7587     - 0.3557     - 7.1128    23.0000
    0.5801   - 0.5316       1.0771       1.1255    24.0000
    1.5238     0.3538       1.4223       3.2999    25.0000
    1.9771   - 1.0201       0.3179       1.2748    26.0000
    1.3729     0.3801       0.2403       1.9933    27.0000

分类结果:
第 1 类:中心点: - 7.1128   该类样品编号:23
第 2 类:中心点: - 4.3235   该类样品编号:2   3   9   21
第 3 类:中心点:0.020932   该类样品编号:1   4   5   6   7   8   12   14   17   19   22   24   26
第 4 类:中心点:2.6816   该类样品编号:10   11   13   15   16   18   20   25   27
```

红葡萄酒理化指标的聚类图如图 15 - 9 所示。

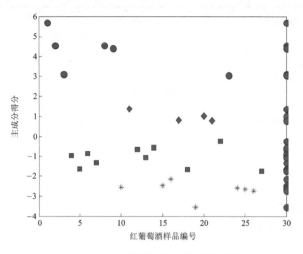

图 15-9　红葡萄酒理化指标聚类图

对于白葡萄酒的聚类,可套用红葡萄酒的程序,只需将白葡萄酒的理化指标数据替换为红葡萄酒的数据即可得到白葡萄酒理化指标降维结果:

```
主成分得分(最后 1 列为样本编号,倒数第 2 列为总分,前面为各主成分得分)
result_report =
   -1.0078   -1.5238    0.3069   -2.2247    1.0000
   -1.3171   -0.4082    0.7825   -0.9428    2.0000
    0.9786   -0.7470    0.0711    0.3027    3.0000
    0.0033    1.0321    0.5413    1.5767    4.0000
   -0.7366    1.5868   -0.4443    0.4059    5.0000
   -1.1979   -1.0547    0.6770   -1.5755    6.0000
    0.1520   -1.8792    0.3809   -1.3463    7.0000
   -1.9902   -0.9654   -0.6034   -3.5589    8.0000
   -0.7670    0.7528    0.5590    0.5448    9.0000
    0.3584   -1.4631    0.8933   -0.2114   10.0000
   -0.6706   -1.1491    0.9959   -0.8239   11.0000
    1.2819   -0.4038   -0.5451    0.3329   12.0000
   -0.5460   -1.7265   -0.8445   -3.1170   13.0000
   -0.8892   -0.9457   -2.6348   -4.4696   14.0000
    1.1256   -1.0193   -0.0870    0.0193   15.0000
   -1.0415    0.3172   -0.5432   -1.2676   16.0000
    0.5959    0.0465    0.1913    0.8337   17.0000
   -0.4434   -2.1127   -0.0984   -2.6545   18.0000
   -0.3502    0.1266    1.2144    0.9908   19.0000
    0.1814   -0.6215   -0.4147   -0.8549   20.0000
   -1.2512   -0.4540    0.2822   -1.4230   21.0000
   -1.1170    1.3433   -2.8513   -2.6250   22.0000
   -1.3093    2.1536    0.9555    1.7998   23.0000
    6.0598    0.3470   -0.5674    5.8394   24.0000
   -0.0688    0.7387    1.1712    1.8412   25.0000
   -1.0940    4.6858   -0.9618    2.6300   26.0000
    4.6440    0.4950   -0.1727    4.9663   27.0000
    0.4168    2.8486    1.7461    5.0115   28.0000
分类结果:
第 1 类:中心点: 1.1259     该类样品编号:3   4   5   9   12   17   19   23   25   26
第 2 类:中心点: 5.2724     该类样品编号:24   27   28
第 3 类:中心点:-0.93623    该类样品编号:2   6   7   10   11   15   16   20   21
第 4 类:中心点:-3.1083     该类样品编号:1   8   13   14   18   22
```

白葡萄酒理化指标聚类图如图 15-10 所示。

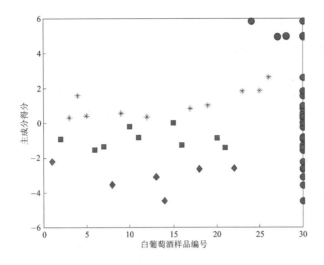

图 15 - 10　白葡萄酒理化指标聚类图

3. 两种分级结果分析

对两种分级方法得到的结果进行分析,不难发现,其结果的一致性较差。也就是说,评分高的葡萄酒,其理化指标得分不一定高,两者之间没有明显的关系。那么,哪种分级方式更合理呢?

葡萄酒评分,是依据品酒员对酒的感觉进行的分级;而理化指标则是根据理化数值的高低进行分级,两者的评价角度是不一样的,所以得到的结果也不一样。这个道理就像是一道菜的咸度,我们评价菜的咸度既不是越高越好,也不是越低越好,而是有个最佳值。如果按咸度高低对菜进行分级,其结果就是咸的菜和不咸的菜,但不能确定是好吃的菜(咸度正好的菜)。

因此,两种分级结果不一致也是合情合理的,但是若考虑对葡萄酒分级的目的,我们则认为根据评分对酿酒葡萄进行分级更合理,且更有实际应用价值。

15.4　问题 3 和问题 4

15.4.1　问题 3 分析

问题 3 是要分析酿酒葡萄与葡萄酒的理化指标之间的联系,由于两者的理化指标比较多,是多对多的关系,所以给该问题增加了难度。对于这类问题,一般可利用拟合、回归、求相关系数这类方法进行求解。在此之前,需要先确定研究的主体,也就是对哪些指标、哪些数据用这些方法。这个问题可以从下面几个角度展开:

① 只研究酿酒葡萄和葡萄酒共有的指标,比如总酚、花色苷,问题就会变得简单,然后再用拟合、回归方法给出两者之间的共有指标关系。

② 先用主成分分析或方差分析分别找出酿酒葡萄和葡萄酒的几个主要指标,然后再研究几个主要指标之间的关系。

③ 先求出指标之间的相关系数,筛选相关性比较强的指标,再用拟合、回归方法给出它们之间的关系。

15.4.2　问题 4 分析

　　问题 4 是分析酿酒葡萄和葡萄酒的理化指标对葡萄酒质量的影响,并论证能否用葡萄和葡萄酒的理化指标来评价葡萄酒的质量。该问题是对前三个问题的总结,综合分类以及指标的关系,可以确定葡萄酒质量是否与酿酒葡萄和葡萄酒的理化指标高度相关:如果是,最好给出葡萄酒质量与这些理化指标的具体关系;如果不是,则要给出具体依据,比如相关系数太小。

15.5　技巧点评

　　葡萄酒的评价问题是典型的数据建模问题,这类问题的特点是数据多,可用的方法多,建模难度不大。这类问题的求解关键是选对方法、选对数据、用对方法。

　　本篇论文用到了 t 检验、K - means、主成分分析等方法,这些方法都是常见的数学方法,难度较低。尽管这些方法很常见,依然出现很多团队用错的情况,主要是用错了地方。提醒大家在学习这些基础建模方法的时候,一定要注意使用场景和前提,才能正确使用。

　　通过对论文的解析,我们可以总结出以下几点:

　　① 明确问题,分析问题,了解与本问题相关的数据信息,并确定求解问题的大致方法(或几种可能的方法);

　　② 分析数据内容,根据求解问题的方向和数据的现实意义等因素,确定研究对象,明确对哪些数据运用方法;

　　③ 正确、高效地利用数学工具(如 MATLAB)对问题求解,并以容易理解的方式将求解结果展示出来。

参考文献

[1] Soman K P. 数据建模基础教程[M]. 范明,等译. 北京:机械工业出版社,2009.

第 16 章

出租车补贴方案优化(CUMCM2015B)

CUMCM2015B 题是一道综合性比较强的题目,需要融合数据分析、优化、机理建模、评价等多种方法,而且题目开放,不仅数据比较开放,建模思路也比较开放。当年获得甲组"MATLAB 创新奖"的团队所用的主要建模方法是机理建模,用仿真方法对打车过程中的乘客和出租车的微观过程进行抽象和建模,给出了比较理想的建模和求解思路。

16.1 问题描述

出租车是市民出行的重要交通工具之一,"打车难"是人们关注的一个社会热点问题。随着"互联网+"时代的到来,有多家公司依托移动互联网建立了打车软件服务平台,实现了乘客与出租车司机之间的信息互通,同时推出了多种出租车的补贴方案。

建立数学模型研究如下问题:

问题 1 试建立合理的指标,并分析不同时空出租车资源的"供求匹配"程度。

问题 2 分析各公司的出租车补贴方案是否对"缓解打车难"有帮助。

问题 3 如果要创建一个新的打车软件服务平台,您会设计什么样的补贴方案?并论证其合理性。

16.2 问题分析

1. 问题 1 分析

问题 1 要求建立合理的指标以分析不同时空出租车资源的"供求匹配"程度,可以选取里程利用率和供求比率两个指标。

里程利用率这一指标可以从供给角度和需求角度分别展示出租车的载客里程,若二者相等,则可以得到里程利用率的理想值 K^*。而供求比率这一指标,可依据供求关系将区域分为三个部分(供大于求、供等于求和供小于求),再利用相关定义求得供求比率的理想值 η^*。将

本章内容是根据 2015 年获得甲组"MATLAB 创新奖"的论文整理的,获奖高校为西安电子科技大学,获奖人包括张鹏程、刘辽、陈映宇,指导老师为张胜利。

两个指标抽象为二维空间的坐标,假设里程利用率 K 和供求比率 η 转化为点 $Q(K,\eta)$,通过归一化处理后,计算实际点与平衡点间的距离。距离越大,表明供求匹配度越低;距离越小,表明供求匹配度越高;距离为零,表明达到平衡点,供求完全匹配。

2. 问题 2 分析

问题 2 要求分析各公司的出租车补贴方案是否对"缓解打车难"有帮助。首先可以绘出滴滴和快的两个公司在不同时间补贴方案的图。以滴滴打车为例,计算公司对乘客的补贴金额 m_1 和对司机的补贴金额 m_2,通过意愿半径 R 和软件使用人数比例 λ 这两个指标,分别对未使用补贴方案及使用补贴方案两种情况进行对比分析,可以得出这两种情况下人均车辆占有率($\bar{a}_1$ 和 $\bar{a}_2$)。令 $w=(\bar{a}_2-\bar{a}_1)\sqrt{a_1}\times100\%$,可求出使用补贴方案后对于补贴方案前的车辆占有率的相对提高量,以此来判断补贴方案对于"打车难"的缓解程度。

3. 问题 3 分析

问题 3 要求设计补贴方案并论证合理性。可以从乘客和司机两个方面实施补贴方案:乘客方面,可以采用积分奖励、红包抽取等激励补贴政策;司机方面,可以将地区划分为 9 个部分(九方格),利用每辆车的车单数与所获补贴之间的比例关系列出等式。从时间和空间两个角度对模型进行求解然后得出结果,并验证合理性。

16.3　模型假设与符号说明

1. 模型假设

① 假设司机和等车乘客按二维正态分布存在于一个城市中。

② 假设使用打车软件打车的情况可以估计所有打车情况。

③ 假设乘客和司机会因补贴政策而倾向于使用打车软件。

2. 符号说明

l——载客里程;

N——出租车总保有量;

n——人口总量;

σ——人均日出行次数;

d——平均出行距离;

K——里程利用率;

η——供求比率;

R——意愿半径;

λ——打车软件使用人数比例;

m——补贴金额;

$\bar{a}$——人均出租车拥有量;

w——缓解率;

μ——车单数。

16.4　问题 1 模型的建立与求解

16.4.1　确立指标

"供求匹配"分为三种情况:供大于求、供小于求、供求平衡。为了分析不同时空出租车资源的"供求匹配"程度,我们确立了里程利用率(K)和供求比率(η)两个指标。

1. 里程利用率

里程利用率为载客里程与行驶里程之比,公式如下:

$$K = \frac{载客里程}{行驶里程} \times 100\% \tag{16-1}$$

该指标反映了车辆载客效率。该指标高,说明车辆行驶中载客比例高,空驶率比较低,需求出租车辆多,供求关系比较紧张,但经营者赢利多;该指标低,说明车辆载客比率低,空驶率高,可供出租车辆多,经营者赢利下降。

2. 供求比率

供求比率被视为衡量供需平衡程度的重要指标,公式如下:

$$\eta = \frac{S}{D} \times 100\% \tag{16-2}$$

式中,S 为一定时间内某市场可供额总和;D 为相应的需求总额。

- 当 $\eta > 1$ 时,供大于求,此时的供求比率可视为供大于求的程度;
- 当 $\eta < 1$ 时,供小于求,此时的供求比率可视为供小于求的程度;
- 当 $\eta = 1$ 时,供求平衡,此时的供求比率可视为供求平衡的程度。

16.4.2　建立模型并求解

1. 里程利用率理想值的确定

以出租车的总载客里程(l)为该模型的衡量标准,对里程利用率的理想值(K)进行求解。

（1）从供给角度计算出租车总载客里程

假设某地区的出租车总保有量为 N(单位:10^4 辆);出租车每日主要时间段的平均运营时间为 T(单位:h);出租车的平均行驶速率为 $\bar{v}$(单位:km/h);出租车总载客里程为 l_s(单位:10^4 km);出租车的出车率为 α,取 90%;出租车运营主要时段对应的出行量占一天出行量的百分比为 β,则根据式(16-1)可得

$$K = \frac{l_s \beta}{T \bar{v} N \alpha} \times 100\% \tag{16-3}$$

由式(16-3)可得该地区出租车平均每日可以供给的总载客里程为

$$l_s = \frac{K T N \bar{v} \alpha}{\beta} \tag{16-4}$$

（2）从需求角度计量出租车总载客里程

假设 n 为某地区人口总量(单位:10^4 人),α 为人均日出行次数,p 为该地区人们出租车出行占所有出行方式中的比例,d 为该地区人们每次出行的平均出行距离(单位:km),Q 为出租车承担该地区人们的出行周转量(单位:10^4 人 · km),l_d 为出租车总载客里程(单位:

10^4 km),则出行周转量为

$$Q = n\sigma pd \tag{16-5}$$

假设 s 为该地区平均每天的出租车载客总人数,则需求的出租车总载客里程为

$$l_d = \frac{Q}{s} = \frac{n\sigma pd}{s} \tag{16-6}$$

(3) 求解里程利用率的理想值

若供求平衡,即供给量相等需求量,则里程利用率达到理想值。令出租车载客里程的需求量等于供给量,即式(16-4)与式(16-6)相等:

$$\frac{n\sigma pd}{s} = \frac{KTN\bar{v}\alpha}{\beta} \tag{16-7}$$

可以求出

$$K^* = \frac{n\sigma pd\beta}{TNs\bar{v}\alpha} \tag{16-8}$$

式(16-8)即为里程利用率的理想值,当 K 取该值时供求平衡。

2. 供求比率理想值的确定

假设使用软件打车的情况可用来估计总体打车情况,为了求解供求比率,我们利用苍穹软件(滴滴、快的智能出行平台)对不同时间、不同地点的可供出租车辆数和顾客需求出租车辆数进行数据采集。

我们将某区域划分为 n 个四边形区域,由于苍穹软件可以显示出每个地点的打车订单数,因此可以收集到每个四边形区域的订单数,即每个区域人们需求的出租车数,记为 $D_i(i=1,2,3,\cdots,n)$。接下来以每个人为圆心,以出租车司机为接单愿意行驶的最大距离为半径画圆,我们将此半径称为意愿半径。如果某出租车落在圆中,则说明此出租车会接单,据此我们可以统计出每个人可以打到的出租车数,进而统计出每个矩形区域内出租车的供给量,记为 $S_i(i=1,2,3,\cdots,n)$,具体情况如图 16-1 所示。

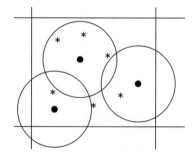

＊ 表示出租车的位置
● 表示订单位置

图 16-1　出租车与乘客位置示意图

由式(16-2)可得

$$\eta = \frac{S}{D} = \frac{\sum\limits_{i=1}^{n} S_i}{\sum\limits_{i=1}^{n} D_i} \tag{16-9}$$

依据供求关系我们将 n 个四边形区域分为三个部分,每个部分都由若干个四边形区域组成。这三个部分分别为:

- 供大于求部分,设出租车供给量 S_I,需求量为 D_I;
- 供等于求部分,设出租车供给量 S_{II},需求量为 D_{II};
- 供小于求部分,设出租车供给量 S_{III},需求量为 D_{III}。

由式(16-9)得

$$\eta = \frac{S_{\mathrm{I}} + S_{\mathrm{II}} + S_{\mathrm{III}}}{D} = \frac{S_{\mathrm{I}}}{D} + \frac{S_{\mathrm{II}}}{D} + \frac{S_{\mathrm{III}}}{D} = \frac{D_{\mathrm{I}}}{D} \cdot \frac{S_{\mathrm{I}}}{D_{\mathrm{I}}} + \frac{D_{\mathrm{II}}}{D} \cdot \frac{S_{\mathrm{II}}}{D_{\mathrm{II}}} + \frac{D_{\mathrm{III}}}{D} \cdot \frac{S_{\mathrm{III}}}{D_{\mathrm{III}}} \tag{16-10}$$

因为

$$\eta_i = \frac{S_i}{D_i} \tag{16-11}$$

故式(16-10)可以写作:

$$\eta = \frac{D_{\mathrm{I}}}{D} \cdot \eta_{\mathrm{I}} + \frac{D_{\mathrm{II}}}{D} \cdot \eta_{\mathrm{II}} + \frac{D_{\mathrm{III}}}{D} \cdot \eta_{\mathrm{III}} \tag{16-12}$$

由上文可得

$$\begin{cases} \eta_{\mathrm{I}} > 1 \\ \eta_{\mathrm{II}} = 1 \\ \eta_{\mathrm{III}} < 1 \end{cases} \tag{16-13}$$

通过分析我们可以判断,式(16-12)并不能准确衡量供求平衡与不平衡的综合程度。由式(16-12)可以看出,总供求比率实际上是 η_{I}、η_{II} 和 η_{III} 的加权算术平均,权数是需求结构。但是因为 η_{I}、η_{III} 在判断供求平衡程度时取值相反,也就是说,η_{I} 越大,表示供求越不平衡,而 η_{III} 越大表示供求越接近平衡;因此这两者的加权结果是会相互抵消的,用在这里显然不合适。

通过查阅相关资料,我们得到了供求比例理想值的正确求法:

$$\eta = \frac{D_{\mathrm{I}}}{D} \cdot \eta_{\mathrm{I}} + \frac{D_{\mathrm{II}}}{D} \cdot \eta_{\mathrm{II}} + \frac{D_{\mathrm{III}}}{D} \cdot \frac{1}{\eta_{\mathrm{III}}} \tag{16-14}$$

由式(16-14)可得 η 的值最终为一个大于 1 的数,其理想值 η^* 为 1。

3. 供求匹配模型的建立

我们将里程利用率和供求比率两个指标抽象为二维空间上的点 $Q(K, \eta)$。通过前两问,结合相关数据,可以求出里程利用率的理想值 K^* 和供求比率的理想值 η^*,则平衡点的坐标为 $Q(K^*, \eta^*)$。在此平衡点上,供求达到平衡,而偏离该点,供求将不平衡。结合实际调查与计算机模拟,可得出不同时空实际情况下的 K_r 和 η_r,其对应在二维空间的坐标为 $Q(K_r, \eta_r)$。

将实际情况下的坐标进行归一化处理:

$$Q'\left(\frac{K_r - K^*}{K^*}, \frac{\eta_r - \eta^*}{\eta^*}\right) \tag{16-15}$$

点 Q' 到原点的距离我们定义为综合不平衡度,即

$$r_{OQ'} = \sqrt{\left(\frac{K_r - K^*}{K^*}\right)^2 + \left(\frac{\eta_r - \eta^*}{\eta^*}\right)^2} \tag{16-16}$$

供求不平衡度是判断"供求匹配"程度的标准:若 $r_{OQ'} = 0$,则 $K_r = K^*$,$\eta_r = \eta^*$,达到了一个平衡点,供求完全匹配,供等于求;若 $r_{OQ'} > 0$,则供求不匹配,而且 $r_{OQ'}$ 值越大,匹配程度越差,$r_{OQ'}$ 值越小,匹配程度越好,越接近供求平衡。

16.4.3　模型求解方法

截至 2014 年,西安市人口为 862.75 万,取 $n = 862.75$;查阅相关资料得知,西安市 2015 年出租车保有量约为 15 250 辆,取 $N = 15\ 250$;根据 2008 年西安市居民出行调查总报告,取人均日出行次数 $\sigma = 2.18$,出租车平均载客数目 $s = 1.76$ 人,居民乘坐出租车日出行里程

$d=6.5$ km,出租车每日主要运营时间 $T=15$ h,出租车平均行驶速度 $\bar{v}=24$ km/h,主要运营时段出车占全天出车比例 $\beta=0.85$,排除保养维修等问题的出租车出车率 $\alpha=0.9$。

　　代入以上各数据可解得 $K^*=66.79\%$,由前所述 $\eta^*=1$。得到这两个指标的理想值之后,我们以西安市为例,应用此模型对出租车的实际供求匹配程度进行评价。

　　由于很难找到全面数据,因此以已有的西安市居民出行情况调查数据、"滴滴快的智能打车平台"上的出租车分布数据、西安市地图数据等为基础,对现实进行适度简化和抽象,使用MATLAB 对城市的出租车行驶(即载客状况)进行动态仿真模拟,以得到具体的计算各指标需要的数据。具体实现代码如下:

程序编号	P16-1	文件名称	P1_taxi.m	说明	出租车补贴方案仿真程序

```matlab
clc, clear, close all
% % 数据结构设计
% passengers:
% [出发点横坐标,出发点纵坐标,目的地横坐标,目的地纵坐标,出行里程]
% 即[xs,ys,xd,yd,l]
% taxis
% [出租车位置横坐标,出租车位置纵坐标,出租车被占用里程]
% 即[x_taxi,y_taxi,lo]
r_valid = 2/10;                      % 出租车有效覆盖半径
xmax = 111 * cos(pi * 34/180) * 1.4;
ymax = 0.7 * 111;
xmax = xmax/10;
ymax = ymax/10;
psnger_total = 80;
taxi_total = 152;
% 先生成 5000 个出发点
for i = 1:psnger_total
    passengers(i,:) = gen_passenger();
end
for i = 1:taxi_total
    taxis(i,:) = gen_taxi();
end
figure
scatter(taxis(:,1) * 10,taxis(:,2) * 10)
xlabel('x(km)')
ylabel('y(km)')
all_B = [];
all_K = [];
for i = 1:200
    % % 首先更新出租车状态
    lc = taxis(:,3) - 0.01;              % 出租车被占用里程
    lc(lc < 0) = 0;
    taxis(:,3) = lc;
    % 空车随机一个方向前进 0.01
    valid_lines = find( lc == 0 );
    all_K = [all_K,1 - length(valid_lines)/taxi_total];
    for m = 1:length(valid_lines)
        k = valid_lines(m);
        while(1)
            degree = 2 * pi * rand();    % 出行方向
            new_x = taxis(k,1) + 0.01. * cos(degree);
            new_y = taxis(k,2) + 0.01. * sin(degree);
            if(new_x >= 0 && new_x <= xmax && new_y >= 0 && new_y <= ymax)
                taxis(k,1:2) = [new_x,new_y];
                break
            end
```

```matlab
        end
    end

    %%乘客加入系统
    add_passengers_total = 4;                % round(normrnd(10,3));
    add_passengers = zeros(add_passengers_total,5);
    for n = 1:add_passengers_total
        add_passengers(n,:) = gen_passenger();
    end
    passengers = [passengers;add_passengers];
    %%计算各乘客视野内出租车数目
    for j = 1:length(passengers)
        p = passengers(j,:);
        if isnan(p(1))
            continue
        end
        temp_taxis = taxis;
        %被占用的出租车不参与打车
        invalid_lines = find(temp_taxis(:,3) > 0);
        temp_taxis(invalid_lines,:) = nan;
        %%然后是乘客乘车
        r = sqrt((temp_taxis(:,1) - p(1)).^2 + (temp_taxis(:,2) - p(2)).^2);
        taxi_num = find(r < r_valid);        %视野范围内的车辆
        if isempty(taxi_num)                 %视野范围内没有车,下一位乘客
            continue;
        else
            %随机选一辆乘坐
            index = round(rand() * (length(taxi_num) - 1)) + 1;
            taxi_num = taxi_num(index);
            taxis(taxi_num,3) = p(5) + sqrt((taxis(taxi_num,1) - p(1))^2 + (taxis(taxi_num,2) - p(2))^2);
                            %此乘客 p 乘坐的出租车被占用
            taxis(taxi_num,1) = p(3);taxis(taxi_num,2) = p(4);       %将其更新到目的地
            passengers(j,:) = nan;           %更新乘客状态,上车的乘客变为 nan,移出系统
        end
    end
        all_B = [all_B,calcu_b(passengers,taxis)];
end
%%结果可视化
figure
hold on
scatter(taxis(:,1) * 10,taxis(:,2) * 10,'g * ')
legend('初始位置','一段时间后位置')

%20 次演化后才得到平时状态,故只保留 20 次之后的数据
pos = (20:length(all_B));
figure
plot((pos - 20)/4.5,all_B(pos));
xlabel('时间(分钟)')
ylabel('数目不平衡度')
figure
plot((pos - 20)/4.5,all_K(pos));
xlabel('时间(分钟)')
ylabel('里程利用率')

figure
res = sqrt( ((all_K - 0.66)./0.66).^2 + (all_B - 1).^2 );
plot((pos - 20)/4.5,res(pos));
xlabel('时间(分钟)')
ylabel('供需不平衡度')
```

程序编号	P16－1－1	文件名称	calcu_b. m	说明	计算供求比率

```matlab
function [ B ] = calcu_b( passengers,taxis )
% UNTITLED2 Summary of this function goes here
%    Detailed explanation goes here
invalid_lines = find(isnan(passengers(:,1)));
passengers(invalid_lines,:) = [];
%划分网格
area_d = zeros(9,14);              %需求
[h,w] = size(passengers);
for i = 1:h
    y = floor(passengers(i,1)) + 1;
    x = floor(passengers(i,2)) + 1;
    area_d(x,y) = area_d(x,y) + 1;
end
area_s = zeros(9,14);              %供给
[h,w] = size(taxis);
for i = 1:h
    y = floor(taxis(i,1)) + 1;
    x = floor(taxis(i,2)) + 1;
    area_s(x,y) = area_s(x,y) + 1;
end
%供需相等
s1 = sum(area_s(area_s == area_d));
d1 = sum(area_d(area_s == area_d));
%供大于求
s2 = sum(area_s(area_s > area_d));
d2 = sum(area_d(area_s > area_d));
%供小于求
s3 = sum(area_s(area_s < area_d));
d3 = sum(area_d(area_s < area_d));
d = d1 + d2 + d3;
if d3 == s3
    B = s1/d + s2/d;
    return
end
B = s1/d + s2/d + d3/d * d3/s3;
end
```

程序编号	P16－1－2	文件名称	gen_passenger. m	说明	计算乘客位置参数

```matlab
function [ ret ] = gen_passenger()
%计算乘客位置参数
% xmax = 111 * cos(pi * 34/180) * 1.4 = 129
% ymax = 0.7 * 111 = 78

xmax = 111 * cos(pi * 34/180) * 1.4/10;
ymax = 0.7 * 111/10;
ux = xmax/2;uy = ymax/2;
sigmax = xmax/2/3;sigmay = ymax/2/3;
    th = 6.5/((pi/2)^0.5);
    while(1)
        xs = normrnd(ux,sigmax);                    %出发点横坐标
        ys = normrnd(uy,sigmay);                    %出发点纵坐标
        if xs < 0 || xs > xmax || ys < 0 || ys > ymax
            continue
        end
        d_go = sqrt(-2 * th^2 * log(1 - rand()))/10;  %出行距离
        degree = 2 * pi * rand();                    %出行角度
```

```
        xd = xs + d_go. * cos(degree);
        yd = ys + d_go. * sin(degree);
        if(xd > = 0 && xd <= xmax && yd > = 0 && yd <= ymax)
            ret = [xs,ys,xd,yd,d_go];
            break
        end

    end
end
```

程序编号	P16-1-3	文件名称	gen_taxi.m	说明	计算出租车位置参数

```
function [ ret ] = gen_taxi( input_args )
% 计算出租车位置参数
%   Detailed explanation goes here
    xmax = 111 * cos(pi * 34/180) * 1.4/10;
    ymax = 0.7 * 111/10;
    ux = xmax/2;uy = ymax/2;
    sigmax = xmax/2/3;sigmay = ymax/2/3;
    while(1)
        x = normrnd(ux,sigmax);         % 出发点横坐标
        y = normrnd(uy,sigmay);         % 出发点纵坐标
        if x >= 0 && x <= xmax && y >= 0 && y <= ymax
            break
        end
    end
    ret = [x,y,0];
end
```

16.4.4　模型求解结果分析

1. 时间角度

从时间角度,我们将全天的时间分为高峰时段和常规时段两部分,通过模拟得到两个时段的供求比率、里程利用率,以及各指标,如表 16-1 所列。

表 16-1　不同时段的各指标

时　段	数目不平衡度	里程利用率	综合不平衡度
高峰时段	3.398 3	0.759 7	2.410 3
常规时段	3.035 0	0.311 0	2.105 6

各指标随时间变化情况如图 16-2 所示。可以发现,在高峰时段,里程利用率显著高于平衡值 66.79%,表明乘客数较多,出租车载客率较高,出现了供不应求的情况;在常规时段,里程利用率显著低于平衡值,说明出现了供过于求的情况,此时出行人数较少,出租车大部分为空驶。同时,在高峰时段出行人数不断增加的情况下,综合不平衡度呈现不断增大的状态,表示仅当出行人数开始减少时,交通拥堵得以缓解,供需匹配才可以达到较佳的状态。

2. 空间角度

从空间角度来看,我们将西安市划分为市区和郊区两部分(二环以内定义为市区,其余地区为郊区),在高峰时段内,对两区域内的各指标分别进行评价,得到结果如表 16-2 所列。

表16-2　不同空间下的各指标

区　域	数目不平衡度	里程利用率	综合不平衡度
市　区	4.212 9	0.745 6	3.223 8
郊　区	3.109 5	0.442 3	2.149 3

对不同空间下的各指标变化进行数值仿真,得到的结果如图16-3所示。不难发现,在数目不平衡度方面,郊区低于市区,这证明仅就乘客数量和出租车数量而言,郊区更为平衡;市区里程利用率显著高于平衡值,处于供不应求的状况,而郊区的里程利用率仅略低于平衡值。综合来看,相较于市区,郊区的供需匹配度更佳。

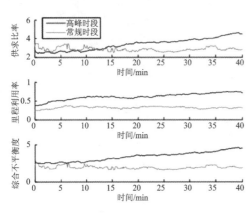
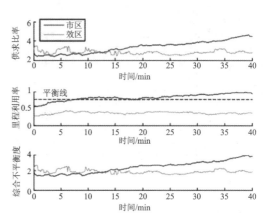

图16-2　各指标随时间的变化情况　　　图16-3　各指标在不同空间下的变化情况

在高峰时段,里程利用率显著高于平衡值66.79%,出现了供不应求的情况;而在常规时段,里程利用率显著低于平衡值,出现了供过于求的情况。同时,在高峰时段出行人数不断增加的情况下,综合不平衡度呈现不断增大的状态,表示仅当出行人数开始减少时,供求匹配才可以达到较佳的状态。在数目不平衡度方面,郊区低于市区,但郊区的里程利用率略低于平衡值。综合分析,郊区的供求匹配度优于市区。

16.5　问题2模型的建立与求解

16.5.1　模型准备

1. 绘出补贴金额图像

通过查阅打车软件公司的相关资料,我们得到了滴滴打车和快的打车在不同时段的补贴方案。以时间 t 为横坐标,补贴金额 m 为纵坐标,用 MATLAB 绘出不同时间两家公司的补贴金额折线图,如图16-4所示。

以滴滴打车公司为例,由图16-4可以求出滴滴打车对乘客的平均补贴金额10.6元,对司机的平均补贴金额为10.892 5元。

2. 确定软件使用人数比例 λ

我们以滴滴打车公司为例进行分析。查阅资料可知,使用滴滴打车软件的乘客占所有出租车乘客的比例为63.06%,使用滴滴打车软件的司机占所有出租车司机的比例为76.8%。

实际上乘客比例和司机比例是随着补贴方案的改变呈波动变化的:若补贴金额高,则使用软件的人数多,比例大;若补贴金额低,则使用软件的人数少,比例小;若补贴金额为 0,使用打车软件的人数接近 0;若补贴金额无穷大时,比例的增长率趋近 0。

为了能够形象地描述二者的关系,我们利用指数函数的定义对二者关系进行描述。对于滴滴打车公司,假设使用打车软件的乘客占所有出租车乘客的比例为 $\lambda_1(i=1,2,3,\cdots)$,补贴金额为 m_1,司机平均补贴金额为 $\overline{m_1}$;使用打车软件的司机占所有出租车司机的比例为 $\lambda_2(i=1,2,3,\cdots)$,补贴金额为 m_2,司机平均补贴金额为 $\overline{m_2}$,那么我们可以认定任一补贴金额所对应的比例为

$$\lambda = 100\% - e^{-am} \tag{16-17}$$

对于乘客而言,补贴金额为 $\overline{m_1}$ 时,$\lambda_1=63.06\%$,将这两个量代入式(16-17)得到 $\alpha_1=0.093\,95$;对于司机而言,补贴金额为 $\overline{m_2}$ 时,$\lambda_2=76.8\%$,代入式(16-17)得到 $\alpha_2=0.134\,13$。绘出补贴金额与软件使用人数比例的关系如图 16-5 所示。

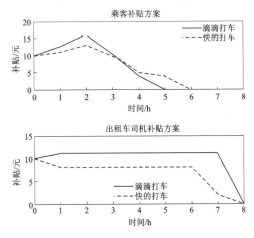

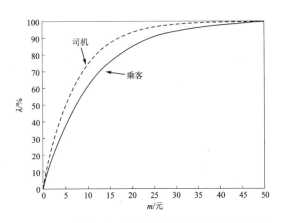

图 16-4　乘客与出租车司机补贴方案的仿真结果　　图 16-5　补贴金额与软件使用人数比例的关系图

3. 确立意愿半径 R

意愿半径是指司机为接单愿意行驶的最大距离。在现实生活中,若乘客所在地点太远,司机可能会放弃此单,因此司机愿意行驶的路程是有上限的,我们将此上限称为意愿半径(单位:km)。以乘客为圆心,以 R 为半径画圆,则落在圆面积范围内的出租车为乘客能够打到的车。

假定司机的补贴金额 m_2 与意愿半径 R 成线性关系,意愿半径的基础半径 R_0(没有补贴金额时司机愿意行驶的最大距离)为 0.2 km,以汽车行驶燃油消耗的钱来判断线性关系的斜率,通过查阅资料,得出出租车平均耗油量为 0.1 L/km,油价为 5.85 元/L,即平均每千米耗费金额为 0.585 元。我们以司机补贴金额 m_2 为横坐标,以意愿半径 R 为纵坐标,则图像的斜率为 1/0.585,即 1.709,得出意愿半径的表达式:

$$R = 0.2 + 1.709m_2 \tag{16-18}$$

16.5.2　缓解程度判断模型的建立

缓解程度判断模型流程图如图 16-6 所示,下面根据流程图作如下分析。

将城市抽象为二维图,建立 x 轴、y 轴。假设图形服从二维正态分布:城市中心概率最

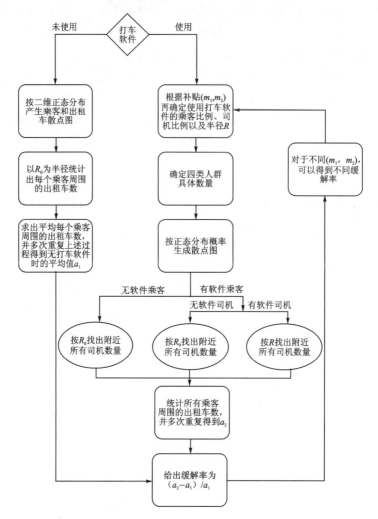

图 16 - 6   缓解程度判断模型流程图

大,以圆形向外扩散,越往边缘概率越小。这与城市的人流及出租车分布实际情况相吻合,市中心人口密度最大,出租车数量最多;城市边缘人口最稀疏,出租车数量最少。我们以二维正态分布为基础在城市中随机产生乘客和出租车,分别对未使用打车软件、使用打车软件两种情况进行分析对比,判断补贴方案是否对缓解打车难有帮助。

1. 未用打车软件

我们在二维正态分布图上随机模拟产生乘客和出租车。以每个乘客为圆心、基础半径 R_0 为半径画圆,得到圆内的出租车数,即乘客可以打到的出租车数。统计出该区域内某时刻所有乘客数 z_1 和每个圆内的出租车数相加的总数 n_1,令

$$a_1 = \frac{n_1}{z_1} \tag{16-19}$$

我们将其定义为人均周围出租车数量,即平均每个人可以打到的出租车数。对此情况进行多次模拟,将得到的所有 a_1 求平均值 $\bar{a}_1$,作为未用打车软件的乘客可以打到的出租车数。

2. 使用有打车软件

假设该区域内所有乘客数为 z,出租车数为 n,根据该次乘客、司机各自的补贴 (m_1, m_2)

算出所有乘客中使用打车软件的人数为 $z\lambda_1$,不使用打车软件的人数为 $z(1-\lambda_1)$;所有司机中使用打车软件的人数为 $z\lambda_2$,不使用打车软件的人数为 $z(1-\lambda_2)$。此时对这四类人群各自按二维正态分布在同一个图中生成散点。

因为打车难问题是针对乘客,因此我们从乘客角度出发,分以下两种情况考虑:

① 乘客不使用打车软件(流程图上"无软件乘客")。在此情况下,无论司机是否使用打车软件,双方都不能享受到补贴方案,则与(1)中的算法相同,以每个乘客为圆心、基础半径 R_0 为半径画圆,得到 z_1'、n_1'。

② 乘客使用打车软件(流程图上"有软件乘客")。这种情况又分为以下两种情况:

a. 司机不使用打车软件(流程图上"无软件司机")。这种情况下人均出租车拥有量的算法与①中一致,得到 z_2''、n''。

b. 司机使用打车软件(流程图上"有软件司机")。这种情况下意愿半径不再为基础半径 R_0。由于补贴方案的刺激,使得司机的意愿半径增大,通过式(16-18)可计算出某时刻的 R。以该区域中的每个人为圆心、R 为半径画出若干个圆,统计出所有圆中包含的出租车数 z_2''' 和所有的乘客数 n_2'''。

综上,求出使用补贴方案情况下的人均出租车拥有率:

$$a_2 = \frac{z_2' + z_2'' + z_2'''}{n_2' + n_2'' + n_2'''} \tag{16-20}$$

对此情况进行多次模拟,得到多组 a_2,对其取均值得到 $\bar{a}_2$。

3. 缓解率 w

我们将缓解率定义为

$$w = \frac{\bar{a}_2 - \bar{a}_1}{\bar{a}_1} \times 100\% \tag{16-21}$$

该式用来表示使用补贴方案后与使用前相比,打车难的缓解程度。对各个公司每个时刻的补贴方案 (m_1, m_2) 进行多次模拟,求出不同时间的 $\bar{a}_1$、$\bar{a}_2$,从而利用式(16-21)求出不同时刻的 w。所有时段各自都有一个缓解率,各个时段组合起来就是一个公司对于时间的缓解率折线 $w-t$。

16.5.3 模型求解结果分析

用 MATLAB 模拟出不同时刻的缓解率,如图 16-7 所示。

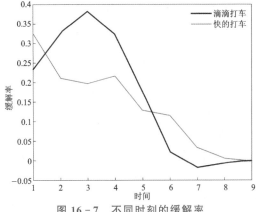

图 16-7 不同时刻的缓解率

观察模型的求解结果,我们有以下几点分析:

① 打车软件推广前后比较:由图 16-7 可以看出,两个公司的缓解率大致分布范围在 $-0.02\sim0.37$ 之间,说明滴滴打车和快的打车两个公司对乘客打车难的问题是有一定缓解的,但这个缓解效果并不是很大。我们很明显看到,滴滴打车的缓解率在后半段显著下降,甚至缓解率出现了负值,这说明在后半段滴滴打车的补贴不仅没有缓解乘客打车难的问题,甚至加重了问题的严重性。

据新闻数据显示,滴滴、快的两个公司对补贴的投入总金额甚至达到了 19 亿,可谓是一个烧钱的补贴。事实上,两个公司之所以要进行补贴的根本目的并不完全是要缓解打车难问题,主要还是因为两个公司为了抢占客户量,只是这样的竞争战顺带对打车难问题有了一定的缓解。

综上,两个公司的补贴方案确实是对打车难问题有一定缓解,但是缓解程度并不理想。

② 两公司之间分析:从公司的角度,滴滴打车在前半段的缓解率优于快的打车,究其原因,应该是滴滴打车在前半段的补贴投入高于快的打车。而后半段,滴滴打车不如快的打车,主要是因为滴滴打车在后半段补贴投入突然大幅下降造成的,这种大幅下降甚至造成了缓解率出现轻微程度的负值,是极其不利的。

综上分析可以看出,两个打车公司的补贴方案带来了一定程度的缓解。单从缓解打车难问题来看,这种补贴方案缺乏一定的针对性。针对这个问题,我们给出了第三问的分区域动态实时补贴模型。

16.6　问题 3 模型的建立与求解

针对问题 3,我们首先对补贴方案进行定性分析:

① 缓解打车难不只是调度出租车来满足乘客的需求,从乘客角度,打车软件服务平台也应考虑给予乘客一定的拼车优惠,特别是在上下班交通流量高峰期。由于车流量比较大,就需要尽量发挥已载有乘客的出租车的剩余载客资源,让高峰阶段的每辆出租车尽量载满乘客,提高载客率。拼车政策可以用积分的形式给车上原有乘客实施奖励,不仅对原有乘客起到激励作用,还可以给后来乘客免费乘车的机会,能够很大程度上调动人们拼车的积极性。

② 在一些节假日即将到来时,打车软件服务平台可以提前预测流量高峰地点。例如一些景区,针对人流量高峰地点以外的其他地区,可以使用打车软件给予乘客乘车补贴,通过经济干预来平衡人流密度。

接下来,我们针对补贴方案建立相关模型并进行定量分析。

16.6.1　分区域动态实时补贴模型的建立

某地区可被划分为若干个区域,以便由总体到局部分别进行分析。为简单起见,我们将其划分为 9 个区域,抽象为九宫格的形式。

假设某一区域内某时刻出租车总数为 n,该区域内所有的车单数为 μ,c 为某时刻每辆车对应的单数,则

$$c=\frac{\mu}{n} \tag{16-22}$$

设 $c_i(i=1,2,\cdots,9)$ 为各区域每辆车对应的单数，$\mu_i(i=1,2,\cdots,9)$ 为各区域的车单数，k 为每接一单司机获得的补贴，$\bar{k}_i$ 为 9 个区域内每单司机获得的平均补贴，$k_i(i=1,2,\cdots,9)$ 为每个区域每单司机获得的补贴。某时刻每辆车对应的单数越多，则获得的补贴越多，二者的比值是一定的，据此列出方程组：

$$\begin{cases} \dfrac{k_1}{c_1} = \dfrac{k_2}{c_2} = \cdots = \dfrac{k_9}{c_9} \\ \mu_1 k_1 + \mu_2 k_2 + \cdots + \mu_9 k_9 = \mu \bar{k}_i \end{cases} \tag{16-23}$$

对方程组进行求解，得到

$$k_1 = \frac{\mu c_1 \bar{k}_i}{\displaystyle\sum_{i=1}^{9} \mu_i c_i} \tag{16-24}$$

$$k_2 = \frac{\mu c_2 \bar{k}_i}{\displaystyle\sum_{i=1}^{9} \mu_i c_i} \tag{16-25}$$

以此类推，得出

$$k_i = \frac{\mu c_i \bar{k}_i}{\displaystyle\sum_{i=1}^{9} \mu_i c_i} \tag{16-26}$$

由上式可以看出，通过数据采集，可以求出各区域每辆车对应的单数 c_i、各区域的车单数 μ_i，以及该地区所有区域的总单数 μ。只需求得 9 个区域内每单司机获得的平均补贴 $\bar{k}_i$，就可以得出每个区域平均每单的补贴。

我们将时间划分为高峰时段和常规时段两部分，将西安市划分为 9 个区域。高峰时段为 8:30—9:30，17:30—19:30，共 3 h，常规时段为剩下的 21 h。设高峰时段每单补贴给司机的金额为 $k_{高}$，常规时段每单补贴给司机的金额为 $k_{平}$。我们假定 $k_{高}=2k_{平}$，即高峰时段平均每单的补贴是常规时段平均每单补贴的 2 倍，同时假定公司对于每辆车每单的平均补贴金额为 2 元，据此可列出以下等式：

$$\begin{cases} \dfrac{3}{24} k_{高} + \dfrac{21}{24} k_{平} = 2 \\ k_{高} = 2k_{平} \end{cases} \tag{16-27}$$

对式(16-27)进行求解，得到

$$\begin{cases} k_{高} = 3.56 \\ k_{平} = 1.78 \end{cases} \tag{16-28}$$

同理，遍历时间和地点，即可以得到不同时间不同地点的补偿方案。不停地切换时间，可以得到不同时间、不同地点的补偿方案。

16.6.2　模型求解及结果分析

对西安市进行网格划分，并结合"滴滴快的智能出行平台"2015 年 9 月 11 日(周五)13:00—20:00 的数据，制定当天的动态补偿方案。

当天某时刻的出租车数和车单数分布如图 16-8 所示。

当天的出租车数和车单数如表 16-3 和表 16-4 所列。

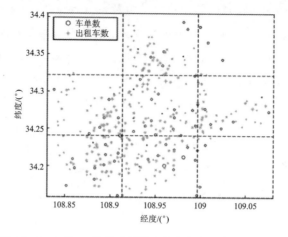

图 16 - 8　9 月 11 日某时刻西安市出租车和车单数据分布

表 16 - 3　9 月 11 日西安市出租车数

常规时段出租车数				高峰时段出租车数			
13:00	0	1 864	47	17:00	24	1 209	61
	1 135	4 842	834		644	1 271	578
	1 709	2 901	47		1 157	1 101	0
14:00	46	1 669	22	18:00	29	1 121	17
	1 127	3 705	949		511	931	550
	1 391	2 751	48		770	917	67
15:00	50	1 335	96	19:00	25	1 003	119
	1 530	2 263	1197		675	1 116	390
	1 038	1 133	44		842	1 037	24
16:00	37	856	42	20:00	45	800	124
	1 066	1 320	721		778	1 853	509
	1 167	1 225	30		820	988	0

表 16 - 4　9 月 11 日西安市车单数

常规时段车单数				高峰时段车单数			
13:00	2	38	7	17:00	14	39	19
	42	64	46		99	216	31
	44	80	2		156	254	22
14:00	13	22	13	18:00	4	52	28
	21	84	46		58	173	71
	61	104	18		297	302	11
15:00	19	32	89	19:00	2	52	24
	36	125	37		71	178	50
	110	203	22		167	155	21
16:00	20	29	32	20:00	2	25	20
	72	117	48		41	76	26
	117	134	20		97	125	22

由以上数据可以计算出当天的动态补贴方案,如表 16-5 所列。

表 16-5　动态补偿方案

常规时段补贴/元				高峰时段补贴/元		
13:00	8.22	1.13	8.22	17:00	10.94	0.60	5.84
	2.04	0.73	3.05		2.88	3.19	1.01
	1.42	1.52	2.35		2.53	4.33	10.94
14:00	6.51	0.30	13.61	18:00	1.56	0.53	18.67
	0.43	0.52	1.12		1.29	2.11	1.46
	1.01	0.87	8.64		4.37	3.73	1.86
15:00	2.87	0.18	7.01	19:00	1.65	1.07	4.15
	0.18	0.42	0.23		2.16	3.28	2.64
	0.80	1.35	3.78		4.08	3.07	18.00
16:00	6.01	0.38	8.47	20:00	1.65	1.16	6.00
	0.75	0.99	0.74		1.96	1.53	1.90
	1.11	1.22	7.41		4.40	4.71	0.00

可以看到 13:00、17:00 处的第一网格等乘客多而车少的地方得到了较高的补偿。我们认为,这样的补偿可以促进出租车的合理流动,增大乘客和出租车之间的供需匹配程度。现对我们补偿政策的效用进行验证,以第一问中的仿真模拟为基础,将出租车移动的方式由随机游走改为有较大的概率向 c 值较低的地方行驶,得到几个指标值如图 16-9 所示。

可以发现,通过对以上动态补贴方案的论证,供需匹配程度得到了较好的改善,证明我们提出的分区域动态实时补贴方案是合理的。

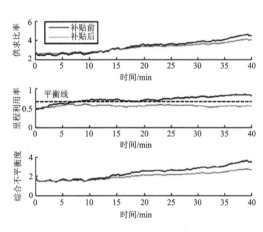

图 16-9　补贴前后指标变化趋势图

16.7　模型评价

1. 模型的优点

① 该模型以人为圆心,以司机愿意行驶的最大距离为半径画圆,通过观察圆覆盖的出租车数来衡量供需程度,该指标比较新颖且合理,不同于传统的空驶率、万人拥有量等指标。

② 运用模拟的方式进行数据采集,得到了具体数据结果,有较强的说服力,较好地解决了数据缺乏的问题。

③ 在问题 3 中,我们提出了分区域动态实时补贴模型,使补贴随着不同情况呈现动态变化,相较于原有的盲目全面补贴更有针对性。

2. 模型的缺点

由于真实数据难以搜集全面,数据缺乏的问题使得我们无法对模型进行强有力的支撑与验证,只能通过程序的模拟间接处理。

16.8　模型改进与推广

1. 模型改进

该模型没有对打车软件公司的成本给予过多考虑,因此在设计补偿方案时可以考虑加入打车软件公司成本等限制因素。

2. 模型推广

通过对出租车资源配置进行分析与评价,还可以将其推广至载人摩托车、人力车等资源配置问题并加以改进,一定具有很强的现实意义。

16.9　技巧点评

出租车补贴方案的优化是时年的一个热点问题,从建模的角度,属于优化类问题。但该问题不属于标准的规划问题,优化目标和约束条件都有很大的灵活性,取决于对问题的理解和思路。本章建模上的优点是,从问题自身角度展开,首先站在单一乘客的角度推演整个打车过程,其中的关键点是当补贴方案不一样时出租车的响应范围也不一样,从而找到了求解问题的核心;然后再从系统角度考察一个城市多个乘客和多个司机的打车情况,从而就可以给出评价系统的目标。在模型的求解方面,模型和求解是一体的,相当于用程序仿真了城市中每个乘客和每辆出租车的行为,有了这些行为数据,就可以计算出系统的目标,而影响目标的是补贴方案的参数,从而解决了该问题。

本章的建模也是一个非常典型的机理建模的过程,有点类似于元胞自动机。在 MAT-LAB 的应用方面,也体现了程序是模型和思想的体现,通过程序语句描述了整个打车系统的实现过程,给出了有针对性的求解。本章虽然也是一个优化问题,但不是标准的规划模型,不能直接用求解器进行求解,需要通过自主编程去实现。能够通过自主编程实现对模型的求解是 MATLAB 编程的高级境界,从本章的求解程序来看,实现难度不大,关键是能够立足问题,以模型和求解思路为主导,再用 MATLAB 程序去实现就可以了。

参考文献

[1] 苏为华.浅谈测量市场商品供需平衡程度的统计指标[J].商业经济与管理,1993(2).

[2] 李冬新,栾洁.滴滴打车的营销策略与发展对策研究[J].青岛科技大学学报(社会科学版),2015,31(1).

第 17 章

小区开放对道路通行的影响(CUMCM2016B)

CUMCM2016B 题是一道比较典型的综合性题目,反映了未来建模问题的一个趋势。该题目涉及数据分析、评价、机理分析、仿真等多种建模方法。当年获得甲组"MATLAB 创新奖"的团队所用的主要建模方法也是机理建模方法,值得借鉴。

17.1 问题描述

交通状况恶化已成为城市中日益凸显的问题,因此,建设开放型小区并逐步开放已建成的住宅小区被提上议程。利用小区内部道路来疏解周边道路的交通,是否真的可以改善周边道路的车辆通行状况呢? 一方面,承担"毛细血管"功能的小区内部道路分担了部分车流,车辆可选择的道路增多,客观上可以提高周边道路的通行能力;另一方面,小区开放后会导致进出小区的车辆增多,小区出入口处的交通复杂度增加,主路车辆的排队时间增加,从而影响周边道路的通行速度。因此,开放小区对周边道路通行的影响不能一概而论,应从小区面积、地理位置、内外部道路状况出发,分类型、有针对性地进行建模分析,才能为科学决策提供合情合理的定量依据。

为了更好地研究不同情况下开放小区对周边道路通行的影响,尝试解决以下问题:

问题 1 选取合适的评价指标体系来评价小区开放如何影响周边道路通行。

问题 2 为研究小区开放如何影响周边道路通行,建立关于车辆通行的数学模型。

问题 3 小区开放后对周边道路的影响可能与许多变量有关,例如小区的结构、周边道路的结构和车流量。选取或构建不同类型的小区,应用建立的模型来定量比较各类型小区开放对周边道路通行的影响。

问题 4 根据以上研究结果,从交通通行的角度,就小区开放问题向交通管理和城市规划部门提出合理化的建议。

17.2 问题分析

交通是城市的命脉,开放小区会对周边道路车辆通行产生多方面的影响。为了帮助交通

本章内容是根据 2016 年获得甲组"MATLAB 创新奖"的论文整理的,获奖高校为中国人民大学,获奖人包括王毅然、昀红、张伟,指导老师为高金伍。

管理部门和城市规划部门做出科学决策,需要针对不同类型的小区分情况评估小区开放带来的正、负效应。针对小区开放对周边道路通行的影响问题,以元胞自动机、相关性分析、优化理论和控制变量法为理论基础建立完整的数学模型。

1. 问题 1

问题 1 要求选取恰当的评价指标体系来评价小区开放对周边道路车辆通行的影响。首先,小区开放从哪些方面影响了周边道路车辆通行? 再者,这些影响因素缓解或加重的交通现象是什么? 如何选取指标量化,从而得到恰当的评价指标体系?

针对问题 1,由分析可知,小区开放从两个方面对周边道路的车辆通行产生影响:① 小区开放后内部道路分担了周边道路的部分车流量,减少了有信号灯的交叉路口的平均延误时间; ② 由于进出小区的车辆增多导致小区进出口车辆分、合流效应增加,延长了后方车辆的排队时间。因此,周边道路交叉口所产生的平均延误时间的总和可以有效衡量车辆通行情况。为此选取小区开放前后周边道路上平均延误时间之差(简称前后延时差)来衡量小区开放对周边道路车辆通行的影响。

2. 问题 2

问题 2 要求建立关于车辆通行的数学模型,以研究小区开放对周边道路通行的影响。通过对问题 1 的分析,我们知道,研究小区开放对周边道路通行的影响,就是研究通行能力的增大和通行速度的降低对道路通行的影响哪一个更大。因此需要构建小区周边道路上的车辆通行模型,以模拟车辆在道路上的路径选择。根据道路类型的不同,将模型分解为多个子模型;利用路径选择函数,得到整个研究范围内的车辆通行情况,从而得到评价指标体系中的参数以及小区开放前后评价指标的变化。这样就可以直观地表现出小区开放对周边道路通行的影响。

针对问题 2,将车看作元胞,根据车辆所在位置制定元胞运动规则,构造基于元胞自动机的车辆通行模型。根据车辆所在位置可分为四个子模型:车辆进入研究区域模型、一般道路模型、有信号灯的交叉路口模型以及无信号灯的交叉路口模型。在两个交叉路口模型中,根据路况信息的完全程度,制定了两种元胞路径选择规则:若路况信息不完全,则车辆等概率随机选择道路;若路况信息较为完全,则车辆利用优化路径选择函数来选择最优道路。用计算机模拟车辆通行模型以获得小区开放前、后,周边道路的实时车流量,从而可得前后延时差。

3. 问题 3

问题 3 提出不同条件下小区开放对周边道路的影响可能不同,因此需要考虑小区的结构、周边道路的结构和车流量等因素。首先,应明确哪些变量可以用来量化这些因素,并且会对评价指标体系产生影响;其次,进行控制变量实验,保证其他因素一定的条件下,改变某一个因素,观察小区开放前后评价指标变化情况;最后,利用控制变量实验收集的数据进行相关性分析从统计学的角度给出更加科学、合理、有说服力的结论。

针对问题 3,用道路节点数量化小区内部道路类型,用小区内部的可替代道路长度量化周边道路类型,用车辆进入道路的概率量化周边道路的车流量,采用控制变量法,结合相关性分析,得出不同情况下小区开放对周边道路车辆通行的影响。首先,考虑简化后的模型,即不考虑出入口的分、合流效应,前后延时差只受有信号灯的交叉路口延时缩短的影响,因此前后延时差始终为正。进行三组控制变量实验,得到结论:控制其他因素不变,前后延时差与小区内部道路长度呈负相关关系,与小区内部道路节点数呈负相关关系,与周边道路车流量呈先正后负的相关关系,由此可以求得使前后延时差最大的最优车流量。再者,考虑完整的模型,即考虑小区出入口的分、合流效应,前后延时差受到有信号灯的交叉路口延时缩短和小区出入口排队时间延长的共同作用,着重考虑前后延时差为负值的情况:控制其他因素不变,前后延时差为负值的比率与小区内部道路长度无显著相关关系,与周边道路车流量在 0.01 的显著性水平下呈正相关关系。在信息较为完全的条件下,应用问题 2 中的优化路径选择函数,出入口存在分、合流效应的小区也可以实现前后延时差非负的情况。

4. 问题 4

问题 4 要求根据研究结果,从交通通行的视角对城市规划和交通管理部门提出合理的建议。该问题的建议有两点:一是对城市规划部门的建议,例如在建设新的开放型小区时应着重考虑哪些有利的小区结构和道路类型;二是对交通管理部门的建议,例如,如何确定是否要开放某个已建成的小区来缓解交通,以及如何通过加强交通信息的管理来实现交通通行的最优化。

针对问题 4,城市规划部门在开放已建成的小区时,应重点考虑开放内部交通复杂度低、内部道路长度短、周边道路车流量大的小区;在新建小区时也应考虑这些因素。交通管理部门应重点加大实时路况信息的传播力度,缓解因信息不完全而带来的资源浪费和效用损失。若车辆驾驶员可以根据路况信息选择最优径,那么小区开放将会对周边道路通行产生正效应。

17.3　模型假设及符号说明

1. 基本假设

① 假设小区周边道路均为双向车道,即同方向只有一条机动车道。

② 假设小区周边道路在机动车道和非机动车道之间设有分隔带。

③ 假设只包含四轮以上的机动车,且均为标准车辆。

④ 假设小区周边道路坡度为 0。

⑤ 受小区开放影响,道路只包括与小区出入口处车流存在分、合流现象的道路以及小区内部道路的替代道路。

⑥ 假设在小区出入口处设有交通信号灯,允许车辆左转进出小区;否则,小区出入口处不允许机动车左转。

⑦ 假设不受路面公交车及停车位的影响。

⑧ 假设不受交通事故的影响以及无大范围违法穿行的情况。

⑨ 假设车辆进入小区周边道路的概率分布满足平稳性。

⑩ 假设小区开放前进出小区的车辆很少,即不考虑小区开放前出入口处因车辆分、合流现象产生的延误时间。

2. 假设可行性

① 在四车道或六车道的条件下,当道路上存在无信号灯交叉口时,车辆更倾向于靠内侧道路行驶,且内侧车道受交叉口分、合流的影响比较小。因此,为简便计算,可以将模型简化为只考虑双车道的情况。

② 在交通较为拥堵的路段,才值得讨论是否有必要开放小区来缓解交通。若该区域交通通畅,那么在短时间内没有必要耗费财力、物力,承担安全风险开放小区。因此本章研究的对象是于已经或有明显交通拥堵的路段。在这种路段中,如果在小区出入口处不设信号灯且允许车辆左转进入小区,则会造成来向和对向两条道路的车辆延误,对道路通行影响较大,极易

造成拥堵。因此,假设只有在小区出入口处设交通信号灯的前提下才允许车辆左转进入小区,是合理的。

3. 符号说明

$\Delta \mathrm{DT}$——小区开放前后周边道路平均延误时间之差(简称前后时延差),h;

YDT、NDT——有、无信号灯的交叉路口处的平均延误时间,h;

n、m——有、无信号灯的交叉路口的个数;

T——信号灯时间周期,h;

t_{g}——有效绿灯时间,h;

x——道路饱和率;

R——道路实时交通量,pcu/h;

C——道路设计通行能力,pcu/h;

f_{Rpb}——行人、自行车修正系数;

f_{R}——右转修正系数;

r——主路右转车的比例;

E_{R}——右转车转换系数;

L_1——车身长度,km;

α——转弯角度,rad;

μ——横向力系数;

h——标准饱和车头时距,s/veh;

v——畅通时车流的平均速度,km/h;

Δt——单位时间间隔;

s——用单位时间内的位移衡量的周边道路长度;

s_0——单位时间间隔内车辆的位移;

δ——车辆进入道路的概率;

$\bar{t}$——畅通情况下车辆直行通过计算截面的平均耗时,h;

s_{c}——小区内部道路长度,km;

num——小区内部道路节点个数。

17.4　问题 1 模型的建立与求解

17.4.1　问题 1 分析

构建一般意义上的小区交通平面图,如图 17-1 所示,受小区开放影响的周边道路定义为与穿行小区的车流存在合流和分流现象的道路①和②,以及小区内道路的替代道路③和④。

分析可知,小区开放从两方面对周边道路通行产生了影响:一是小区开放后,内部道路可以分担周边道路的车流量,周边

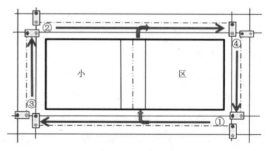

图 17-1　小区影响范围交通平面图

道路的通行压力减小,路网密度增大,从而提高了周边道路的通行能力;二是小区开放后,进出小区的车辆不再仅限于小区的住户,借路车辆的大幅增加必然会增加小区出入口处的交通复杂度,进而增加主路上车辆排队时间,降低周边道路的通行速度。车流量和通行速度的共同点在于它们都直接影响了道路的拥堵程度,因此应选取合适的评价指标体系来量化小区开放前后周边道路拥堵情况的变化,以此反映小区开放对周边道路通行的影响。

目前较为普遍的衡量道路拥堵情况的指标是由北京交通发展研究中心提出的"交通拥堵指数",它对应了拥堵时比畅通时多消耗的出行时间。经过分析可知,排除交通事故的影响,多消耗的出行时间主要来源于因车流量多、行驶速度慢造成的交叉路口延误时间增长。考虑小区开放对延误时间的影响:一方面,由于小区进出口车流速度降低,导致后方车辆排队时间延长,从而造成小区出入口的延误时间增长;另一方面,周边道路车流量的减少一定程度上缩短了车流方向有信号灯交叉路口的延误时间。

17.4.2　指标的选取

通过以上分析可知,小区开放前后周边道路交叉路口处的平均延误时间之差可以有效评价小区开放对周边道路通行的影响。前后延时差定义如下:

$$\Delta \mathrm{DT} = \sum_{i=1}^{n} \mathrm{YDT}_i^b - \left(\sum_{i=1}^{n} \mathrm{YDT}_i^a + \sum_{j=1}^{m} \mathrm{NDT}_j \right) \tag{17-1}$$

式中,n 为受影响周边道路有信号灯的交叉路口数量;m 为小区出入口的数量;YDT_i^b 为小区开放前周边道路上第 i 个有信号灯的交叉路口处的平均延误时间;YDT_i^a 为小区开放后周边道路上第 i 个有信号灯的交叉路口处的平均延误时间;NDT_j 为小区第 j 个无信号灯的交叉路口处的平均延误时间,例如,若小区类型如图 17-1 所示,则 $n=4, m=2$。

这里只考虑靠近小区出入口一侧的车道情况,因为由基本假设可知:假设在小区出入口处设有交通信号灯,允许车辆左转进出小区;否则,小区出入口处不允许机动车左转。因此,在远离小区出入口的道路上不存在合、分流效应,也就没有 NDT。为了进一步简化问题,只研究靠近小区出入口一侧的车道情况。

下面对式(17-1)中的变量 YDT 和 NDT 进行计算。

1. 有信号灯的交叉路口处的平均延误时间

由参考文献[1]可知,YDT 计算公式为

$$\mathrm{YDT} = \frac{0.5T\left(1 - \dfrac{t_\mathrm{g}}{T}\right)}{1 - \left[\min(1, x) \cdot \dfrac{t_\mathrm{g}}{T}\right]} \tag{17-2}$$

式中,x 为饱和率,$x = R/C$,其中 R 为道路的实时交通量,C 为道路的设计通行能力。由于本题目研究的是同向一条车道的一般城市道路,限速 $v=50$ km/h,由参考文献[2]可知,$C=1\,350$ pcu/h。

由参考文献[3]可知,有效绿灯时间 t_g 为一个周期内能够以饱和率通行的时间,计算公式为

$$t_\mathrm{g} = 实际绿灯时间 + 实际黄灯时间 + 绿初损失时间 + 黄末损失时间 \tag{17-3}$$

在绿灯信号开始的最初几秒,车辆处于启动和加速的阶段,越过停车线的车流率比饱和率低,由此造成的损失时间我们简称为绿初损失时间。在绿灯信号结束后黄灯信号期间,由于严禁闯红灯的规定,停车线内的部分车辆开始采取制动措施,所以越过停车线的车流率因饱和率

逐渐下降,由此带来的损失时间我们简称为黄末损失时间。

2. 小区入口处的平均延误时间

小区出入口示意图如图 17-2 所示,在主路右转进入小区的交通模式下,主路右转车辆减速或停车等待进入小区,在转弯节点(小区入口)处容易形成局部交通瓶颈,导致主路路段通行能力降低。

由参考文献[4]可知,在干扰车流①的影响下,主车流方向通行能力 C_1 的计算公式为

$$C_1 = x(f_{Rpb} + f_R)$$

由基本假设可知,机动车和非机动车之间有分隔带,并且由参考文献[5]知 $f_{Rpb} = 0.8$;f_R 计算公式如下:

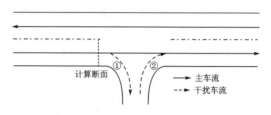

图 17-2　小区出入口示意图

$$f_R = \frac{100}{100 + r(E_R - 1)}$$

式中,

$$E_R = \frac{L_c + \alpha r}{h \sqrt{127 r \mu}}$$

其中,L_c 为车身长度,默认值为 0.005 km;α 为转弯角度,默认值为 40°;μ 为横向力系数,一般取 0.18;h 为标准饱和车头时距,默认值为 0.002 5 km。

在此基础上,我们提出了小区入口处的平均延误时间 NDT 的概念,计算公式如下:

$$\mathrm{NDT} = \sum_{i=1}^{1/\bar{t}} i \cdot \left(\frac{1}{C_1} - \bar{t}\right) \qquad (17-4)$$

式中,$\bar{t}$ 为畅通情况下车辆直行通过计算段面的平均耗时,$\bar{t} = L_c/v$,v 是畅通时的车速,默认为城市道路的限定速度 50 km/h;$1/C_1$ 为在分流效应的影响下,一辆车通过计算断面的耗时;$1/C_1 - \bar{t}$ 为分流效应下一辆车在小区入口处的延误时间,再乘以所有车各自在道路上的顺序之和 $\sum_{i=1}^{1/\bar{t}} i$,可得平均延误时间。

17.5　问题 2 模型的建立与求解

17.5.1　问题 2 分析

为研究受小区开放后周边道路车辆通行的情况,将车辆看作元胞,利用元胞自动机建立车辆通行模型。根据车辆的位置可建立 4 种模型:车辆进入研究区域模型、一般道路模型、有信号灯的交叉路口模型以及无信号灯的交叉路口模型。结合这些模型可模拟小区内部及周边道路的车辆通行情况,可计算各条道路上的实时交通量 R,再根据式(17-2)和式(17-4)求得两种交叉路口处的平均延误时间,代入式(17-1)中可求得周边道路的前后延时差 ΔDT。

17.5.2　模型的建立

由参考文献[6]可知,元胞自动机是一种状态离散的理想的动力学系统模型,元胞的状态

在时间和空间上都是有限的。元胞自动机的基本单位是能够记忆自身状态的元胞,它的状态由自身状态和邻近元胞的状态决定。

由于我们研究的道路是同向单车道,所以可将传统的二维元胞自动机简化。根据题意,将车辆看作元胞,构建元胞自动机模型的规则如下:

① 元胞位于二维网格之中。根据假设的默认数据,车辆车头距平均为 5 m,故 500 m 长的道路相当于 100 个网格,因为车道为同向单车道,所以二维网格长 100 个网格、宽 1 个网格。

② 元胞的状态应考虑前邻。

③ 元胞前进规则:当前面一个网格没有车时,元胞前进,否则不前进。

④ 元胞更新规则:

a. 利用圆盘赌法确定是否应增加新元胞,即当 MATLAB 生成的随机数小于 1 s 内有车出现的概率时,增加新元胞。

b. 当元胞到二维网格边界(即交叉路口)时,将其从二维网格上剔除。

此外,我们定义如下几个在该模型中会用到的概念。

车辆的状态:包含了车辆所在的道路及所在道路上的位移等信息。

车辆的预状态:在区域内没有其他车辆或者道路完全通畅、车辆之间移动互不干扰的情况下,车辆在下一刻理应到达的状态。

1. 车辆进入研究区域的模型

本模型以单位时间里车辆出现的不同概率来模拟不同的车流量。假设每个单位时间内车辆以概率 δ 进入研究区域,并且设置新进入的车辆为初始状态,即该车处于入口路的末端位置(面临着交叉路口的选择)。

2. 一般道路上的车辆通行模型

本模型是针对不在交叉路口的车辆的状态转移模型。

如图 17-3 所示,设周边道路长度为 s,单位时间间隔 Δt 内,车辆位移为 s_0,状态、转移模型流程如下:

① 置车辆的预状态为所在道路不变,位移加 1。

② 检查该车辆的预状态是否与其他车辆的状态冲突:若冲突,则执行③;否则转至④。

③ 置车辆状态不变,结束。

④ 置车辆状态为车辆的预状态,结束。

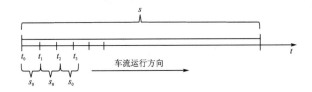

图 17-3　一般道路上车辆运行示意图

3. 无信号灯的交叉路口车辆通行模型

无信号灯的交叉路口包括小区内的交叉路口和小区的出入口。

图 17-4 所示为小区入口示意图,入口方向道路有两条:右转进入小区的道路①和继续直行的道路②,相当于关于是否进入小区的 0-1 模型。图 17-5 所示为小区出口示意图。

在这些情况下,我们假设去往不同方向的车互不干扰。在信息不完全的情况下,选择驶入道路之前,驾驶员无法判断哪一条道路更加通畅,只能随机选择。因此,路径选择方案定义为

"等概率随机选择前方路径方案"。具体内容:设该车当前所在的道路为 A,则路径选择流程如下。

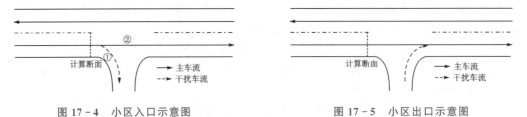

图 17-4　小区入口示意图　　　　　　　图 17-5　小区出口示意图

① 得到道路 A 所能通过的道路集合 Q。

② 从道路集合 Q 中,按等概率的方式任意选出一条路作为选中的道路。

③ 置车辆的预状态为所选的道路,位移置 1。

④ 检查该车辆的预状态是否与其他车辆的状态冲突:若冲突,则执行⑤;否则转至⑥。

⑤ 置车辆状态不变,结束。

⑥ 置车辆状态为车辆的预状态,结束。

值得注意的是,在本模型下,模拟出口道路为一条,所以在出口处同一时刻只能有一辆车到达出口道路的开始点。若有多辆车到达出口处,则会有车需要等待。本模型设计了模拟出口处的合流排队情形,故无需再单独计算该部分的排队延时。

4. 有信号灯的交叉路口处的车辆通行模型

定义 $L(t)$ 为交通信号灯状态:

$$L(t) = \begin{cases} 0, & \text{红灯} \\ 1, & \text{绿灯} \end{cases}$$

当车辆处于有信号灯的交叉路口时,状态转移模型流程如下:

① 判断交通信号灯的状态,若 $L(t)=1$ 成立,则执行②;否则转至③。

② 执行等概率随机选择前方路径方案。

③ 保持车辆状态不变,结束。

17.5.3　模型改进

现代科技的发展在一定程度上缓解了信息不完全带来的效用损失,比如北京交通发展研究中心官网每 15 min 发布一次实时的全市交通路段拥挤状况;并且小区开放后可在小区出入口附近设立监测点,实时发布小区内部车辆数及交通拥堵指数,均便于借路小区的车辆驾驶员合理选择路径。因此,有必要对路径选择函数加以改进。

新的路径选择规则定义如下:从道路集合 Q 中选择道路时不再以等概率随机选择,而是根据比重选择,其中道路 j 的比重函数 weight_j 定义如下:

$$\text{weight}_j = \begin{cases} k_1 l + k_2 R, & \text{该路的入口没有被其他车辆占据} \\ k_1 l + k_2 R + M_{yv}, & \text{该路的入口被其他车辆占据} \end{cases}$$

式中,k_1 和 k_2 是比重函数的设计参数,在本实验中均取 1;M_{yv} 是一个修正因子,其值足够大,大于所有道路中 $k_1 l + k_2 R$ 的最大值;l 是该路的逻辑距离,即车辆通过该路段需要多少单位的时间,与路的实际长度、允许最高限速、宽度等有关。在选择道路时,应选择道路集合 Q 中比重函数值最小的那条路。

17.6　问题3模型的建立与求解

不同条件下小区开放对周边道路通行的影响不同,因此需要考虑小区的道路结构、周边道路的结构和车流量等因素。在计算机模拟过程中,用表17-1中的变量来量化这些因素。

表 17-1　影响因素及量化变量对应表

影响因素	变　量
小区周边道路结构	小区内道路的长度 s_c(即周边可替代路的长度)
小区内部道路结构	小区内道路节点个数 num
小区周边道路车流量 R	车辆进入该研究区域的概率 δ

首先,考虑简化的小区模型,即不存在分、合流效应;然后,考虑存在分、合流效应的小区,对该小区内道路的长度 s_c 和小区周边道路车流量 R 进行控制变量实验。

17.6.1　不存在分、合流效应的小区

1. 基本模型

如图 17-6 所示的小区类型(类型1),受小区开放影响的道路有①和②两条,因为小区出入口位于十字路口某一出口方向,因此小区出入口处不存在合流与分流的现象,车流只受信号灯的控制,前后延时差 ΔDT 只与有信号灯的交叉路口的平均延误时间 YDT 有关。

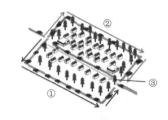

图 17-6　不存在分、合流效应的小区示意图

假设小区内部道路 $s_c = 100 s_0$,$t_g/T = 0.25$,$T = 20$,小区周边道路车流量 $R = 0.5$。

用 MATALB 实现问题2的车辆通行模型,具体代码如下:

程序编号	P17-1	文件名称	P1_taxi.m	说明	出租车仿真主程序

```
% % 小区开放对道路通行的影响
% % 参数设置
clc;
clear;
Tmax = 200;                      %考虑时间的上限
carnum = 0;                      %carnum 表示当前通过的车辆总数
fieldCarNum = 0;                 %fieldCarNum 表示进入小区的车辆数
beta = 5;                        %1-alpha/10 出现车辆进入小区的概率,体现车流量
fieldCapure = 800;               %小区内道路的承载量
fieldDistance = 80;              %小区内道路的逻辑长度
fRpb = 0.8;                      %行人、自行车修正系数
R = 0.5;                         %主路进入小区的比例
L1 = 0.005;                      %车身长度,km
h = 0.0025;                      %标准饱和车头时距
alpha = 2 * pi / 3;              %转弯角度
mu = 0.18;                       %横向力系数
v = 50;                          %车辆速度
t_avg = L1 / v ;                 %畅通情况下车辆直行通过计算断面的平均耗时
ER = (L1 + alpha * R)/(h * sqrt(127 * R * mu));
```

```matlab
                                    % 右转车转换系数
fR = 100/(100 + R * (ER - 1));

                                    % 右转修正系数
theta = 0;                          % 车辆入口延时的影响因子
delay = zeros(Tmax,1);              % 记录入口延时
T = 20;                             % 路灯周期
Tg = 5;                             % 绿灯时间
Car = cell(carnum,1);              % Car 表示所有的车的集合
Car0 = cell(carnum,1);
car = struct('road',0,'distance',0,'state',0); % road 表示当前车辆所在的道路,distance 表示在这条路上的位
                                    % 置,state 表示是否在区域里,1 表示在里面,0 表示在外面
t = 0;                              % 当前时间
Dt = cell(t,1);                     % 每个时刻的平均延误
Dt0 = cell(t,1);
Light = 0;                          % Light 表示当前信号灯是红灯 0,还是绿灯 1

roadnum = 4;                        % roadnum 表示所有的道路数
Outroad = [];                       % 与出口相连的路
Outroad(1) = 4;
Inroad = [2,3,];                    % 与入口相连的路
FieldRoad = [];                     % 小区内的路
FieldRoad(1) = 3;

Troad = zeros(roadnum,1);           % 每条路上的信号灯周期
Tgroad = zeros(roadnum,1);          % 每条路上绿灯时间
RoadMap = zeros(roadnum,roadnum);   % 路的可达性矩阵
RoadMap0 = zeros(roadnum,roadnum);
Roadcapture = zeros(roadnum,1);     % Roadcapture 表示路的设计承载量
Roadcarnum = zeros(roadnum,1);      % Roadcarnum 表示路当前有的车数量
Roadcarnum0 = zeros(roadnum,1);     % Roadcarnum 表示路当前有的车数量
Roaddistance = zeros(roadnum,1);    % Roaddistance 表示路的距离
Roaddt = zeros(roadnum,1);          % Roaddt 表示每条路上的平均延迟时间

Roadcapture = [1000,1000,1000,1];
Roadcapture(FieldRoad) = fieldCapure;
Roadcapture = Roadcapture';
Roaddistance = [100,100,100,1];
Roaddistance(FieldRoad) = fieldDistance;

Troad(:) = 20;
Tgroad(:) = 5;

RoadMap = [0,0,0,0;
           1,0,0,0;
           1,0,0,0;
           0,1,1,0];                % % 小区内部交通可达性矩阵
RoadMap0 = [0,0,0,0;
            1,0,0,0;
            0,0,0,0;
            0,1,0,0];

myres = zeros(500,4);
Flag = [0,1,0,0]';
mainflow = 3600 * (1 - beta / 10);  % 主路的车流量
% % 仿真过程
for t = 1:Tmax
    % % 判断当前是否有车到来;0 表示没有,1 表示有
    Dt{t} = 0;
    Dt0{t} = 0;
    ra = rand();
```

```
    if ra >= beta / 10
        ra = 1;
    else
        ra = 0;
    end
    % % 增加车的数量,更新车的情况
    if ra == 1
        carnum = carnum + 1;
        car.road = 1;
        car.distance = Roaddistance(1);
        car.state = 1;
        Car{carnum} = car;
        Car0{carnum} = car;
        Roadcarnum(1) = Roadcarnum(1) + 1;
        Roadcarnum0(1) = Roadcarnum0(1) + 1;
    end

    % % 判断当前红绿灯的情况
    Light = mod(t,T);
    if Light <= Tg
        Light = 1;
    else
        Light = 0;
    end

    for cari = 1:carnum
        if(Car0{cari}.state == 1)
        % % 不考虑小区开放时
        if Light == 1       % 绿灯时
            [nextroad,nextdistance,nextstate] = nextdir(cari,RoadMap0,Car0,Roaddistance,Outroad,Road-
carnum0);                          % 函数 nextdir 返回 cari 这辆车下一次绿灯前在观察路段上的剩余距离
        else % 红灯时
            [nextroad,nextdistance,nextstate] = nextdir_red(cari,RoadMap0,Car0,Roaddistance,Outroad,
Roadcarnum0);
        end
        Roadcarnum0(Car0{cari}.road) = Roadcarnum0(Car0{cari}.road) - 1;
        Car0{cari}.road = nextroad;
        Car0{cari}.distance = nextdistance;
        Car0{cari}.state = nextstate;
        if nextstate == 1
            Roadcarnum0(nextroad) = Roadcarnum0(nextroad) + 1;       % 当前这条路上的车的数量
        end
        end
        % % 考虑小区开放时
        % disp(strcat('car', num2str(cari)));
        if(Car{cari}.state == 1)
        if Light == 1    % 绿灯时
            [nextroad,nextdistance,nextstate] = nextdir(cari,RoadMap,Car,Roaddistance,Outroad,Roadcarnum);
                                % 函数 nextdir 返回 cari 这辆车下一次绿灯前在观察路段上的剩余距离
        else % 红灯时
            [nextroad,nextdistance,nextstate] = nextdir_red(cari,RoadMap,Car,Roaddistance,Outroad,
Roadcarnum);
        end
        myres(t, 1) = nextroad;
        myres(t, 2) = nextdistance;
        myres(t, 3) = nextstate;
        myres(t, 4) = cari;
        Roadcarnum(Car{cari}.road) = Roadcarnum(Car{cari}.road) - 1;
        Car{cari}.road = nextroad;
        Car{cari}.distance = nextdistance;
```

```
            Car{cari}.state = nextstate;
            if nextstate == 1
                Roadcarnum(nextroad) = Roadcarnum(nextroad) + 1;    % 当前这条路上车的数量
            end
            end
        end
        if( ra == 1 && ismember(nextroad, FieldRoad) )
            fieldCarNum = fieldCarNum + 1;
            theta = theta + 1;
        else
            if(theta >= 0.3)
                theta = theta - 0.3;
            else
                theta = 0;
            end
        end
        if(carnum > 0)
            R = R * 0.5 + 0.5 * fieldCarNum / carnum;
            ER = (L1 + alpha * R)/(h * sqrt(127 * R * mu));      % 右转车转换系数
            fR = 100/(100 + R * (ER - 1));                        % 右转修正系数
            x = ( mainflow) / Roadcapture(1);                    % 道路饱和度
            C1 = x * (fRpb + fR);                                % 主车流方向的通行能力
            NDT = (1/C1 - t_avg) * (1/t_avg + 1) * t_avg / 2;    % 信号灯交叉路口处的平均延误
            Dt{t} = theta * NDT;
            delay(t) = Dt{t};
        end
        % 计算每条路的平均延误时间
        dt = ((0.5 * Troad). * (1 - Tgroad./Troad))./(1 - min(1,Roadcarnum. * (720./Roaddistance').)/Roadcap-
ture). * (Tgroad./Troad)). * Flag;
        Dt{t} = Dt{t} + sum(dt);

        dt0 = ((0.5 * Troad). * (1 - Tgroad./Troad))./(1 - min(1,Roadcarnum0. * (720./Roaddistance').)/Roadca-
pture). * (Tgroad./Troad)). * Flag;
        Dt0{t} = Dt0{t} + sum(dt0);
    end
    % % 画图
    matDt = cell2mat(Dt);
    matDt0 = cell2mat(Dt0);
    plot([1:Tmax],matDt,'-','markersize',5);
    hold on;
    plot([1:Tmax],matDt0,'-','markersize',5);
    legend('小区开放','小区未开放')
    grid on;
    dtDelta = cell2mat(Dt0) - cell2mat(Dt);
    save(strcat(num2str(alpha),'dtDelta_7.mat'),'dtDelta');
    save(strcat(num2str(alpha),'Dt_7.mat'),'Dt');
    save(strcat(num2str(alpha),'Dt0_7.mat'),'Dt0');
```

程序编号	P17 - 1 - 1	文件名称	chooseRoad.m	说明	交叉路口的路径选择函数

```
function [nextroad] = chooseRoad(cari,currentRoad, RoadMap,Car,Roaddistance, RoadCarNum)
% % function [nextroad] = chooseRoad(cari,currentRoad, RoadMap,Car,Roaddistance, RoadCarNum)
% Input arguments:
%            cari:1 x 1 int   车的序号
%            currentRoad:1 x 1 int   当前所在的路的标号
%            RoadMap: n x n array   路的可达性矩阵
%            Car:n x 1 cell   当前各辆车的状态
%            Roaddistance:n x 1 int   每条路的长度
%            RoadCarNum:n x 1 int   当前每条路上有多少车
```

```
% Output arguments:
%                 nextroad: 1 x 1 int   选择的下一条路的标号
% %
k1 = 1;       % 两个参数
k2 = 1;
nextroad = 0;
min = intmax();
roadNum = length(RoadMap);
% disp(strcat('currentroadNum', num2str(currentRoad)));
myNeighbor = zeros(roadNum);
myNeighborNum = 0;
for i = 1 : roadNum
    if(RoadMap(i, currentRoad) == 0)    % 道路不通的情况
        continue;
    end
    myNeighborNum = myNeighborNum + 1;
    myNeighbor(myNeighborNum) = i;
    % disp(strcat('roadNum', num2str(i)));

    % 根据最优进行选择
    myvalue = 0;
    for j = 1 : (cari - 1)
        if(Car{j}.state == 1 && Car{j}.road == i && Car{j}.distance == 1)
            % 判断走这条路是否需要等候
            myvalue = intmax() - 100000;
            break;
        end
    end
    % 计算每条路的指标
    myvalue = myvalue + k1 * Roaddistance(i) + k2 * RoadCarNum(i);

    if(myvalue < min)
        min = myvalue;
        nextroad = i;
    end

    %     disp(i);
    %     disp(myvalue);

end
% 随机选择
% nextroad = myNeighbor(ceil(rand() * (myNeighborNum - 1)) + 1);
```

程序编号	P17 - 1 - 2	文件名称	nextdir. m	说明	车辆在绿灯时的状态转移函数

```
function [nextroad,nextdistance,nextstate] = nextdir(cari,RoadMap,Car,Roaddistance,Outroad, RoadCarNum)
% 函数 nextdir 返回 cari 这辆车这一秒之后的状态
% Input arguments:
%                 cari: 1 x 1 int   车的序号
%                 RoadMap: n x n array   路的可达性矩阵
%                 Car: n x 1 cell   当前各辆车的状态
%                 Roaddistance: n x 1 int   每条路的长度
%                 Outroad: k x 1 array   所有可能出去的路 k 是出口数目
%                 RoadCarNum: n x 1 int   当前每条路上有多少车
% Output arguments:
%                 nextroad: 1 x 1 int   1 s 后所在的路
%                 nextstate: 1 x 1 int dual value(0,1)   1 s 后,该车是否还在区域内
%                 nextdistance: 1 x 1 int   1 s 后在路上距入口的逻辑距离
% %
```

```
    car = Car{cari};              % 当前正在考虑的车
    nextroad = car.road;
    nextdistance = car.distance;
     if car.distance >= Roaddistance(Car{cari}.road) && ismember(car.road,Outroad);
        nextstate = 0;
        return;
    else
        nextstate = 1;
    end
    nextdistance = nextdistance + 1;
    if(Roaddistance(nextroad) < nextdistance)
        nextroad = chooseRoad(cari,nextroad,RoadMap,Car,Roaddistance, RoadCarNum);
                            % 交叉路口选择路的方向
        nextdistance = 1;
    end
    for i = 1 : (cari - 1)
            if(Car{i}.state == 1 && Car{i}.road == nextroad && Car{i}.distance == nextdistance)
                % 车辆不能走
                nextroad = car.road;
                nextdistance = car.distance;
            end
    end
```

程序编号	P17 - 1 - 3	文件名称	nextdir_red. m	说明	车辆在红灯时的状态转移函数

```
    function [nextroad,nextdistance,nextstate] = nextdir_red(cari,RoadMap,Car,Roaddistance,Outroad, RoadC-
arNum)
    % % 函数 nextdir 返回 cari 这辆车这 1 s 之后的状态
    % Input arguments:
    %               cari:1 x 1 int   车的序号
    %               RoadMap:n x n array   路的可达性矩阵
    %               Car:n x 1 cell   当前各辆车的状态
    %               Roaddistance:n x 1 int   每条路的长度
    %               Outroad:k x 1 int   所有可能出去的路 k 是出口数
    %               RoadCarNum:n x 1 int   当前每条路上有多少车
    % Output arguments:
    %               nextroad: 1 x 1 int   1 s 后所在的路
    %               nextdistance:1 x 1 int   1 s 后在路上距入口的逻辑距离
    %               nextstate: 1 x 1 int dual value(0,1)   1 s 后,该车是否还在区域内
    % %
    car = Car{cari};              % 当前正在考虑的车
    nextstate = 1;
    nextroad = car.road;
    nextdistance = car.distance;
    if car.distance >= Roaddistance(Car{cari}.road) && ismember(car.road,Outroad);
        return;
    end
    nextdistance = nextdistance + 1;
    if(Roaddistance(nextroad) < nextdistance)
        nextroad = chooseRoad(cari,nextroad,RoadMap,Car,Roaddistance, RoadCarNum);
                            % 交叉路口选择路的方向
        nextdistance = 1;
    end
    for i = 1 : (cari - 1)
            if(Car{i}.state == 1 && Car{i}.road == nextroad && Car{i}.distance == nextdistance)
                % 车辆不能走
                nextroad = car.road;
                nextdistance = car.distance;
            end
    end
```

图 17-7 所示为小区开放对平均延时的影响。

由图 17-7 可知,小区开放后明显缩短了平均延误时间。一方面,由于该小区周边道路只受到有信号灯的交叉路口处的延误时间 YDT 的影响,当小区开放后,小区内道路③分担了周边道路的一部分车流量,降低了周边道路的通行压力,因此有效地提高了通行能力。另一方面,由于小区出入口不存在分流和合流现象,小区开放不会降低道路的通行速度。因此,该类小区开放后有利于周边道路的通行。

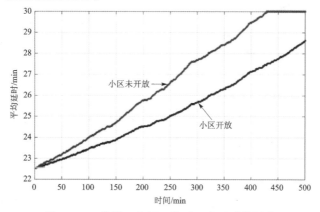

图 17-7　类型 1 小区开放对平均延时的影响

2. 控制变量实验

当小区内道路结构和周边道路结构变化时,小区开放对周边道路通行的影响不同。为研究这一问题,分别对小区内部道路长度 s_c、小区周边道路车流量 R 和小区内部道路节点个数 num 进行控制变量实验。

(1) 小区内部道路长度 s_c 对平均延时的影响

保持其他变量不变,当小区内部道路长度 s_c 发生变化时,得到平均延时的数值变化如图 17-8 所示。

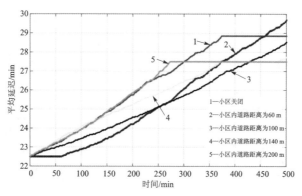

图 17-8　s_c 对平均延时的影响

由图 17-8 可知,当其他变量一定时,平均延迟时间与小区内部道路长度呈正相关关系。s_c 值越小,则开放小区后对周边道路通行的正效应越大。

(2) 小区内部道路节点数 num 对平均延时的影响

小区内部有两条道路的情况:若两条道路之间有一条道路将二者联通,如图 17-9 所示,则可认为小区内部道路节点数为 2;若两条道路之间有两条道路将二者联通,如图 17-10 所示,则可认为小区内部道路节点数为 4。

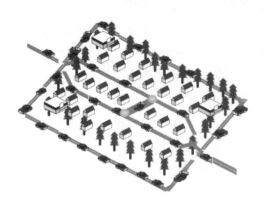

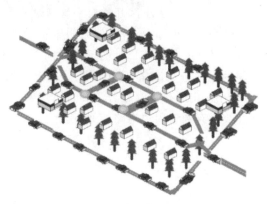

图 17-9   两节点小区示意图   图 17-10   四节点小区示意图

保证其他因素不变,用计算机模拟问题 2 中的车辆通行模型,得到平均延误时间和小区内部道路节点数关系,如图 17-11 所示。

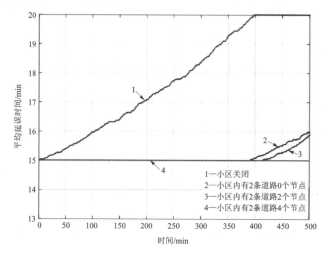

图 17-11   平均延误时间和小区内部道路节点数关系图

由图 17-11 可以看出,小区内部道路节点数越多,小区开放后的平均延误时间就越长,即前后延时差 ΔDT 越小。

（3）小区周边道路车流量 R 对平均延时的影响

保持其他变量不变,改变小区周边道路车流量 R,可以得到前后延时差 ΔDT 的数值变化。对 R 和 ΔDT 作相关性分析,得到的结果如表 17-2 所列。

由表 17-2 中数值可知,R 和 ΔDT 的相关系数为 0.988,$p < 0.01$,即在 0.01 的水平上呈显著正相关关系。

为更直观地反映二者的关系,绘出不同 R 值下平均延迟时间随研究时间 t 的变化,如图 17-12 所示。

由图 17-12 可知,保持其他变量不变时,R 变化时,小区开放前后平均延误时间的差值并非随之单调变化,即存在一个最优的 R,使得小区开放对周边道路通行的正效应最大。为观察这一最优值,以周边道路车流量 R 为 x 轴、时间 t 为 y 轴、前后延时差 ΔDT 为 z 轴建立空间直角坐标系,绘出图 17-13 所示的三维关系图。从图中可以看出,ΔDT 一直为正,ΔDT 随着 R 的变化呈先增后减的趋势,由此即可求出 ΔDT 最大时的周边道路车流量。

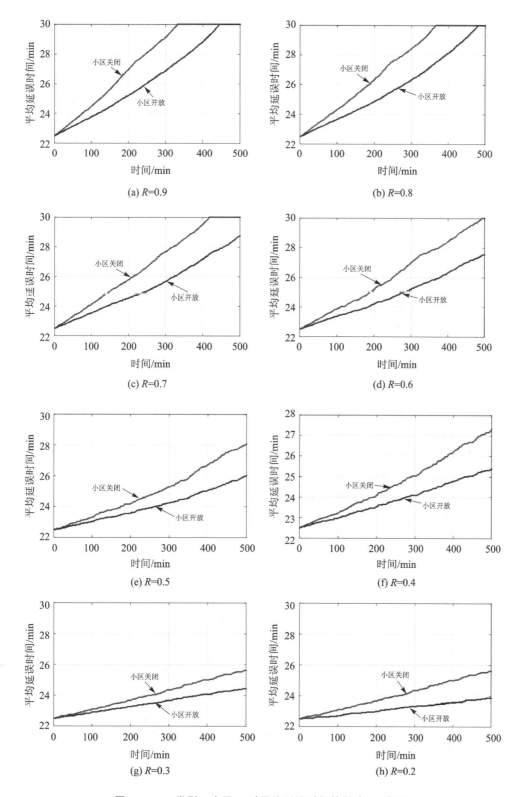

图 17-12　类型 1 小区 R 对平均延误时间的影响(二维图)

表 17 - 2　类型 1 小区周边道路车流量与平均延误时间差值的相关性分析

相关分析内容		R	ΔDT
R	Pearson 相关性	1	0.988[*]
	显著性(双侧)	—	0.000
	N	8	8
ΔDT	Pearson 相关性	0.988[*]	1
	显著性(双侧)	0.000	—
	N	8	8

* 表示在 0.01 水平(双侧)上显著相关。

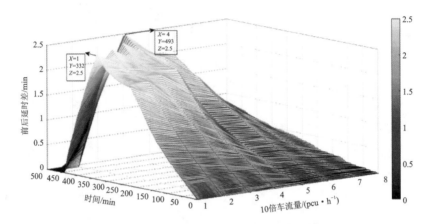

图 17 - 13　类型 1 小区 R 对平均延误时间的影响(三维图)

17.6.2　存在分、合流效应的小区

1. 基本模型

如图 17 - 14 所示的小区类型(类型 2),
受小区开放影响的周边道路有①和②两条,
小区出入口处存在合流与分流的现象。造
成平均延误的因素:A 点的车辆分流导致的
后方车辆车流排队时间增加;B 点的信号灯
导致的延误;C 点的车辆合流导致的后方车
辆车流排队时间增加。

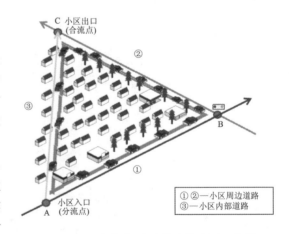

假设小区内部 $s_c = 80s_0$, $t_g/T = 0.25$,
$T = 20$,小区周边道路 $R = 0.35$,车辆由主
路进入小区的比例为 0.5。用 MATLAB 实
现问题 2 的车辆通行模型,得到小区开放对
前后的时延差的影响,如图 17 - 15 所示。

图 17 - 14　存在分、合流效应的小区示意图

由图 17 - 15 可知,小区开放后对平均延误时间的影响有正效应也有负效应,且波动很大。
在观察时间初期,开放前后平均延时差值多为负值,即小区开放对周边道路通行产生了不利影
响。这是因为观察初期路上车辆较少,小区开放的分流作用对 B 点的信号灯延迟改善程度有
限,但在小区入口(A 点)由于后方车辆排队进入,产生了较大的延迟时间。在观察时间中后

期,虽然平均延时的差值波动仍很大,但大多数为正值。由于在个别的时间段里,进入小区的车辆过饱和,导致在 A 点和 C 点的排队时间延长,因此在某个时间段中会有负值的出现。因此,在这种类型的小区模型中,是否应该开放小区,应该考虑小区内外部道路的具体结构。

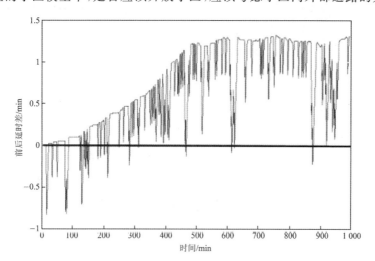

图 17-15　类型 2 小区开放对前后时延差的影响

2. 控制变量实验

当小区内部的道路结构和周边道路结构变化时,小区开放对周边道路通行的影响不同。为研究这一问题,分别对小区内部道路总长度 s 和小区周边道路车流量 R 进行控制变量实验。

(1) 小区内部道路长度 s_c 对平均延时的影响

保持其他变量不变,当小区内部道路长度 s_c 发生变化时,在每一个 s_c 的条件下,计算在研究时间内小区开放前后延时误差值为负的比率,如图 17-16 所示。

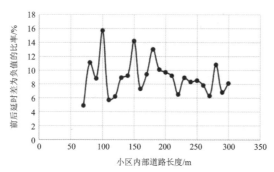

图 17-16　小区内部道路长度对前后延时差值为负的比率的关系

由图 17-16 可以看出,纵轴标量受随机性影响较大,难以看出相关关系。进行相关性检验,得到结果如表 17-3 所列。

可以看到,p 值为 $0.466(>0.1)$,即在 90% 的置信水平下,s_c 和开放前平均延误之差为负值的比率二者之间不存在显著的相关关系。

(2) 小区周边道路车流量 R 对平均延时的影响

保持其他变量不变,改变 R,可以得到平均延迟时间的数值变化。对 R 和平均延误时间差值为负的比率作相关性分析,得到结果如表 17-4 所列。由表中数值可知,相关系数为

$0.914, p$ 值小于 0.01，在 0.01 的水平下呈显著正相关关系。

表 17 - 3   类型 2 小区 s_c 与平均延误差值为负的比率相关性分析

相关分析内容		s_c	平均延误差值为负的比率
s_c	Pearson 相关性	1	-0.156
	显著性(双侧)		0.466
	N	24	24
平均延误差值为负的比率	Pearson 相关性	-0.156	1
	显著性(双侧)	0.466	
	N	24	24

表 17 - 4   类型 2 小区 R 与平均延误差值为负的比率相关性分析

相关分析内容		R	平均延误差值为负的比率
R	Pearson 相关性	1	0.914^*
	显著性(双侧)	—	0.000
	N	12	12
平均延误差值为负的比率	Pearson 相关性	0.914^*	1
	显著性(双侧)	0.000	
	N	12	12

* 表示在 0.01 水平(双侧)上显著相关。

17.6.3   基于优化的路径选择函数分析存在分、合流效应的小区

关于路径选择函数，对存在分、合流效应的小区进行分析。假设小区内部 $s_c = 80s_0$，$t_g/T = 0.25$，$T = 20$，小区周边道路 $R = 0.35$，车辆由主路进入小区的比例为 0.5。得到小区开放对平均延时之差的影响图，如图 17 - 17 所示。

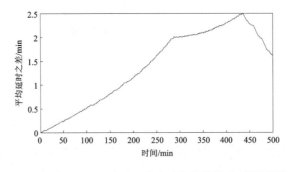

图 17 - 17   类型 2 小区开放对平均延时之差的影响(基于优化路径)

由图 17 - 17 可知，在优化路径选择函数的条件下，开放前与开放后的平均延时差值均为正，即小区开放后有效地缩短了平均延时，从而对周边道路的通行有正效应。由参考文献[1]可知，道路使用者进行往返于出发地和目的地之间的道路选择时，使用者只考虑自身最优而未考虑其他的道路使用者，这一理论与经济学中的理性人假设类似。这意味着，在信息不完整得

到有效缓解的情况下,开放小区有利于周边道路的通行。因此,交通管理部门利用现代科技缓解信息不完全的现状,使道路使用者可以有效选择最快到达目的地的路线。

17.7　问题 4

1. 对城市规划部门的建议

通过对上述问题分析可知,城市规划部门在开放已建成小区时,应重点考虑开放内部交通复杂度低、内部道路长度短、周边道路车流量大的小区,以减小前后时延差,更有利于周边道路车辆通行;同样,在新建小区时也应考虑这些因素。

2. 对交通管理部门的建议

交通管理部门应重点加大实时路况信息的传播力度,缓解因信息不完全而带来的资源浪费和效用损失,方便驾驶员根据路况信息选择最优路径,使得小区开放对周边道路通行的正效应最大。

17.8　模型评价与改进

17.8.1　模型评价

① 该模型较为全面地考虑了现实情况,根据车辆所在道路类型将车辆通行模型抽象为若干子模型,确保了思维的科学性和逻辑的严密性。

② 在分析不同小区类型的时候,考虑了较为全面的影响因素,并找到了合适的量化指标,保证了模型的完整性和适用性。

③ 在模型求解时,充分利用了 MATLAB 等数学软件,比较好地解决了问题,并且得到了较理想的结果。

17.8.2　模型改进

① 该模型假设机动车和非机动车存在明显的分隔线,即非机动车不会干涉机动车的行驶。在实际情况中,存在机动车和非机动车混行的道路。因此,可以将自行车影响系数根据实际情况加以修改,使得我们的模型更能反映真实情况。

② 该模型假设道路坡度为 0,在之后的工作中可以将周边道路的坡度纳入考虑当中,使得模型更具普适性。

③ 该模型只考虑了同向单车道的情况,可以考虑将同向多车道的情况纳入模型中,多车道将有助于减缓车辆拥堵的情况,更加客观地反映出真实的情况,使得模型更具泛化能力。

④ 该模型假设车辆到来满足平稳性,而实际生活中车流量的时间序列明显带有一定的变化趋势,例如早晚上下班高峰车流量明显要多于其他时刻。因此,可以变化车辆到来的方式,使其更加贴合现实情况,也能更好地反映小区开放对周边道路车辆通行的影响,有助于相关部门制定小区开放时刻及时间长短的政策。

⑤ 在评价道路通行情况的指标中,我们只挑选了其中的一部分。在模型的进一步完善中,可以扩充评价的指标,使其更加全面、客观地反映小区开放对周边道路车辆通行的影响。

17.9　技巧点评

　　小区开放问题的建模与求解过程与出租车补贴优化问题本质上是一样的,即从微观角度,根据事物的发展规律,将问题的研究对象抽象成元胞,然后根据问题的特征对元胞进行建模和仿真,从而解决整个问题。

　　在 MATLAB 编程求解方面,由于问题相对比较复杂,本章的求解程序采用了面向对象的编程思想,将一些相对独立且需要反复使用的程序模块函数化,这样程序的整体结构就非常清晰、明了,修改起来也比较容易,能体现出较高的编程技巧。

参考文献

[1] 李向朋. 城市交通拥堵对策:封闭型小区交通开放研究[D]. 长沙:长沙理工大学,2014.

[2] 中华人民共和国住房和城乡建设部. 城市道路工程设计规范:CJJ 37—2012[S]. 北京:中国建筑工业出版社,2012.

[3] 魏威. 信号控制交叉口有效绿灯时间计算方法研究[J]. 山西建筑,2015,41(4):125-126.

[4] 杨晓光,赵靖,郁晓菲. 考虑进出交通影响的路段通行能力计算方法[J]. 中国公路学报,2009,22(5):83-88.

[5] 张亚平. 道路通行能力理论[D]. 哈尔滨:哈尔滨工业大学,2007.

[6] 孙增辉. 车道被占用对城市道路通行能力的影响[Z]. 北京:全国大学生数学建模竞赛组委会,2013.

第 18 章

高温作业服的优化设计(CUMCM2018A)

CUMCM2018A 题是一道关于高温作业服参数优化设计的题目,涉及数据建模、机理建模、微分、单目标优化和多目标优化等多种方法。该题目有三个问题,层层递进,在模型的求解上也体现了这种递进关系。本章在该问题的 MATLAB 求解上,将三个具有递进关系的模型用一个求解程序文件实现,体现了 MATLAB 实时脚本在求解建模问题上的方便性。

作业服可以避免被高温灼伤,有广泛的应用。本章对作业服的优化设计进行研究,分析作业服的传热过程,并综合考虑各种传热方式、边界和初始条件,建立了非稳态一维传热模型,应用于作业服厚度的优化设计。

18.1 问题概述

1. 背景资料

作业服可避免人们在高温环境下作业受到灼伤,在高温环境下工作时,人们需要穿着专用服装以避免灼伤。作业服通常由三层织物材料构成,记为Ⅰ、Ⅱ、Ⅲ层,其中Ⅰ层与外界环境接触,Ⅲ层与皮肤之间还存在空隙,将此空隙记为Ⅳ层。为设计作业服,将体温控制在 37 ℃的假人置于实验室的高温环境中,测量假人皮肤外侧的温度。

原题有两个附件:

附件 1:作业服的参数值

附件 2:假人皮肤外侧的测量温度

2. 需要解决的问题

为了降低研发成本、缩短研发周期,需要利用数学模型来确定假人皮肤外侧的温度变化情况,并解决以下三个问题:

问题 1 作业服材料的某些参数值可以由实验测得,对环境温度为 75 ℃、Ⅱ层厚度为 6 mm、Ⅳ层厚度为 5 mm、工作时间为 90 min 的情形开展实验,已经测量得到假人皮肤外侧的温度。建立数学模型,计算温度分布,并生成温度分布的 Excel 文件(文件名为 problem1.xlsx)。

问题 2 当环境温度为 65 ℃、Ⅳ层的厚度为 5.5 mm 时,确定Ⅱ层的最优厚度,确保工作 60 min 时,假人皮肤外侧温度不超过 47 ℃,且超过 44 ℃的时间不超过 5 min。

问题 3 当环境温度为 80 ℃时,确定Ⅱ层和Ⅳ层的最优厚度,确保工作 30 min 时,假人皮肤外侧温度不超过 47 ℃,且超过 44 ℃的时间不超过 5 min。

18.2　问题分析

关于作业服的设计问题,实质上是综合考虑各种传热方式,对作业服建立传热模型,并得到温度分布和设计参数的优化问题,其核心在于传热模型的建立及应用。

问题 1 已给定各层材料厚度及环境温度,并测试得到了假人皮肤外侧的温度变化数据。要了解温度分布,需要根据题目信息,综合考虑各种传热方式及边界条件,建立完整的传热模型。对于模型的未知参数,可以利用实测数据根据模型的形式进行参数估计。另外,作业服传热模型所描述的是一个非稳态传热,即需要建立空间温度与时间的关系,也就是得到温度场关于时间变化的模型。

对于问题 1,通过作业服的传热特点,将三维问题简化为一维问题,考虑热传导、热对流两种传热方式,建立基于能量守恒定律的偏微分控制方程组,确定初始边值条件,得到作业服非稳态一维传热过程的数学表达式。基于最小二乘原理,建立优化模型。在模型求解上,利用 MATLAB 内置二维传热模型,并基于实测数据,对模型的参数利用最小二乘法进行优化校对,最终得到 I 层和 IV 层换热系数,分别为 $121.316\ 5\ \mathrm{W/(m^2 \cdot K)}$ 和 $88.394\ 8\mathrm{W/(m^2 \cdot K)}$。

问题 2 实质上是建立在问题 1 模型基础上的参数优化模型,目的是求解 II 层的最优厚度。此处最优应使制造成本最小,以厚度最小作为优化目标,以皮肤外侧温度和超过 44 ℃ 的时间作为约束条件,求解满足条件的作业服最优设计参数。

对于问题 2,以 II 层厚度最小为优化目标,综合 60 min 内最大温度、超过 44 ℃ 时间和厚度范围等约束条件,建立厚度调整单变量优化模型。将模型求解转换为约束条件临界值求解问题,得到 II 层和 IV 层最小厚度为 17.77 mm。

问题 3 额外增加了 IV 层的厚度设计,需综合考虑研发制作成本、衣服笨重程度、人体舒适程度等因素,建立多目标优化模型。在满足最大温度约束和高温时间约束的条件下,通过模型求解最优设计参数。

对于问题 3,考虑舒适性、节约性、性能稳定性和研发效率等因素,以 II 层和 IV 层厚度最小为优化目标,综合 30 min 内最大温度、超过 44 ℃ 时间和厚度等约束条件,建立作业服设计的多目标优化模型。分别使用 gamultiobj 和 paretosearch 两种方法对多目标进行优化,发现两者的解空间相似,选择以 gamultiobj 方法得到的结果作为模型最终的求解结果:II 层材料最优厚度为 21.334 4 mm,IV 层材料最优厚度为 5.354 7 mm。

18.3　基本假设及符号说明

1. 基本假设
① 不考虑作业服水汽、汗液蒸发等传热传质过程;
② 以 IV 层(空气层)底层温度表示人体皮肤外侧温度;
③ 不考虑接触面之间的接触热阻,认为接触界面连续;
④ 简化为一维传热问题,不考虑其他不均匀热源和传热过程;
⑤ 假设人体为绝对黑体,即辐射发射率为 1。

2. 符号说明
本章需要用到的基本符号如下:

λ_j——导热系数,W/(m·℃),$j=1,2,3,4$;

ρ_j——材料密度,kg/m³,$j=1,2,3,4$;

C_j——比热容,J/(kg·℃),$j=1,2,3,4$;

1——Ⅰ层与外界对流换热系数,W/(m²·℃);

2——Ⅳ层与人体对流换热系数,W/(m²·℃);

q——热流密度,W/m²;

T——温度,℃;

T_{ren}——人体温度(37 ℃),℃;

T_{en}——环境温度,℃;

E——辐射力(辐射能量密度),W/m²;

d_j——材料厚度,mm,$j=1,2,3,4$;

ε——发射率;

$q_{辐射}$——辐射传热量,W/m²。

18.4　模型准备

18.4.1　背景知识

1. 传热方式

热力学过程有三种基本传热方式:

① 热传导:微观粒子热运动而产生的热能传递,固、液、气内部均存在热传导。

② 热对流:由流体宏观运动引起的热量传递过程,主要考虑流体与物体接触面的热交换,可以用牛顿冷却公式计算。

③ 热辐射:物体通过电磁波传递能量,可发生在任何物体中。

作业服的传热过程中,热辐射主要发生在Ⅳ层与皮肤表面之间。皮肤与作业服之间可视为封闭腔,由于空气层较薄,对辐射热量的吸收较少,可以忽略。

2. 边界条件

导热问题常见边界条件有三类,令 $T(x,y,z,t)$ 为物体的温度分布函数,Γ 为物体的边界曲面。

① 第一类边界条件:规定了边界上的温度值,即

$$T(x,y,z,t)\big|_{(x,y,z)}=f(x,y,z,t) \tag{18-1}$$

② 第二类边界条件:规定了边界上的热流密度,即

$$\frac{\partial T}{\partial n}\bigg|_{(x,y,z)\in\Gamma}=f(x,y,z,t) \tag{18-2}$$

③ 第三类边界条件:规定了边界上物体与周围流体间的对流传热系数及周围流体温度,即

$$\left(\frac{\partial T}{\partial n}+\sigma T\right)\bigg|_{(x,y,z)\in\Gamma}=f(x,y,z,t) \tag{18-3}$$

3. 稳态与非稳态

稳态传热过程指各点温度不随时间变化,控制方程中无时间项;而非稳态传热过程中各点

温度随时间变化,控制方程中有时间项。

4. 傅里叶定律

傅里叶定律是热传导基本定律,描述了温度差与热流密度的关系,即

$$q = -\lambda \frac{\mathrm{d}T}{\mathrm{d}x} \tag{18-4}$$

式中,q 为热流密度;λ 表示传热系数;$\mathrm{d}T/\mathrm{d}x$ 表示空间节点上的温度差。

对于热传导问题,可以用傅里叶定律建立模型。

5. 牛顿冷却公式

对流传热的基本计算公式是牛顿冷却公式,描述了流体与物体表面的换热过程,即

$$q = h\Delta T \tag{18-5}$$

式中,h 表示对流换热系数。

对于对流传热问题,可通过牛顿冷却公式计算表面交换热量。

6. 斯忒藩-玻耳兹曼定律

辐射传热可以根据斯忒藩-玻耳兹曼定律进行计算,即

$$E = \varepsilon\sigma T^4 \tag{18-6}$$

式中:ε 为灰体辐射发射率(黑度);$\sigma = 6.67 \times 10^{-8}$,为黑体辐射常数。

18.4.2　建立几何坐标

　　从几何形状上讲,作业服属于三维模型。但对于本章的传热问题,由于:① 边界条件均匀分布,热传递可看作只在一个方向进行,即垂直于皮肤表面;② 无其他不均匀热源及传热过程,研究三维传热意义不大,因此三维问题可以简化为一维问题——热量由作业服外层到皮肤表面的一维传热过程,如图 18-1 所示。

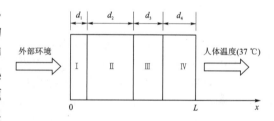

图 18-1　作业服一维传热过程示意图

18.4.3　辐射传热

　　作业服的传热过程中,前面几层都是连续的隔热材料,辐射传热主要发生在Ⅳ层与皮肤表面之间。皮肤与作业服之间可视为封闭腔。由于空气层较薄,对辐射热量的吸收较少,可以忽略空气吸收作用,故作业服与皮肤表面的辐射传热定义为

$$q_{辐射} = \frac{\sigma(T_{\mathrm{g}}^4 - T_{\mathrm{skin}}^4)}{\frac{1}{\varepsilon_{\mathrm{g}}} + \frac{1}{\varepsilon_{\mathrm{skin}}} - 1} \tag{18-7}$$

式中,ε_{g} 和 $\varepsilon_{\mathrm{skin}}$ 分别为作业服、皮肤表面的发射率;T_{s} 和 T_{skin} 分别为Ⅲ层右边界温度、皮肤外侧温度。由于作业服辐射发射率较低,所以可认为作业服传热过程中辐射传热作用很小,可以忽略。

18.4.4　各层传热方式

　　对于作业服的传热过程,需要考虑热传导、对流传热两种不同的传热方式。不同的传热方式有其特点和适用的情况,因而需要对各层材料和边界条件进行讨论,需要确定各自的传热方式。

① 对于Ⅰ层材料,材料内部主要为热传导方式,符合傅里叶定律;材料外边界与外部环境接触的边界条件为第三类边界条件,为对流传热。

② 对于Ⅱ层材料,仅需考虑热传导的传热方式。

③ 对于Ⅲ层材料,材料内部为热传导方式。由于Ⅳ层空气层较薄,故接触面不考虑对流传热,仅考虑热传导。

④ 对于Ⅳ层材料,其内部仅考虑热传导;材料右边界与人体接触,人体皮肤下存在大量毛细血管的血液流动,故右边界为第三类边界条件,考虑为对流传热。

18.5　问题 1 模型的建立与求解

问题 1 已给定各层厚度,并已有皮肤外侧温度分布测量值。根据 18.4 节"模型准备"并基于能量守恒定律,可建立非稳态偏微分传热控制方程,确定初值和边界条件,进而建立作业服非稳态传热模型。模型中两个对流传热系数未知,可以用实验数据进行最优估计得到。

18.5.1　建立模型

对于非稳态传热问题,由能量守恒定律可知,对任一微元体,其热力学能的变化(表现为温度变化)等于流入、流出微元体热流量的差值,即

$$\rho_j c_j = \frac{\partial T}{\partial t} = \frac{\partial}{\partial x}\left(\lambda_j \frac{\partial T}{\partial x}\right) \quad (j=1,2,3,4) \tag{18-8}$$

式中,左项表示微元体热力学能变化,右项表示微元体流入、流出热量差值。

对于整个作业服传热过程,两端均为第三类边界条件,传出热量由对流换热带走。

假设进入高温环境时人体与作业服已达到稳定状态,作业服温度分布的初值为假人温度 37 ℃,则有

$$\begin{cases} -\lambda_1 \left.\frac{\partial T}{\partial x}\right|_{x=0} = h_1(T_{en} - T(0,t)) \\ -\lambda_4 \left.\frac{\partial T}{\partial x}\right|_{x=L} = h_2(T(L,t) - T_{ren}) \\ T(x,0) = T_{ren} \end{cases} \tag{18-9}$$

式中,h_1 和 h_2 分别为两端的对流传热系数;$T(0,t)$ 和 $T(L,t)$ 分别为两端界面温度;$T(x,0)$ 为初始条件;T_{en} 为环境温度;T_{ren} 为人体温度。

对于不均匀材料导热问题,已假设材料间接触良好(见图 18-2),忽略接触热阻,满足界面连续条件,即满足界面上温度与热流密度连续的条件:

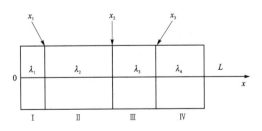

图 18-2　材料接触面示意图

$$\begin{cases} T(x_i^-,t) = T(x_i^+,t) \\ \lambda_i \frac{\partial T}{\partial x}(x_i^-,t) = \lambda_{i+1} \frac{\partial T}{\partial x}(x_i^+,t) \end{cases} \tag{18-10}$$

式中,i 表示各接触面,$i=1,2,3$。

在非稳态一维传热模型中,两端换热系数为未知量,可以通过最小二乘法建立参数估计模型:

$$(\hat{h}_1,\hat{h}_2)=\arg\min_{h_1,h_2}\sum_{i=1}^{N}\left[T(L,t_i;h_1,h_2)-T^*(t_i)\right]^2 \qquad (18-11)$$

式中,$\hat{h}_1$、$\hat{h}_2$ 分别为 h_1、h_2 的最小二乘估计值;$T^*(t_i)$ 为皮肤外侧温度实测值。

至此,对于作业服的非稳态传热过程,可以建立如下模型:

参数估计:

$$(\hat{h}_1,\hat{h}_2)=\arg\min_{h_1,h_2}\sum_{i=1}^{N}\left[T(L,t_i;h_1,h_2)-T^*(t_i)\right]^2$$

$$\begin{cases} \text{控制方程:}\rho_j c_j \dfrac{\partial T}{\partial t}=\dfrac{\partial}{\partial x}\left(\lambda_j \dfrac{\partial T}{\partial x}\right) \quad (j=1,2,3,4) \\[2mm] \text{边界条件:}\begin{cases} -\lambda_1 \dfrac{\partial T}{\partial x}\bigg|_{x=0}=h_1(T_{en}-T(0,t)) \\[2mm] -\lambda_4 \dfrac{\partial T}{\partial x}\bigg|_{x=L}=h_2(T(L,t)-T_{ren}) \end{cases} \\[4mm] \text{接触面:}\begin{cases} T_i=T_{i+1} \\[2mm] \lambda_j \dfrac{\partial T}{\partial x}=\lambda_{j+1}\dfrac{\partial T}{\partial x} \end{cases} \\[4mm] \text{初始条件:}T(x,0)=T_{ren} \end{cases} \qquad (18-12)$$

18.5.2 模型求解

传热问题数值求解的基本思想是将时间、空间上中的连续物理量离散在各个节点上(见图 18-3),用有限差分法求解物理量的数值解。

差分格式有显式和隐式两种。显式求解计算量更小,但精度及稳定性不如隐式。隐式差分必须求解联立方程组,稳定性和精度较高但计算量较大。由于本问题数据量较大,故采用显式差分格式。

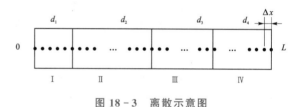

图 18-3 离散示意图

采用显式差分格式对模型进行离散,求解第 $n+1$ 时间层上的温度时,须依赖前一时间层温度的信息。控制方程的离散格式中仅有一个未知量 T_i^{n+1}:

$$\begin{cases} \text{控制方程:}\Delta x_j \rho_j c_j \dfrac{T_i^{n+1}-T_i^n}{\Delta t}=\lambda_j \dfrac{T_{i+1}^n-2T_i^n+T_{i-1}^n}{\Delta x_j} \\[3mm] \text{边界条件:}\begin{cases} \dfrac{1}{2}\Delta x_j \rho_j c_j \dfrac{T_i^{n+1}-T_i^n}{\Delta t}=h_1(T_1^n-T_{en})-\lambda_1 \dfrac{T_1^n-T_2^n}{\Delta x_1} \\[3mm] \dfrac{1}{2}\Delta x_4 \rho_4 c_4 \dfrac{T_{end}^{n+1}-T_{end}^n}{\Delta t}=-h_2(T_{end}^n-T_{skin})+\lambda_4 \dfrac{T_{end-1}^n-T_{end}^n}{\Delta x_4} \end{cases} \\[4mm] \text{接触点:}\dfrac{1}{2}(\Delta x_j \rho_j c_j+\Delta x_{j+1}\rho_{j+1}c_{j+1})\dfrac{T_i^{n+1}-T_i^n}{\Delta t}=\lambda_j \dfrac{T_{i-1}^n-T_i^n}{\Delta x_j}+\lambda_{j+1}\dfrac{T_{i+1}^n-T_i^n}{\Delta x_{j+1}} \end{cases}$$

$$(18-13)$$

对于显式差分格式,非稳态传热过程的离散求解需要考虑求解的稳定性条件。上述显式差分式表明,空间节点 i 上时间节点 $n+1$ 时刻的温度受到左、右两侧邻点的影响,为了避免出现不合理的振荡解,需要满足稳定性限制条件(傅里叶网格数限制):

$$\begin{cases} Fo_\Delta = \dfrac{\lambda\,\Delta t}{\rho c\,(\Delta x)^2} & \text{(傅里叶网格数)} \\[2mm] Fo_\Delta \leqslant \dfrac{1}{2} & \text{(内节点限制条件)} \\[2mm] Fo_\Delta \leqslant \dfrac{1}{2\left(1+\dfrac{h\,\Delta x}{\lambda}\right)} & \text{(边界限制条件)} \end{cases} \qquad (18-14)$$

对模型进行时间-空间离散化后,可根据边界条件和初始条件,在时间节点和空间节点上逐层进行求解。再根据实测温度数据,利用最小二乘原理对两个未知系数 h_1、h_2 进行最优估计。具体求解步骤如下:

① 代入 h_1 和 h_2 初值,通过非稳态传热模型离散方程逐层求解,得到假人皮肤外侧温度计算值。

② 利用最小二乘法求解计算值与实测值的误差,并求出残差平方和。

③ 更新 h_1 与 h_2 值,再次代入离散方程进行求解,得到新的温度计算值。

④ 重复上述步骤,搜索寻优找到拟合程度最佳的对流传热系数,并应用于后续作业服的设计。

⑤ 根据搜索得到的最佳拟合对流传热系数,求解出作业服温度分布。

下面是 MATLAB 具体求解过程与结果(采用实时脚本结果内嵌模式)。

1. 读 取 测 试 数 据

读取原题附件 1 作业服的材料参数:

```
clear, close, clc
% 读入材料参数
file = 'CUMCM2018A_data.xlsx';
materials = readtable(file,'Sheet','Appendix 1',...
                      'Range','A2:E6',...
                      'ReadVariableNames',true);
% 修改变量名
materials.Properties.VariableNames = {'layer','density','specificHeat','thermalConductivity','thickness'};
```

读取原题附件 2 问题 1 温度测试数据:

```
% 读入温度测试数据
sheet = 2;
[data,labels,~] = xlsread(file,sheet);
% 可视化测试数据
figure
plot(data(:,1),data(:,2))
xlim([0,2400])
xlabel(labels(2,1))
ylabel(labels(2,2))
xlim([0 5400])
ylim([36.0 50.0])
title('测试温度(环境温度 75 ℃)')
```

运行以上程序,可得到图 18-4。

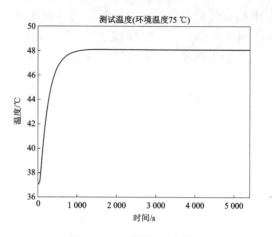

图 18 - 4　测试数据曲线

2. 问题 1 求解：传热模型参数的优化

（1）基本参数和模型的定义

```
tic            % 记录问题1的求解时间
% 二维模型几何参数赋值,各层厚度单位为 m
d1 = 0.6 * 1e - 3;
d2 = 6 * 1e - 3;
d3 = 3.6 * 1e - 3;
d4 = 5 * 1e - 3;
% 材料层边界 x 坐标
x1 = 0 + d1;
x2 = x1 + d2;
x3 = x2 + d3;
x4 = x3 + d4;
% 高度
l = 20 * 1e - 2/4;
% 几何结构
Rect = [3,4,0,x4,x4,0,0,0,l,l];
g = decsg(Rect');
% 创建二维传热模型,用于求解瞬态过程
mdl = createpde('thermal','transient');
% 创建二维几何结构
geometryFromEdges(mdl,g);
```

（2）可视化模型的局部结构

```
figure
% 生成网格并可视化
msh = generateMesh(mdl,'Hmax',d1/2);
subplot(1,2,1)
pdeplot(mdl)
xlabel('网格纵向坐标 y/mm');
ylabel('网格横向坐标 x/mm');

ylim([0.02,0.03])
% 定义材料属性
kfunc = @(location,state) interp1([0,x1,x2,x3,x4],[materials.thermalConductivity;materials.thermalCon-
ductivity(end)],location.x,'previous');
    rho = @(location,state) interp1([0,x1,x2,x3,x4],[materials.density;materials.density(end)],location.x,
'previous');
    cp = @(location,state) interp1([0,x1,x2,x3,x4],[materials.specificHeat;materials.specificHeat(end)],lo-
cation.x,'previous');
```

```
thermalProperties(mdl,'ThermalConductivity',kfunc,'MassDensity',rho,'SpecificHeat',cp);

% 可视化材料属性在 x 轴上的变化
subplot(1,2,2)
location.x = [0;0.00005;x4];
loc.x = [0,x1 - eps,x1,x2 - eps,x2,x3 - eps,x3,x4 - eps,x4];
% 热传导率
yyaxis left
plot(loc.x,kfunc(loc,[]),'* - ')
ylabel(' 导热系数 k (W/(m\cdot\circ C)')
% 密度和比定压热容
yyaxis right
hold on
plot(loc.x,rho(loc,[]),'o - ')
hold on
plot(loc.x,cp(loc,[]),'s -- ')
ylabel('ρ \rho (kg/m^3), 比定压热容 cp (J/(kg\cdot\circC)')
% 各层边界位置
xline(x1,':');
xline(x2,':');
xline(x3,':');
xline(x4,':');
hold off
legend({' 导热系数 ',' 密度 ',' 比定压热容 '})
% 将 x 坐标单位修改为 mm
xticks([0,x1,x2,x3,x4])
xticklabels({num2str(0),num2str(x1 * 1e3),num2str(x2 * 1e3),...
    num2str(x3 * 1e3),num2str(x4 * 1e3)})
xlabel('x 坐标/mm')
```

运行以上程序,可得到图 18 - 5。

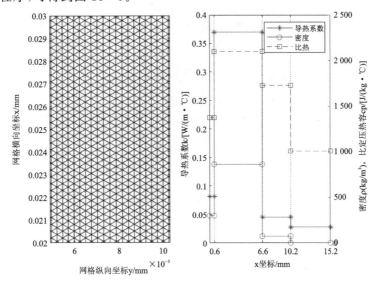

图 18 - 5　pde 传热模型的内部结构

（3）根据初值仿真模型求解结果

```
% 定义仿真参数
Tenv = 75;              % 环境温度
Tbody = 37;             % 体表温度
% 参数估计:第三类边界条件的对流换热系数
% 设置初始值
CCoef0 = [10,10];
```

```
h1 = CCoef0(1);
h2 = CCoef0(2);
% 设定仿真边界条件及待估计参数初始值
thermalBC(mdl,'Edge',4,'AmbientTemperature',Tenv,'ConvectionCoefficient',h1);
thermalBC(mdl,'Edge',2,'AmbientTemperature',Tbody,'ConvectionCoefficient',h2);
thermalIC(mdl,Tbody);
% 变步长求解温度瞬态变化
% 仿真时间点
tlist = [0:15:45,60:2*60:26*60,30*60:15*60:90*60];
R = solve(mdl,tlist);
T = R.Temperature;
% 后处理
% 生成温度场的仿真结果动画
figure
for i = 1:numel(tlist)
    pdeplot(mdl,'XYData',T(:,i),'Contour','on')
    xlim([0,x4])
    M(i) = getframe;
end
% 在命令行输入以下代码,查看仿真结果动画,n 代表查看次数
n = 2;
movie(M,n)
xlabel('垂直于皮肤的距离 y/m');
ylabel('平行于皮肤的距离 x/m');
```

运行以上程序,可得到图 18-6 所示的效果图。从图中可以看出,环境温度稳定且温度较高,沿着垂直于皮肤方向靠近皮肤,温度逐渐降低,最终趋于稳定。整个温度场的温度分布符合理论和实际情况,初步说明所建立的模型合理。

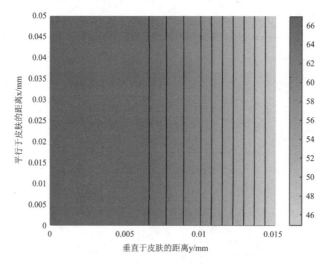

图 18-6 作业服的温度场效果图

```
% 查找离目标观测点(x0,y0)最近的节点,对仿真结果进行插值
xx0 = x4;
yy0 = l/2;
getClosestNode = @(p,x,y,z) min((p(1,:) - x).^2 + (p(2,:) - y).^2);
[~,nid] = getClosestNode(mdl.Mesh.Nodes,xx0,yy0);
simData = interp1(tlist,T(nid,:),data(:,1),'linear');
% 评估仿真和测试数据间的差异
rsse = sqrt(sum((simData - data(:,2)).^2));
% 对该节点的数据进行可视化,并与测试数据进行对比
figure
```

```
hold on
plot(data(:,1),data(:,2))
plot(tlist,T(nid,:),'mo','MarkerSize',4)
hold off
legend({'测试数据','模型曲线'},'Location','best')
xlabel(labels(2,1))
ylabel(labels(2,2))
xlim([0,5400])
ax = gca;
ax.Box = 'on';
```

运行以上程序可得到图 18-7,可以看出,采用原始模型参数的模型曲线与测试数据差异较大,主要原因是没有根据实际的测试数据对模型参数的数值进行校准,所以还需要对模型的参数进行优化校准,以得到最佳的模型参数数值。

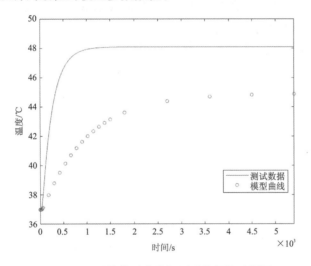

图 18-7　原始模型曲线与测试数据的对照图

(4) 利用最小二乘法优化参数并仿真结果

```
% 利用优化算法估计边界条件中的热传导系数
options_op = optimoptions('lsqcurvefit','Display','iter','UseParallel',false,'PlotFcn','optimplotfval');
func = @(x,xdata)evaluationfun(x(1),x(2),xdata,mdl,Tenv,Tbody,x4,1/2,tlist);
% 参数估计初始值
h1 = 10; h2 = 10;
% 利用最小二乘法进行参数估计
[CCoef,~,res] = lsqcurvefit(func,[h1,h2],data(:,1),data(:,2),[50,2],[300,50],options_op)
h1 = CCoef(1);        % 环境与第一层材料之间的对流系数
h2 = CCoef(2);        % 假人与最后一层材料之间的对流系数
disp(['对流传热系数 h1 =' num2str(h1)]);
```

对流传热系数 $h_1 = 121.316\ 5$;

```
disp(['对流传热系数 h2 =' num2str(h2)]);
```

对流传热系数 $h_2 = 8.394\ 8$;

```
% 查看参数优化后的结果
% 更新仿真边界条件
thermalBC(mdl,'Edge',4,'AmbientTemperature',Tenv,'ConvectionCoefficient',CCoef(1));
thermalBC(mdl,'Edge',2,'AmbientTemperature',Tbody,'ConvectionCoefficient',CCoef(2));

% 重新求解并评估模型参数估计效果
```

```
R = solve(mdl,tlist);
T = R.Temperature;
simData = interp1(tlist,T(nid,:),data(:,1),'linear');
rsse = sqrt(sum((simData - data(:,2)).^2))
figure
hold on
plot(data(:,1),data(:,2))
plot(tlist,T(nid,:),'mo','MarkerSize',4)
xlabel(labels(2,1))
ylabel(labels(2,2))
hold off
```

本段程序调用了最小二乘拟合求解器 lsqcurvefit 实现对模型参数的优化,然后将新的参数代入模型,由仿真模型得到温度随时间变化的曲线,如图 18-8 所示,可以与测试数据做对照。从图中可以看出,测试模型曲线与测试数据的曲线基本一致,说明模型此时的参数已经能够准确描述温度与时间的关系。

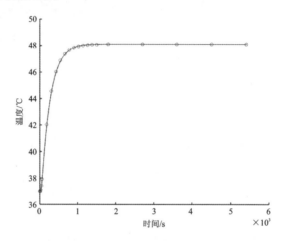

图 18-8　优化参数后的模型曲线与测试数据的对照图

(5) 利用模型仿真不同时间的温度分布

```
% 对模型中轴线上的多个观测点在每个仿真计算时间的温度进行可视化
XG = linspace(0,x4,30);
YG = 1/2 * ones(1,length(XG));
idx = zeros(1,length(XG));
for i = 1:numel(XG)
    [~,idx(i)] = getClosestNode(mdl.Mesh.Nodes,XG(i),YG(i));
end
plot(XG,T(idx,:))
hold on
xline(x1,':');
xline(x2,':');
xline(x3,':');
xline(x4,':');
hold off
xticks([0,x1,x2,x3,x4])
xticklabels({num2str(0),num2str(x1 * 1e3),num2str(x2 * 1e3),...
    num2str(x3 * 1e3),num2str(x4 * 1e3)})
xlabel('垂直于皮肤的距离 x/mm')
ylabel(labels(2,2))
title('不同时间的温度分布')
```

运行以上程序,可得到图 18-9,可以看出,随着时间的增加,皮肤侧的温度逐渐升高,然

后趋于稳定,说明当经过一段时间后作业服的温度场达到稳定状态。

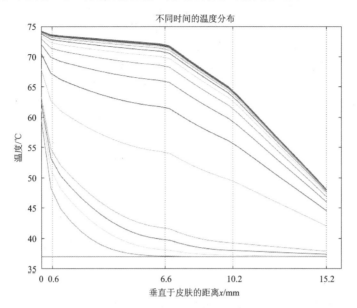

图 18 - 9　不同时间的温度分布

　　根据上述步骤进行求解,搜索得到最优拟合的对流传热系数:$h_1 = 121.316\,5\ \text{W}/(\text{m}^2 \cdot \text{K})$; $h_2 = 88.394\,8\ \text{W}/(\text{m}^2 \cdot \text{K})$。求解过程中发现,对流传热系数 h_1 主要影响到达稳态的时间, h_2 主要影响稳态时皮肤外侧温度。

18.6　问题 2 模型的建立与求解

　　问题 2 是在建立问题 1 非稳态传热模型基础上的单变量优化模型。对于给定厚度 d_2,由问题 1 传热模型能够得到对应的皮肤外侧温度与时间的数值关系。根据题目信息,建立关于Ⅱ层材料厚度的优化模型。以最小厚度为优化目标,以Ⅱ层厚度为优化参数,以稳态外侧温度和超过 44 ℃ 为约束条件,建立单变量优化模型并求解。

18.6.1　建立模型

　　记函数 $T(x,t,d_2)$ 为Ⅱ层厚度为 d_2 时的温度分布函数。

　　在作业服设计过程中,应尽可能降低研发成本、节省材料。故优化目标为Ⅱ层厚度最小:

$$\min d_2 \tag{18-15}$$

　　根据题目信息,主要有两个约束条件:稳态外侧皮肤温度小于 47 ℃;超过 44 ℃ 时间小于 5 min。Ⅱ层厚度应满足给定范围。

$$\text{s.t.}\begin{cases} \max_{0 \leqslant t \leqslant 60\text{ min}} T(L,t,d_2) \leqslant 47\ ℃ \\ \min\{t \mid T(L,t,d_2) \geqslant 44\ ℃\} \geqslant 55\ \text{min} \\ 0.6\ \text{mm} \leqslant d_2 \leqslant 25\ \text{mm} \end{cases} \tag{18-16}$$

　　综上所述,建立作业服Ⅱ层材料厚度的优化问题模型综合如下:

$$\min d_2 \tag{18-17}$$

$$\text{s. t.}\begin{cases} \max\limits_{0\leqslant t\leqslant 60\text{ min}} T(L,t,d_2)\leqslant 47\ ℃ \\ \min\{t\mid T(L,t,d_2)\geqslant 44\ ℃\}\geqslant 55\text{ min} \\ 0.6\text{ mm}\leqslant d_2\leqslant 25\text{ mm} \end{cases}$$

$$\begin{cases} \text{控制方程:}\ \rho_j c_j\ \dfrac{\partial T}{\partial t}=\dfrac{\partial}{\partial x}\left(\lambda_j\ \dfrac{\partial T}{\partial x}\right)\quad (j=1,2,3,4) \\[2mm] \text{边界条件:}\begin{cases}-\lambda_1\ \dfrac{\partial T}{\partial x}\bigg|_{x=0}=h_1(T_{\text{en}}-T(0,t)) \\[2mm] -\lambda_4\ \dfrac{\partial T}{\partial x}\bigg|_{x=L}=h_2(T(L,t)-T_{\text{ren}})\end{cases} \\[4mm] \text{接触面:}\begin{cases}T_i=T_{i+1} \\[2mm] \lambda_j\ \dfrac{\partial T}{\partial x}=\lambda_{j+1}\ \dfrac{\partial T}{\partial x}\end{cases} \\[4mm] \text{初始条件:}\ T(x,0)=T_{\text{ren}} \end{cases}$$

18.6.2　模型求解

根据理论分析及问题 1 的结果可知,在固定其他参数时,皮肤外侧温度是关于传热时间的单调函数。因而可以将单参数单目标优化问题转化为求解约束条件下的临界值问题。如果用程序求解,则更为简单,只需寻找满足所有约束条件时的Ⅱ层材料厚度的最小值。

MATLAB 具体求解过程如下:

(1) 模拟Ⅱ层厚度不同时的温度变化过程

```
tic           % 记录问题 2 的求解时间
% 仿真条件
Tenv = 65;
endTime = 60 * 60;
tlist = [0:15:45, 60:2 * 60:25 * 60, 30 * 60:10 * 60:endTime];
tRange = 0:endTime;


% 定步长给定Ⅱ层厚度值,估计目标最优值
dd4 = 5.5;
dd2 = [6 12 18 24];
mSize = 1e - 3;
figure
hold on

ford2 = dd2
    [c,~] = constr(d2,dd4,mSize,materials,CCoef(1),CCoef(2),Tenv,Tbody,tlist,tRange);
end


plotAuxilliaryLines(endTime)
hold off
legend({'d2 = 6 mm','d2 = 12 mm','d2 = 18 mm','d2 = 24 mm'},'location','south')
xlim([0 60])
ylim([36,48])
xlabel('时间/min')
ylabel(labels(2,2))
title('Ⅱ层不同厚度值时温度模拟结果')
```

运行以上程序,可得到图 18 - 10。

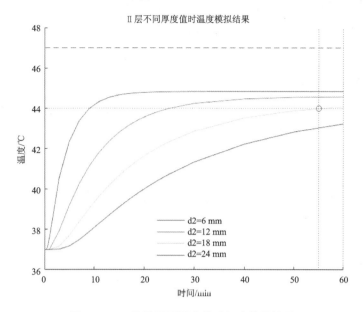

图 18 - 10　Ⅱ 层不同厚度值时温度模拟结果

(2) 寻找Ⅱ层的最优厚度

```
% 给定Ⅳ层厚度,及待优化参数Ⅱ层厚度的初值
dd4 = 5.5;          % 单位 mm
dd2 = 24;           % 单位 mm

% 基于求解器的优化过程 solver - based
fun = @(x) x;
gfun = @(x) constr(x,dd4,mSize,materials,CCoef(1),CCoef(2),Tenv,Tbody,tlist,tRange);
options = optimoptions('fmincon','Algorithm','sqp','MaxFunctionEvaluations',1000,...
'FiniteDifferenceStepSize',0.001,'Display','iter','UseParallel',false, ...
'PlotFcn',{'optimplotfval','optimplotconstrviolation','optimplotfirstorderopt'});

figure
hold on
[sol2,fval2,~,output2] = fmincon(fun,dd2,[],[],[],[],0.6,25,gfun,options)
holdoff
disp(['Ⅱ 层材料厚度的最小值:' num2str(sol2)]);

% Ⅱ 层材料厚度的最小值:17.765 5

% 可视化Ⅱ层厚度的优化值及对应的仿真结果
figure
hold on
[test2,result2,x4] = Simulation(sol2,dd4,mSize,materials,CCoef(1),CCoef(2),Tenv,Tbody,tlist);
visualizePointTemp(test2,result2,tlist,tRange,x4,1/2);
plotAuxilliaryLines(endTime)

hold off
xlim([0 60])
ylim([36,48])
title({'单目标优化解的测试结果 ',['d2 = ',num2str(round(sol2,2)),' mm']})
xlabel('时间/min')
ylabel(labels(2,2))
```

　　运行以上程序,可得到图 18 - 11,可以看出,完全满足"体表最高温度不能超过 47 ℃,且超过 44 ℃的时间低于 5 min"这个约束条件,说明这个最小取值是合理的。

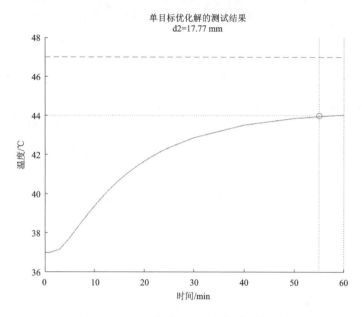

图 18 - 11　Ⅱ层厚度取最小值时的温度曲线

（3）显示稳态时温度场分布

```
figure
pdeplot(test2,'XYData',result2.Temperature(:,end),'Contour','on')
xlim([0,x4])
title({'稳态温度分布 ';...
       ['总厚度 ',num2str(round(sol2 + dd4 + (d1 + d3) * 1e3,2)),' mm']})
xlabel(' 垂直于皮肤的距离 y/m');
ylabel(' 平行于皮肤的距离 x/m');
```

运行以上程序,可得到图 18 - 12,可以看出,稳态时皮肤侧温度明显低于 46 ℃。

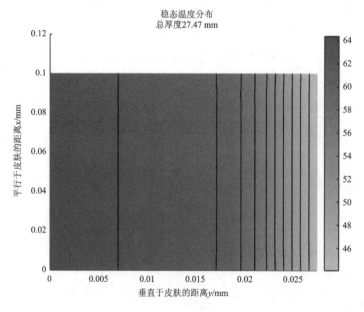

图 18 - 12　Ⅱ层厚度取最小值且到达稳态时的作业服温度场效果图

18.7　问题 3 模型的建立与求解

问题 3 增加关于Ⅳ层厚度的设计,考虑关于研发制作成本、作业服笨重程度、人体舒适程度等因素建立优化目标。同样考虑最大温度、高温时间和厚度范围作为约束条件,建立多目标优化模型。进一步扩展模型,研究Ⅱ层和Ⅳ层在传热过程中的不同作用效果,扩大模型应用范围,缩短研发周期。

18.7.1　建立模型

对于作业服厚度的设计,结合实际情况,最优厚度设计应尽量实现以下目标:

① 舒适性目标:在达到相同隔热性能的同时,衣服厚度应尽可能小,作业服灵活性更高,重量更轻,便于穿着作业。

② 节约型目标:尽可能地减少制作成本,由于Ⅳ层为空气层,不耗费成本,故Ⅱ层厚度应尽可能小。

③ 性能稳定性目标:从两个方面考虑对作业服性能稳定的影响。其一是空气层为流体,若空气层过厚,则可能会使厚度不均匀,出现局部过热产生灼伤;并且空气物化性质容易受到汗液、水汽等因素的影响,故Ⅳ层厚度不能过厚。其二是Ⅱ层导热率最大,对热辐射的隔绝性能最好,故Ⅱ层材料不能过薄。

④ 研发效率目标:为了缩短研发周期,作业服设计厚度应尽可能满足更多实际情况下的使用。

对于目标①和②,可通过数学描述建立优化目标:

$$\begin{cases} \min d_2 \\ \min d_4 \end{cases} \tag{18-18}$$

对于目标③,将性能稳定性目标转化为约束条件,限制Ⅱ层材料厚度不低于 6 mm,即

$$d_2 \geqslant 6 \text{ mm} \tag{18-19}$$

对于目标④,难以通过数学描述来确定优化目标。在下述模型扩展部分,深入研究讨论相关因素与传热过程的规律,研究各层材料在隔热设计中的主要作用,使模型能够简单地推广到更多应用情况,缩短研发周期。

记函数 $T(L,t,d_2,d_4)$ 为当Ⅱ层厚度为 d_2、Ⅳ层厚度为 d_4 时的温度分布函数。

考虑约束条件"皮肤外侧温度不超过 47 ℃,超过 44 ℃时间少于 5 min",题目给定厚度范围,以及性能稳定性约束条件,建立多目标优化模型如下:

优化目标:

$$\begin{cases} \min d_2 \\ \min d_4 \end{cases} \tag{18-20}$$

$$\text{s.t.} \begin{cases} \max T(L,t,d_2,d_4) \leqslant 47 \text{ ℃} \\ \min\{t \mid T(L,t,d_2,d_4) \geqslant 44 \text{ ℃}\} \geqslant 55 \text{ min} \\ 0.6 \text{ mm} \leqslant d_2 \leqslant 25 \text{ mm} \\ 0.6 \text{ mm} \leqslant d_4 \leqslant 6.4 \text{ mm} \\ d_2 \geqslant 6 \text{ mm} \end{cases}$$

$$
\begin{cases}
\text{控制方程:} \ \rho_j c_j \dfrac{\partial T}{\partial t} = \dfrac{\partial}{\partial x}\left(\lambda_j \dfrac{\partial T}{\partial x}\right) \quad (j=1,2,3,4) \\[3mm]
\text{边界条件:} \begin{cases} -\lambda_1 \dfrac{\partial T}{\partial x}\bigg|_{x=0} = h_1(T_{en} - T(0,t)) \\[3mm] -\lambda_4 \dfrac{\partial T}{\partial x}\bigg|_{x=L} = h_2(T(L,t) - T_{ren}) \end{cases} \\[6mm]
\text{接触面:} \begin{cases} T_i = T_{i+1} \\[2mm] \lambda_j \dfrac{\partial T}{\partial x} = \lambda_{j+1} \dfrac{\partial T}{\partial x} \end{cases} \\[4mm]
\text{初始条件:} \ T(x,0) = T_{ren}
\end{cases}
$$

18.7.2　模型求解及结果

该模型是一个多目标优化模型,进一步分析可知,该模型优化参数为两个:$x(1)=d_2$,$x(2)=d_4$;优化目标也为两个,即目标函数 $f_1(x)=x(1)$ 和 $f_2(x)=x(2)$。这样就可以结合问题 2 的模型,采用多目标优化方法对该模型进行优化求解。

MATLAB 具体求解过程如下:

(1) 设置优化问题

```
tic           % 记录问题 3 的求解时间
% 仿真条件
Tenv = 80;
endTime = 30 * 60;
tlist = [0:15:45,60:2 * 60:endTime];
tRange = 0:endTime;
% 待优化参数初值
dd4 = 5.5;
dd2 = 18;
% 待优化参数上下限
lb = [0.6 0.6];
ub = [25 6.4];
% 目标优化函数
% 输入为待优化参数
objFunc = @(x)[x(1),x(2)];
% 约束函数
constrFunc = @(x) constr(x(1),x(2),mSize,materials,CCoef(1),CCoef(2),Tenv,Tbody,tlist,tRange);
```

(2) 使用 gamultiobj 方法求解多目标优化

```
% 算法 1:gamultiobj
rngdefault
options = optimoptions('gamultiobj','UseParallel',false, 'MaxGenerations',500,'MaxTime',300,...
                'Display','iter','PlotFcn',{'gaplotpareto','gaplotscores'})

[sol3,fval3,flag3,output3,population3,scores3] = gamultiobj(objFunc,2,[],[],[],[],...
                                lb,ub,constrFunc,options)
```

(3) 使用 paretosearch 方法求解多目标优化

```
% 算法 2:paretosearch
rngdefault
options = optimoptions('paretosearch','Display','iter','MaxFunctionEvaluations',1000,'MaxTime',300,...
                'PlotFcn',{'psplotparetof' 'psplotparetox'});
[sol4,fval4,flag4,output4,residuals4] = paretosearch(objFunc,2,[],[],[],[],...
    lb,ub,constrFunc,options);
```

（4）可视化优化结果

```
% 比较两种算法(gamultiobj 和 paretosearch)的优化结果
% 优化目标即是输入参数,因此帕累托最优前沿和参数空间一致
figure
hold on
plot(sol3(:,1),sol3(:,2),'r*')
plot(sol4(:,1),sol4(:,2),'bo')

plot([lb(1),ub(1)],[ub(2),ub(2)],'r:');
plot([ub(1),ub(1)],[lb(1),ub(2)],'r:');
xlim([19,25])
ylim([1,7])
hold off
xlabel('obj(1) = x(1) = d2')
ylabel('obj(2) = x(2) = d4')
title(' 帕累托最优前沿 / 解空间 ')
legend({'gamultiobj','paretosearch'},'location','southwest')
```

运行以上程序,可得到图 18‑13,可以看出,尽管算法不同,但两者得到的解空间基本一致。不妨选择以 gamultiobj 方法得到的结果作为模型最终的求解结果。

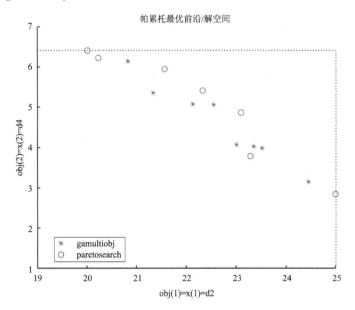

图 18‑13　两种多目标优化方法得到的解空间分布图

（5）输出结果

```
% 可视化采用 gamultiobj 算法对第一种优化目标设置的计算和热场分布仿真结果
[~,idxmax] = max(sol3(:,1));
[~,idxmin] = min(sol3(:,1));
[minM,bestId] = min(sum(sol3,2));
bestd2 = sol3(bestId,1);
bestd4 = sol3(bestId,2);
disp(['Ⅱ 层材料最优厚度:' num2str(bestd2)]);

% Ⅱ 层材料最优厚度:21.334 4

disp(['Ⅳ 层材料最优厚度:' num2str(bestd4)]);

% Ⅳ 层材料最优厚度:5.354 7
```

```
figure
hold on
[test,result,x4] = Simulation(sol3(idxmax,1),sol3(idxmax,2),mSize,materials,CCoef(1),CCoef(2),Tenv,
Tbody,tlist);
    ax1 = visualizePointTemp(test,result,tlist,tRange,x4,l/2);
    ax1.LineStyle = ':';
    ax1.Color = 'b';
    [test,result,x4] = Simulation(sol3(idxmin,1),sol3(idxmin,2),mSize,materials,CCoef(1),CCoef(2),Tenv,
Tbody,tlist);
    ax2 = visualizePointTemp(test,result,tlist,tRange,x4,l/2);
    ax2.LineStyle = ':';
    ax2.Color = 'b';
    [test,result,x4] = Simulation(bestd2,bestd4,mSize,materials,CCoef(1),CCoef(2),Tenv,Tbody,tlist);
    ax3 = visualizePointTemp(test,result,tlist,tRange,x4,l/2);
    ax3.LineWidth = 1.5;
    ax3.Color = 'b';
    plotAuxilliaryLines(endTime);
    hold off
    partOfTitle = ['d2 = ',num2str(round(bestd2,2)),'mm, d4 = ',num2str(round(bestd4,2)),' mm'];
    xlabel('时间/min')
    ylabel(labels(2,2))
    title({'利用 d2、d4 最优值的仿真结果（gamultiobj)';partOfTitle})
```

运行以上程序,可得到图 18 - 14,可以看出,此时的温度曲线也满足约束条件,说明最优解是合理的。

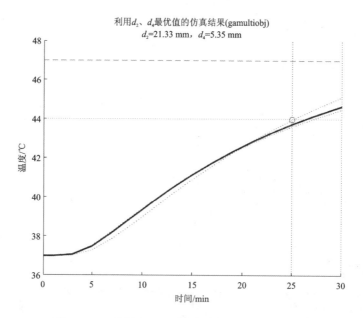

图 18 - 14　Ⅱ 层和 Ⅳ 层厚度取最优值时的温度曲线

```
figure
pdeplot(test,'XYData',result.Temperature(:,end),'Contour','on')
xlim([0,x4])
title({'稳态温度分布 ';['总厚度 ',num2str(round(bestd2 + bestd4 + (d1 + d3) * 1e3,2)),' mm']})
xlabel('垂直于皮肤的距离 y/m');
ylabel('平行于皮肤的距离 x/m');
```

运行以上程序,可得到图 18 - 15。

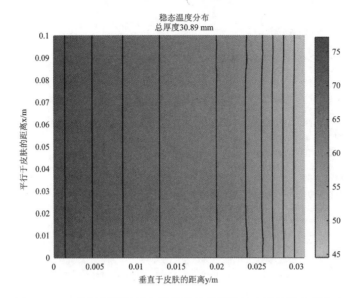

图 18 - 15 Ⅱ层和Ⅳ层厚度取最优值且到达稳态时的温度场分布

18.7.3 自定义函数

以上求解过程中用到了一些额外自定义的的辅助函数和计算函数,将这些函数也一并汇总在程序文件的下方,便于代码的维护。

1. 辅助函数

①可视化离坐标点(x0,y0)最近的节点随时间的温度变化。

```
function ax = visualizePointTemp(model,result,tlist,tRange,x0 ,y0)
    getClosestNode = @(p,x,y,z) min((p(1,:) - x).^2 + (p(2,:) - y).^2);
    T = result.Temperature;
    [~,idx] = getClosestNode(model.Mesh.Nodes,x0,y0);
    interpTemp = interp1(tlist,T(idx,:),tRange,'linear','extrap');

    ax = plot(tRange/60,interpTemp);
    xlabel('时间/min')
    ylabel('温度 (\circC)')
end
```

② 对沿(0,yy0)到(xx0,yy0)的直线上各点温度进行插值,并可视化其温度变化过程。

```
function ax = visualizeTemperatureDistribution(result,tlist,xx0,yy0)
    XG = linspace(0,xx0,30);
    YG = yy0 * ones(1,length(XG));
    querypoints = [XG(:),YG(:)]';
    Tinterp = interpolateTemperature(result,querypoints,1:length(tlist));
    ax = plot(XG,Tinterp(:,length(tlist)));
end
```

③ 在图中加入辅助线。

```
function plotAuxilliaryLines(endTime)
    xline(endTime/60 - 5,'k:');
    xline(endTime/60,'k:');
    yline(44,'r:');
    yline(47,'r--');
    plot((endTime/60 - 5),(44),'mo')
end
```

2. 计算函数

程序中自定义的计算函数如下:

```
function simData = evaluationfun(h1,h2,xdata,model,Tenv,Tbody,x0,y0,tlist)
% 输入:
% [h1,h2]      对流系数
% xdata        温度采样时间步长
% model        待解模型
% Tenv, Tbody  边界条件下的温度
% x0, y0       测量温度点的坐标
% tlist        瞬态仿真的时间步长
% 输出:
% simData      模拟结果
    thermalBC(model,'Edge',4,'AmbientTemperature',Tenv,'ConvectionCoefficient',h1);
    thermalBC(model,'Edge',2,'AmbientTemperature',Tbody,'ConvectionCoefficient',h2);
    thermalIC(model,Tbody);
    R = solve(model,tlist);
    getClosestNode = @(p,x,y,z) min((p(1,:) - x).^2 + (p(2,:) - y).^2);
    [~,idx] = getClosestNode(model.Mesh.Nodes,x0,y0);
    simData = interp1(tlist,R.Temperature(idx,:),xdata,'linear','extrap');
end


function [model,result,x4] = Simulation(dd2,dd4,mSize,materials,h1,h2,Tenv,Tbody,tlist)
% 输入:
% dd2,dd4      Ⅱ层、Ⅳ层材料厚度
% materials    材料属性
% h1,h2        对流系数
% Tenv,Tbody   边界条件下的温度
% tlist        瞬态仿真的时间步长
% 输出:
% model        基于给定输入的模型设置
% result       瞬态仿真结果
% x4           总厚度(包括间隙)
    model = createpde('thermal','transient');
    x1 = 0.6 * 1e - 3;
    x2 = x1 + dd2 * 1e - 3;
    x3 = x2 + 3.6 * 1e - 3;
    x4 = x3 + dd4 * 1e - 3;
    l = 10 * 1e - 2;
    R = [3,4,0,x4,x4,0,0,0,l,l];
    g = decsg(R');
    geometryFromEdges(model,g);
    msh = generateMesh(model,'Hmax',mSize);

    k = @(location,state) interp1([0,x1,x2,x3,x4],[materials.thermalConductivity;materials.thermalConductivity(end)],location.x,'previous');
    rho = @(location,state) interp1([0,x1,x2,x3,x4],[materials.density;materials.density(end)],location.x,'previous');
    cp = @(location,state) interp1([0,x1,x2,x3,x4],[materials.specificHeat;materials.specificHeat(end)],location.x,'previous');
    thermalProperties(model,'ThermalConductivity',k,'MassDensity',rho,'SpecificHeat',cp);
    thermalBC(model,'Edge',4,'AmbientTemperature',Tenv,'ConvectionCoefficient',h1);
    thermalBC(model,'Edge',2,'AmbientTemperature',Tbody,'ConvectionCoefficient',h2);
    thermalIC(model,Tbody);
    result = solve(model,tlist);
end

function[obj,skinTmax,overheatDuration] = computeall(dd2,dd4,mSize,materials,h1,h2,Tenv,Tbody,tlist,tRange)
    % 输入:
```

```
%  dd2,dd4          II 层、IV 层材料厚度
%  materials        材料属性
%  h1,h2            对流传热系数
%  Tenv,Tbody       边界条件下的温度
%  tlist            瞬态仿真的时间步长
%  tRange           模拟结果的时间范围
% 输出:
%  obj              需要优化的参数
%  skinTmax         最大皮肤温度(应低于 47 ℃)
%  overheatDuration 皮肤过热持续时间(低于 44 ℃,少于 5 min)

    obj = dd2;
    [model,output,x4] = Simulation(dd2,dd4,mSize,materials,h1,h2,Tenv,Tbody,tlist);
    p = model.Mesh.Nodes;
    idx = p(1,:) > x4 - eps;
    T = output.Temperature;
    skinTemp = max(T(idx,:),[],1);
    interpTemp = interp1(tlist,skinTemp,tRange,'linear','extrap');

    hold on
    plot(tRange,interpTemp)
    xline(tlist(end) - 5 * 60,'k:');
    skinTmax = max(skinTemp);
    thresholdT = 44;
    yline(thresholdT,'k:');
    overheatDuration = nnz(interpTemp > thresholdT)/60;
    hold off
end

function[c,ceq] = constr(dd2,dd4,mSize,materials,h1,h2,Tenv,Tbody,tlist,tRange)
% 输入:
%  dd2,dd4          II 层、IV 层材料厚度
%  materials        材料属性
%  h1,h2            对流传热系数
%  Tenv,Tbody       边界条件下的温度
%  tlist            瞬态仿真的时间步长
%  tRange           模拟结果的时间范围
% 输出:
%  c                约束向量
%  max(skinT) - 47 <= 0
%  overheatDuration - 5 <= 0

    [model,output,x4] = Simulation(dd2,dd4,mSize,materials,h1,h2,Tenv,Tbody,tlist);
    p = model.Mesh.Nodes;
    idx = p(1,:) > x4 - eps;
    T = output.Temperature;
    skinTemp = max(T(idx,:),[],1);
    interpTemp = interp1(tlist,skinTemp,tRange,'linear','extrap');
    plot(tRange/60,interpTemp)
    thresholdT = 44;
    overheatDuration = nnz(interpTemp > thresholdT)/60;
    c = [max(skinTemp) - 47 overheatDuration - 5];
    ceq = [];
end
```

18.8　模型推广与分析

综合考虑各种传热方式和边界条件,本章建立了非稳态一维传热模型,并应用于作业服设计的优化问题。所建立的模型和求解过程具有以下特点:

问题1：建立的一维非稳态传热模型综合考虑了各种传热方式和边界条件，根据能量守恒原理建立传热模型。该模型考虑实际问题较为全面，对测定数据拟合程度较好。

问题2：建立的优化模型仅是对问题1传热模型的应用。在求解过程中发现高温时间约束比最大温度约束更为严格，因此对这种现象进行了理论和结果分析，解释了出现这种现象的原因。若要将模型进一步推广，可考虑研究两个约束条件之间的关系，探讨在何种条件下两种约束条件达到平衡或出现最大温度更为严格的情况。

问题3：深入探讨了关于各层材料在实际传热过程中的主要作用，证明了猜想的准确性，使得模型更具有推广应用的可能性。若要进一步深入模型，可以考虑研究外界环境温度的变化与传热过程速率、稳态温度的影响，以及作业时长要求的变化与作业服设计的规律等。

18.9　技巧点评

作业服优化设计问题是一道非常经典的综合建模问题，不仅融合了数据建模、微积分和优化模型，建模上也是既包含了机理建模，又包含了对经典物理理论模型的引用。本章在建模上，先分析清楚了问题的影响因素、目标及应用理论，然后根据要解决的问题，明确了目标函数和约束条件，最后根据经典模型的求解方法进行求解。

在模型求解方面，本章也有显著的特点：一是将所有问题的求解放在一个实时脚本中，与模型的描述相互对应，既提高了编程的效率，也便于维护程序文件，而且在论文的撰写过程中，也可以使用 MATLAB 报告生成功能，提高竞赛时论文的撰写效率；二是巧妙地利用了MATLAB 中内置的物理建模功能，在程序中搭建了作业服的物理模型，这样就可以很容易地利用内置的参数对整个传热过程进行仿真，得到更好的求解结果。

参考文献

[1] 卢琳珍,徐定华,徐映红.应用三层热防护服热传递改进模型的皮肤烧伤度预测[J].纺织学报,2018,39(1):111-118,125.

[2] 卢琳珍.多层热防护服装的热传递模型及参数最优决定[D].杭州:浙江理工大学,2018.

[3] 李灿,高彦栋,黄素逸.热传导问题的 MATLAB 数值计算[J].华中科技大学学报(自然科学版),2002(9):91-93.

[4] 杨世铭.传热学[M].4 版.北京:高等教育出版社,2006.

[5] 李新春,王中伟.一维热电模块的瞬态传热过程研究[J].太阳能学报,2016,37(7):1826-1831.

[6] 唐建民,郑志军.人体皮肤和黑体[J].大学物理,1990(1):46-49.

[7] 潘斌.热防护服装热传递数学建模及参数决定反问题[D].杭州:浙江理工大学,2017.

[8] 赵玲,吕国志,任克亮,等.再入飞行器多层隔热结构优化分析[J].航空学报,2007(6):1345-1350.

第 19 章

炉温曲线的机理建模与优化(CUMCM2020A)

CUMCM2020A 题是一道来自半导体行业实践性很强的建模题目,涉及数据分析、机理建模、微分、差分、优化等多种建模方法。当年获得甲组"MATLAB 创新奖"的团队所用的模型和求解方法非常具有典型性,体现了数学建模的探索和逐步深入过程,也体现了强大的模型求解能力助力模型层层拔高的过程。

本章主要研究回焊炉各温区温度和传送带速度对炉温曲线的影响,并基于热传导方程、牛顿冷却定律建立了温度分布模型,最后给出了建模过程的误差分析和结果检验。检验结果表明,给出的模型和结果正确、合理,具有一定的应用价值和普适性。

19.1　问题概述

1. 背景资料

在过去的几十年里,电子行业取得了飞速的发展。随着电子产品竞争的日趋加剧,生产的不确定性不断加大,为此对电子设备的贴装、焊接提出了更高的要求。在集成电路板等电子产品生产中,需要将安装有各种电子元件的印刷电路板放置在回焊炉中,通过加热将电子元件自动焊接到电路板上。在这个生产过程中,让回焊炉的各部分保持工艺要求的温度对产品质量至关重要。其中,回流焊温度控制技术和焊接工艺是回流焊最关键的部分。

2. 需要解决的问题

问题 1　对焊接区域的温度变化规律建立数学模型;在给定传送带过炉速度和各温区温度的情况下,给出焊接区域中心的温度变化情况,列出小温区 3、6、7 中点及小温区 8 结束处焊接区域中心的温度,画出相应的炉温曲线。

问题 2　在给定的各温区温度情况下,同时考虑到制程界限约束,确定允许的最大传送带过炉速度。

问题 3　确定优化炉温曲线,使得超过 217 ℃到峰值温度所覆盖的面积最小,同时确定各温区的设定温度和传送带的过炉速度,并给出所覆盖的面积。

问题 4　结合问题 3,要求以峰值温度为中心线的两侧超过 217 ℃的炉温曲线应尽量对

本章内容是根据在 2020 年 CUMCM 中获得甲组"MATLAB 创新奖"的论文整理的,获奖高校为上海电力大学,获奖人包括郭睿恒、高远、施佳尧,指导老师为邓化宇。

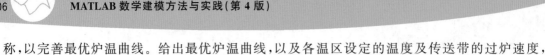

称,以完善最优炉温曲线。给出最优炉温曲线,以及各温区设定的温度及传送带的过炉速度,并给出相应的指标值。

19.2 问题分析

问题 1,目标是根据温度变化规律建立数学模型,目前有关焊接区域的温度变化规律的研究大多是基于数据驱动的控制和调整,本章参考文献[2-3]是基于 PID 控制原理控制回焊炉中的温度,但缺乏相关机理模型,不利于了解电路板在回焊炉内焊接的物理过程。所以本题的难点在于建立机理模型,模型不仅能够反映电路板焊接的物理过程,同时又要与题目中所给的焊接区域温度变化曲线吻合。针对此问题,拟在热传导方程以及牛顿冷却定律的基础上建立数学模型。

对于问题 1,首先,研究炉前、炉后与间隙的温度分布,建立电路板温度所满足的热传导方程和边界条件,将它们简化为基于牛顿冷却定律的温度分布模型,在相同的时间内后者较前者得到的拟合效果更优(均方误差 RMSE 为 2.81 ℃,平均绝对误差为 1.73 ℃),故选择基于牛顿冷却定律的温度分布模型进行识别模型参数。其次,根据实验数据分析,得到的不同温区的模型参数是动态变化的,在四大温区中分别设定不同的冷却系数(段内相同、段间不同),通过最小二乘法确定这些参数。最后,利用有限差分法对温度分布模型进行求解,得到小温区 3、6、7 中点及小温区 8 结束处焊接区域中心的温度。

问题 2,在问题 1 已求得参数的基础上又给定了各温区温度,要求确定电路板炉温曲线满足题目所要求的制程界限时电路板的最大过炉速度,可先通过二分法求得最大速度的大致区间,再遍历搜索,最后得到最大传输速度。

对于问题 2,建立以最大过炉速度为目标函数的优化模型,约束条件为满足问题 1 建立微分方程模型和工艺所要求的制程界限,并借助二分法对模型进行求解,得到最大传输速度。

问题 3,要确定各温区的设定温度和传送带的过炉速度,使理想炉温曲线超过 217 ℃ 到峰值所覆盖的面积最小,本题的难点在于变量个数增多,解空间变大,可通过启发式算法进行求解。

对于问题 3,以衡量累计高温区域大小所对应的阴影面积最小为目标,建立以各温区的设定温度、过炉速度为决策变量的优化模型,其约束条件为制程界限和温度分布所满足的微分方程模型。采用模拟退火算法求出最小阴影面积以及此时的过炉速度。

问题 4,要在问题 3 的基础上确定各温区的温度以及传送带过炉速度,使以峰值温度为中心线的两侧超过 217 ℃ 的炉温曲线尽量对称,同时还要使理想的炉温曲线超过 217 ℃ 到峰值所覆盖的面积最小。本题的难点在于如何给定对称性指标,因为该问题属于多目标优化问题,所以可通过动态综合加权法将多目标转化为单目标进行求解。

对于问题 4,首先给出高温区炉温曲线对称性指标——两函数之差的范数;然后建立以高温区炉温曲线对称性和高温累计区域面积为目标的双目标规划模型,将双目标规范化并采用动态综合加权法将多目标问题转化为单目标问题进行求解;最后,用模拟退火算法求出最小阴影面积、最小范数以及此时传送带的过炉速度。

19.3 基本假设及符号说明

1. 基本假设

① 假设不考虑空气对流;

② 假设电路板材料均匀，各处物理特征相同；

③ 当小温区之间的温差较小时，间隙温度在两边温度不等的间隙中随位移线性变化，不考虑小温区边界附近的温度变化；

④ 当小温区之间的温度较大时，考虑小温区温度之间的影响；

⑤ 假设炉前及炉后区域中环境温度随空间距离平缓变化，最终趋近于室温。

2. 符号说明

$u(x,t)$——电路板在 t 时刻 x 厚度上的温度，℃；

u_{air}——电路板进入回焊炉中外界温度，℃；

k——牛顿冷却方程中的冷却系数，W/(m² · k)；

$t|_{150 \leqslant u_{rise} \leqslant 190}$——温度上升过程中温度在 150～190 ℃的时间，s；

$t|_{u \geqslant 217}$——温度高于 217 ℃的时间，s，$t|_{u \geqslant 217} \in [40,90]$；

v——传送带的过炉速度，cm/min；

u_{max}——炉温曲线的峰值温度，℃；

T_1——温区 1～5 设置的温度，℃；

T_2——温区 6 设置的温度，℃；

T_3——温区 7 设置的温度，℃；

T_4——温区 8～9 设置的温度，℃。

19.4　模型准备

19.4.1　实际问题的几何处理

如图 19-1 所示，电路板在回焊炉内焊接时，实际上是三维立体温度扩散问题。根据基本假设①不考虑空气对流，可以忽略平行板高度和宽度对问题的影响，将立体平行板简化为只与厚度有关的一维空间。

19.4.2　环境温度分布

1. 间隙温度分布

当间隙两边温度不等时，间隙气体整体应满足热传导方程：

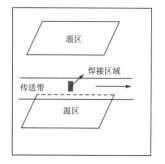

图 19-1　电路板在回焊炉传送示意图

$$\frac{\partial u(x,t)}{\partial t} = a^2 \frac{\partial^2 u(x,t)}{\partial x^2} \qquad (19-1)$$

到达稳态后，温度不随时间变化，即

$$\frac{\partial u(x,t)}{\partial t} = 0 \qquad (19-2)$$

故可得到

$$a^2 \frac{\partial^2 u(x,t)}{\partial x^2} = 0 \qquad (19-3)$$

进而有

$$u(x,t) = \alpha x + \beta \qquad (19-4)$$

由式(19-4)可知,两个小温区之间的温度随空间距离呈线性变化,如图 19-2(a)所示。当间隙两边温度相等时,如图 19-2(b)所示,两边恒热源不断向间隙内供热,直到间隙内温度处与两端温度相等。

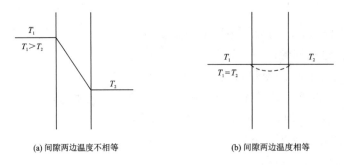

(a) 间隙两边温度不相等　　　　　　　　(b) 间隙两边温度相等

图 19-2　间隙温度变化示意图

2. 其他区域温度分布

根据基本假设④,小温区 9 与小温区 10 温度相差较大,故考虑小温区 9 对小温区 10 的影响。这里对温区间的影响做简化处理,认为在小温区 10 中环境温度随空间距离线性变化,即

$$u(x,t) = \alpha_1 x + \beta_1 \qquad (19-5)$$

根据基本假设⑤,炉前炉后区域随空间距离平缓变化最终趋近于室温,故可设炉前炉后温度的变化为

$$u(x,t) = c e^{-\lambda x} + h \qquad (19-6)$$

式中,$\lambda > 0$,h 为室温。

根据上述分析,可得到大致的温度分布,如图 19-3 所示。

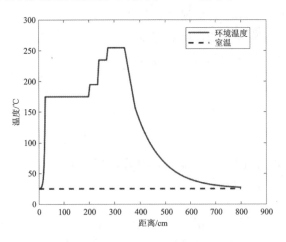

图 19-3　环境温度随空间距离分布情况

19.4.3　牛顿冷却定律

回焊炉冷却过程中的温度变化也符合牛顿冷却定律,即系统温度损失速度与系统和环境的温差成正比:

$$\frac{\mathrm{d}u}{\mathrm{d}t} = -k(u - u_{\mathrm{air}}(t)) \tag{19-7}$$

式中，u 为系统的温度；$u_{\mathrm{air}}(t)$ 为系统外界温度；k 为冷却系数。

19.5　问题 1 模型的建立与求解

19.5.1　一维热传导方程的建立

在物体中任取一块闭曲面区域 S，设它所包含的任一区域为 V，如图 19-4 所示。假设在 t 时刻，区域 V 内任一点 $M(x,y,z)$ 处的温度为 $u(x,y,z,t)$。根据傅里叶定律实验结果可知，在时间 $\mathrm{d}t$ 内，流过一块无穷小区域的热量 $\mathrm{d}Q$ 与曲面区域的面积 $\mathrm{d}S$ 和区域内的温度沿曲面法线分量的方向导数 $\dfrac{\partial u}{\partial n}$ 成正比，即

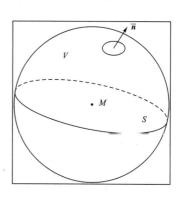

$$\mathrm{d}Q = -\lambda \frac{\partial u}{\partial n}\mathrm{d}t\,\mathrm{d}S = -\lambda\,\mathrm{grad}\,u\,\vec{\mathrm{d}S}\,\mathrm{d}t \tag{19-8}$$

式中，$\lambda = \lambda(x,y,z)$ 是整个系统的导热率，当物体内介质均匀分布且各向同性时为常数。

图 19-4　微元法示意图

由公式（19-8）可知，当时间从 t_1 变化到 t_2 时，曲面 S 内流向区域 V 的热量 Q_1 为

$$Q_1 = \int_{t_1}^{t_2}\left(\iint_S \lambda\,\mathrm{grad}\,u\,\mathrm{d}S\right)\mathrm{d}t \tag{19-9}$$

流入 V 的热量将带动这块区域的温度上升，由此可以得到温度在时间间隔 $t_1 \sim t_2$ 之间从 $u(x,y,z,t_1)$ 变化到 $u(x,y,z,t_2)$ 所需的热量 Q_2 为

$$Q_2 = \iiint_V c\rho\left[u(x,y,z,t_2) - u(x,y,z,t_1)\right]\mathrm{d}V \tag{19-10}$$

式中，c 是物体的比热容；ρ 是物体的密度。

根据能量守恒定律，$Q_1 = Q_2$，即

$$\int_{t_1}^{t_2}\left(\iint_S \lambda\,\mathrm{grad}\,u\,\vec{\mathrm{d}S}\right)\mathrm{d}t = \iiint_V c\rho\left[u(x,y,z,t_1) - u(x,y,z,t_1)\right]\mathrm{d}V \tag{19-11}$$

利用高斯公式将上式左端化为三重积分，化简可得

$$\int_{t_1}^{t_2}\left(\iiint_V \lambda\,\nabla^2 u\,\mathrm{d}V\right)\mathrm{d}t = \int_{t_1}^{t_2}\left(\iiint_V c\rho\,\frac{\partial u}{\partial t}\mathrm{d}V\right)\mathrm{d}t \tag{19-12}$$

因被积函数连续，上式的被积函数相等即可满足等式恒成立，即有

$$\frac{\partial u}{\partial t} = a^2\,\nabla^2 u = a^2\left(\frac{\partial^2 u}{\partial x^2} + \frac{\partial^2 u}{\partial y^2} + \frac{\partial^2 u}{\partial z^2}\right) \tag{19-13}$$

式中，$a^2 = \dfrac{\lambda}{c\rho}$ 为已知常量。

方程（19-13）称为三维热传导方程。根据模型准备中对实际问题的几何处理，可以将三维热传导方程简化为一维传热问题，则其传热方程为

$$\frac{\partial u}{\partial t} = a^2\,\frac{\partial^2 u}{\partial x^2} \tag{19-14}$$

19.5.2 基于热传导方程的温度分布模型

电路板在回焊炉内焊接过程满足一维热传导方程,即

$$\frac{\partial u(x,t)}{\partial t} = a^2 \frac{\partial^2 u(x,t)}{\partial x^2} \tag{19-15}$$

电路板在进入回焊炉之前整体温度为 25 ℃,即初始条件为

$$u(x,0) = 25 \tag{19-16}$$

再根据第三类边界条件,可知电路板两端须满足

$$\begin{cases} \left.\dfrac{\partial u(x,t)}{\partial x}\right|_{x=0} = \sigma \left[u(x,t) - u_{\text{air}}(t) \right] \\ \left.\dfrac{\partial u(x,t)}{\partial x}\right|_{x=L} = -\sigma \left[u(x,t) - u_{\text{air}}(t) \right] \end{cases} \tag{19-17}$$

19.5.3 基于牛顿冷却定律的温度分布模型

由于电路板的导热性能较好,且电路板的厚度仅为 0.15 mm,当电路板受热时,其内部温度很快接近一致,即同一时刻温度在电路板厚度上分布一致;故可将电路板视为一个整体,无需考虑电路板内部的传热情况。因此,在上述基于热传导方程的温度分布模型中只有边界条件起作用,从而将模型简化为

$$\frac{du(t)}{dt} = -k \left[u(t) - u_{\text{air}}(t) \right] \tag{19-18}$$

式中,$u(t)$ 为 t 时刻系统的温度;$u_{\text{air}}(t)$ 为 t 时刻系统外界温度;k 为冷却系数。

19.5.4 模型求解

由于热传导方程模型和牛顿冷却定律模型中都存在未知参数,故需要先确定这些参数再进行求解。热传导方程属于抛物型方程,边值条件复杂,难以求得解析解。另外,电路板进入回焊炉后,其内部温度会很快接近一致,即同一时刻温度在电路板厚度上分布接近一致,故可将电路板视为一个整体与外界交换热量。电路板在回焊炉中温度变化满足牛顿冷却定律模型,而牛顿冷却定律模型是典型的微分方程,求解比较容易,所以选择该模型作为主要的研究对象。接下来对牛顿冷却定律模型进行求解。

将式(19-18)离散化处理可得

$$\frac{u(t+\Delta t) - u(t)}{\Delta t} \approx -k \left[u(t) - u_{\text{air}}(t) \right] \tag{19-19}$$

从而

$$k \approx -\frac{u(t+\Delta t) - u(t)}{\Delta t \left[u(t) - u_{\text{air}}(t) \right]} \tag{19-20}$$

由题目所给实验数据可以看出,k 值随时间不断变化,故 k 为时间 t 的函数。因此方程(19-19)可修正为

$$\frac{du(t)}{dt} = -k(t) \cdot \left[u(t) - u_{\text{air}}(t) \right] \tag{19-21}$$

因为 $k(t)$ 又分段接近于常数,故可认为 k 值在炉前区域、预热区(1~5 小温区)、恒温区(6~7 温区)、回流区(8~9 温区)、冷却区(11~12 温区)以及炉后区域中相同,而不同段 k 值

有差异,故应分别求出各段最优参数 k。

确定冷却系数 k 的步骤如下:

① 将所给数据分段,每段分别求得最优参数 k。

② 在每段中,设定一个 k 值,根据差分形式迭代求得电路板在此段的温度,再通过与题目所给的实验数据进行比较来修正 k 值。

③ 通过最小二乘法得到每段最优参数 k。

根据上述步骤,用 MATLAB 来计算炉前冷却系数 k。具体实现代码如下:

程序编号	P19 - 1 - 1	文件名称	k0_1	说明	计算炉前冷却系数 k

```
% 计算炉前冷却系数 k,其他区间程序相似,参数值略不同
clc;clear
T15 = 175;                          % 1～5 区间温度
T6 = 195;                           % 6 区间温度
T7 = 235;                           % 7 区间温度
T89 = 255;                          % 8～9 区间温度
T1011 = 25;                         % 10～11 区间温度
load('example')                     % 导入数据
dt = 0.5;                           % 离散步长
a = 0;
b = 21.5;
Ta = 25;
t = a:dt:b;                         % 求解区间
v = 70/60;                          % 传送带速度
Tair = T_air(t,v,T15,T6,T7,T89,T1011);   % 空气温度
T = zeros(length(Tair),1);          % 电路板温度
Smin = inf;
j = 1;
for k = 0.0170:0.00001:0.0290
    % 差分求解
    T(1) = Ta;
    for i = 2:length(Tair)
        T(i) = - dt * (T(i-1) - Tair(i-1)) * k + T(i-1);
    end
    S(j) = sum((T(39:end) - example(((19-19)*2+1):((21.5-19)*2+1),2)).^2);
    if Smin > S(j)
        Smin = S(j);
        kmin = k;
        T_new = T;
    end
    j = j + 1;
end
% % 函数
function y = T_air(t,v,T15,T6,T7,T89,T1011)
y = ceil(heaviside(v*t) - heaviside(v*t-25)).*((T15-25)*exp(0.251*(v*t-25))+25)+...
    floor(heaviside(v*t-25) - heaviside(v*t-197.5)).*T15+...
    ceil(heaviside(v*t-197.5) - heaviside(v*t-202.5)).*(((T6-T15)/5)*(v*t-197.5)+T15)+...
    floor(heaviside(v*t-202.5) - heaviside(v*t-233)).*T6+...
    ceil(heaviside(v*t-233) - heaviside(v*t-238)).*(((T7-T6)/5)*(v*t-233)+T6)+...
    floor(heaviside(v*t-238) - heaviside(v*t-268.5)).*T7+...
    ceil(heaviside(v*t-268.5) - heaviside(v*t-273.5)).*(((T89-T7)/5)*(v*t-268.5)+T7)+...
    floor(heaviside(v*t-273.5) - heaviside(v*t-339.5)).*T89+...
    ceil(heaviside(v*t-339.5) - heaviside(v*t-380)).*(((25-T89)/96)*(v*t-339.5)+T89)+...
    floor(heaviside(v*t-380)).*(((((25-T89)/96)*(380-339.5)+T89)-25)*exp(-0.00991*(v*t-380)))+25);
    end
```

修改上述程序中的参数值,可以分别计算出其他段的冷却系数 k,如表 19 - 1 所列。

表 19 - 1　各段冷却系数 k 值

分　段	炉　前	1～5	6	7	8～9	10 炉后
k	0.018 5	0.017 7	0.017 0	0.024 7	0.020 2	0.029 0

再根据已确定的冷却系数及牛顿冷却定律的差分形式用 MATLAB 绘制炉温曲线。具体实现代码如下:

程序编号	P19 - 1 - 2	文件名称	temCurve. m	说明	根据模型得到炉温曲线

```matlab
% 根据模型得到炉温曲线
clc;clear
T15 = 175;                          % 1～5 区间温度
T6 = 195;                           % 6 区间温度
T7 = 235;                           % 7 区间温度
T89 = 255;                          % 8～9 区间温度
T1011 = 25;                         % 10～11 区间温度
load('example')
dt = 0.5;
t = 0:dt:435.5/(70/60);             % 求解区间
v = 70/60;                          % 传送带速度
Tair = T_air(t,v,T15,T6,T7,T89,T1011);  % 空气温度
T = zeros(length(Tair),1);          % 电路板温度
% 差分求解
T(1) = 25;
for i = 2:length(Tair)
    k = kk(v * (i - 1) * dt);
    T(i) = - dt * (T(i - 1) - Tair(i)) * k + T(i - 1);
end
plot(t,T,'- - r','linewidth',1.6,'markeredgecolor','k',...
    'markeredgecolor','r','markersize',8)
xlabel('时间/s','Fontname','宋体','fontweight','bold','fontsize',12)
ylabel('温度/℃','Fontname','宋体','fontweight','bold','fontsize',12)
title('炉温曲线','Fontname','宋体','fontweight','bold','FontSize',12)
hold on
% 附件
t1 = example(:,1);
x = example(:,1) * 70/60;
T1 = example(:,2);
rmse = sqrt(sum((example(:,2) - T(39:end)).^2)/709)    % 均方误差
mae = sum(abs(example(:,2) - T(39:end)))/709           % 平均绝对误差
plot(t1,T1,'- - b','linewidth',1.6,'markeredgecolor','k',...
    'markeredgecolor','b','markersize',8)
xlabel('时间/s','Fontname','宋体','fontweight','bold','fontsize',12)
ylabel({'温度/℃'},'Fontname','宋体','fontweight','bold','fontsize',12)
title('炉温曲线','Fontname','宋体','fontweight','bold','FontSize',12)
legend('模型结果','实验数据')
% % 用到的函数
% 函数 T_air 同程序 P19 - 1 - 1 中的该函数
function k = kk(x)
if x >= 0&&x <= 25
    k = 0.0185;
elseif 25 < x&&x <= 202.5
    k = 0.0177;
elseif 202.5 < x&&x <= 238
    k = 0.017;
elseif 238 < x&&x <= 273.5
```

```
    k = 0.0247;
elseif 273.5 < x&&x <= 339.5
    k = 0.0202;
else
    k = 0.029;
end
end
```

运行以上程序,可得到图 19-5,可以看出,使用基于牛顿冷却定律的模型效果较好,模型结果接近题目所给出的实验数据。

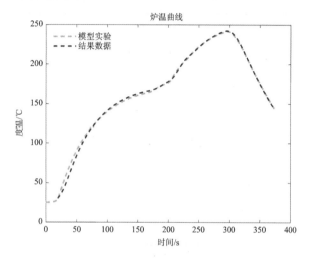

图 19-5　基于牛顿冷却定律模型的炉温曲线

根据此模型,当传送带过炉速度为 78 cm/min,各温区的温度分别为 173 ℃(小温区 1~5)、198 ℃(小温区 6)、230 ℃(小温区 7)和 257 ℃(小温区 8~9)时,小温区 3、6、7 中点及小温区 8 结束处焊接区域中心的温度如表 19-2 所列。

表 19-2　电路板在回焊炉中部分位置焊接区域的中心温度

位　置	小温区 3 中点	小温区 6 中点	小温区 7 中点	小温区 8 结束处
温度/℃	129.755 7	167.991 6	189.601 2	223.869 8

具体实现代码如下:

程序编号	P19-1-3	文件名称	P1_main. m	说明	问题 1 求解程序

```
% % CUMCM2020A 问题 1 求解程序
clc;clear
T15 = 173;                              %1~5 区间温度
T6 = 198;                               %6 区间温度
T7 = 230;                               %7 区间温度
T89 = 257;                              %8~9 区间温度
T1011 = 25;                             %10~11 区间温度
load('example')                         %导入附件表格
dt = 0.5;                               %时间间隔
v = 78/60;                              %传送带速度
t = 0:dt:435.5/v;                       %求解区间
Tair = T_air(t,v,T15,T6,T7,T89,T1011);  %空气温度
T = zeros(length(Tair),1);              %电路板温度
T(1) = 25;                              %电路板初始温度
```

```
% 采用欧拉法,差分求解
for i = 2:length(Tair)
    k = kk(v * (i - 1) * dt);
    T(i) = - dt * (T(i - 1) - Tair(i)) * k + T(i - 1);
end
% 绘图
plot(t,T,'-- r','linewidth',1.6,'markeredgecolor','k',...
    'markeredgecolor','b','markersize',8)
xlabel('时间/s','Fontname','宋体','fontweight','bold','fontsize',12)
ylabel({'温度/℃'},'Fontname','Times New Roman','fontweight','bold','fontsize',12)
title('电路板炉温曲线 ','Fontname','宋体 ','fontweight','bold','FontSize',12)
```

运行以上程序,可得到图 19 - 6。

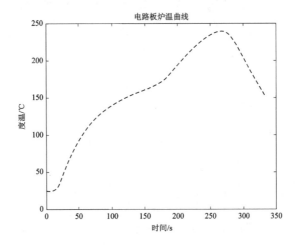

图 19 - 6　改变温区温度以及传送带速度后的炉温曲线

19.6　问题 2 模型的建立与求解

1. 模型的建立

问题 2 要解决的问题是在设定各温区温度的条件下,确定最大传送带过炉速度,基于问题 1 的模型和求解方法,可建立该问题 2 的数学模型。

决策变量:传送带速度 v。

目标函数:电路板在回焊炉中炉温曲线满足制程界限的最大传输速度,即

$$\max F = v \tag{19 - 22}$$

约束条件:电路板在回焊炉中的炉温曲线满足制程界限,即

$$\text{s.t.} \begin{cases} -3 \leqslant \dfrac{\mathrm{d}u}{\mathrm{d}t} \leqslant 3 \\ 60 \leqslant t \mid_{150 \leqslant u_{\text{rise}} \leqslant 190} \leqslant 120 \\ 40 \leqslant t \mid_{u \geqslant 270} \leqslant 90 \\ 240 \leqslant u_{\max} \leqslant 250 \\ 65 \leqslant v \leqslant 100 \\ \dfrac{\mathrm{d}u}{\mathrm{d}t} = -k(t)(u - u_{\text{air}}(t)) \end{cases} \tag{19 - 23}$$

式中,$t|_{150 \leqslant u \leqslant 190}$ 为温度上升过程中在 $150 \sim 190$ ℃ 的时间;$t|_{u \geqslant 270}$ 为温度高于 217 ℃ 的时间; $u_{\max}$ 为峰值温度;v 为过炉速度。

2. 模型求解

问题 2 中决策变量只有 1 个,且满足二分法条件,故采用二分法进行求解。

编写了 MATLAB 求解程序,具体实现代码如下:

程序编号	P19-2	文件名称	P2_main.m	说明	问题 2 求解程序

```matlab
% % CUMCM2020A 问题 2 求解程序
% % 1. 主程序
clc;clear
% 小温区温度
T15 = 182;                          % 1~5 区间温度
T6 = 203;                           % 6 区间温度
T7 = 237;                           % 7 区间温度
T89 = 254;                          % 8~9 区间温度
T1011 = 25;                         % 10~11 区间温度
v1 = 75/60;
v2 = 90/60;
while abs(v1 - v2)>0.000001         % 终止条件
v = (v1 + v2)/2;                    % 取中间速度
% 求解
[tspan,u] = problem2(v,T15,T6,T7,T89,T1011);
dt = tspan(2) - tspan(1);
% 计算在上升阶段大于 150、小于 190 的时间
flag = find(u == max(u));
a = find(u(1:flag) < 190&u(1:flag) > 150);
t1 = max((length(a) - 1),1) * dt;
% 计算大于 217 的时间
b = find(u > 217);
t2 = max((length(b) - 1),1) * dt;
% 计算峰值温度
Tmax = max(u);
% 计算各一阶导数最大、最小值
uu = (u(2:end) - u(1:end - 1))/dt;
uumin = min(uu);
uumax = max(uu);
    if (uumin > - 3)&(uumax < 3)&...
            (t1 > 60)&(t1 < 120)&...
            (t2 > 40)&(t2 < 90)&...
            (Tmax > 240)&(Tmax < 250)
        v1 = v;
else
    v2 = v;
    end
end
vmax = (v1 + v2)/2;
[tspan1,u1] = problem2(vmax,T15,T6,T7,T89,T1011);
plot(tspan1,u1,' - r','linewidth',1.6,'markeredgecolor','k',...
    'markeredgecolor','b','markersize',8)
xlabel('时间/s','Fontname','宋体','fontweight','bold','fontsize',12)
ylabel({'温度/℃'},'Fontname','Times New Roman','fontweight','bold','fontsize',12)
title('最大过炉速度下的电路板炉温曲线','Fontname','宋体','fontweight','bold','FontSize',12)
% % 调用的函数
% 其他调用函数如果已介绍,将不再重复展示
function [tspan,T] = problem2(v,T15,T6,T7,T89,T1011)
dt = 0.2;
tspan = 0:dt:435.5/v;
```

```
Tair = T_air(tspan,v,T15,T6,T7,T89,T1011);
T = zeros(length(Tair),1);
T(1) = 25;              % 电路板初始温度
% 差分求解
    for i = 2:length(Tair)
        k = kk(v * (i - 1) * dt);
        T(i) = - dt * (T(i - 1) - Tair(i)) * k + T(i - 1);
    end
end
```

运行以上程序,可得到图 19 - 7,并且最大过炉速度为 76.30 cm/min。

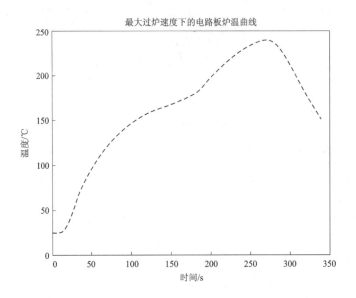

图 19 - 7 最大过炉速度下的炉温曲线

19.7 问题 3 模型的建立与求解

1. 模型的建立

在焊接过程中,炉温曲线如图 19 - 8 所示。图中阴影部分的面积为

$$S_1 = \int_{t_0}^{t_{\max}} [u(t) - 217]\, \mathrm{d}t \tag{19 - 24}$$

式中,t_0 为电路板第一次达到 217 ℃时对应的时间;$t_{\max}$ 为电路板达到峰值温度时对应的时间。

问题中各小温区设定温度可在±10 ℃范围内调整。调整时要求小温区 1~5 中的温度保持一致,小温区 8~9 中的温度保持一致,小温区 10~11 中的温度保持 25 ℃。传送带的过炉速度调节范围为 65~100 cm/min,同时,理想的炉温曲线需满足题目所要求的制程界限。

因此,可建立如下单目标优化模型:

决策变量:传送带速度及各个温区的温度,即

$$\{v, T_1, T_2, T_3, T_4\} \tag{19 - 25}$$

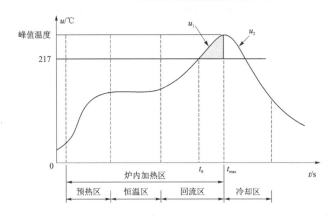

图 19-8　焊接过程的炉温曲线

目标函数：目标为阴影面积最小,即

$$\min S_1(v, T_1, T_2, T_3, T_4) = \int_{t_0}^{t_{\max}} [u(t) - 217]\, dt \tag{19-26}$$

约束条件：包括速度和温度应满足的上、下限,以及炉温曲线应满足的制程界限,即

$$\text{s.t.} \begin{cases} 65 \leqslant v \leqslant 100 \\ 165 \leqslant T_1 \leqslant 185 \\ 185 \leqslant T_2 \leqslant 205 \\ 225 \leqslant T_3 \leqslant 245 \\ 245 \leqslant T_4 \leqslant 265 \\ -3 \leqslant u'(t) \leqslant 3 \\ 60 \leqslant t\,|_{150 \leqslant u_{\text{rise}}(t) \leqslant 190} \leqslant 120 \\ 40 \leqslant t\,|_{u(t) \geqslant 270} \leqslant 90 \\ 240 \leqslant u_{\max} \leqslant 250 \\ \dfrac{du}{dt} = -k(t)(u - u_{\text{air}}) \end{cases} \tag{19-27}$$

2. 模型求解

本题中决策变量较多,且决策变量变化范围大,故解空间较大。若采用遍历搜索,那么在有限时间内不能搜索到有效结果。基于这种情况,可以采用全局优化算法进行求解,而在全局优化算法中,模拟退火算法的原理与本问题的研究对象相似度最高,故用模拟退火算法实现对其求解。

求解的基本步骤如下：

① 设置初始解及其控制参数。

② 判断是否满足终止条件。

③ 随机给出一种方案,计算电路板在回焊炉中的炉温曲线,判断是否满足约束条件:若满足,则对当前解进行一次随机扰动,即产生新的方案;否则返回③。

④ 比较新、旧方案,利用 Metropolis 准则更新方案。

⑤ 判断是否达到降温停止条件:若满足,则输出方案;否则返回③。

依据上述步骤,设定初始温度为 5 000 ℃,冷却系数为 0.94,步长为 100,截止温度为 0.1 ℃,编写了 MATLAB 程序,具体代码如下：

程序编号	P19-3	文件名称	P3_main.m	说明	问题 3 求解程序

```matlab
% % CUMCM2020A 问题 3 求解程序
% % 主程序
clear;clc;
temperature = 5000;                    % 设置算法起始温度
cooling_rate = 0.94;                   % 设置冷却系数
% 给定一个解
previous_x = [90.4998096731545, 175.474315263950, 197.983991611696, 228.256966424909, 264.881809804930];
% 计算该解的花费
[previous_tspan,previous_u] = problem2(previous_x(1)/60,previous_x(2),previous_x(3),previous_x(4),previous_x(5),25);
dt = previous_tspan(2) - previous_tspan(1);
previous_area = S(previous_u,dt);
% 记录每次的花费
i = 1;
pl(i) = previous_area;
% 设置马尔可夫链
temperature_iterations = 1;
while 2 < temperature                  % 设置算法停止温度
                                       % 扰动,产生新解
    current_x = perturb(previous_x);
    [current_tspan,current_u] = problem2(current_x(1)/60,current_x(2),current_x(3),current_x(4),current_x(5),25);
    dt = current_tspan(2) - current_tspan(1);
    current_area = S(current_u,dt);
        % 计算花费差
    diff = current_area - previous_area;
        % 依据 Metropolis 准则
    if (diff < 0) || (rand < exp(-diff/(temperature)))
        previous_x = current_x;        % 接受
        previous_area = current_area;
        i = i + 1;
        pl(i) = previous_area;
        % 更新马尔可夫链长度
        temperature_iterations = temperature_iterations + 1;
    end
    % 马尔可夫链长度到达 100 就降温
    if temperature_iterations >= 100
        temperature = cooling_rate * temperature;
        temperature_iterations = 0;
    end
end
% % 显示主要结果
% 画出最终结果图
[tspan,uuu] = problem2(previous_x(1)/60,previous_x(2),previous_x(3),previous_x(4),previous_x(5),25);
figure(1)
plot(tspan,uuu,'--r','linewidth',1.6,'markeredgecolor','k',...
    'markeredgecolor','b','markersize',8)
xlabel('时间/s','Fontname','宋体','fontweight','bold','fontsize',12)
ylabel({'温度/℃'},'Fontname','宋体','fontweight','bold','fontsize',12)
title('最优炉温曲线','Fontname','宋体','fontweight','bold','FontSize',12)
hold on
plot(tspan,217 * ones(length(tspan),1),'--b','linewidth',2,'markeredgecolor','k',...
    'markeredgecolor','b','markersize',8);
% 画出花费变化图
figure(2)
plot(pl,'-r','linewidth',0.1)
```

```
xlabel(' 接受次数 ','Fontname',' 宋体 ','fontweight','bold','fontsize',12)
ylabel({' 内能 '},'Fontname',' 宋体 ','fontweight','bold','fontsize',12)
title(' 内能变化曲线 ','Fontname',' 宋体 ','fontweight','bold','FontSize',12)
% 显示主要结果
v = previous_x                      % 过炉速度
s_final = previous_area              % 最小面积
% % 调用的函数
% 其他调用函数如果已介绍,将不再重复展示
function y = perturb(x)
flag = 0;
    while flag == 0
        x_new = x;
        local = ceil(rand * 5);        % 随机取一个位置进行扰动
        switch local
            case 1
            x_new(1) = rand * 35 + 65;
            case 2
            x_new(2) = rand * 20 + 165;
            case 3
            x_new(3) = rand * 20 + 185;
            case 4
            x_new(4) = rand * 20 + 225;
            case 5
            x_new(5) = rand * 20 + 245;
        end
        [tspan,u] = problem2(x_new(1)/60,x_new(2),x_new(3),x_new(4),x_new(5),25);
        dt = tspan(2) - tspan(1);
        % 计算大于 150、小于 190 的时间
        flag1 = find(u == max(u));
        a = find(u(1:flag1) < 190&u(1:flag1) > 150);
        t1 = max((length(a) - 1),1) * dt;
        % 计算大于 217 的时间
        b = find(u > 217);
        t2 = max((length(b) - 1),1) * dt;
        % 计算峰值温度
        Tmax = max(u);
        % 计算各一阶导数最大、最小值
        uu = (u(2:end) - u(1:end - 1))/dt;
        uumin = min(uu);
        uumax = max(uu);
            if (uumin > - 3)&&(uumax < 3)&&...
                    (t1 > 60)&&(t1 < 120)&&...
                    (t2 > 40)&&(t2 < 90)&&...
                    (Tmax > 240)&&(Tmax < 250)
                y = x_new;
                flag = 1;
            end
    end
end
function s = S(u,dt)
a = find(u > 217);                     % 寻找大于 217 的所有点
b = find(u == max(u));                 % 寻找最高温度的位置
s = sum((u(a(1):b - 1) - 217) * dt);   % 计算积分
end
```

运行上述程序可得:过炉速度 $v = 91.889$ cm/min,最小阴影面积的 $S_{1,\min} = 447.983$ ℃ • s。各温区温度设定如表 19 - 3 所列,电路板最优炉温曲线如图 19 - 9 所示。模拟退火算法内能变化曲线如图 19 - 10 所示,由图可见,内能变化最终收敛,故上述结果较优。

表 19 - 3　各温区温度设定值

温　区	1～5	6	7	8～9
温度/℃	177.477	197.008	230.603	264.967

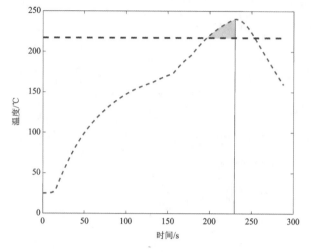

图 19 - 9　电路板最优炉温曲线(1)

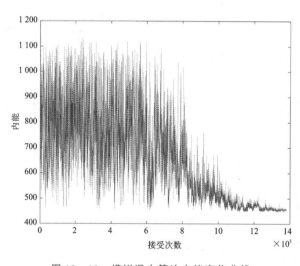

图 19 - 10　模拟退火算法内能变化曲线

19.8　问题 4 模型的建立与求解

1. 模型的建立

设有两函数 $f(x)$、$g(x)$,如图 19 - 11 所示,$f(x)$ 关于 x_0 对称的函数为 $f(2x_0 - x)$,则 $g(x)$ 与 $f(x)$ 关于 x_0 对称的等价条件为

$$\Delta S = \int_{x_1}^{x_0} |f(2x_0 - x) - g(x)| \, dx = 0 \tag{19 - 28}$$

由此可得,炉温曲线 u_1、u_2 关于 $t = t_{max}$ 对称的等价条件为

$$S_2 = \int_{t_0}^{t_{\max}} \left| u(2t_{\max} - t) - u(t) \right| \mathrm{d}t = 0 \tag{19-29}$$

式中，t_0 为电路板第一次达到 217 ℃时对应的时间；$t_{\max}$ 为电路板到达峰值温度时对应的时间。

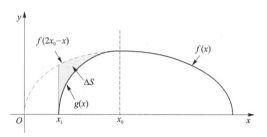

图 19-11　示意图

本题不仅要求以峰值温度为中心线的两侧超过 217 ℃的炉温曲线尽量对称，而且还要满足问题 3 中阴影部分面积 S_1 最小，故为多目标优化问题。

对于多目标优化问题，通常采用将多个指标标准化再进行加权平均，即

$$S = \omega_1 \frac{S_1}{S_{1,\max}} + \omega_2 \frac{S_2}{S_{2,\max}} \tag{19-30}$$

式中，$S_{1,\max}$、$S_{2,\max}$ 分别为 S_1、S_2 的最大值；ω_1、ω_2 为权重，且满足 $\omega_1 + \omega_2 = 1$。

本模型采用动态综合加权法，其中阴影面积 S_1 先是缓慢增加，中间有一个快速增长的过程，随后平缓增加趋于最大，故 ω_1 可以设定为偏大型正态分布函数，即

$$\omega_1(t) = \begin{cases} 0, & x \leqslant \alpha_1 \\ 1 - \mathrm{e}^{-\left(\frac{x-a_1}{\sigma_1}\right)^2}, & x > \alpha_1 \end{cases} \tag{19-31}$$

其图像如图 19-12 所示。

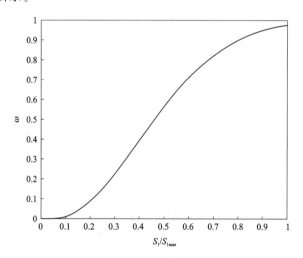

图 19-12　偏大型正态分布

综上所述，建立如下优化模型：

$$\min S = \omega_1 \frac{S_1}{S_{1,\max}} + \omega_2 \frac{S_2}{S_{2,\max}} \tag{19-32}$$

$$\text{s.t.} \begin{cases} 65 \leqslant v \leqslant 100 \\ 165 \leqslant T_1 \leqslant 185 \\ 185 \leqslant T_2 \leqslant 205 \\ 225 \leqslant T_3 \leqslant 245 \\ 245 \leqslant T_4 \leqslant 265 \\ -3 \leqslant u'(t) \leqslant 3 \\ 60 \leqslant t \mid_{150 \leqslant u_{\text{rise}}(t) \leqslant 190} \leqslant 120 \\ 40 \leqslant t \mid_{u(t) \geqslant 270} \leqslant 90 \\ 240 \leqslant u_{\max} \leqslant 250 \\ \dfrac{\mathrm{d}u}{\mathrm{d}t} = -k(t)(u - u_{\text{air}}) \end{cases} \tag{19-33}$$

2. 模型求解

问题 4 的模型与问题 3 的模型相似,主要差异是目标函数,故仍然可以采用模拟退火算法进行求解。具体步骤如下:

① 通过模拟退火算法分别算出 $S_{1,\max}$ 和 $S_{2,\max}$。

② 将多目标函数转化为单目标函数,即将 S_1、S_2 标准化再引入 ω_1、ω_2,得到最终目标 S。

③ 以 S 为目标函数,通过模拟退火算法求出各个温区温度及传送带速度。

用 MATLAB 编写求解程序,并设初始温度为 5 000 ℃,冷却系数为 0.94,步长为 100,截止温度为 0.000 8 ℃,求得(每次结果有稍微的差异):

$$v = 88.782 \text{ cm/min}, \quad S_{1,\min} = 449.17, \quad S_{2,\min} = 35.872, \quad S_{\min} = 0.348\,6$$

同时,可得到各温区的温度值(见表 19-4)和电路板最优炉温曲线(见图 19-13)。

表 19-4   各温区温度值

温 区	1～5	6	7	8～9
温度/℃	169.733	186.657	231.844	264.999

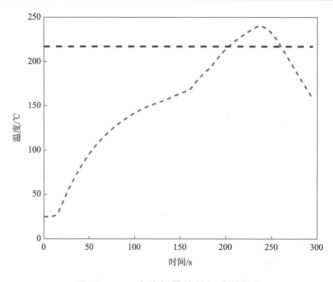

图 19-13   电路板最优炉温曲线(2)

19.9　结果检验与误差分析

1. 问题 2 的结果检验

在问题 2 中,对传送带最大过炉速度进一步验证,当最大过炉速度适当升高时,可以发现,电路板的炉温曲线不再满足题中要求的制程界限;当最大过炉速度适当降低时,电路板的炉温曲线满足题中要求的制程界限。由此可以验证问题 2 最大过炉速度解的正确性。

2. 问题 3 和问题 4 的结果检验

固定已经得到的结果 T_1、T_2、T_3 的值,任意改变 10 次 v、T_4 的值,发现总体的目标函数值都有所上升,初步验证了结果的较优性。问题 4 中,范数 S_2 的最大值为 199.50,而问题 3 中范数仅为 35.87,可再次验证结果的合理性。

3. 分段合理性分析

冷却系数 k 值实际上是随时间不断变化的,但本章做了简化处理,按照预热区、恒温区、回流区、冷却区进行分段,k 值在这些段中相同,段间 k 值不同,最后求得电路板焊接中心温度数据与试验数据,如图 19-14 和图 19-15 所示。

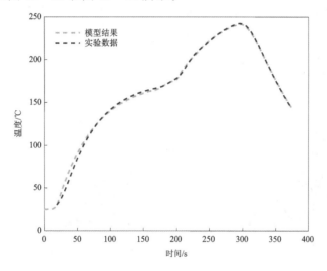

图 19-14　k 值分段时模型结果

模型结果与原始实验数据的均方误差为

$$\text{RMSE} = \sqrt{\dfrac{\sum\limits_{i=1}^{n}(x_i^{\text{model}} - x_i^{\text{test}})^2}{n}} \tag{19-34}$$

模型结果与原始实验数据的平均绝对误差为

$$\text{MAE} = \dfrac{\sum\limits_{i=1}^{n}|x_i^{\text{model}} - x_i^{\text{test}}|}{n} \tag{19-35}$$

k 值分段时模型结果与原始实验数据的均方误差为 2.81,平均绝对误差为 1.73;k 取定值 0.193 时模型结果与原始实验数据的均方误差为 6.947,平均绝对误差为 4.856 8,k 值分段时模型结果的误差要小于 k 值不分段时的误差,验证了本题分段求取 k 值的合理性。

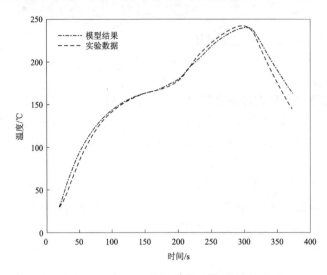

图 19 - 15 k 值取定值时模型结果

4. 对终止温度的分析

在问题 4 中,将目标函数做标准化处理,导致对终止温度的要求较高,而终止温度对结果的收敛性起至关重要的作用。图 19 - 16(a)所示为终止温度为 0.1 ℃时的收敛曲线图,可见在终止时结果未收敛。为了进一步使曲线收敛,选择了二次退火,并大幅降低终止温度,当终止温度为 0.000 8 ℃时,收敛效果较好,如图 19 - 16(b)所示。

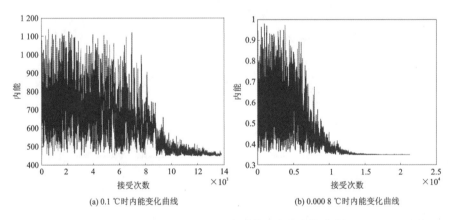

(a) 0.1 ℃时内能变化曲线　　　　　　　　(b) 0.000 8 ℃时内能变化曲线

图 19 - 16 不同终止温度时算法内能变化曲线

19.10 模型评价

1. 模型优点

(1)热传导方程模型

使用热传导方程模型能够较好地反映电路板在回焊炉中焊接的物理过程,考虑电路板在回焊炉中温度在电路板厚度上的分布,有助于对回炉焊过程进行更加深入的研究。

(2)基于牛顿冷却定律模型

基于牛顿冷却定律模型是在热传导方程基础上简化条件后建立的,比如热传导方程,基于

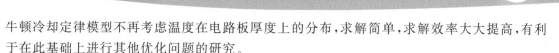

牛顿冷却定律模型不再考虑温度在电路板厚度上的分布，求解简单，求解效率大大提高，有利于在此基础上进行其他优化问题的研究。

2. 模型缺点

（1）热传导方程模型

使用热传导方程模型求解，过程复杂，在较短的时间内难以求得最优的参数，并且对于较薄的电路板，温度在厚度上的分布接近一致。

（2）基于牛顿冷却定律模型

基于牛顿冷却定律模型，未考虑电路板在回焊炉中时温度在电路板厚度上的分布，对于较厚的电路板在回焊炉中，模型过于简化。

19.11　模型改进

考虑温度在两边温度不等的间隙中分布时认为，温度随空间位置线性变化，但在间隙与温区边界上，温度连续但不可导。因此，模型改进的一个方向是对温区与间隙边界上的温度分布进行修正，使得温度在间隙与温区边界上既连续又可导。

19.12　技巧点评

炉温曲线优化问题具有明显的工程特征，既需要扎实的理论基础，又需要较强的工程思维能力。从建模过程来看，本章的模型也是立足问题本身，然后借鉴相关的基础理论、运用优化方法建立了针对问题的数学模型。在建模的过程中，关于炉温曲线阴影面积的计算、对称性的评价，都用到了微积分的基本原理，体现了高等数学微积分在解决工程建模问题中的重要作用，所以学好高等数学对建模还是非常重要的。

在模型的求解方面，根据问题的特征，灵活选择求解方法对问题的求解非常重要。在模型的求解方面，根据问题的特征选择模拟退火来求解该问题是比较合理的，因为所研究的问题与模拟退火的算法原理非常接近，能够以较大的可能性快速得到较好的结果。因此，在学习算法时最好先理解算法的原理，遇到实际问题时便可以快速选择合适的求解算法。

参考文献

[1] 汪学军. 多温区自动测控系统控制模型的建立与研究[D]. 长沙：中南大学，2007.

[2] 雷翔霄，唐春霞，徐立娟. 基于 RBF - PID 的热风回流焊温度控制[J]. 邵阳学院学报（自然科学版），2020，17(4)：31-38.

[3] 杨晓生. 多温区无铅回流焊炉控制系统的设计与实现[D]. 长沙：国防科学技术大学，2009.

第四篇　赛后重研究篇

　　本篇主要针对数学建模竞赛的赛后重研究部分，MATLAB 可以做的工作。MATLAB 的 Simulink 具有系统仿真功能，将数学模型移植到 Simulink 仿真平台上，不仅可以仿真出模型的实际运行情况，而且有助于发现模型的不足，进而不断改善模型。待仿真系统达到产品级别后，还可以利用 MATLAB 代码生成和嵌入式产品开发技术将数学模型转化成产品。本篇主要介绍 MATLAB 模型转化成产品的实现流程和技术实现。

第 20 章

MATLAB 基于模型的产品开发流程

近年来,全国大学生数学建模组委会为了鼓励将赛题做深入的研究和应用推广,设置了数学建模赛题后续研究项目,并且给予一定的资金支持。提交的研究报告内容分为两部分:第一部分是对相应赛题现有解决方案不足的分析;第二部分是新的解决方案,以及新方案的优势之处。MATLAB 的功能不仅限于模型的建立和求解,其 Simulink 相关的工具箱可以将模型转化成产品,在模型转化成产品的过程中可以强化模型的提升和改进,并生成模型的应用产品原型。这对于提升模型的应用、得到更实用的模型和解决方案是非常实用的技术途径。本章主要介绍 MATLAB 将模型转化成产品的技术,即 MATLAB 基于模型设计的产品开发流程。

20.1 Simulink 简介

Simulink 也是 MATLAB 软件中一个重要组成部分,主要依据控制论和系统论对系统进行建模。这里的系统一般是动态的,具有随时间变化的输入、输出和状态。我们可以通过系统框图描述系统的数学模型,其通常是一组数学方程。Simulink 就是一个运用系统框图进行数学建模的工作环境,它同时支持系统的仿真、自动代码生成以及持续的测试和验证。

在 MATLAB 命令行窗口键入 simulink(见图 20 - 1),或者单击菜单栏 HOME 上的 Simulink 按钮,均可弹出 Simulink 起始界面。在 Simulink 起始界面中选择 Blank Model,能够打开 Simulink 编辑器,创建一个新的 Simulink 图形化模型。

图 20 - 1 在 MATLAB 中打开 Simulink 编辑器

Simulink 提供了有大量自带的或者可自定义的模块库,其求解器支持各种连续或离散时间的动态系统仿真。Simulink 可以与 MATLAB 无缝集成,不仅能够将 MATLAB 算法融合到模型中,还能将仿真结果导出至 MATLAB 做进一步分析。

Simulink 常用于各种机械、热力、电子、电气、流体等自动控制系统的建模,其特点是既可以描述实际物理对象,也可以描述各类控制算法。此外,Simulink 也被用于信号与通信系统的建模。

20.2　Simulink 建模实例

20.2.1　Simulink 建模方法

如图 20-2 所示,左侧的电机通过中间的轴带动右侧的负载进行旋转。根据系统的动力学关系,已知各部件的转动惯量、弹性系数、阻尼系数,就能够推导出输入特定转矩时电机和负载的角度位置公式:

$$J_1\ddot{x}_1 = -b_1\dot{x}_1 - k(x_1 - x_2) - b_{12}(\dot{x}_1 - \dot{x}_2) + T$$
$$J_2\ddot{x}_2 = -b_2\dot{x}_2 + k(x_1 - x_2) + b_{12}(\dot{x}_1 - \dot{x}_2)$$

学过自动控制原理的同学都知道如何根据公式绘制对应的系统框图,可以在 Simulink 中建立一致的系统框图模型,并进行系统的动态响应仿真。

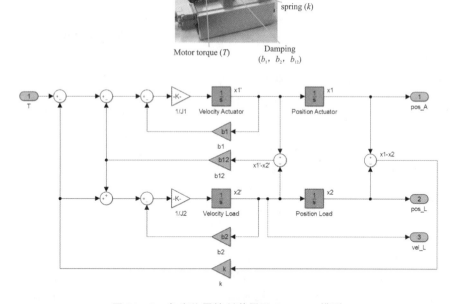

图 20-2　角度位置控制装置及 Simulink 模型

对角度位置控制装置,我们采用了首要原则的建模方法。这意味着必须先推导出系统的数学方程,然后再建立 Simulink 模型。这是一个典型的白盒模型,所有的数学方程都和物理公式对应。

与之相对,还有一种被称为数据驱动的建模方法,如图 20-3 所示。当我们不了解系统的原理而只有一些实验数据时,可以采用这种建模方法。比如,要从电化学反应开始分析电池的机理,这就显得过于复杂。不妨换一种方法,通过实验测试锂电池各恒定放电电流下电压随时间的变化曲线,然后再建立任意放电电流时锂电池的电压变化规律的数学模型,用于估计电池的剩余使用时间(这也是 2016 年 CUMCM 试题之一)。这里我们直接用已知的放电实验数据进行数学拟合,而忽略电池的具体原理,得到一个黑盒模型。

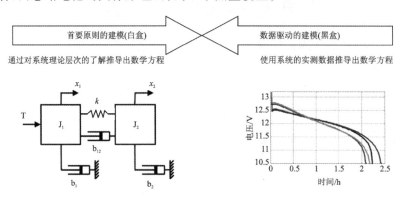

图 20-3　首要原则与数据驱动建模方法

我们可以在对系统内部没有任何了解的情况下建立纯粹的黑盒模型,就像之前讨论的很多 MATLAB 建模案例。有些时候,我们对系统有一定的先验知识,也可以用 Simulink 来表达对系统的先验知识,建立介于白盒与黑盒之间的模型,不妨称之为灰盒模型。

20.2.2　锂电池建模的实现

回到锂电池建模的问题。已知锂电池有以下特征:提供电动势输出,具有一定的直流阻抗和交流阻抗。我们可以用图 20-4 所示的等效电路描述锂电池,包括电源电动势 E_m、内阻 R_0 和一个 RC 网络(由 R_1、C_1 组成)。

假定锂电池某时刻的放电电流为 I,两端电压为 U,RC 网络两端电压为 U_1。根据电路原理,有

$$u(t) = E_m + R_0 \cdot i(t) + u_1(t)$$
$$i(t) = C_1 \cdot \dot{u}_1(t) + u_1(t)/R_1$$

可以使用拉普拉斯变换获得系统的传递函数方程:

$$U(s) = E_m + R_0 \cdot I(s) + U_1(s)$$
$$I(s) = C_1 s \cdot U_1(s) + U_1(s)/R_1$$

或者

$$U(s) = E_m + R_0 \cdot I(s) + R_1 \cdot I(s)/(R_1 C_1 s + 1)$$

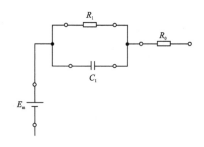

图 20-4　锂电池的等效电路

电路元件的参数需要借助实验数据进行估计。根据经验,锂电池的放电特性受到剩余电量、环境温度的影响最大,同时在使用一段时间后也会产生衰退,导致电池性能变化。在这里,我们仅考虑不同剩余电量时电路元件的参数变化规律,实验也都是建立在恒温、新出厂电池的前提下。

引入一个变量 SOC,表示电池的剩余电量比例,取值范围为 0~1。把锂电池等效电路的各个电路元件参数写成以下函数:

$$R_0, R_1, C_1, E_m = f(\text{SOC})$$

在 Simulink 中,可以通过一维查表的方式来表达这组函数关系,如图 20-5 所示。另外,Simulink 中的模块参数可以直接用于 MATLAB 工作空间中定义的变量,例如查表模块的表格数组。这样,在 Simulink 中就可以很方便地建立锂电池的等效电路模型,如图 20-6 所示。

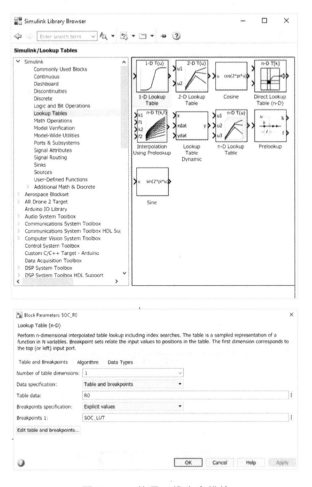

图 20 - 5　使用一维查表模块

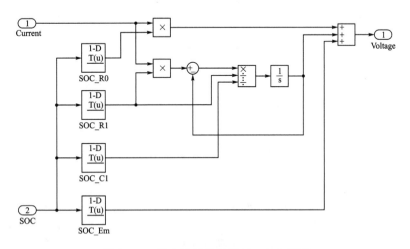

图 20 - 6　锂电池等效电路 Simulink 模型

　　我们将等效电路作为整个电池 Simulink 模型的一个子系统,并采用电流积分法计算电池的剩余电量比例 SOC,然后使用 Simulink 提供的模型参数估计工具。该工具可以通过 Analysis 菜单找到 Parameter Estimation 命令,如图 20 - 7 所示,然后打开这个工具。

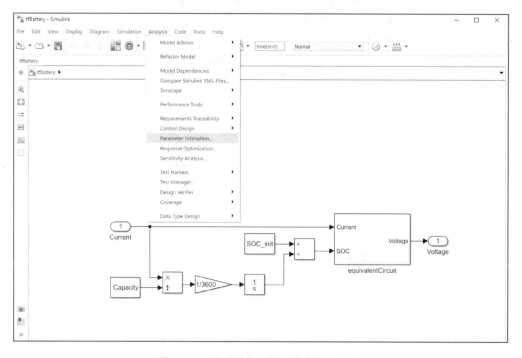

图 20 - 7　找到并打开模型参数估计工具

在图 20 - 8 所示的参数估计窗口中，单击 Open Session 按钮可以打开之前保存的会话，单击 Save Session 按钮可以保存当前的会话。

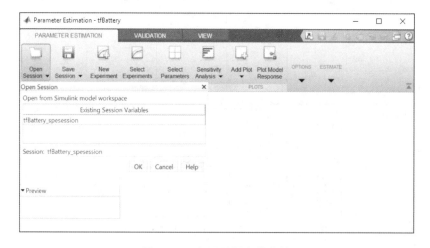

图 20 - 8　打开已保存的会话

在图 20 - 9 所示的窗口中，窗口左侧 Parameters 一栏可以填入待估计的参数，这些电路参数都通过 SOC 查表给定，均为与 SOC 索引相同维度的数组；在 Experiments 一栏填入实验数据，就是右侧电池的放电电流与输出电压随时间的变化曲线。

在参数估计过程中，MATLAB 会调用优化算法，不断修改模型参数并运行模型获得新的仿真结果，进行一系列迭代。这些优化算法均来自 MATLAB 中的优化和全局优化工具（即 Optimization 和 Global Optimization 工具箱），打开 OPTIONS 选项卡，单击 More Options 按钮，弹出图 20 - 10 所示对话框，可以对优化算法进行具体的设置。

图 20 - 9　Parameter Estimation 窗口

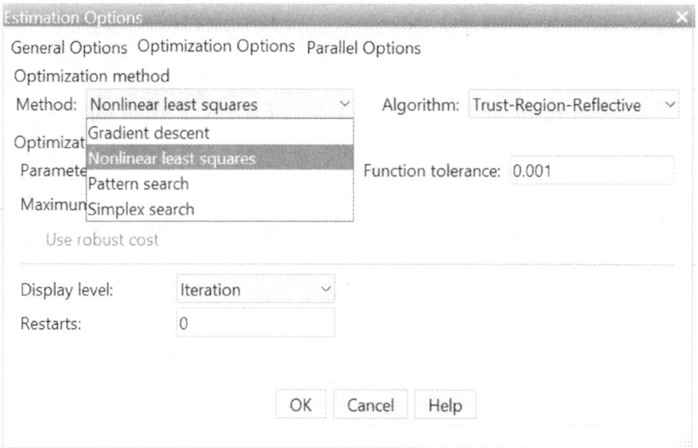

图 20 - 10　设置使用何种优化算法

　　回到图 20 - 9 中单击 Estimate 按钮,对模型进行参数估计。优化算法收敛后,Simulink 模型的仿真输出与实验数据非常接近,如图 20 - 11 所示,并且在窗口左侧的 Results 栏内可以看到参数估计的结果。除此此外,在 VALIDATION 选项卡中可以添加新的实验数据,仅用于参数估计结果的验证;在 EXPERIMENT PLOT 选项卡中可以对窗口右侧实验数据的绘图进行设置。

　　回顾我们建立锂电池数学模型的过程,可以发现该过程包括三个典型的步骤:收集数据、创建模型和模型调参。我们用含待定参数的系统模型描述物理对象,并通过实际数据确定这些参数,这是一种普遍的物理系统建模思路。相比纯粹的黑盒模型,这种模型具有更大的适用范围。比如前述的锂电池模型,我们仅考虑了不同电池剩余电量的情况,如果要表现环境温度的影响,无需改变电路结构,只要将电路参数改为按 SOC 和环境温度二维查表就可以建立新的模型。

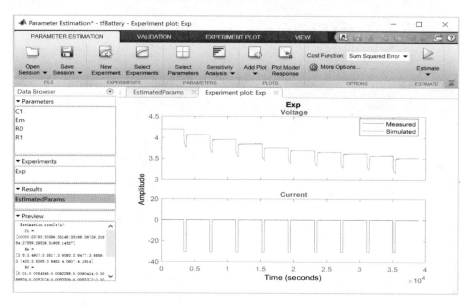

图 20-11   锂电池等效电路的参数估计结果

20.3   在 Simulink 中使用 MATLAB 数据和算法

我们已经知道可以在 Simulink 中直接使用 MATLAB 工作空间中的数据作为模块的参数,同样,也可以用 MATLAB 工作空间的数据作为模型的输入信号。单击 Simulink 工具栏上的 Configuration 按钮,弹出其设置对话框,然后选择 Data Import/Export,在其右侧区内可以将工作空间中的多个列向量设置为输入信号:第一列为仿真时间,从第二列开始依次对应模型的各个输入信号,如图 20-12 所示。

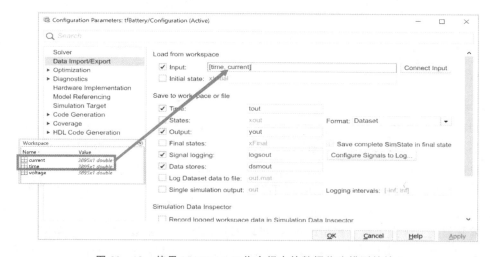

图 20-12   使用 MATLAB 工作空间中的数据作为模型的输入

通过 MATLAB Function 模块,可以编写一个 MATLAB 函数,作为 Simulink 模型的一部分并用于仿真,如图 20-13 所示。这个功能非常有用,很多时候文本化的 MATLAB 语言更便于描述算法,可以将其与图形化的 Simulink 语言有机结合。

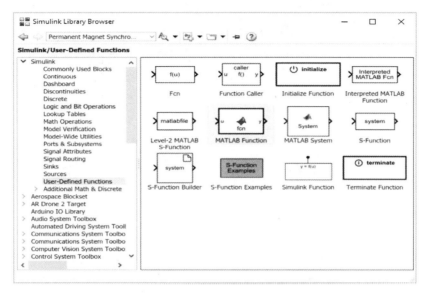

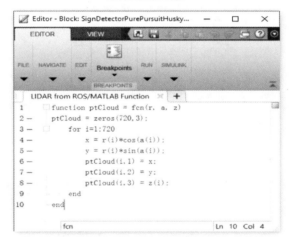

图 20-13　通过 MATLAB Function 模块使用 MATLAB 语言描述算法

当前,人们越来越多地在科学研究和工程实践中采用各种"数据驱动"建模方法,尤其是机器学习和深度学习。这里,可以使用 Simulink 调用训练好的机器学习和深度学习模型,更直观地分析模型的运行结果。

根据机器学习模型和深度学习模型的不同类型,可以在 Simulink 中选取相应的模块进行调用,分别位于 Statics and Machine Learning Toolbox 和 Deep Learning Toolbox 中,如图 20-14 所示。

GoogLeNet 是一种可根据输入图像进行分类的深度神经网络,在下面的示例中,我们分别尝试使用 MATLAB 和 Simulink 调用 GoogLeNet,输出图像的分类结果。请注意,这个示例会用到 Deep Learning Toolbox 和 Deep Learning Toolbox Model for GoogLeNet Network。后者是一个 MATLAB 插件,可以从工具栏 Add-Ons 中下载和安装。

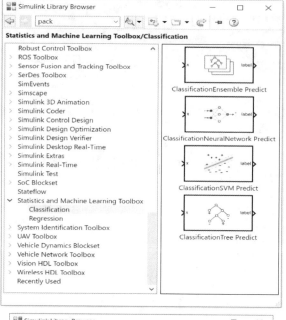

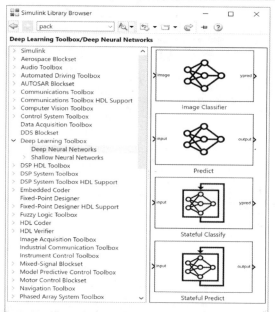

图 20 - 14　通过 Simulink 调用机器学习和深度学习模型

　　首先是使用 MATLAB 调用 GoogLeNet,具体代码如下:

```matlab
net = googlenet;                          % 载入深度网络模型
I = imread("peppers.png");                % 读取原始图像
inputSize = net.Layers(1).InputSize;      % 获取网络输入尺寸
I = imresize(I,inputSize(1:2));           % 缩放原始图像
label = classify(net,I);                  % 调用深度网络分类
figure                                    % 开始绘图
imshow(I)                                 % 显示缩放后的图像
title(string(label))                      % 显示分类标签
```

　　运行上述程序,可得到一幅图,如图 20 - 15 所示。

建立一个包含图像的结构体变量，时间向量设置为空，即可通过 Simulink 基础库中的 From Workspace 读取以上图像数据：

```
simin.time = [];                        % 时间向量
simin.signals.values = I;               % 信号数据
simin.signals.dimensions = size(I);     % 信号维度
```

再通过 Deep Learning Toolbox 库中的模块 Image Classifier 调用 GoogLeNet，就可以实现图像的分类和标签的输出，如图 20 - 16 所示。

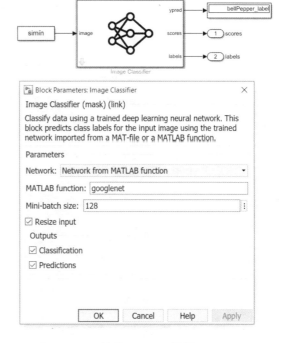

图 20 - 15　使用 MATLAB 调用 GoogLeNet　　　图 20 - 16　使用 Simulink 调用 GoogLeNet

更进一步的细节可搜索 MATLAB 帮助文档中的示例：Classify Image Using Pretrained Network 和 Classify Images in Simulink Using GoogLeNet。

20.4　在 Simulink 中使用外部代码

Simulink 不仅支持 MATLAB 代码，也支持 C、C++、Python 等外部代码的使用，用户可以选择各种不同的语言来描述算法，然后在 Simulink 中动态观察运行的结果。

Simulink 提供了非常丰富的 C 或 C++代码的调用方式，可通过 C Caller、C Function、S - Function、S - Function Builder、MATLAB Coder 等实现。其中，最简单的方式是使用 C Caller 模块，这个模块是从 MATLAB R2018b 开始引入的。

考虑使用 C 语言实现自定义算法，如图 20 - 17 所示。在相同的目录下，新建一个 Simulink 模型，添加一个 C Caller 模块，就可以自动发现 C 代码中用户定义的 gain 函数，实现从 Simulink 的调用，如图 20 - 18 所示。在此之前，首先要配置模型的 Simulation Target，添加需要包含的头文件以及源文件，如图 20 - 19 所示；然后刷新 C Caller，就可以从函数名的下拉列表中发现用户的自定义函数。

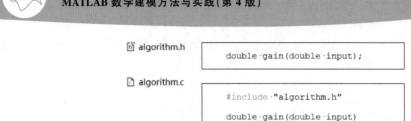

```
double gain(double input);
```

```
#include "algorithm.h"

double gain(double input)

{

    return 2.0*input;

}
```

图 20 − 17　使用 Simulink 调用 GoogLeNet

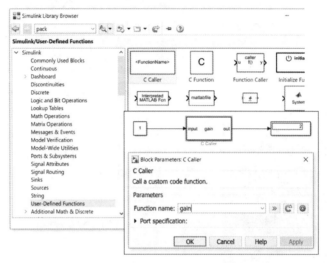

图 20 − 18　使用 C Caller 调用外部 C 代码

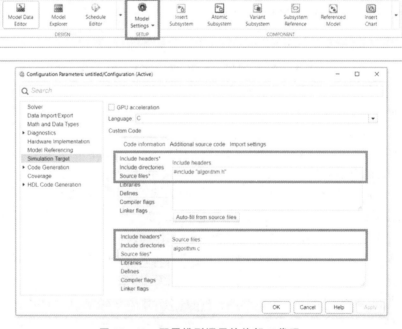

图 20 − 19　配置模型调用的外部 C 代码

由于 MATLAB 提供了调用 Python 代码的引擎，所以我们可以在 MATLAB Function 中直接使用 Python 函数。例如按以下格式调用 py. sorted 函数进行排序：

```
function y = fcn(u)
    coder.extrinsic('py.sorted');        % 声明外部函数(不生成 C、C + + 代码)
ytmp = py.sorted(u);                     % 对 'u' 的数值排序
```

更进一步的细节可搜索 MATLAB 帮助文档中的示例：Call Python Function Using MATLAB Function and MATLAB System Block。

在 MATLAB 命令行中运行 pyenv 函数可以确认当前安装的 Python 版本。导入的外部 Python 代码不支持 C、C++自动代码生成功能。而外部的 C、C++代码除了可以在 Simulink 中仿真之外，在自动生成的代码中也可以实现自动调用，只需事先在图 20 - 19 中，即模型的 Code Generation→Custom Code 选项卡中进行相应的配置即可。

20.5　基于模型设计的思想

对于工程中的系统建模问题，Simulink 中还提供了 Simscape 物理建模工具，包括大量附带的电子、电气、机械、流体、传动元件库，比如本章介绍的锂电池等效电路模型，就可以使用 Simscape 直接搭建一个电路网络，如图 20 - 20 所示。这是一种更高级的建模方法，创建的模型是一个物理网络，而不像 Simulink 那样创建一个描述系统信号流的框图。工程师可以直接按照系统的物理结构进行建模，省去部分数学推导过程。

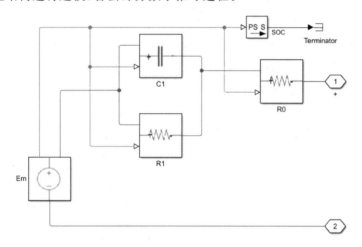

图 20 - 20　使用 Simscape 搭建的锂电池等效电路

MATLAB 和 Simulink 为数学建模提供了一个非常优秀的工程转化平台，这种转化的过程我们称为基于模型的设计(Model - Based Design，MBD)。

基于模型设计的定义：在产品整个开发过程中使用一个系统模型作为可执行的技术规格，而不是依靠物理原型和文本描述。模型支持系统和组件级的设计和仿真、自动代码生成以及持续的测试和验证。

基于模型设计的思想已被广泛应用于航空、航天、汽车、通信等各种工程领域，其中最为重要的环节就是自动代码生成技术。使用自动代码生成技术，可以直接将 MATLAB 函数或者 Simulink 模型转化为部署在桌面计算环境或者嵌入式计算环境的 C 或 C++代码，用于 FPGA 和 ASIC 开发的 HDL 代码或者用于 PLC 开发的结构化文本。

在 Simulink 工具栏上有一个生成代码的按钮,只要单击这个按钮,就能根据 Simulink 模型的当前设置完成自动代码生成,如图 20 - 21 所示。通过修改生成代码的选项,不但可以选择语言的种类,针对特定计算平台进行优化,还可以在生成代码后自动调用外部的开发工具完成代码的编译和部署。针对教学和科研常用的一些嵌入式硬件,MathWorks 提供了免费的硬件支持包插件,可在其官网搜索并下载安装。

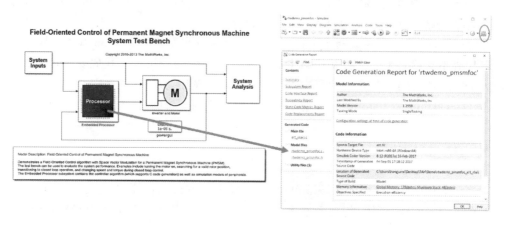

图 20 - 21　根据 Simulink 模型自动生成 C 代码

图 20 - 22 是一个典型的基于模型设计的工作流程,该流程主要包含三个部分:

① 设计:对系统进行建模,建模对象包括环境、物理组件、算法组件,通过仿真分析系统的行为,保证系统的功能和性能满足要求。

② 实现:从模型中自动生成算法组件的 C、C++、HDL 或结构化文本,用于快速原型或实际产品。生成的代码可以进行优化,并与手写代码相结合。

③ 测试和验证:系统模型提供了一个可重用的测试框架,用于前期的虚拟集成和后期的硬件在环测试。

在工业界,基于模型的设计思想已经广泛应

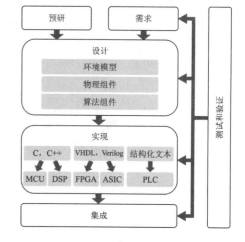

图 20 - 22　基于模型设计的工作流程

用于产品的研发,实践证明,利用基于模型的设计流程可以大大提高研究效率和效果,而基于模型的核心是数学模型,其实现的核心是具有完整的融合模型、算法、实物框图、代码生成、系统仿真功能的软件平台,这也是 MATLAB、Simulink 能够广泛应用于工业界的原因。

例如,随着人工智能、机器人、无人机、自动驾驶技术的不断发展,越来越多的科研或工程项目开始使用一些易于集成的中间件软件,其中就有广受欢迎的机器人操作系统(含 ROS、ROS 2)。使用 MATLAB、Simulink 可以设计 ROS 或 ROS 2 节点,直接在 ROS 或 ROS 2 网络中仿真;然后生成 C++代码并自动编译为独立的应用程序,快速部署到各种无人设备。本章限于篇幅不再展开,感兴趣的读者可以参考 ROS Toolbox 的相关文档了解具体实现方法。

20.6　本章小结

　　学习本章的基于模型的产品开发流程,一方面是让读者了解数学建模不仅是学术层面的活动,在工业界也有深远的应用;另一方面,了解基于模型的设计思想和 Simulink 平台,不仅有助于赛后重研究,而且也让读者了解工业界是如何将数学模型转化成产品的,从更深层次理解数学建模的价值,进一步激发对数学建模的兴趣。

第五篇　经验篇

本篇主要介绍数学建模的参赛经验、心得、技巧以及 MATLAB 的学习经验,这些经验将有助于您为竞赛做准备和提升竞赛成绩。

第 21 章

数学建模参赛经验

本章内容是根据作者的讲座整理出来的,多年数学建模实践经历证明,这些经验对数学建模参赛队员非常有帮助,希望大家结合自己的实践慢慢体会总结,并祝愿大家在数学建模和 MATLAB 世界里找到自己的快乐和价值。

21.1 如何准备数学建模竞赛

一般,可以把参加数学建模竞赛的过程分成三个阶段:第一阶段是入门和积累阶段,这个阶段的关键是个人的主观能动性;第二阶段是集训阶段,通过模拟实战来提高参赛队员的水平;第三阶段是比赛阶段。"如何准备数学建模竞赛"是针对第一阶段来讲的。

回顾作者自己的参赛过程,第一阶段是真正的学习阶段,就如同修炼内功。如果在这个阶段打下深厚的基础,那么对后面两个阶段将会非常有利,也是决定个人能否在建模竞赛中占优势的关键。下面从几个方面谈一谈如何准备数学建模竞赛。

首先,要有一定的数学基础,尤其是良好的数学思维能力。并不是数学分数高就具有很高的数学思维能力,但扎实的数学知识是数学思维的根基。对大学生来说,有高等数学、概率和线性代数就够了,但是其他数学知识知道的越多就更好了,如图论、排队论、泛函等。作者大一第二学期开始接触数学建模,当时大学的数学课程只学习了高等数学。主要想说明,只要数学基础还可以,平时的数学成绩能在 80 分以上,就可以参加数学建模竞赛了;数学方面的知识可以在以后的学习中逐渐提高,不必刻意去补充单纯的数学理论。

其次,真正准备数学建模竞赛应该从看数学建模书籍开始:知道什么是数学建模,有哪些常见的数学模型和建模方法,了解一些常见的数学建模案例。这些方面都要通过看建模方面的书籍而获得。有关数学建模的书籍也比较多,图书馆和互联网上都有丰富的数学建模资料。作者认为姜启源、谢金星、叶齐孝、朱道元等老师的建模书籍都非常棒,可以先看两三本。刚开始看数学建模书籍时,一定会有很多地方看不懂,但要知道基本思路,时间长了就知道什么问题用什么建模方法求解了。这里需要提到的一点是,运筹学与数学建模息息相关,最好再看一两本运筹学著作,仍然可以采用诸葛亮的看书策略,只观其大略就可以了,未来具体需要哪一块知识的时候,再集中精力将其消化,然后应用。

再次,参加数学建模竞赛一定要有些编程功底。现在有 MATLAB 这种强大的工程软件,对编程要求有所降低,至少入门更容易了,比如用一条 MATLAB 命令即可解决以前 20 行 C

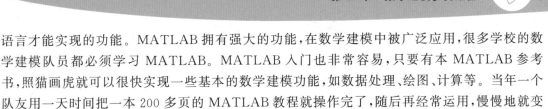

语言才能实现的功能。MATLAB 拥有强大的功能,在数学建模中被广泛应用,很多学校的数学建模队员都必须学习 MATLAB。MATLAB 入门也非常容易,只要有本 MATLAB 参考书,照猫画虎就可以很快实现一些基本的数学建模功能,如数据处理、绘图、计算等。当年一个队友用一天时间把一本 200 多页的 MATLAB 教程就操作完了,随后再经常运用,慢慢地就变成了一名 MATLAB 高手。

最后,对于有些编程基础的同学,最好再看一些算法方面的书籍,了解常见的数据结构和基本的遍历、二分等算法,以及智能优化算法,如遗传算法、蚁群算法、模拟退火算法等。以后在编程求解模型的过程中,就很容易找到合适的求解算法。

对于参加数学建模的队员而言,除了具备一定的数学基础、一定的编程能力外,还应具有较好的论文写作能力和团队合作能力。对于后者,不需要刻意准备,主要看个人固有的能力,集训阶段再加以训练就可以了。

21.2　数学建模队员应该如何学习 MATLAB

对理论的掌握并不代表对知识的真正理解,只有通过自己编写程序才能检验对其理解的程度。经验告诉我们:只有把程序流畅地写出来,才是真正意义上对知识理解通透了。作者在大三学电力系统分析时,自己用 MATLAB 语言编写了牛-拉法求潮流的程序、计算暂态稳定的简单程序、计算发电机短路电流的程序等。自然地,这些专业课程都学得不错。

MATLAB 是一门优秀的编程语言,在欧美非常普及,而选择一门顺手的编程语言可以让您在学习和工作中事倍功半。MATLAB 是一种语言,因为它可以用作编程,也是一种软件,它自带的工具箱具有类似软件前台的 GUI 界面,能够让您轻松实现人-机通信功能。在学习 MATLAB 编程之前,您需要对其有一个基本的了解。

① 数据处理:可以能对数据进行计算、分析和挖掘,数据处理函数功能非常强大并且命令简洁。

② 软件工具箱:包括神经网络工具箱、Simulink 工具箱(虽然 Simulink 是从底层开发出来的,但也是工具箱的一种)、模糊工具箱、数字图像处理工具箱和金融工具箱等。

③ 精致绘图:用 set 命令可重设图形的句柄属性,绘制精准而美观的图形。

④ 动画实现:可以进行实时动画、电影动画和 AVI 视频制作,也可以在动画中添加 ＊.WAVE 格式的音频。

⑤ 与软硬件通信:可以使用接口函数实现与软件(比如 C)、硬件(比如电子示波器)通信。

⑥ 平面设计:可与全球最顶尖的平面设计软件 Adobe Photoshop 联袂使用,传达震撼的视觉设计效果。

⑦ 游戏开发:MATLAB 语言可以开发一整套的游戏,比如 32 关的推箱子游戏。

根据作者对 MATLAB 多年的学习,MATLAB 编程就像读一本书,刚开始读时感觉这本书很薄,内容浅显,容易上手,觉得 MATLAB 是最容易学会、最简单的一门编程语言,但继续读下去就感觉这本书其实很厚。初学 MATLAB 编程过程中经常会遇到五大困惑:

其一,函数指令掌握得太少,写不出简洁的程序,甚至正确有效的代码也写不出。比如,初学者阅读 MATLAB 编程高手写的一个相对复杂的程序会发现,不但整篇程序的思路难以理解,而且许多命令都很陌生,就像一篇英文阅读理解有很多单词都不认识。自己动手写程序,想表达的意思表达不出来,力不从心。

其二,不能掌握 MATLAB 复杂的函数语法格式。相比 VB 和 C 语言,MATLAB 的语法格式比较复杂。同一个命令有很多种语法格式,语法格式不正确程序就不能运行;格式不同,程序输出的结果就大相迳庭。比如使用 streamribbon 命令创建三维流带图,其语法格式为"streamribbon(x、y、z、u、v、w、sx、sy、sz);",其中 x、y、z、u、v、w、sx、sy、sz 分别代表什么,它们之间满足什么样的长度关系,都必须完全理解,否则键入向量不正确就不能画出三维流带图。

其三,能套用别人的程序,自己却丝毫没有程序开发能力。比如在神经网络工具箱中,各种创建、学习和训练网络的函数命令众多,语法格式复杂,套用编好的神经网络程序比较简单,但是如果自己对照各个函数的用法书写完整的神经网络程序却很难。这是因为您没有从本质上理解这些命令。也就是说,您只能模仿别人的程序,却不能触类旁通自己开发程序。

其四,不能准确、全面地理解指令实现的功能。比如在 MATLAB 中实现排序功能的命令是 sort,而在 C 语言中想实现排序必须依据"冒泡法"原理编写一小段的程序;虽然 MATLAB 命令用起来比 C 语言简便,但是如果对 sort 命令不了解,就不能知晓 sort 实现的是升序还是降序,对于矩阵是按行排序还是按列排序。当我们使用将繁琐的原理封装在 MATLAB 里的命令时,如果不熟悉该命令的原理,那么使用前至少要在命令窗口中键入该命令,试探一下它的用法。

其五,函数的参数不知道如何调整。比如使用命令 imadjust 对轮廓不明晰的数字图像进行处理,处理过的图像虽然轮廓分明,但很多都是伪轮廓,已经改变了原始图像的品质。因此,在使用该命令时务必注意校正因子的大小。又如在编写 BP 网络源程序过程中,网络始终无法收敛且找不出原因,很多人都会怀疑是网络的拓扑结构设计出现问题,其实症结往往是在网络学习速率参数上,只要将参数调小一点,网络就会立即收敛。当您不知道参数该如何具体取值时,不妨多调试几次。

只要经过长时间、扎实的学习,就会对 MATLAB 主程序命令和常用的工具箱基本有所掌握,编写程序时才会思路清晰、得心应手,最后会感觉这本书其实还是挺薄的。由于 MATLAB 函数命令丰富,完全掌握没有必要,也很难,只要掌握常用的命令就可以了。科学研究表明,只要掌握知识的 60% 就可以运用了。碰到一些生僻的函数用法时,可以使用 MATLAB help 命令查询,或者在身边备一本 MATLAB 函数词典。

如何学好 MATLAB 编程呢?

首先,多看多记。多阅读优质的程序,仔细体会程序设计的思想,记住常用指令及其用法,将看到好的程序段落摘抄下来或者复印,待积累得多了,装订成册。

其次,多练多想。模仿别人的程序段然后进行优化或改编。多尝试开发小程序,多思考程序设计的流程,同时适当地借鉴一些程序设计艺术技巧。

最后,不要"偷懒"。初学者往往喜欢将别人或者自己以前编好的程序段甚至某一个指令复制、粘贴过来,而懒得动手去写。这个习惯不好,尽管表面上节省了一点时间,初学者也都认识这些指令,印象中也会写,但是时间长了,很多命令就会记得不是很准确了。比如,函数 linspace 经常写成 linespace,属性名 markersize 写成 markesize,等等。

世界上没有 100% 的完美。MATLAB 这样优秀的软件也有缺陷,比如编译一直不顺畅,程序不能脱离 MATLAB 环境运行。

21.3　如何才能在数学建模竞赛中取得好成绩

要想在数学建模竞赛中取得好成绩,需要具备以下三个条件:

一是有好的数学模型。一个数学模型的优劣,不在于用了什么高深的方法,而是能够有效、简便、恰当地解决实际问题,应该说,在能够有效解决问题的情况下,使用的数学方法越简单越好,这样才能更易于理解。我三次获国家一等奖的模型都是用初等数学知识建立的,没有什么高深的理论,这些知识高中阶段就学习过。

二是要有好的求解方法。越是复杂的问题,对算法的要求就越高。对求解方法的评价主要是对算法的评价,一般比较容易求解的数学模型不太会关注其求解方法。一些比较难的数学建模问题,其难点归根到底就是算法和编程实现的问题。一个好算法的评价准则是能够快速、准确地给出最优解。

三是要有高质量的论文。论文才是决定能否取得好成绩的关键,但是没有好的数学模型和算法,也不可能有什么高质量的论文。所谓的高质量论文,就是把建模过程和求解过程描述清楚,说明是如何分析问题的,数学模型是什么,用了什么方法求解,结论是什么。只要能把这些问题表述清楚了,论文层面就没有问题了。从我指导学生比赛的过程来看,绝大多数团队最大的问题就是论文写作,如果内容连自己的队友都看不懂,更别说让其他人看懂了。因此,在组队的过程中,每个队至少应确保有一名文字功底扎实、可以把问题说清楚的队员。

要想在三天三夜的时间内同时把这三件事情都做好,这个要求还是很高的。也就是说,既要求整个团队有很高的数学建模能力、编程求解能力和论文写作能力,同时还要求团队有很强的配合能力。即使一个人再厉害,在有限的时间内完成这些事情也是不可能的。作者曾一天最多写 10 页建模论文,而国家一等奖论文一般都在 20 页左右,三天时间只写论文,其他事情就干不了了。

从作者的参赛经历和竞赛指导经历来看,要想在数学建模竞赛中获奖,需要注意以下几个方面:

(1) 合理的队员组合

合理的队员组合是获奖的基础,所有队员都必须具备较好的数学和计算机基础。团队中,应该有一名较好的应用数学思维的队员,能够分析清楚问题的来龙去脉,能够将问题和数学方法联系起来快速建立求解问题的数学模型;有一名编程能力强的队员,熟悉常见算法,有较丰富的 MATLAB 等语言编程经验;还要有一名科技论文写作能力强的队员,能够将模型和求解方法表达清楚。这里面,还需要一名队长,综合协调能力一定要强,所谓“兵雄雄一个,将雄雄一窝”,所以这个队长一定要“雄”一点,能够根据各人的特点组成一支人才搭配合理的队伍。

(2) 充分的准备和训练

兵家有云,不打无准备之仗。参加建模比赛,一定要做好充分的准备,我曾是提前一年选择好队友,然后一起训练的。熟悉常见的模型和建模方法很重要,有些问题一看就知道用什么方法求解。这需要平时多积累建模案例,逐渐培养建模的悟性,待量变到质变时,就会有豁然开朗、游刃有余的感觉。曾有个出色的队友接触一年数学建模后,他说他的思路特别开阔,有种“思接千载、神游万里”的感觉。我想这是真的,因为有时我也有这种感觉。一般高校都有建模竞赛集训,这种方式特别有利于提高建模竞赛水平。我第一次参加集训是大一暑假,第一篇论文写了 2 页,就像是解应用题,实在是没内容写;第二篇论文写了 8 页,有了点内容,以后逐渐便有了思路。当然学校的集训是强化训练方式,需要有点基础和准备。训练的好处,一是增加建模经验,二是练习编程水平,三是磨合队友之间的关系,四是开阔思路和积累经验。

(3)重视建模论文的模板和技巧

建模论文是决定最后能否获奖的关键,一定要有这方面的意识,并重视它。之所以这样说是因为,有的队特别重视模型和算法,花三天的时间在建模和编程上,最后只用几个小时写论文。可想而知,这样的论文能写好吗?即使模型再好,算法再好,结果再准确,可在论文里面没有体现出来,谁会知道呢?数学建模论文有它固定的规范,一般至少要包含问题、假设、模型、求解、结果和评价,另外还可以有其他一些内容,如稳定性分析、参数灵敏度分析等内容。只要平时多看几篇建模论文,基本上就能知道如何写建模论文了,但最重要的还是文字水平和逻辑能力,要能够将整个建模和求解过程在模板的基础上按照一定的逻辑清晰地表达出来。因此,组队时一定要确保有一名能将论文写好的队员。

(4)合理的时间安排

建模比赛是有时间限制的,如何充分利用有效的时间对能否取得好成绩至关重要。有些队,选题用了一天,讨论用了一天,最后一天建模型和编程,实际做事的时间只有一天,这样的时间安排怎么能取得好成绩呢?因此,参赛前要制定进度表,比如1小时内要确定下来选哪道题,第一天要建好数学模型并确定求解的方法,通常一个上午就能完成这些工作。实际上,我们那时将所有的时间都花在有效的事情上了,所以其间工作相对就很轻松,到第三天晚上,只需修改和排版论文即可。时间的安排和分工要确保一致,这也就要求队长必须具备较好的协调、组织和进程控制能力。关于时间和进程的管理问题,也是一门学问,将在下一节详细说明。

(5)勇争第一的意识和信心

建模对队员的意志力要求也比较高,学习和参加建模比赛的过程是比较辛苦的,要能够安下心阅读那些看不懂的知识。在训练和比赛中会遇到无从下手的问题,如果调节能力不好,说不定人会被逼疯。但经过一段时间后,就会意识到:时间会改变一切。我们经常遇到无从下手的问题,可是三天三夜的时间过去后,最终还是解决了所有的问题,这里面就需要我们坚持。我很高兴跟队友们发现问题,因为进步都是在发现问题、努力解决的过程中取得的,没有问题,就不会强迫你去思考,就不会有质的飞跃。除此之外,还要有信心,相信自己能做好。我第一次参加全国比赛只获得省二等奖,之后我"闭关"1个月,分析为什么人家的模型是国家一等奖,二等奖,而我只是省二等奖?信心!这让我豁然开朗,觉得自己一定能达到国家一等奖的水平,所以在随后的比赛中,我就有了必胜的信心。

21.4　数学建模竞赛中的项目管理和时间管理

数学建模竞赛属于团体竞赛,有团队就必然存在团队的管理问题,更重要的是,建模竞赛中还涉及建模、编程、写作、数据处理、文献检索等多重任务,所以建模竞赛的过程可以当成项目实施的过程,这样就可以借助成熟的项目管理方法提高建模竞赛水平了。

我们队参加比赛时,实际上已经按照项目管理方法进行了,只是当时还不知道什么是项目管理,直到后来参加具体的项目才接触到项目管理的理论和方法。这里主要是想告诉参加建模竞赛的同学,在团队管理中要有项目管理的意识,借鉴其方法,以提高建模成绩。实际上,没必要详细学习项目管理和时间管理,这里结合我们队的参赛过程和项目管理方法,简单介绍一下如何在数学建模竞赛中运用项目管理方法。

一般项目的管理分为以下几步：

① 启动项目，包括发起项目、任命项目经理、组建项目团队。

② 计划项目，包括制定项目计划、确定项目范围、配置项目人力资源、制定项目风险管理计划。

③ 实施、跟踪与控制项目，包括实施项目、跟踪项目、控制项目。

④ 收尾项目，包括项目评审，项目验收等。

在实际的建模比赛中，按以下步骤具体进行项目管理和时间的控制：

① 快速选题（启动项目），比如在半小时内确定选题。我们的理念是，把时间花在实际的做题过程中，而不要浪费在选题的过程中，因为选题过程是不能产生效益的。根据经验浏览一下题目，就可以知道是哪个领域、哪种类型的问题了，并且知道有没有把握做下去。选题的时候不要考虑其他队的情况，只要选择自己队最有把握的题目就可以了。2003 年的全国赛中，我们队 10 分钟就确定选 B 题。当时每个人把题目浏览完以后，我首先问两个队友选哪道题，他们说都行，然后我说选 B 题吧，就这么定了。如果队里有两个人提了不同的意见，那么建议由队长确定选题。

② 计划的制定。这一步不用单纯为了做计划而做计划，当时我们队也没有写任何规划，只是在脑子里把这个计划大体列了一下，比如：

- 谁在哪段时间要完成模型的建立工作；
- 谁在哪段时间要用最快捷、最基本的方法给出一个初步的结果；
- 整个团队要在哪个时间段内完成第一个子问题的工作；
- 论文初稿要在什么时间内完成。

③ 实施与过程控制。这一步最重要，直接决定竞赛的成绩，而且最体现团队的水平和执行力了。下面以 CUMCM2003B 的露天矿卡车调度为例，介绍一下我们队建模竞赛的实施和监控过程。

选题后每个人都要仔细看题，列出有疑问的地方然后进行讨论。经过讨论，大家对题目的理解达到统一，对问题的理解也会比较全面和深刻。这个过程持续了 40 分钟左右。

对问题的理解达到统一后，就开始讨论建模的思路。经过头脑风暴般的讨论后，由我总结大家的思路并建立了第一个问题的数学模型，这个过程大概用了 30 分钟。由于该问题中不涉及复杂的数据处理，所以由我负责把大家做的分析、假设、建模过程输入计算机，一个队友尝试用 MATLAB 求解，另一个队友尝试用 Mathematics 求解。大概在下午 2 点左右就完成了第一个问题的全部工作，随后转入第二个问题的求解，到晚上 10 点前，我们就完成了所有的建模和求解工作。晚上我们队全都回去睡觉，而此时很多队还在通宵选题和讨论。

基本工作第一天都完成了，接下来的时间，从项目的角度，我们要在规定的时间内做到精益求精；从获奖的角度，为了脱颖而出（因为我们能做到的别的队也会做到），我们对算法进行了改进，在原来的问题上加入了新的课题。最后，我们不仅给出了好的模型和求解算法，而且还建立了该课题的理论体系。这样做使得建模方法既有工程的应用，又有理论的提升，所以我们的论文最后就比较出色。

④ 收尾、修改、润色和校对论文。建模论文的重要性，前面已经说了很多，论文初稿出来后，建议大家再站在评委的角度去检查自己的论文。比如检查论文结构是否合理，图表是否适当，文字是否通顺，表述是否清晰，是否还有错别字，等等。第三天下午要结束论文，因为建模的课题永远都做不完，所以不要恋战，该收尾的时候就要收尾，关键是要预留一些时间修改论

文。在收尾工作里，还有一项工作比较重要，就是摘要。通常我会在第三天晚上写摘要，因为这时论文的内容基本上都确定了，只是润色和校对的问题，不会影响大局。摘要写好后，要反复阅读，力求用最简洁的文字将自己的思路、方法、模型、结果等内容表述出来。

以上就是我们的一些基本体会，这些经验也是我们在建模竞赛的过程中逐步总结出来的，建议大家最好能将这些经验融入到自己的建模实践中，获得属于自己的经验。

21.5　一种非常实用的数学建模方法：目标建模法

目标建模法是一种逆向建模方法。该方法也是在我指导建模比赛的过程中提出来的，其实我们当时已经使用了这种方法。目标建模法的理论基础是管理学中的目标管理，"目标管理"的概念是管理学大师彼得·德鲁克（Peter Drucker）最先提出的，其后他又提出"目标管理和自我控制"的主张。德鲁克认为，并不是有了工作才有目标，而是相反，有了目标才能确定每个人的工作。

在建模竞赛的培训中，我经常遇到的问题是，队员拿到题目后找不到思路，不知道如何去解决问题。于是我总结以前建模的经验，并以目标管理为理论基础，提出了目标建模法。目标建模方法的实质是根据问题的目标，为达到这个目标而进行的建模过程。下面我以 2004 年奥运会商圈规划为例介绍如何使用目标建模法。

看完题目后，我们就考虑这道题最后的结果应该是什么形式，即问题的目标。这道题的理想情况是，给出每个商区内各类型超市的数量及大致的分布。有了目标后，再分析实现这个目标的途径，自然而然就转到建模上了。这就是目标建模的一个优势，容易找到思路。

在分析建模思路的过程中，我们认为应该分两步来实现这个目标。首先，求解出各商区内理想的超市数量，可以用目标规划实现；其次，根据各类型超市的商圈范围，具体设置各超市的位置。这时我们要做什么工作、用什么方法就基本清楚了，后面的工作就是具体实现问题。目标建模法还有一个优点是便于写论文，可以提前设计结果的表现形式，比如 2004 年这道题，我提前设计好了表现结果的表格，告诉编程的队友，结果放在这个表格中，这样他编程也有了目标。

目标建模法和上面提到的项目管理有很好的一致性。在项目管理中，需要提前制定项目计划，而目标建模中的目标是计划制定中最核心的部分，所以这些方法在本质上是相同的。需要提到的是，在实际建模比赛中不必刻意去搞清楚这些，否则自己的思路和行为会被这些规则约束，反而受到影响。只要本着将事情做好的思想做事就行了，黑猫白猫抓住老鼠才是好猫。

以上介绍的这些意识、理念、方法具有一定的借鉴意义，在多年的建模竞赛指导工作实践中被证明还是不错的。需要提醒的是，不要读死书，注意结合实践，灵活运用，才能起到很好的作用。

21.6　延伸阅读：MATLAB 在高校的授权模式

MATLAB 在高校的授权模式有四种。

1. 校园版

校园版是以整个学校为授权对象，全校师生都可以使用，是目前高校的主流授权模式。其特点如下：

① 师生都可以在个人电脑和实验室（机房）安装单机版 MATLAB；

② 包含发布的全部工具箱；

③ 按年收费。

2. 教学版

教学版相当于固定用户数的小型校园版。其特点如下：

① 采用邮箱对每个用户进行授权；

② 包含 MATLAB 和 Simulink 两大家族的工具箱，相比校园版，缺少部分服务器类型的工具箱；

③ 按年收费。

3. 网络版

网络版适合于教学（机房）或科研课题组，仅限在局域网内使用。其特点如下：

① 永久授权，一年内免费升级；

② 工具箱按照不同的专业方向或用途进行配置；

③ 最大并发数（最多同时使用人数）是重要的计价参数。

4. 单机版

单机版适合安装于个人计算机，可以脱离网络使用。其特点如下：

① 永久授权，一年内免费升级；

② 工具箱按照不同的专业方向或用途进行配置；

③ 相比于网络版，单机版在使用上更灵活。